Mathematik

Band III

H. Heil / W. Olmscheid:
Mathematik Band III,
Hauptphase GOS
ISBN 978-3-942896-24-5

Bezeichnungen

$\mathbb{N}$ = Menge der natürlichen Zahlen $= \{ 0, 1, 2, 3, \ldots \}$

$\mathbb{Z}$ = Menge der ganzen Zahlen $= \{ 0, 1, -1, 2, -2, \ldots \}$

$\mathbb{Q}$ = Menge der rationalen Zahlen

$\mathbb{R}$ = Menge der reellen Zahlen

$\mathbb{N}^* = \{ 1, 2, 3, \ldots \}$

$\mathbb{Z}^* = \mathbb{Z} \setminus \{ 0 \}$

$\mathbb{Q}^* = \mathbb{Q} \setminus \{ 0 \}$

$\mathbb{R}^* = \mathbb{R} \setminus \{ 0 \}$

$\mathbb{R}^+ =]0 ; +\infty[$

$\mathbb{R}_0^+ = [0 ; +\infty[$

* Aufgabe mit erhöhtem Schwierigkeitsgrad oder Arbeitsaufwand

Die Datei kann auf **www.softfrutti.de** unter **Materialien** geladen werden.

Passend zu diesem Buch:

Arbeitsheft Mathematik,
Hauptphase GOS, ISBN 978-3-942896-42-9

www.softfrutti.de

Inhaltsverzeichnis

Vektorielle Untersuchung geometrischer Strukturen

5.1 Geraden, Halbgeraden und Strecken

5.1.1 Parametergleichungen für Geraden

Eine Gerade g ist durch einen Punkt A und ihre Richtung festgelegt.
Den **Aufpunkt** A beschreibt man durch seinen Ortsvektor $\vec{a}$, die Richtung durch einen Vektor $\vec{u}$, der parallel zur Geraden g ist.
Für einen beliebigen Punkt X mit Ortsvektor $\vec{x}$ gilt:

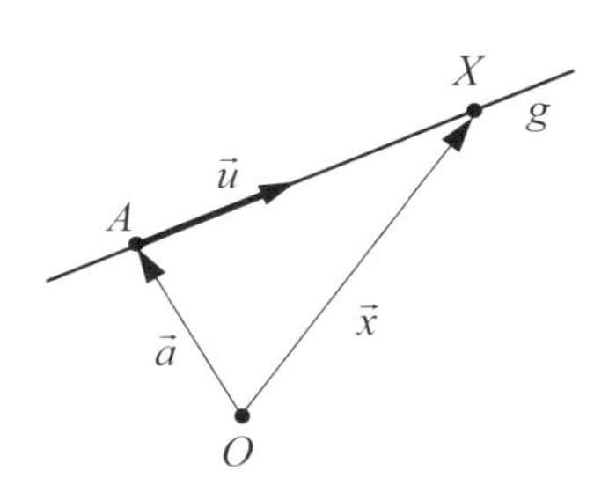

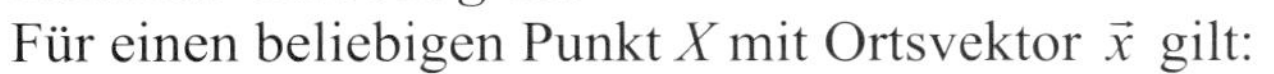

$X \in g \Leftrightarrow \overrightarrow{AX}$ ist Vielfaches von $\vec{u}$.

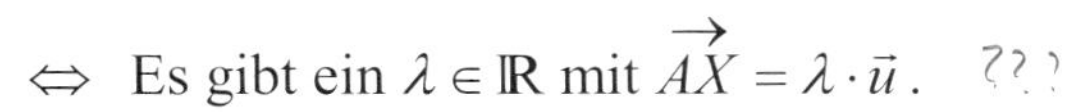

$\Leftrightarrow$ Es gibt ein $\lambda \in \mathbb{R}$ mit $\overrightarrow{AX} = \lambda \cdot \vec{u}$.

$\Leftrightarrow$ Es gibt ein $\lambda \in \mathbb{R}$ mit $\vec{x} - \vec{a} = \lambda \cdot \vec{u}$.

$\Leftrightarrow$ Es gibt ein $\lambda \in \mathbb{R}$ mit $\vec{x} = \vec{a} + \lambda \cdot \vec{u}$.

Die Gerade g lässt sich erfassen in der Form:

$$g = \left\{ X \in E^3 \mid \text{Es gibt ein } \lambda \in \mathbb{R} \text{ mit } \vec{x} = \vec{a} + \lambda \cdot \vec{u} \right\}.$$

Durchläuft der **Parameter** λ alle reellen Zahlen, so durchläuft der Punkt X die gesamte Gerade g.

Parametergleichung (Punktrichtungsgleichung) einer Geraden
Die Gerade g durch den Punkt A des Anschauungsraums, deren Richtung durch den Vektor $\vec{u} \neq \vec{0}$ bestimmt ist, hat die Gleichung $\vec{x} = \vec{a} + \lambda \cdot \vec{u}$ mit $\lambda \in \mathbb{R}$.

Sie heißt **Parametergleichung** der Geraden g. Der Ortsvektor $\vec{a}$ zum **Aufpunkt** A heißt **Stützvektor**, der Vektor $\vec{u}$ **Richtungsvektor** der Geraden.
Kurzschreibweise: $g: \vec{x} = \vec{a} + \lambda \cdot \vec{u}$

Die Parametergleichung einer Geraden ist nicht eindeutig:

- Jeder Punkt der Geraden kann als Aufpunkt dienen.
- Ist $\vec{u}$ ein Richtungsvektor einer Geraden g, so kann auch jedes Vielfache von $\vec{u}$ als Richtungsvektor dienen.

Zu ein und derselben Geraden gibt es unendlich viele Parametergleichungen.

Beispiel (Punkte einer Geraden bestimmen)

Gegeben sind der Punkt $A(-2|1|4)$ und ein Vektor $\vec{u}=\begin{pmatrix}1\\3\\-2\end{pmatrix}$.

Wir erstellen eine Gleichung der hierdurch festgelegten Geraden g und bestimmen dann zwei weitere Punkte dieser Geraden g.

- *Geradengleichung*
  Durch den Punkt A und den Vektor $\vec{u}$ ist eine Gerade eindeutig festgelegt.

$$g: \vec{x}=\begin{pmatrix}-2\\1\\4\end{pmatrix}+\lambda\cdot\begin{pmatrix}1\\3\\-2\end{pmatrix} \text{ mit } \lambda\in\mathbb{R}.$$

- *Weitere Punkte von g*
  In der Gleichung von g wählt man spezielle Werte für λ.

- $\lambda=2$: $\vec{x}=\begin{pmatrix}-2\\1\\4\end{pmatrix}+2\cdot\begin{pmatrix}1\\3\\-2\end{pmatrix}=\begin{pmatrix}0\\7\\0\end{pmatrix}$

  Der Punkt $P(0|7|0)$ liegt auf g.

- $\lambda=\frac{1}{2}$: $\vec{x}=\begin{pmatrix}-2\\1\\4\end{pmatrix}+\frac{1}{2}\cdot\begin{pmatrix}1\\3\\-2\end{pmatrix}=\begin{pmatrix}-\frac{3}{2}\\\frac{5}{2}\\3\end{pmatrix}$

  Der Punkt $Q\left(-\frac{3}{2}\mid\frac{5}{2}\mid 3\right)$ liegt auf g.

Eine Gerade ist auch durch die Angabe zweier verschiedener Punkte A und B eindeutig festgelegt.
Mithilfe der beiden Ortsvektoren $\vec{a}$ und $\vec{b}$ kann man einen Richtungsvektor der Geraden angeben, z.B. den Vektor $\vec{b}-\vec{a}$.

Zweipunktegleichung einer Geraden:

$$g: \vec{x}=\vec{a}+\lambda\cdot(\vec{b}-\vec{a})$$

Zweipunktegleichung einer Geraden

Die Gerade durch zwei verschiedene Punkte A und B des Anschauungsraums mit den Ortsvektoren $\vec{a}$ und $\vec{b}$ hat die Gleichung $\vec{x}=\vec{a}+\lambda\cdot(\vec{b}-\vec{a})$ mit $\lambda\in\mathbb{R}$.

Sie heißt **Zweipunktegleichung** der Geraden durch die Punkte A und B.

Kurzschreibweise: $g: \vec{x}=\vec{a}+\lambda\cdot(\vec{b}-\vec{a})$

Beispiel (Geradengleichung aus zwei Punkten bestimmen)

Gegeben sind zwei verschiedene Punkte $A(-3|0|3)$ und $B(2|-5|-1)$.

Gesucht ist eine Gleichung der Geraden g durch A und B.

- *Richtungsvektor*
  Ein Richtungsvektor ist z.B. der Verbindungsvektor von A und B.

$$\vec{u} = \overrightarrow{AB} = \vec{b} - \vec{a} = \begin{pmatrix} 2 \\ -5 \\ -1 \end{pmatrix} - \begin{pmatrix} -3 \\ 0 \\ 3 \end{pmatrix} = \begin{pmatrix} 5 \\ -5 \\ -4 \end{pmatrix}$$

- *Geradengleichung*
  Wir wählen A als Aufpunkt und $\vec{u}$ als Richtungsvektor.

$$g: \vec{x} = \vec{a} + \lambda \cdot (\vec{b} - \vec{a}) = \begin{pmatrix} -3 \\ 0 \\ 3 \end{pmatrix} + \lambda \cdot \begin{pmatrix} 5 \\ -5 \\ -4 \end{pmatrix}$$

- *Alternative*
  Es ist auch möglich, B als Aufpunkt und $\vec{v} = \vec{a} - \vec{b}$ als Richtungsvektor zu wählen.

$$g: \vec{x} = \vec{b} + \lambda \cdot (\vec{a} - \vec{b}) = \begin{pmatrix} 2 \\ -5 \\ -1 \end{pmatrix} + \lambda \cdot \begin{pmatrix} -5 \\ 5 \\ 4 \end{pmatrix}$$

Mithilfe der Gleichung einer Geraden kann man rechnerisch prüfen, ob ein gegebener Punkt auf der Geraden liegt oder nicht.

Beispiel (Punktprobe)

Gegeben ist die Gerade mit der Gleichung $g: \vec{x} = \begin{pmatrix} 1 \\ 1 \\ 2 \end{pmatrix} + \lambda \cdot \begin{pmatrix} 2 \\ -1 \\ 3 \end{pmatrix}$.

Gehören die Punkte $P(-5|4|-7)$ und $Q(3|0|4)$ zu g?

Dazu ist zu prüfen, ob es Werte für den Parameter λ so gibt, dass die Ortsvektoren von P und Q die Geradengleichung erfüllen.

- $P \in g$?

$$\begin{pmatrix} -5 \\ 4 \\ -7 \end{pmatrix} = \begin{pmatrix} 1 \\ 1 \\ 2 \end{pmatrix} + \lambda \cdot \begin{pmatrix} 2 \\ -1 \\ 3 \end{pmatrix} \Leftrightarrow \begin{cases} -5 = 1 + 2\lambda \\ 4 = 1 - \lambda \\ -7 = 2 + 3\lambda \end{cases} \Leftrightarrow \begin{cases} \lambda = -3 \\ \lambda = -3 \\ \lambda = -3 \end{cases}$$

Damit ist $\lambda = -3$ und P ein Punkt der Geraden g.

- $Q \in g$?

$$\begin{pmatrix} 3 \\ 0 \\ 4 \end{pmatrix} = \begin{pmatrix} 1 \\ 1 \\ 2 \end{pmatrix} + \lambda \cdot \begin{pmatrix} 2 \\ -1 \\ 3 \end{pmatrix} \Leftrightarrow \begin{cases} 3 = 1 + 2\lambda \\ 0 = 1 - \lambda \\ 4 = 2 + 3\lambda \end{cases} \Leftrightarrow \begin{cases} \lambda = 1 \\ \lambda = 1 \\ \lambda = \frac{2}{3} \end{cases}$$

Das Gleichungssystem ist unerfüllbar.
Der Punkt Q liegt somit nicht auf der Geraden g.

Parameterdarstellung der Koordinatenachsen

Um die Lage von Punkten im Raum zu beschreiben, verwenden wir ein kartesisches Koordinatensystem[1] mit drei Achsen, bei dem die Achsen paarweise senkrecht aufeinander stehen.

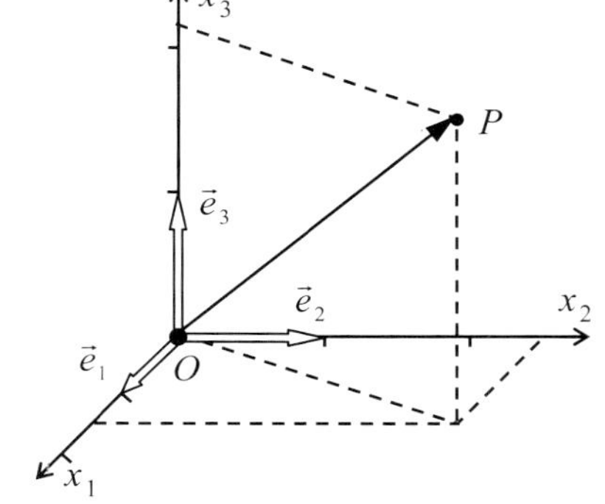

Zu den Koordinatenachsen hatten wir die **Standardeinheitsvektoren** betrachtet:

$$\vec{e}_1 = \begin{pmatrix} 1 \\ 0 \\ 0 \end{pmatrix} \;,\; \vec{e}_2 = \begin{pmatrix} 0 \\ 1 \\ 0 \end{pmatrix} \text{ und } \vec{e}_3 = \begin{pmatrix} 0 \\ 0 \\ 1 \end{pmatrix}$$

Sie sind paarweise orthogonal, d.h. es gilt:

$$\vec{e}_1 \perp \vec{e}_2 \;,\; \vec{e}_1 \perp \vec{e}_3 \text{ und } \vec{e}_2 \perp \vec{e}_3 .$$

Die Koordinatenachsen sind Ursprungsgeraden in Richtung der Einheitsvektoren $\vec{e}_1$, $\vec{e}_2$ und $\vec{e}_3$.

Da es sich bei den Koordinatenachsen um Geraden handelt, ist eine Darstellung mithilfe einer Parametergleichung möglich.

- Die Einheitsvektoren der Achsen können als Richtungsvektoren der jeweiligen Koordinatenachsen verwendet werden.
- Als Aufpunkt wird jeweils der Ursprung $O(0|0|0)$ gewählt.

- **x_1-Achse**

$$\vec{x} = \lambda \cdot \vec{e}_1 = \lambda \cdot \begin{pmatrix} 1 \\ 0 \\ 0 \end{pmatrix}$$

- **x_2-Achse**

$$\vec{x} = \lambda \cdot \vec{e}_2 = \lambda \cdot \begin{pmatrix} 0 \\ 1 \\ 0 \end{pmatrix}$$

- **x_3-Achse**

$$\vec{x} = \lambda \cdot \vec{e}_3 = \lambda \cdot \begin{pmatrix} 0 \\ 0 \\ 1 \end{pmatrix}$$

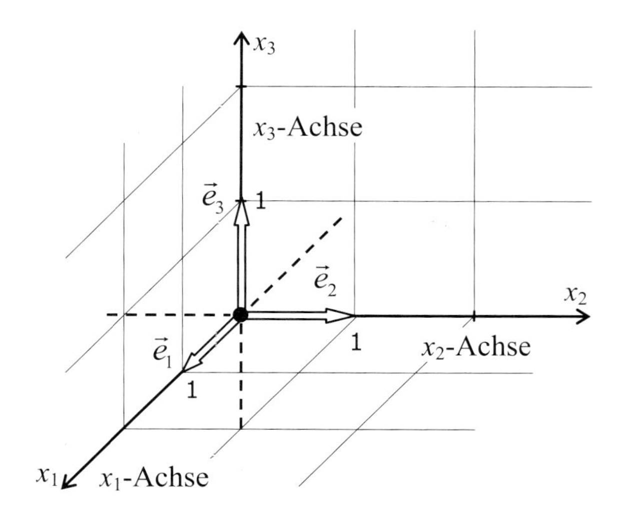

[1] Das von uns verwendete kartesische Koordinatensystem ist nach dem französischen Mathematiker, Naturwissenschaftler und Philosophen *René Descartes*, lat. *Cartesius* (1596 – 1650) benannt.
Er gilt als Begründer der analytischen Geometrie.

Aufgaben

1. Eine Gerade g mit dem Stützvektor $\vec{a}$ und dem Richtungsvektor $\vec{u}$ ist gegeben durch die Gleichung

$$g: \vec{x} = \vec{a} + \lambda \cdot \vec{u}.$$

a) Lesen Sie die λ-Werte ab, die zu den Punkten A, B, C, D, E und F gehören.

b) Welche Werte von μ gehören zu den Punkten A, B, C, D, E und F, wenn g in der Form $g: \vec{x} = \vec{a} + \mu \cdot \vec{v}$ angegeben ist?

2. Bestimmen Sie drei Punkte, die auf der Geraden g liegen.

$$g: \vec{x} = \begin{pmatrix} 4 \\ 5 \\ 0 \end{pmatrix} + \lambda \cdot \begin{pmatrix} -2 \\ -3 \\ 3 \end{pmatrix}$$

3. Prüfen Sie, ob $P(4|-2|6)$ und $Q(-1|0|0)$ auf der Geraden g liegen.

a) $g: \vec{x} = \begin{pmatrix} -2 \\ 1 \\ 3 \end{pmatrix} + \lambda \cdot \begin{pmatrix} 2 \\ -1 \\ 1 \end{pmatrix}$ b) $g: \vec{x} = \begin{pmatrix} -2 \\ 0 \\ 2 \end{pmatrix} + \lambda \cdot \begin{pmatrix} -3 \\ 1 \\ -2 \end{pmatrix}$

4. Eine Gerade g wird durch jede der folgenden Gleichungen beschrieben:

$$g_1: \vec{x} = \begin{pmatrix} -2 \\ 1 \\ -1 \end{pmatrix} + \lambda \cdot \begin{pmatrix} 2 \\ -4 \\ -2 \end{pmatrix}; \quad g_2: \vec{x} = \begin{pmatrix} 2 \\ -7 \\ -5 \end{pmatrix} + \mu \cdot \begin{pmatrix} -1 \\ 2 \\ 1 \end{pmatrix}; \quad g_3: \vec{x} = \begin{pmatrix} -4 \\ 5 \\ 1 \end{pmatrix} + \rho \cdot \begin{pmatrix} 3 \\ -6 \\ -3 \end{pmatrix}.$$

$P(0|-3|-3)$ ist ein Punkt dieser Geraden.

Welche Werte der Parameter λ, μ und ρ gehören jeweils zum Punkt P?

5. Geben Sie eine Parametergleichung für die Gerade g an.

a) g verläuft durch die Punkte $A(1|-2|0)$ und $B(-3|-2|3)$.

b) g geht durch $P(4|-1|3)$ und schneidet die x_1-x_2-Ebene in $Q(1|1|0)$.

c) g ist eine Ursprungsgerade und verläuft durch den Punkt $S(-3|0|2)$.

6. Geben Sie eine Parametergleichung für die Gerade g an.

a) g schneidet die x_3-Achse im Punkt $A(0|0|4)$ sowie die x_1-x_2-Ebene im Punkt $B(-3|3|0)$.

b) g geht durch den Punkt $A(4|3|0)$ und ist orthogonal zu der x_1-x_2-Ebene.

c) g verläuft durch den Punkt $A(0|0|3)$ und ist parallel zu der ersten Winkelhalbierenden der x_1-x_2-Ebene.

7. $A(5|0|0)$, $B(1|5|1)$ und $C(0|1|3)$ sind die Eckpunkte eines Dreiecks. Geben Sie Parametergleichungen für die Geraden AB, AC, BC und für die Ursprungsgerade durch den Dreiecksschwerpunkt an.

8. Überprüfen Sie, ob die Punkte A, B und C auf einer Geraden liegen.
   a) $A(-3|-5|0)$, $B(-2|3|4)$, $C(-1|11|8)$
   b) $A(4|-2|6)$, $B(2|1|0)$, $C(0|3|2)$

9. Prüfen Sie, ob es Zahlen $k \in \mathbb{R}$ so gibt, dass die drei Punkte A, B und C auf einer Geraden liegen.
   a) $A(1|2|3)$, $B(2|k|0)$ und $C(1|1|1)$
   b) $A(1|2|-1)$, $B(2|1|2)$ und $C(-3|6|k)$

10. Welche der Gleichungen beschreiben die Gerade durch die Punkte $P(4|0|1)$ und $Q(0|4|5)$? Begründen Sie Ihre Entscheidung.

$$g_1: \vec{x} = \begin{pmatrix} 4 \\ 0 \\ 1 \end{pmatrix} + \lambda \cdot \begin{pmatrix} 4 \\ -4 \\ -4 \end{pmatrix} \qquad g_2: \vec{x} = \begin{pmatrix} 0 \\ 4 \\ 5 \end{pmatrix} + \lambda \cdot \begin{pmatrix} -4 \\ 4 \\ 4 \end{pmatrix}$$

$$g_3: \vec{x} = \begin{pmatrix} 0 \\ 4 \\ 5 \end{pmatrix} + \lambda \cdot \begin{pmatrix} -2 \\ -2 \\ 2 \end{pmatrix} \qquad g_4: \vec{x} = \begin{pmatrix} 2 \\ 2 \\ 3 \end{pmatrix} + \lambda \cdot \begin{pmatrix} 1 \\ -1 \\ -1 \end{pmatrix}$$

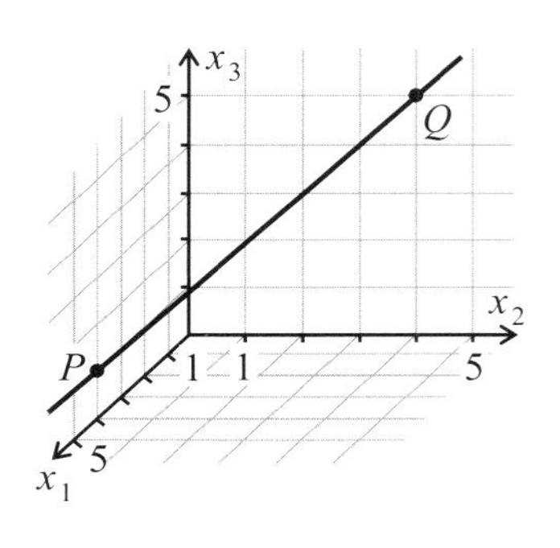

11. Die Punkte $P_k(k+2|-k|1)$ liegen für alle $k \in \mathbb{R}$ auf einer Geraden g. Bestätigen Sie diese Aussage durch Angabe einer geeigneten Parametergleichung.

12. Der Pilot eines Flugzeugs ermittelt den Punkt $P(30|50|2)$ (alle Angaben in km) als seine aktuelle Position und als momentane Flugrichtung den Vektor

$$\vec{v} = \begin{pmatrix} -300 \\ 480 \\ 60 \end{pmatrix} \text{ (Angaben in km/h).}$$

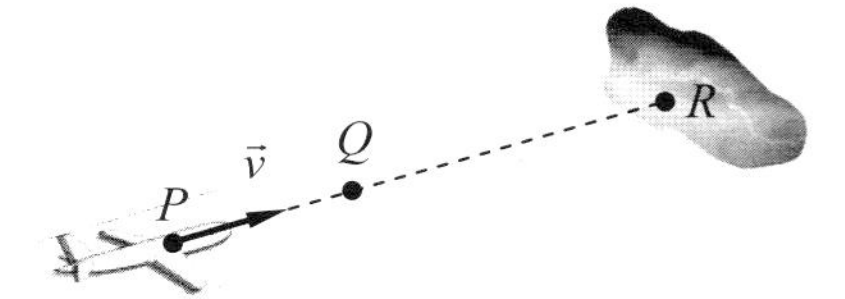

   a) In welchem Punkt Q befindet sich das Flugzeug eine Minute später, wenn die Flugrichtung unverändert bleibt?
   b) Begründen Sie, dass sich das Flugzeug im Steigflug befindet.
   c) Wie schnell fliegt das Flugzeug, wenn durch $\vec{v}$ der Geschwindigkeitsvektor gegeben ist?
   d) In 6 km Höhe befindet sich eine Unwetterzone. In welchem Punkt R trifft das Flugzeug auf die Zone. Wie lange dauert der Flug von P aus bis dorthin?

5.1.2 Beschreibung von Halbgeraden und Strecken

Die Parametergleichung einer Geraden in der Form $g: \vec{x} = \vec{a} + \lambda \cdot \vec{u}$ kann auch zur Beschreibung von Halbgeraden (Strahlen) und Strecken verwendet werden. Dazu ist der Bereich des Parameters λ geeignet einzuschränken.

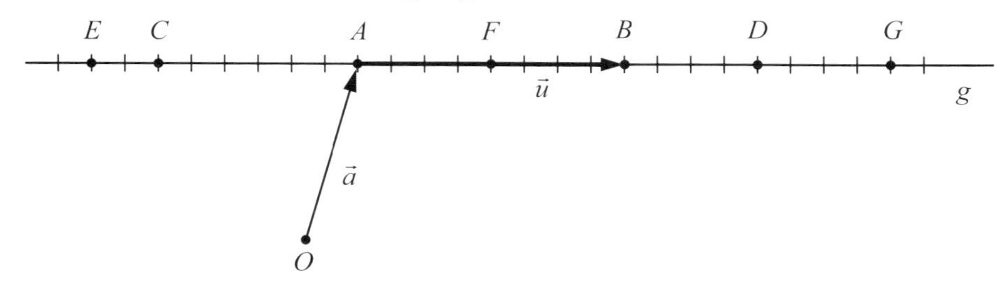

Anhand der Zeichnung lassen sich Intervalle für den Parameter λ ablesen:

- Strecke $\overline{AB}$: $\lambda \in [0\,;1]$
- Strecke $\overline{AE}$: $\lambda \in [-1\,;0]$
- Strecke $\overline{CG}$: $\lambda \in [-0{,}75\,;2]$
- Halbgerade $\overline{AF}$: $\lambda \in [0\,;\infty[$

Aufgaben

13. Eine Gerade besitzt die Parametergleichung $g: \vec{x} = \vec{a} + \lambda \cdot \vec{u}$.

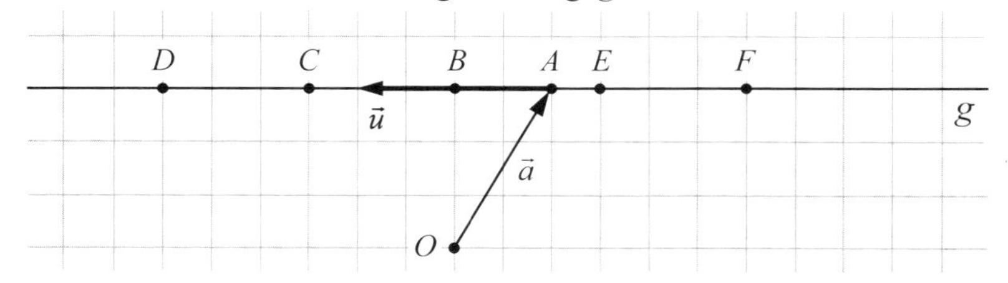

Geben Sie für folgende Strecken und Halbgeraden die zugehörigen λ-Werte als Intervalle an.

a) Strecken: $\overline{AB}$, $\overline{CE}$, $\overline{FD}$, $\overline{BE}$ b) Halbgeraden: $\overline{FA}$, $\overline{CF}$, $\overline{EB}$

14. Gegeben sind die Punkte $A(3|3|2)$ und $B(0|3|5)$.
Prüfen Sie, ob die Punkte $P(-6|-5|5)$, $Q(-3|3|8)$ und $R(4|3|1)$ auf der Geraden g durch A und B oder sogar auf der Strecke $\overline{AB}$ liegen.

15. Gegeben sind die Punkte $A(1|0|-1)$ und $B(3|-2|3)$.
Für welchen Wert $k \in \mathbb{R}$ liegt der Punkt $P_k(2|-k|1)$ auf der Geraden durch die Punkte A und B? Liegt P_k sogar auf der Strecke $\overline{AB}$?

16. Von einer Geraden g sind der Aufpunkt $A(1|-2|-4)$ und der Richtungsvektor $\vec{u} = \begin{pmatrix} -1 \\ 4 \\ 2 \end{pmatrix}$ bekannt.

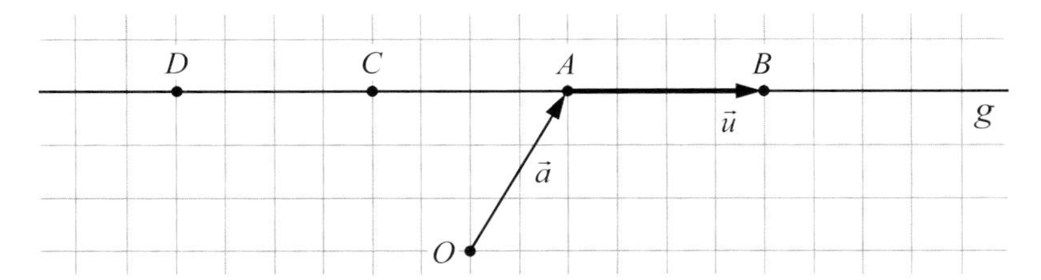

a) Welche Strecken oder Halbgeraden werden durch die folgenden λ-Werte beschrieben?

α) $\lambda \in [-1;1]$ β) $\lambda \in [-2;\infty[$ γ) $\lambda \in [-2;0]$ δ) $\lambda \in]-\infty;1[$

b) Überprüfen Sie, ob die Punkte $P(-2|10|2)$ und $Q(2|-6|-6)$ jeweils zu dieser Punktmenge gehören.

17. Gegeben ist eine vierseitige Pyramide durch die Punkte
$A(6|0|0)$, $B(6|6|0)$, $C(0|6|0)$, $D(0|0|0)$ und $S(3|3|6)$.
Drei der folgenden Gleichungen beschreiben Kanten der Pyramide. Geben Sie die zugehörigen Kanten an.
Welche Strecken werden durch die anderen Gleichungen beschrieben?

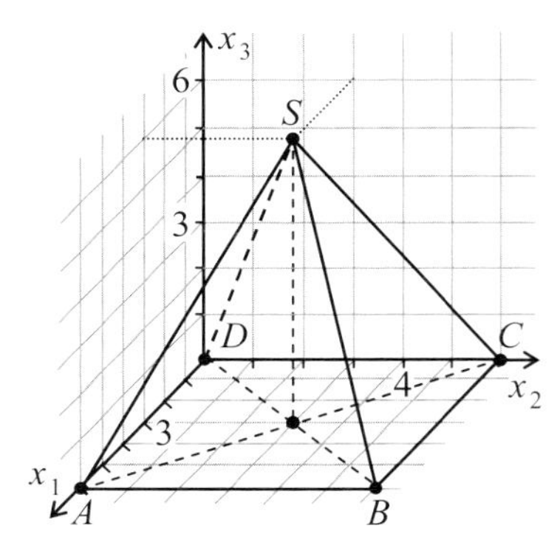

$$g_1: \vec{x} = \begin{pmatrix} 0 \\ 6 \\ 0 \end{pmatrix} + \lambda \cdot \begin{pmatrix} 6 \\ 0 \\ 0 \end{pmatrix} \quad \text{mit } \lambda \in [0;1] \qquad g_2: \vec{x} = \begin{pmatrix} 6 \\ 0 \\ 0 \end{pmatrix} + \lambda \cdot \begin{pmatrix} 0 \\ 1 \\ 0 \end{pmatrix} \quad \text{mit } \lambda \in [0;6]$$

$$g_3: \vec{x} = \begin{pmatrix} 3 \\ 3 \\ 6 \end{pmatrix} + \lambda \cdot \begin{pmatrix} 0 \\ 0 \\ 2 \end{pmatrix} \quad \text{mit } \lambda \in [0;3] \qquad g_4: \vec{x} = \begin{pmatrix} 3 \\ 3 \\ 6 \end{pmatrix} + \lambda \cdot \begin{pmatrix} 3 \\ 3 \\ -6 \end{pmatrix} \quad \text{mit } \lambda \in [0;1]$$

$$g_5: \vec{x} = \lambda \cdot \begin{pmatrix} 6 \\ 6 \\ 0 \end{pmatrix} \quad \text{mit } \lambda \in [0;1] \qquad g_6: \vec{x} = \begin{pmatrix} 3 \\ 3 \\ 0 \end{pmatrix} + \lambda \cdot \begin{pmatrix} 1 \\ 1 \\ 0 \end{pmatrix} \quad \text{mit } \lambda \in [-3;3]$$

5.1.3 Spurpunkte einer Geraden

Definition der Spurpunkte

Die Schnittpunkte S_{12}, S_{13} und S_{23} einer Geraden mit den Koordinatenebenen bezeichnet man als **Spurpunkte** dieser Geraden mit den Koordinatenebenen.

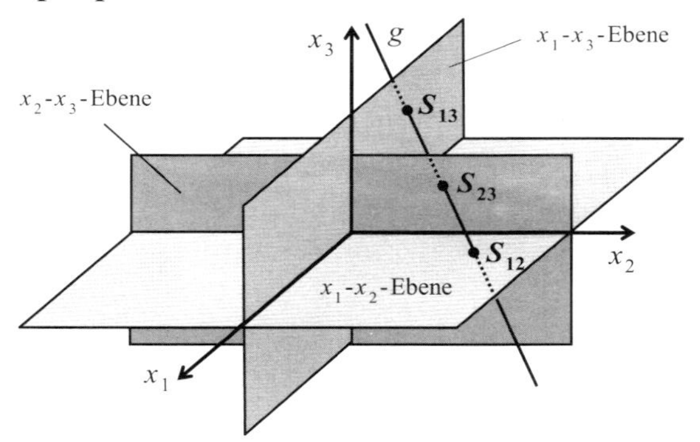

Beispiel (Spurpunkt mit der x_1-x_2-Ebene)

Gegeben ist eine Gerade $g: \vec{x} = \begin{pmatrix} x_1 \\ x_2 \\ x_3 \end{pmatrix} = \begin{pmatrix} 1 \\ 2 \\ 1 \end{pmatrix} + \lambda \cdot \begin{pmatrix} 1 \\ 3 \\ -1 \end{pmatrix} = \begin{pmatrix} 1+\lambda \\ 2+3\lambda \\ 1-\lambda \end{pmatrix}$.

Gesucht ist der Spurpunkt von g mit der x_1-x_2-Ebene.

• *Bedingung für die Punkte der x_1-x_2-Ebene* Die x_3-Koordinate ist 0.	$x_3 = 0$
• *Punkt von g in der x_1-x_2-Ebene* Wir wählen $x_3 = 0$ in der Gleichung von g.	$x_3 = 0 \Leftrightarrow 0 = 1 - \lambda \Leftrightarrow \lambda = 1$
• *Ortsvektor $\vec{s}_{12}$ des Spurpunkts* Wir setzen den errechneten Parameterwert $\lambda = 1$ in die Gleichung von g ein.	$\vec{s}_{12} = \begin{pmatrix} 1 \\ 2 \\ 1 \end{pmatrix} + 1 \cdot \begin{pmatrix} 1 \\ 3 \\ -1 \end{pmatrix} = \begin{pmatrix} 2 \\ 5 \\ 0 \end{pmatrix}$ Spurpunkt: $S_{12}(2 \mid 5 \mid 0)$

Aufgabe

18. a) Bestimmen Sie die Spurpunkte der Geraden

$$g: \vec{x} = \begin{pmatrix} 2 \\ 1 \\ 7 \end{pmatrix} + \lambda \cdot \begin{pmatrix} 0 \\ 6 \\ 4 \end{pmatrix} \quad \text{und} \quad h: \vec{x} = \begin{pmatrix} -3 \\ 0 \\ -5 \end{pmatrix} + \mu \cdot \begin{pmatrix} 1 \\ 3 \\ 2 \end{pmatrix}.$$

b) Von einer Geraden sind die Spurpunkte $S_{12}(2 \mid 3 \mid 0)$ und $S_{23}(0 \mid -1 \mid 1)$ bekannt. Bestimmen Sie den Spurpunkt S_{13}.

Anwendung bei der Bestimmung von Schattenbildern

Schattenbilder von Gegenständen im dreidimensionalen Raum lassen sich unter Verwendung von Spurpunkten konstruieren.

Beispiel (Schattenverlauf)

In der Abbildung wird durch die beiden Punkte $A(4|3|0)$ und $B(4|3|5)$ ein Stab festgelegt, auf den paralleles Sonnenlicht fällt.
Die Richtung der Sonnenstrahlen wird dabei beschrieben durch den Vektor

$$\vec{u} = \begin{pmatrix} -2 \\ 1 \\ -1 \end{pmatrix}.$$

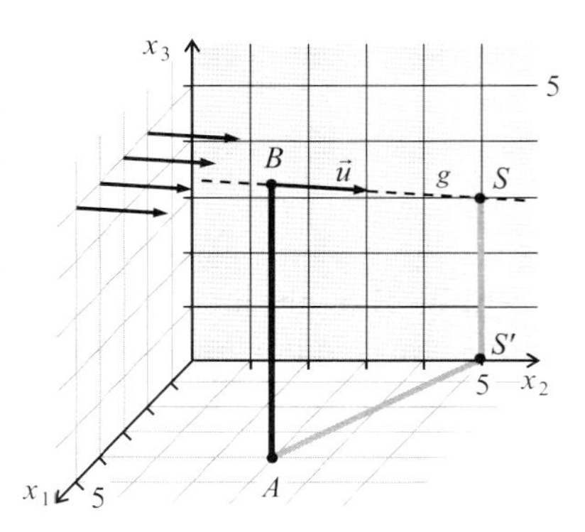

Der Schatten verläuft teilweise auf dem Boden und in der als Hauswand angenommenen x_2-x_3-Ebene.

- *Gerade in Richtung des Sonneneinfalls*
  Um den Schattenverlauf zu beschreiben, betrachten wir die Gerade g durch den Punkt B in Richtung des Sonneneinfalls.

  $$g: \vec{x} = \begin{pmatrix} 4 \\ 3 \\ 5 \end{pmatrix} + \lambda \cdot \begin{pmatrix} -2 \\ 1 \\ -1 \end{pmatrix}$$

- *Schnittpunkt mit der x_2-x_3-Ebene*
  Der Punkt S ist der Spurpunkt von g mit der x_2-x_3-Ebene (Bedingung $x_1 = 0$).
  Einsetzen in die Gleichung von g ergibt S.

  $$x_1 = 0 \Leftrightarrow 4 - 2\lambda = 0 \Leftrightarrow \lambda = 2$$

  $S(0|5|3)$

Die x_3-Koordinate von S ist positiv, ein Teil des Schattens fällt also tatsächlich auf die Wand. Der zweite Teil des Schattens verläuft auf dem Boden von A bis zu S'. Der Punkt S' liegt auf der x_2-Achse senkrecht unter S. Es gilt $S'(0|5|0)$.

Aufgaben

19. Gegeben ist eine gerade Pyramide mit quadratischer Grundfläche. Die Seitenlänge des in der x_1-x_2-Ebene liegenden Quadrates $ABCD$ beträgt 80 m, die Pyramide hat eine Höhe von 60 m.
Die Richtung der einfallenden Sonnenstrahlen ist gegeben durch den Vektor $\vec{u} = \begin{pmatrix} 2 \\ 4 \\ -3 \end{pmatrix}$.

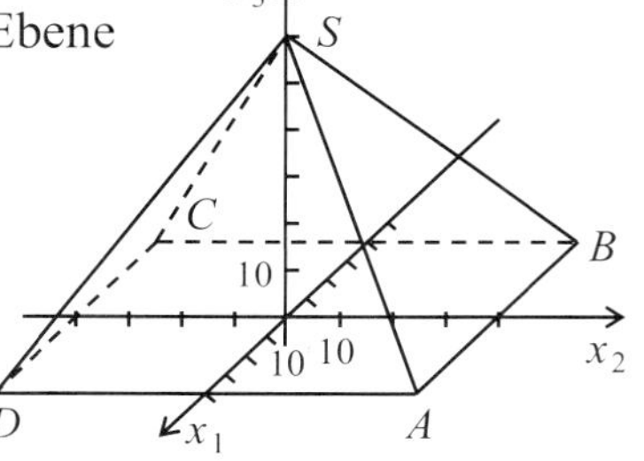

Der Schattenpunkt S' der Pyramidenspitze S liegt in der x_1-x_2-Ebene.
Berechnen Sie die Koordinaten von S'.

20. In dem Punkt $F(4|8|0)$ der x_1-x_2-Ebene steht ein 5 m hoher Mast mit S als Spitze. Auf den Mast fällt paralleles Sonnenlicht. Die Richtung der Sonnenstrahlen wird beschrieben durch den Vektor

$$\vec{u} = \begin{pmatrix} 1 \\ -2 \\ -2 \end{pmatrix}.$$

Prüfen Sie, ob ein Teil des Schattens auf die Wand in der x_1-x_3-Ebene fällt.

Beschreiben Sie die Form des Schattens.

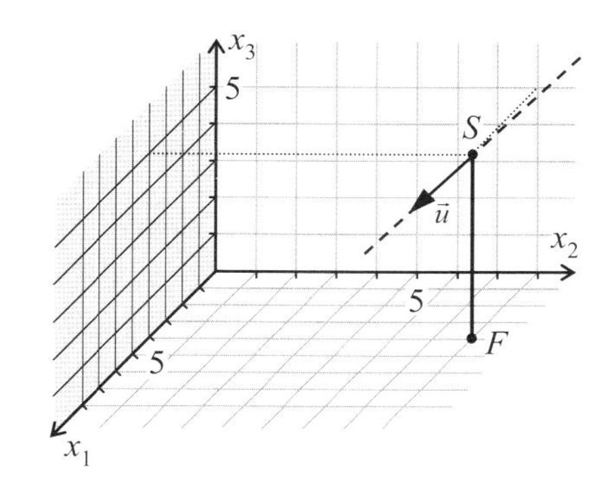

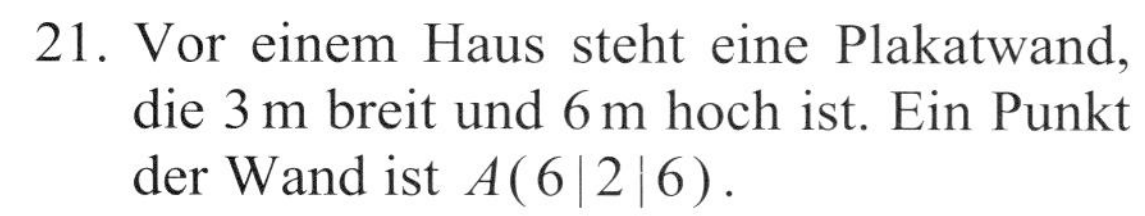

21. Vor einem Haus steht eine Plakatwand, die 3 m breit und 6 m hoch ist. Ein Punkt der Wand ist $A(6|2|6)$.

Auf die Plakatwand fällt paralleles Sonnenlicht. Die Richtung der Sonnenstrahlen ist gegeben durch den Vektor

$$\vec{u} = \begin{pmatrix} -3 \\ 1 \\ -1 \end{pmatrix}.$$

Bestimmen und beschreiben Sie den Verlauf des Schattens an der Hauswand und auf dem Boden.

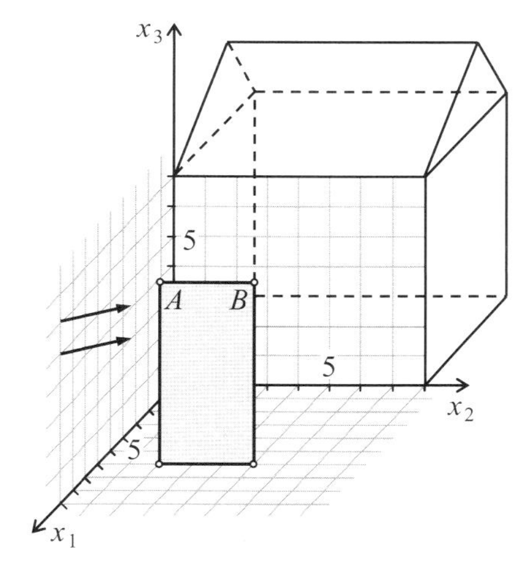

22. Der Fußpunkt $F(2|3|0)$ eines geraden Baums befindet sich in der x_1-x_2-Ebene. Paralleles Sonnenlicht fällt in Richtung des Vektors

$$\vec{u} = \begin{pmatrix} 2 \\ -2 \\ -3 \end{pmatrix}$$

ein und erzeugt von der Baumspitze S den Schattenpunkt $S'(8|-3|0)$.

Berechnen Sie die Höhe des Baums.

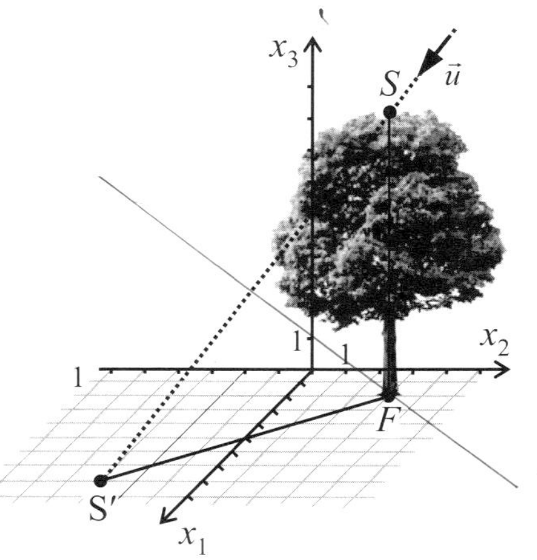

5.1.4 Lagebeziehungen zwischen zwei Geraden

Parallelität von Geraden

Zwei Geraden

$g_1 : \vec{x} = \vec{a}_1 + \lambda \cdot \vec{u}_1$ und $g_2 : \vec{x} = \vec{a}_2 + \mu \cdot \vec{u}_2$

sind parallel, wenn sie die gleiche Richtung haben. Dies ist genau dann der Fall, wenn die Richtungsvektoren $\vec{u}_1$ und $\vec{u}_2$ kollinear, d.h. Vielfache voneinander sind.
Andernfalls verlaufen g_1 und g_2 nicht parallel.

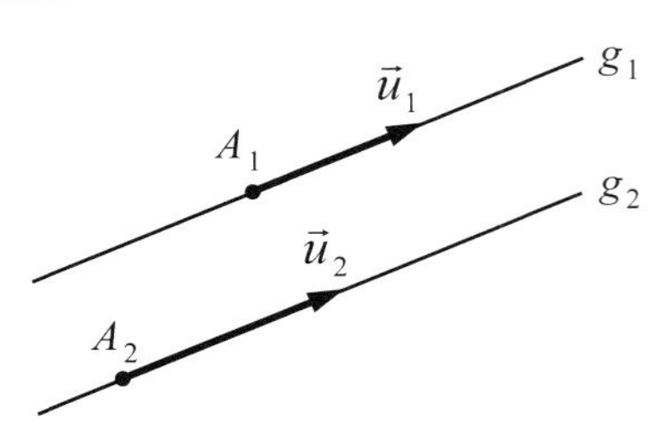

Parallelität von Geraden
Zwei Geraden $g_1 : \vec{x} = \vec{a}_1 + \lambda \cdot \vec{u}_1$ und $g_2 : \vec{x} = \vec{a}_2 + \mu \cdot \vec{u}_2$ sind parallel, wenn ihre Richtungsvektoren $\vec{u}_1$ und $\vec{u}_2$ kollinear sind.

Beispiel (Geraden auf Parallelität überprüfen)
Gegeben sind die Gerade g_1 durch die beiden Punkte $A(-1|2|3)$ und $B(1|3|5)$

sowie die Gerade $g_2 : \vec{x} = \begin{pmatrix} 0 \\ 1 \\ 3 \end{pmatrix} + \lambda \cdot \begin{pmatrix} 4 \\ 0 \\ 2 \end{pmatrix}$.

- *Test auf Parallelität*
  Die Richtungsvektoren $\vec{u}_1$ von g_1 und $\vec{u}_2$ von g_2 sind nicht kollinear (keine Vielfache).
  Die Geraden g_1 und g_2 sind daher nicht parallel.

$$\vec{u}_1 = \vec{b} - \vec{a} = \begin{pmatrix} 1 \\ 3 \\ 5 \end{pmatrix} - \begin{pmatrix} -1 \\ 2 \\ 3 \end{pmatrix} = \begin{pmatrix} 2 \\ 1 \\ 2 \end{pmatrix} \quad ; \quad \vec{u}_2 = \begin{pmatrix} 4 \\ 0 \\ 2 \end{pmatrix}$$

Aufgaben

23. Prüfen Sie, ob die Gerade g durch die Punkte $A(2|0|1)$ und $B(-1|6|1)$ sowie die Gerade h durch die Punkte $P(0|4|1)$ und $Q(3|-2|1)$ parallel sind.

24. Betrachtet wird ein Quader $ABCDEFGH$ mit den Eckpunkten $A(4|0|0)$, $D(0|0|0)$ und $G(0|8|4)$.
Die Punkte P, Q, R, S, T und U sind die jeweiligen Kantenmitten.

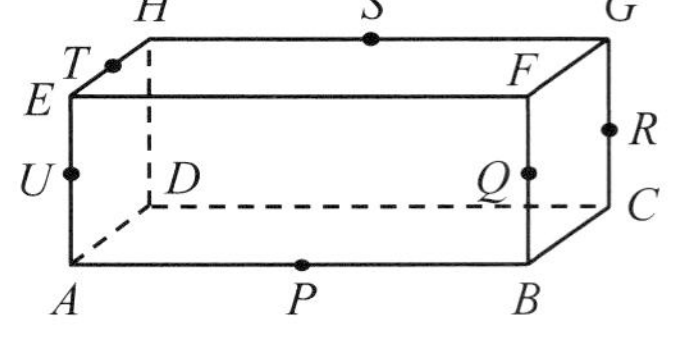

Prüfen Sie, ob folgende Geradenpaare parallel sind. Schätzen Sie zuerst.
a) AC und TS b) UG und PR c) TQ und SR

Lageuntersuchung für parallele Geraden

Wir betrachten im dreidimensionalen Raum zwei parallele Geraden

$$g_1 : \vec{x} = \vec{a}_1 + \lambda \cdot \vec{u}_1 \text{ und } g_2 : \vec{x} = \vec{a}_2 + \mu \cdot \vec{u}_2 \text{ (mit } \vec{u}_1, \vec{u}_2 \text{ kollinear).}$$

Es sind dabei zwei Fälle zu unterscheiden:

1. Die Geraden sind identisch.

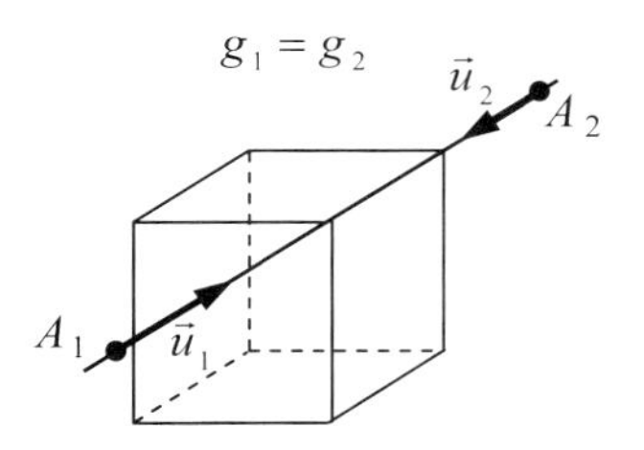

Lage des Aufpunkts A_2: $A_2 \in g_1$

2. Die Geraden sind verschieden (echt parallel).

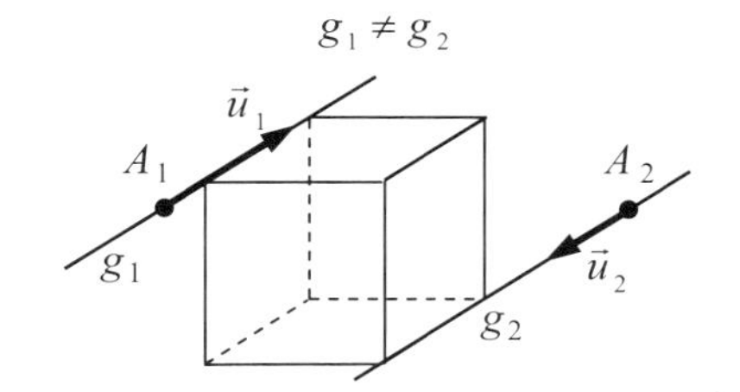

Lage des Aufpunkts A_2: $A_2 \notin g_1$

Lageentscheidung mithilfe einer Punktprobe

Die Frage, ob zwei parallele Geraden identisch oder verschieden (echt parallel) sind, lässt sich mithilfe einer Punktprobe entscheiden. Man überprüft für einen der Aufpunkte, ob er die Gleichung der jeweils anderen Geraden erfüllt.

- Gilt $A_2 \in g_1$, so sind die parallelen Geraden identisch.
- Gilt $A_2 \notin g_1$, so sind die parallelen Geraden verschieden (echt parallel).

Beispiel (Echt parallele Geraden)

Gegeben sind die Geraden $g_1 : \vec{x} = \begin{pmatrix} 0 \\ 1 \\ 2 \end{pmatrix} + \lambda \cdot \begin{pmatrix} 4 \\ -1 \\ 2 \end{pmatrix}$ und $g_2 : \vec{x} = \begin{pmatrix} 2 \\ 1 \\ 1 \end{pmatrix} + \mu \cdot \begin{pmatrix} -2 \\ 0,5 \\ -1 \end{pmatrix}$.

- *Test auf Parallelität*

  Die Richtungsvektoren von g_1 und g_2 sind kollinear, die beiden Geraden somit parallel.

  $$\vec{u}_1 = \begin{pmatrix} 4 \\ -1 \\ 2 \end{pmatrix} = (-2) \cdot \begin{pmatrix} -2 \\ 0,5 \\ -1 \end{pmatrix} = (-2) \cdot \vec{u}_2$$

- *Lageentscheidung*

  Wir führen eine Punktprobe für den Aufpunkt A_2 von g_2 bezüglich g_1 durch:

  $$\begin{pmatrix} 2 \\ 1 \\ 1 \end{pmatrix} = \begin{pmatrix} 0 \\ 1 \\ 2 \end{pmatrix} + \lambda \cdot \begin{pmatrix} 4 \\ -1 \\ 2 \end{pmatrix} \Leftrightarrow \begin{pmatrix} 2 \\ 0 \\ -1 \end{pmatrix} = \lambda \cdot \begin{pmatrix} 4 \\ -1 \\ 2 \end{pmatrix} \Leftrightarrow \begin{pmatrix} 2 = 4\lambda \\ 0 = -\lambda \\ -1 = 2\lambda \end{pmatrix} \Leftrightarrow \begin{pmatrix} \lambda = 0,5 \\ \lambda = 0 \\ \lambda = -0,5 \end{pmatrix}.$$

  Dieses Gleichungssystem ist unerfüllbar.
  Die Geraden g und h sind daher parallel und verschieden (echt parallel).

Beispiel (Identische Geraden)

Gegeben sind die Geraden $g_1: \vec{x} = \begin{pmatrix} 0 \\ 1 \\ 2 \end{pmatrix} + \lambda \cdot \begin{pmatrix} 4 \\ -1 \\ 2 \end{pmatrix}$ und $g_2: \vec{x} = \begin{pmatrix} 2 \\ 0{,}5 \\ 3 \end{pmatrix} + \mu \cdot \begin{pmatrix} -2 \\ 0{,}5 \\ -1 \end{pmatrix}$.

- *Test auf Parallelität*
  Die Richtungsvektoren von g_1 und g_2 sind kollinear, die beiden Geraden somit parallel.
  $$\vec{u}_1 = \begin{pmatrix} 4 \\ -1 \\ 2 \end{pmatrix} = (-2) \cdot \begin{pmatrix} -2 \\ 0{,}5 \\ -1 \end{pmatrix} = (-2) \cdot \vec{u}_2$$
- *Lageentscheidung*
  Wir führen eine Punktprobe für den Aufpunkt A_2 von g_2 bezüglich g_1 durch:
  $$\begin{pmatrix} 2 \\ 0{,}5 \\ 3 \end{pmatrix} = \begin{pmatrix} 0 \\ 1 \\ 2 \end{pmatrix} + \lambda \cdot \begin{pmatrix} 4 \\ -1 \\ 2 \end{pmatrix} \Leftrightarrow \begin{pmatrix} 2 \\ -0{,}5 \\ 1 \end{pmatrix} = \lambda \cdot \begin{pmatrix} 4 \\ -1 \\ 2 \end{pmatrix} \Leftrightarrow \begin{pmatrix} 2 = 4\lambda \\ -0{,}5 = -\lambda \\ 1 = 2\lambda \end{pmatrix} \Leftrightarrow \begin{pmatrix} \lambda = 0{,}5 \\ \lambda = 0{,}5 \\ \lambda = 0{,}5 \end{pmatrix}.$$
  Das Gleichungssystem wird durch $\lambda = 0{,}5$ gelöst. g_1 und g_2 sind daher identisch.

Die Frage, welcher der beiden Fälle vorliegt, kann auch auf ein **Schnittproblem** zurückgeführt werden. Das Gleichsetzungsverfahren (wir setzen die rechten Seiten der Parametergleichungen gleich) führt zu der Vektorgleichung: $\vec{a}_1 + \lambda \cdot \vec{u}_1 = \vec{a}_2 + \mu \cdot \vec{u}_2 \Leftrightarrow \lambda \cdot \vec{u}_1 - \mu \cdot \vec{u}_2 = \vec{a}_2 - \vec{a}_1$.

Das zugehörige Gleichungssystem besteht aus drei Gleichungen für die beiden Lösungsvariablen λ und μ:

- im Fall echt paralleler Geraden ist das Gleichungssystem unerfüllbar,
- im Fall identischer Geraden ist es nicht eindeutig erfüllbar.

Aufgaben

25. Begründen Sie, dass die Geraden parallel sind. Untersuchen Sie zusätzlich, ob sie echt parallel oder identisch sind.

    a) $g: \vec{x} = \begin{pmatrix} 1 \\ 0 \\ 1 \end{pmatrix} + \lambda \cdot \begin{pmatrix} -2 \\ 1 \\ 6 \end{pmatrix}$; $h: \vec{x} = \begin{pmatrix} -1 \\ 3 \\ 2 \end{pmatrix} + \mu \cdot \begin{pmatrix} 1 \\ -0{,}5 \\ -3 \end{pmatrix}$

    b) $g: \vec{x} = \begin{pmatrix} 5 \\ 5 \\ 1 \end{pmatrix} + \lambda \cdot \begin{pmatrix} -6 \\ 0 \\ 3 \end{pmatrix}$; $h: \vec{x} = \begin{pmatrix} -1 \\ 5 \\ 4 \end{pmatrix} + \mu \cdot \begin{pmatrix} 4 \\ 0 \\ -2 \end{pmatrix}$

26. Betrachtet werden die Gerade g durch die Punkte $A(2|0|1)$ und $B(-1|6|1)$ sowie die Gerade h durch die Punkte $P(0|4|1)$ und $Q(3|-2|1)$.

    Zeigen Sie, dass die Geraden g und h parallel sind und stellen Sie fest, ob sie echt parallel oder identisch sind.

Lageuntersuchung für nichtparallele Geraden

Wir betrachten im dreidimensionalen Raum zwei nicht parallele Geraden

$$g_1: \vec{x} = \vec{a}_1 + \lambda \cdot \vec{u}_1 \quad \text{und} \quad g_2: \vec{x} = \vec{a}_2 + \mu \cdot \vec{u}_2 \quad (\text{mit } \vec{u}_1,\ \vec{u}_2 \text{ nicht kollinear}).$$

Für nichtparallele Geraden können folgende Fälle unterschieden werden:

1. Die Geraden schneiden sich in einem Punkt.

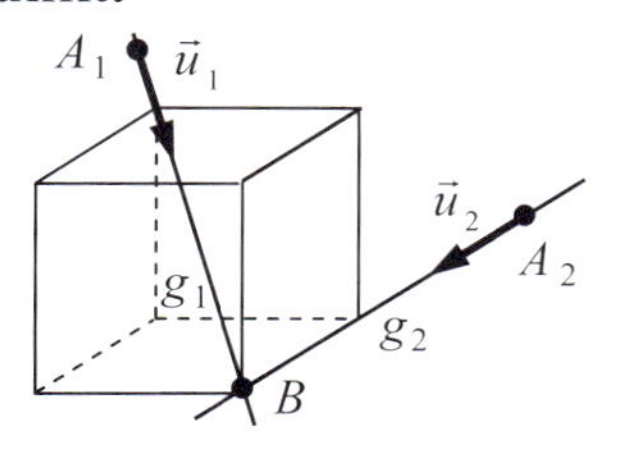

Die beiden Geraden g_1 und g_2 **schneiden sich** im Punkt B.

2. Die Geraden besitzen keinen gemeinsamen Punkt.

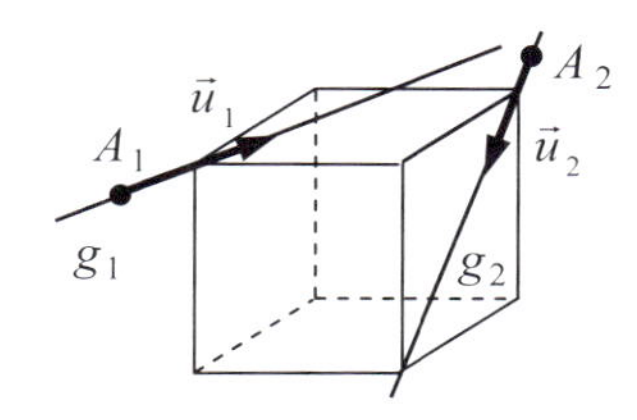

Die Geraden g_1 und g_2 sind **windschief**.

Zwei Geraden, die nicht parallel sind und keinen gemeinsamen Punkt besitzen, bezeichnet man als **windschief**.

Lageentscheidung mithilfe einer Schnittpunktberechnung

Die Frage, ob zwei nicht parallele Geraden sich in einem Punkt schneiden oder windschief sind, entscheidet man am einfachsten dadurch, dass man versucht, den Schnittpunkt zu berechnen. Hierbei verwendet man das Gleichsetzungsverfahren.

Beispiel (Windschiefe Geraden)

Gegeben sind die Geraden $g: \vec{x} = \begin{pmatrix} -11 \\ 7 \\ 1 \end{pmatrix} + \lambda \cdot \begin{pmatrix} -4 \\ 3 \\ -2 \end{pmatrix}$ und $h: \vec{x} = \begin{pmatrix} -4 \\ 11 \\ 4 \end{pmatrix} + \mu \cdot \begin{pmatrix} 3 \\ 5 \\ 1 \end{pmatrix}$.

- *Test auf Parallelität*

  Die Richtungsvektoren sind nicht kollinear, die Geraden daher nicht parallel.

- *Lageentscheidung (mithilfe des Gleichsetzungsverfahrens)*

$$\begin{pmatrix} -11 \\ 7 \\ 1 \end{pmatrix} + \lambda \cdot \begin{pmatrix} -4 \\ 3 \\ -2 \end{pmatrix} = \begin{pmatrix} -4 \\ 11 \\ 4 \end{pmatrix} + \mu \cdot \begin{pmatrix} 3 \\ 5 \\ 1 \end{pmatrix} \Leftrightarrow \begin{pmatrix} -4\lambda & - & 3\mu & = & 7 \\ 3\lambda & - & 5\mu & = & 4 \\ -2\lambda & - & \mu & = & 3 \end{pmatrix} \begin{matrix} (\text{I}) \\ (\text{II}) \\ (\text{III}) \end{matrix}$$

$$\text{Lösung:} \begin{cases} 2 \cdot (\text{III}) - (\text{I}): & \mu = -1 \\ \text{Einsetzen in (III):} & -2\lambda - (-1) = 3 \Leftrightarrow -2\lambda = 2 \Leftrightarrow \lambda = -1 \\ \text{Probe in (II):} & 3 \cdot (-1) - 5 \cdot (-1) = -3 + 5 = 2 \neq 4 \end{cases}$$

Das Gleichungssystem ist unerfüllbar.
Es gibt keinen Schnittpunkt. Die Geraden sind somit windschief.
Zu beachten ist, dass erst die Probe im 3. Lösungsschritt über die Erfüllbarkeit entscheidet.

Beispiel (Sich schneidende Geraden)

Gegeben sind die Geraden $g\colon \vec{x} = \begin{pmatrix} -1 \\ 2 \\ 6 \end{pmatrix} + \lambda \cdot \begin{pmatrix} -3 \\ 1 \\ -2 \end{pmatrix}$ und $h\colon \vec{x} = \begin{pmatrix} -6 \\ 1 \\ 3 \end{pmatrix} + \mu \cdot \begin{pmatrix} 2 \\ 2 \\ 1 \end{pmatrix}$.

- *Test auf Parallelität*

  Die Richtungsvektoren sind nicht kollinear, die Geraden daher nicht parallel.

- *Lageentscheidung (mithilfe des Gleichsetzungsverfahrens)*

$$\begin{pmatrix} -1 \\ 2 \\ 6 \end{pmatrix} + \lambda \cdot \begin{pmatrix} -3 \\ 1 \\ -2 \end{pmatrix} = \begin{pmatrix} -6 \\ 1 \\ 3 \end{pmatrix} + \mu \cdot \begin{pmatrix} 2 \\ 2 \\ 1 \end{pmatrix} \Leftrightarrow \begin{pmatrix} -3\lambda & - & 2\mu & = & -5 \\ \lambda & - & 2\mu & = & -1 \\ -2\lambda & - & \mu & = & -3 \end{pmatrix} \begin{matrix} \text{(I)} \\ \text{(II)} \\ \text{(III)} \end{matrix}$$

$$\text{Lösung:} \begin{cases} \text{(II)} - \text{(I)}: & 4\lambda = 4 \Leftrightarrow \lambda = 1 \\ \text{Einsetzen in (II)}: & 1 - 2\mu = -1 \Leftrightarrow -2\mu = -2 \Leftrightarrow \mu = 1 \\ \text{Probe in (III)}: & -2 \cdot 1 - 1 = -3 \end{cases}$$

  Das Gleichungssystem ist für $\lambda = 1$ und $\mu = 1$ erfüllt. Es gibt einen Schnittpunkt.

- *Schnittpunktberechnung*

  Wir setzen $\lambda = 1$ in die Gleichung von g ein. Die Geraden g und h schneiden sich im Punkt $S(-4|3|4)$.

$$\vec{s} = \begin{pmatrix} -1 \\ 2 \\ 6 \end{pmatrix} + 1 \cdot \begin{pmatrix} -3 \\ 1 \\ -2 \end{pmatrix} = \begin{pmatrix} -4 \\ 3 \\ 4 \end{pmatrix}$$

Aufgaben

27. Entscheiden Sie anhand der Abbildung, ob die angegebenen Geradenpaare sich schneiden, echt parallel oder windschief sind.

    a) Geraden BC und FG
    b) Geraden BC und HG
    c) Geraden EC und FG
    d) Geraden EC und HG
    e) Geraden FG und HG
    f) Geraden BC und EC

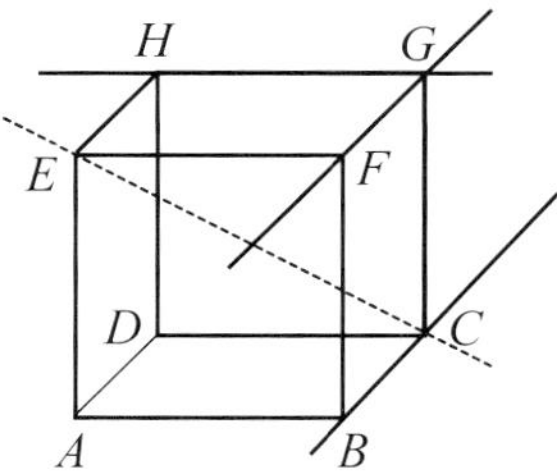

28. Begründen Sie, dass die Geraden

$$g\colon \vec{x} = \begin{pmatrix} 1 \\ 3 \\ -2 \end{pmatrix} + \lambda \cdot \begin{pmatrix} -2 \\ 0 \\ 3 \end{pmatrix} \text{ und } h\colon \vec{x} = \begin{pmatrix} 1 \\ 2 \\ 3 \end{pmatrix} + \mu \cdot \begin{pmatrix} 0 \\ 2 \\ 1 \end{pmatrix}$$

windschief sind.

29. Begründen Sie, dass sich die Geraden schneiden.

$$g\colon \vec{x} = \begin{pmatrix} 1 \\ 3 \\ -2 \end{pmatrix} + \lambda \cdot \begin{pmatrix} -1 \\ 1 \\ 3 \end{pmatrix} \quad \text{und} \quad h\colon \vec{x} = \begin{pmatrix} 1 \\ 1 \\ 0 \end{pmatrix} + \mu \cdot \begin{pmatrix} -1 \\ 2 \\ 2 \end{pmatrix}$$

Berechnen Sie den Schnittpunkt.

30. In einem Würfel der Kantenlänge 4 liegt die Raumdiagonale $\overline{EC}$ auf der Geraden g.
Die Punkte P, Q, R und S sind die Mittelpunkte der zugehörigen Kanten.
Wird g von den Geraden PQ bzw. SR geschnitten?
– Was vermuten Sie?
– Prüfen Sie Ihre Vermutung rechnerisch.

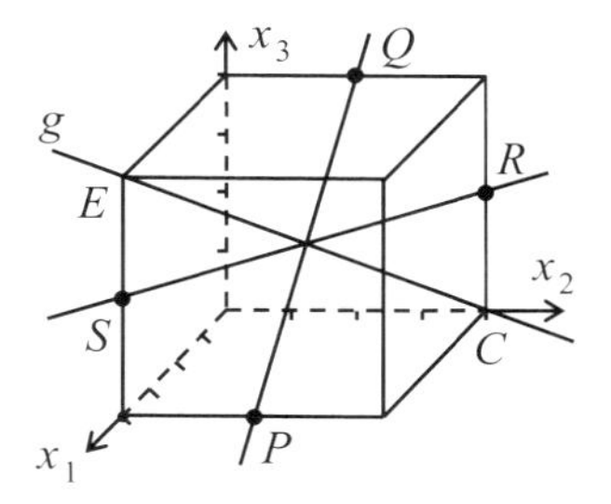

Die Frage, welcher der möglichen Fälle für zwei nichtparallele Geraden vorliegt, kann allgemein auch wie folgt untersucht werden.
Der Schnittpunktansatz führt mithilfe des Gleichsetzungsverfahrens zu der Vektorgleichung

$$\vec{a}_1 + \lambda \cdot \vec{u}_1 = \vec{a}_2 + \mu \cdot \vec{u}_2 \iff \lambda \cdot \vec{u}_1 - \mu \cdot \vec{u}_2 = \vec{a}_2 - \vec{a}_1 .$$

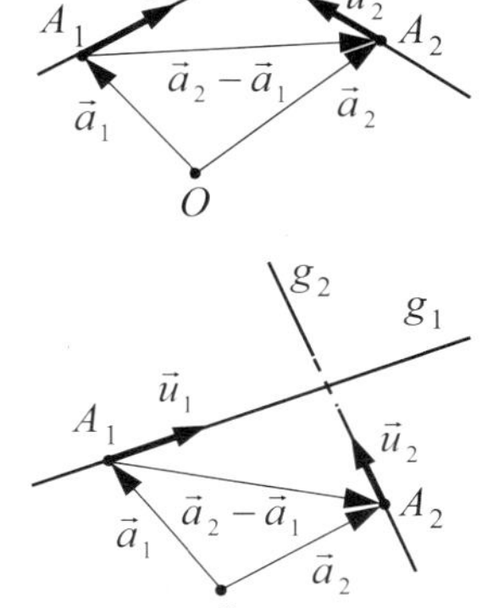

- Ist das zugehörige Gleichungssystem mit Zahlen $\lambda, \mu \in \mathbb{R}$ eindeutig erfüllbar, so ergibt sich ein Schnittpunkt.
  Die Vektoren $\vec{a}_2 - \vec{a}_1$, $\vec{u}_1$ und $\vec{u}_2$ sind dann komplanar.
  Nach dem Komplanaritätskriterium bedeutet dies:
  $$(\vec{u}_1 \times \vec{u}_2) \cdot (\vec{a}_2 - \vec{a}_1) = 0 .$$
  In diesem Fall liefert das Komplanaritätskriterium jedoch nur die Information, dass es einen Schnittpunkt gibt. Der Schnittpunkt selbst muss durch Lösen des Gleichungssystems gesondert berechnet werden.
- Ist das Gleichungssystem dagegen unerfüllbar, so sind die Geraden windschief.
  Die Vektoren $\vec{a}_2 - \vec{a}_1$, $\vec{u}_1$ und $\vec{u}_2$ sind in diesem Fall nicht komplanar. Es gilt: $(\vec{u}_1 \times \vec{u}_2) \cdot (\vec{a}_2 - \vec{a}_1) \neq 0$.

Aufgabe

31. Für welche $k \in \mathbb{R}$ sind die Geraden windschief?

$$g\colon \vec{x} = \begin{pmatrix} 0 \\ -1 \\ -3 \end{pmatrix} + \lambda \cdot \begin{pmatrix} -1 \\ k \\ 0 \end{pmatrix} \quad \text{und} \quad h\colon \vec{x} = \begin{pmatrix} 1 \\ 0 \\ 1 \end{pmatrix} + \mu \cdot \begin{pmatrix} -1 \\ 0 \\ 2k \end{pmatrix}$$

Lageuntersuchung für Geraden im Überblick

Im folgenden Diagramm ist die Vorgehensweise zur Untersuchung der Lagebeziehung zwischen zwei Geraden

$$g_1 : \vec{x} = \vec{a}_1 + \lambda \cdot \vec{u}_1 \quad \text{und} \quad g_2 : \vec{x} = \vec{a}_2 + \mu \cdot \vec{u}_2$$

in einer Übersicht dargestellt.

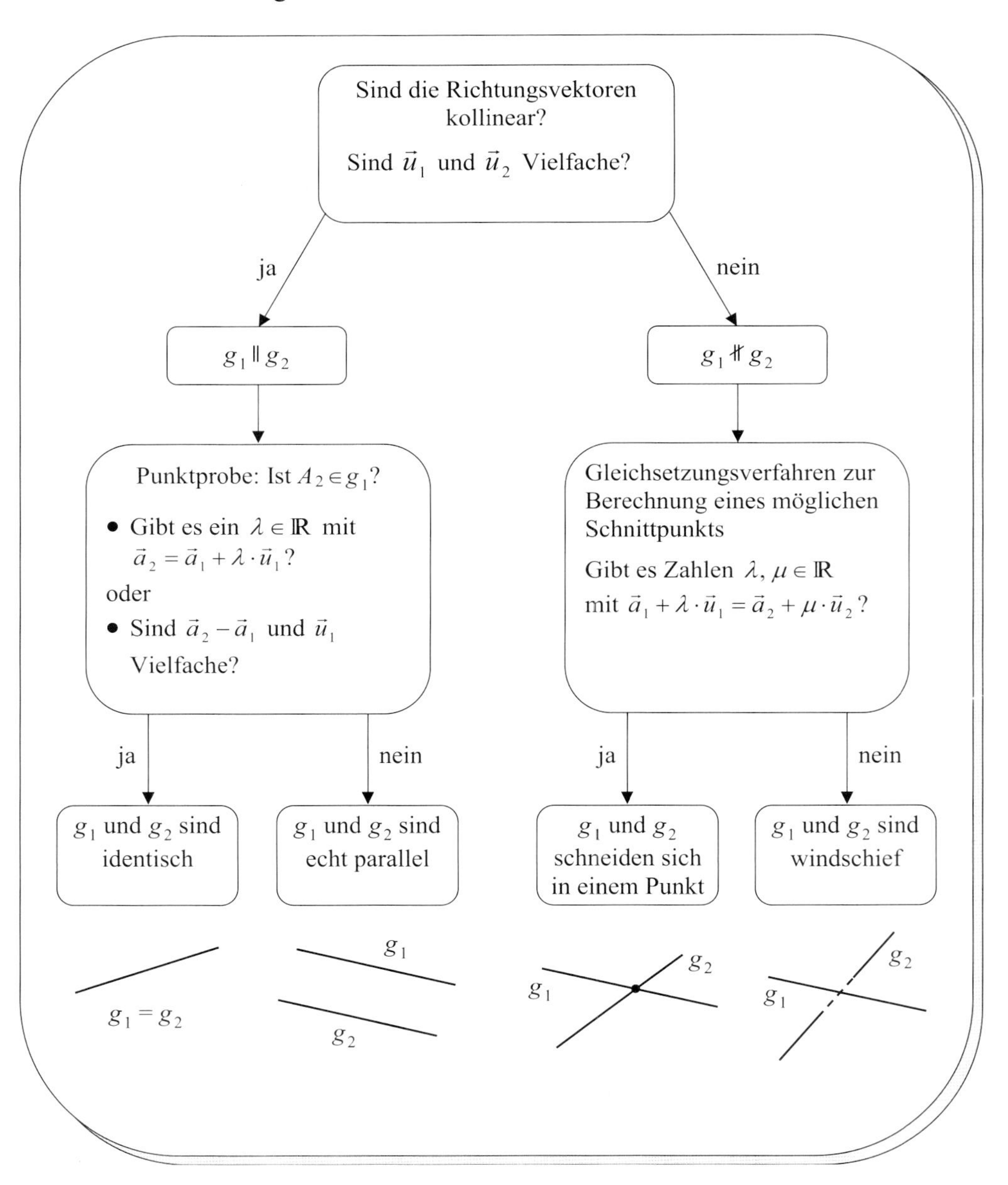

Aufgaben

32. Gegeben sind $g: \vec{x} = \begin{pmatrix} 0 \\ 4 \\ 1 \end{pmatrix} + \lambda \cdot \begin{pmatrix} 2 \\ -1 \\ 0 \end{pmatrix}$ und $h: \vec{x} = \begin{pmatrix} -2 \\ 5 \\ 2 \end{pmatrix} + \mu \cdot \begin{pmatrix} -4 \\ 2 \\ 1 \end{pmatrix}$.

    Bestimmen Sie den Schnittpunkt der beiden Geraden.

33. Gegeben sind Geraden mit den Gleichungen

    $$g: \vec{x} = \begin{pmatrix} 4 \\ -1 \\ 2 \end{pmatrix} + \lambda \cdot \begin{pmatrix} 1 \\ -2 \\ 1 \end{pmatrix}, \; h: \vec{x} = \begin{pmatrix} 2 \\ 1 \\ -4 \end{pmatrix} + \mu \cdot \begin{pmatrix} 2 \\ -2 \\ 1 \end{pmatrix} \text{ und } k: \vec{x} = \begin{pmatrix} 3 \\ 1 \\ 2 \end{pmatrix} + \nu \cdot \begin{pmatrix} -1 \\ 2 \\ -1 \end{pmatrix}.$$

    Welche der Geraden sind zueinander parallel, welche sogar identisch?

34. Zeigen Sie, dass die Geraden g und h windschief sind.

    a) $g: \vec{x} = \begin{pmatrix} 1 \\ 1 \\ 1 \end{pmatrix} + \lambda \cdot \begin{pmatrix} 1 \\ -1 \\ 0 \end{pmatrix}$; $h: \vec{x} = \begin{pmatrix} 1 \\ 1 \\ 0 \end{pmatrix} + \mu \cdot \begin{pmatrix} 0 \\ 1 \\ 1 \end{pmatrix}$

    b) $g: \vec{x} = \begin{pmatrix} 1 \\ -1 \\ 1 \end{pmatrix} + \lambda \cdot \begin{pmatrix} 2 \\ 3 \\ 3 \end{pmatrix}$; $h: \vec{x} = \begin{pmatrix} 0 \\ 1 \\ 1 \end{pmatrix} + \mu \cdot \begin{pmatrix} -1 \\ 2 \\ 4 \end{pmatrix}$

35. Untersuchen Sie die Geraden g und h auf ihre gegenseitige Lage. Berechnen Sie gegebenenfalls den Schnittpunkt.

    a) $g: \vec{x} = \begin{pmatrix} -11 \\ 9 \\ 1 \end{pmatrix} + \lambda \cdot \begin{pmatrix} -4 \\ 3 \\ -2 \end{pmatrix}$; $h: \vec{x} = \begin{pmatrix} -4 \\ 11 \\ 4 \end{pmatrix} + \mu \cdot \begin{pmatrix} 3 \\ 5 \\ 1 \end{pmatrix}$

    b) $g: \vec{x} = \begin{pmatrix} 5 \\ 5 \\ 1 \end{pmatrix} + \lambda \cdot \begin{pmatrix} 2 \\ 1 \\ 0 \end{pmatrix}$; $h: \vec{x} = \begin{pmatrix} 1 \\ 3 \\ 1 \end{pmatrix} + \mu \cdot \begin{pmatrix} 2 \\ 1 \\ 1 \end{pmatrix}$

    c) $g: \vec{x} = \begin{pmatrix} 3 \\ 5 \\ 4 \end{pmatrix} + \lambda \cdot \begin{pmatrix} 4 \\ 6 \\ 4 \end{pmatrix}$; $h: \vec{x} = \begin{pmatrix} 8 \\ 2 \\ 7 \end{pmatrix} + \mu \cdot \begin{pmatrix} 3 \\ 1 \\ 5 \end{pmatrix}$

    d) $g: \vec{x} = \begin{pmatrix} 3 \\ 5{,}5 \\ -1 \end{pmatrix} + \lambda \cdot \begin{pmatrix} 4 \\ -3 \\ 6 \end{pmatrix}$; $h: \vec{x} = \begin{pmatrix} 13 \\ -2 \\ 14 \end{pmatrix} + \mu \cdot \begin{pmatrix} -6 \\ 4{,}5 \\ -9 \end{pmatrix}$

36. Untersuchen Sie die Lagebeziehung der Geraden g und h.

a) $g: \vec{x} = \lambda \cdot \begin{pmatrix} 2 \\ 0 \\ -3 \end{pmatrix}$; $h: \vec{x} = \mu \cdot \begin{pmatrix} 4 \\ 0 \\ -5 \end{pmatrix}$

b) $g: \vec{x} = \begin{pmatrix} 5 \\ 2 \\ 0 \end{pmatrix} + \lambda \cdot \begin{pmatrix} 1 \\ 0 \\ -3 \end{pmatrix}$; $h: \vec{x} = \begin{pmatrix} 8 \\ 4 \\ -1 \end{pmatrix} + \mu \cdot \begin{pmatrix} 2 \\ 1 \\ -2 \end{pmatrix}$

37. Gegeben ist die Gerade mit der Gleichung $g: \vec{x} = \begin{pmatrix} 1 \\ 2 \\ 3 \end{pmatrix} + \lambda \cdot \begin{pmatrix} -1 \\ 1 \\ 0 \end{pmatrix}$.

Geben Sie eine Gleichung einer Geraden
a) h an, welche die Gerade g schneidet,
b) k an, welche zur Gerade g parallel ist,
c) l an, welche zur Gerade g windschief ist.

38. Prüfen Sie rechnerisch, ob sich die Geraden g_1 und g_2 schneiden.

a)

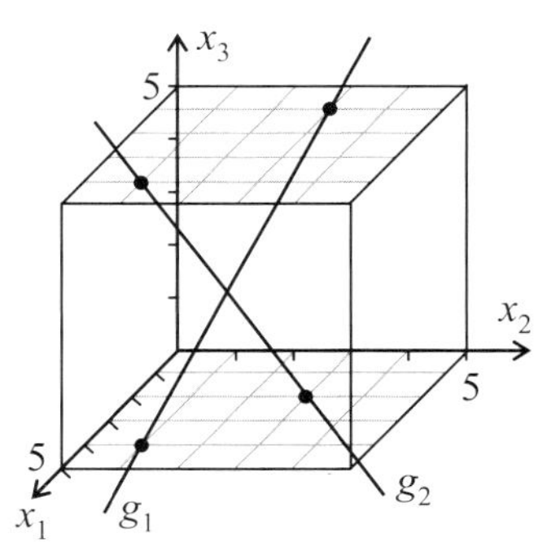

b)

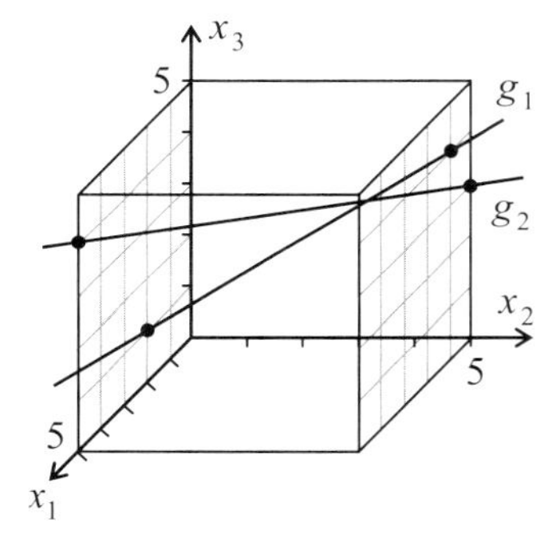

39. Gegeben ist ein Pyramidenstumpf mit den Eckpunkten
$A(4|0|0)$; $B(4|4|0)$,
$C(0|4|0)$; $D(0|0|0)$,
$E(3|1|3)$; $F(3|3|3)$,
$G(1|3|3)$; $H(1|1|3)$.

a) Zeigen Sie: $\overline{AB} \parallel \overline{HG}$,
$\overline{BC} \parallel \overline{EH}$.

b) Berechnen Sie den Schnittpunkt der Geraden durch die Seitenkanten.

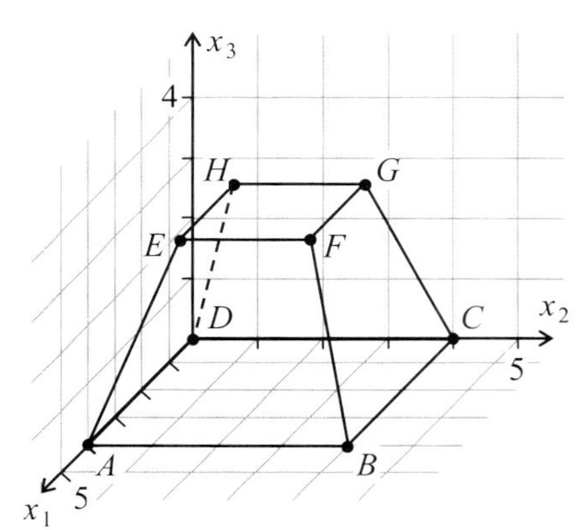

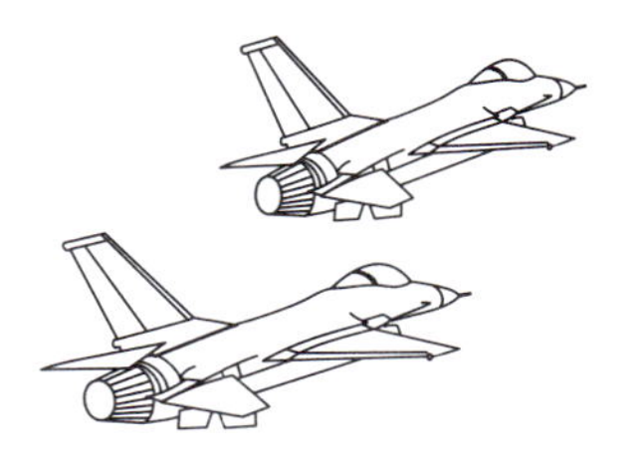

40. Ein Flugzeug einer Kunstflugstaffel durchfliegt geradlinig die beiden Positionen $A(-400\,|\,200\,|\,500)$ und $B(300\,|\,900\,|\,500)$.
Ein zweites Flugzeug der Staffel durchfliegt die Position $C(500\,|\,600\,|\,400)$ in Richtung des Vektors

$$\vec{v} = \begin{pmatrix} 100 \\ 100 \\ 0 \end{pmatrix} \text{ (alle Angaben in km).}$$

a) Beurteilen Sie die Flugrichtungen in Bezug auf die Erdoberfläche.
b) Begründen Sie, dass sich die beiden Flugzeuge im Parallelflug befinden.

41. Ein Passagierflugzeug F_1 befindet sich im Punkt $A(10\,|\,30\,|\,2)$ und fliegt geradlinig in Richtung des Punktes $B(40\,|\,90\,|\,2)$. Ein Sportflugzeug F_2 befindet sich zum gleichen Zeitpunkt im Punkt $C(70\,|\,90\,|\,11)$ und nimmt Kurs auf den Punkt $D(70\,|\,110\,|\,8)$ (alle Angaben in km).

a) Begründen Sie, dass sich die beiden Flugzeuge auf Kollisionskurs befinden.
b) Prüfen Sie, ob es tatsächlich zum Crash kommt, wenn sich F_1 mit der Geschwindigkeit 800 km/h, F_2 mit 350 km/h bewegt.

Vermischte Aufgaben und Aufgaben mit einem Parameter

42. Die Koordinatenachsen verlaufen durch den Koordinatenursprung.
a) Begründen Sie, dass sich die Koordinatenachsen durch die folgenden Gleichungen darstellen lassen:

x_1-Achse: $$\vec{x} = \lambda \cdot \vec{e}_1 = \lambda \cdot \begin{pmatrix} 1 \\ 0 \\ 0 \end{pmatrix}$$

x_2-Achse: $$\vec{x} = \lambda \cdot \vec{e}_2 = \lambda \cdot \begin{pmatrix} 0 \\ 1 \\ 0 \end{pmatrix}$$

x_3-Achse: $$\vec{x} = \lambda \cdot \vec{e}_3 = \lambda \cdot \begin{pmatrix} 0 \\ 0 \\ 1 \end{pmatrix}$$

b) Untersuchen Sie, welche Koordinatenachsen geschnitten werden von

$$g: \vec{x} = \begin{pmatrix} 4 \\ -7 \\ 8 \end{pmatrix} + \lambda \cdot \begin{pmatrix} -2 \\ 5 \\ -4 \end{pmatrix} \text{ und } h: \vec{x} = \begin{pmatrix} 3 \\ 2 \\ 1 \end{pmatrix} + \mu \cdot \begin{pmatrix} -1 \\ -3 \\ 0 \end{pmatrix}.$$

43. Gegeben sind die Geraden

$$g: \vec{x} = \begin{pmatrix} -7 \\ 0 \\ 5 \end{pmatrix} + \lambda \cdot \begin{pmatrix} -4 \\ 1 \\ 1 \end{pmatrix} \quad \text{und} \quad h: \vec{x} = \begin{pmatrix} -5 \\ -29 \\ 6 \end{pmatrix} + \mu \cdot \begin{pmatrix} 2 \\ 9 \\ -1 \end{pmatrix}.$$

Zeigen Sie, dass sich die Geraden schneiden. Berechnen Sie den Schnittpunkt. Prüfen Sie, ob sich die beiden Geraden sogar rechtwinklig schneiden.

44. Gegeben sind die Gerade g und für $k \in \mathbb{R}$ die Geradenschar h_k:

$$g: \vec{x} = \begin{pmatrix} 3 \\ 1 \\ 1 \end{pmatrix} + \lambda \cdot \begin{pmatrix} 2 \\ 1 \\ 1 \end{pmatrix} \quad \text{und} \quad h_k: \vec{x} = \begin{pmatrix} 0 \\ 1 \\ 2 \end{pmatrix} + \mu \cdot \begin{pmatrix} k \\ 4 \\ 1 \end{pmatrix}.$$

Welche Gerade der Schar h_k schneidet die Gerade g?
Geben Sie für diesen Fall die Koordinaten des Schnittpunkts an.

45. Bestimmen Sie den Parameter $k \in \mathbb{R}$ so, dass die Geraden

$$g_k: \vec{x} = \begin{pmatrix} -3 \\ 2 \\ 1 \end{pmatrix} + \lambda \cdot \begin{pmatrix} -3 \\ -6 \\ -k \end{pmatrix} \quad \text{und} \quad h_k: \vec{x} = \begin{pmatrix} k \\ 4 \\ 1 \end{pmatrix} + \mu \cdot \begin{pmatrix} 1 \\ 2 \\ 1 \end{pmatrix}$$

a) zueinander parallel sind,

b) sich schneiden.

46. Gegeben sind die Geradenschar g_k und die Gerade h:

$$g_k: \vec{x} = \begin{pmatrix} k-2 \\ -k+4 \\ 5 \end{pmatrix} + \lambda \cdot \begin{pmatrix} 0 \\ -1 \\ 1 \end{pmatrix} \text{ (mit } k \in \mathbb{R}\text{) und } h: \vec{x} = \begin{pmatrix} 5 \\ 1 \\ 1 \end{pmatrix} + \mu \cdot \begin{pmatrix} 0 \\ 1 \\ -1 \end{pmatrix}.$$

a) Welche Gerade der Schar schneidet die x_2-Achse?

b) Gibt es eine Gerade der Schar, die durch den Ursprung verläuft?

c) Zeigen Sie, dass die Gerade h zur Schar g_k gehört.

47. Gegeben sind die Punkte $A(4|2|5)$, $B(6|0|6)$ und die Gerade

$$g: \vec{x} = \begin{pmatrix} 6 \\ 6 \\ 9 \end{pmatrix} + \lambda \cdot \begin{pmatrix} -1 \\ 4 \\ 1 \end{pmatrix}.$$

Auf der Geraden g gibt es einen Punkt C so, dass die Strecken $\overline{AB}$ und $\overline{BC}$ senkrecht aufeinander stehen. Berechnen Sie die Koordinaten des Punktes C.

Begründen und Argumentieren

1 Gegeben ist eine Gerade $g\colon \vec{x} = \begin{pmatrix} 3 \\ 2 \\ 1 \end{pmatrix} + \lambda \cdot \vec{u}$ mit einem Richtungsvektor $\vec{u} \neq \vec{0}$.

Geben Sie einen Vektor $\vec{u}$ derart an, dass

a) die Gerade g durch den Ursprung verläuft,

b) die Gerade g parallel zur x_1-Achse verläuft,

c) die Gerade g parallel zur x_2-x_3-Ebene ist.

2 Welche der Aussagen über die Geraden $g\colon \vec{x} = \vec{a} + \lambda \cdot \vec{u}$ und $h\colon \vec{x} = \vec{b} + \mu \cdot \vec{v}$ sind wahr, welche sind falsch? Begründen Sie Ihre Entscheidung.

a) Die Geraden g und h sind identisch, wenn die Vektoren $\vec{u}$ und $\vec{v}$ kollinear sind.

b) Wenn die Vektoren $\vec{u}$ und $\vec{v}$ nicht kollinear sind, dann schneiden sich die Geraden g und h in einem Punkt.

c) Wenn sich die Geraden g und h in einem Punkt schneiden, dann sind die Vektoren $\vec{u}$ und $\vec{v}$ nicht kollinear.

d) Wenn die Geraden g und h windschief sind, dann sind die Vektoren $\vec{a}$ und $\vec{b}$ verschieden.

e) Wenn die Geraden g und h windschief sind, dann sind die Vektoren $\vec{u}$ und $\vec{v}$ nicht kollinear.

3 Was gehört zusammen?

a) $\vec{x} = \vec{a} + \lambda \cdot \vec{u}$ mit $\lambda \in [0\,;1]$ ① AB

b) $\vec{x} = \vec{a} + \lambda \cdot \vec{u}$ mit $\lambda \in \mathbb{R}$ ② $\overset{\vdash}{AB}$

c) $\vec{x} = \vec{a} + \lambda \cdot \vec{u}$ mit $\lambda \in \mathbb{R}_0^+$ ③ $\overline{AB}$

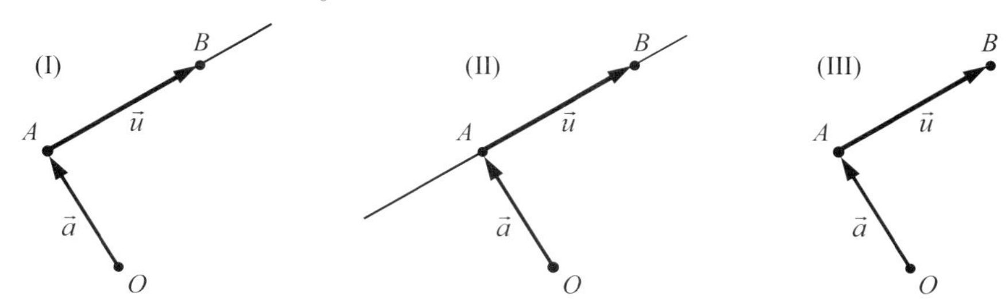

4 Es seien $\vec{u}$ und $\vec{v}$ nicht kollinear. Zeigen Sie, dass sich die Geraden

$$g\colon \vec{x} = \vec{a} + \vec{v} + \lambda \cdot \vec{u} \text{ und } h\colon \vec{x} = \vec{a} - \vec{u} + \mu \cdot \vec{v}$$

schneiden.

Abituraufgabenteile

A1. Bei einer Flugschau von Modellflugzeugen werden zwei Modellflugzeuge F_1 und F_2 betrachtet.

In der Gleichung der Flugbahn g von Modellflugzeug F_1

$$g: \vec{x} = \begin{pmatrix} -56 \\ 15 \\ 2 \end{pmatrix} + t \cdot \begin{pmatrix} 14 \\ -5 \\ 1,5 \end{pmatrix}$$

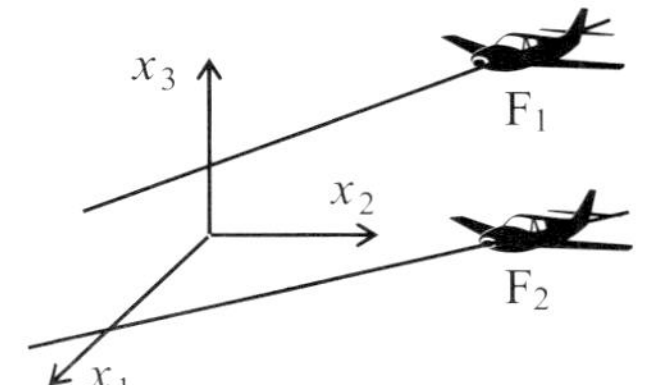

soll der Parameter t als Maßzahl der Zeit in Sekunden nach dem Beobachtungsbeginn ($t = 0$) aufgefasst werden.

Das Modellflugzeug F_2 befindet sich zunächst im Punkt $H(-7|57|20)$ und fliegt in einer Richtung, die durch den Vektor $\vec{v} = \begin{pmatrix} 7 \\ -6 \\ 0 \end{pmatrix}$ gegeben ist.

a) Nennen Sie die Koordinaten des Punktes, in dem sich das Flugzeug F_1 zum Beobachtungsbeginn befindet und berechnen Sie die Länge der Strecke, die es pro Sekunde zurücklegt.

b) Wenn sich das Modellflugzeug F_1 im Punkt $(-56|15|2)$ befindet, befindet sich das Modellflugzeug F_2 in H.
Beschreiben Sie die Flugbahn von F_2 analog zur Flugbahn g von F_1.
Untersuchen Sie, ob die beiden Flugzeuge zusammenstoßen.

(Saarland 2014, E-Kurs, Haupttermin)

A2. Ein Rathaus besteht aus einem Quader mit aufgesetztem Walmdach.
(siehe Skizze; Maße in Meter)
Gegeben sind die Punkte
$D(0|0|15)$, $E(8|0|15)$, $F(8|20|15)$, $G(0|20|15)$ und $T(4|17|21)$.

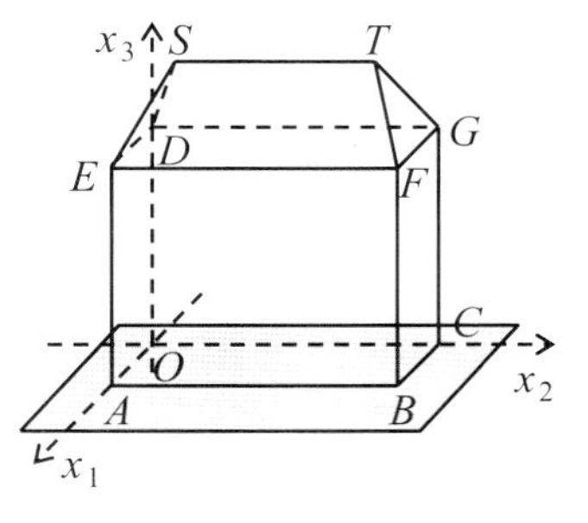

Neben dem Rathaus steht im Punkt $F_1(4|37|0)$ ein 13 m hoher senkrechter Fahnenmast mit der Spitze F_2.

Der Vektor $\vec{v} = \begin{pmatrix} 1 \\ -17 \\ -11 \end{pmatrix}$ gibt die Richtung des einfallenden Sonnenlichts an.

a) Zeigen Sie, dass der Schatten des Mastes $\overline{F_1F_2}$ eine Rathauswand trifft.

b) Berechnen Sie die gesamte Länge des Schattens.

(Saarland 2006, Nachtermin)

A3. Auf dem Boden des Mittelmeeres wurde ein antiker Marmorkörper entdeckt, der ersten Unterwasseraufnahmen zufolge die Form eines Pyramidenstumpfs besitzen könnte.
Mithilfe eines Peilungssystems konnte die Lage von sieben der acht Eckpunkte ermittelt und zur weiteren Analyse des Körpers in einem kartesischen Koordinatensystem modellhaft dargestellt werden:

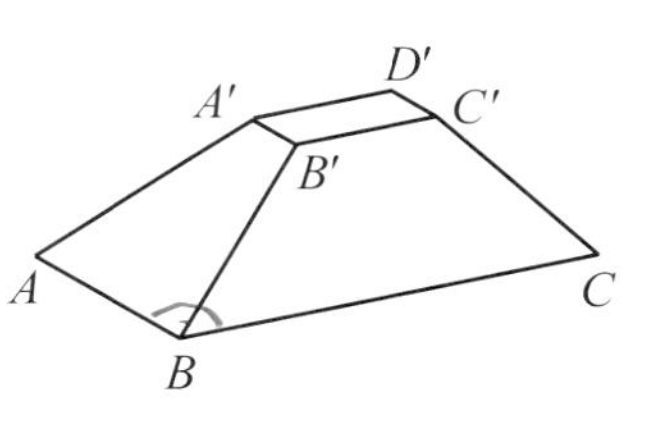

- Grundfläche: $A(0|0|0)$, $B(-6|-12|12)$, $C(18|-36|0)$
- Deckfläche: $A'(14|-8|8)$, $B'(12|-12|12)$, $C'(20|-20|8)$ und $D'(22|-16|4)$

a) Zeigen Sie, dass die Deckfläche $A'B'C'D'$ ein Rechteck ist und den Inhalt 72 besitzt.

b) Weisen Sie nach, dass das Dreieck ABC bei B rechtwinklig ist, und bestimmen Sie die Koordinaten des Punkts D, der gemeinsam mit A, B und C die Eckpunkte eines Rechtecks bildet.

Durch Berechnungen wird bestätigt, dass der Marmorkörper die Form eines Pyramidenstumpfs hat und dass die Deckfläche parallel zur Grundfläche ist und von dieser den Abstand 12 hat.
Im Modell wird für weitere Überlegungen auch die zum Stumpf gehörige Pyramide mit Grundfläche $ABCD$ betrachtet.

c) Berechnen Sie die Höhe h dieser Pyramide.

d) Bestimmen Sie das Volumen des Pyramidenstumpfs.

(Bayern 2011, G-Kurs, Haupttermin, Aufgabengruppe VI)

A4. Gegeben ist eine Gerade g und eine Geradenschar h_t:

$$g: \vec{x} = \begin{pmatrix} -2 \\ 0 \\ 5 \end{pmatrix} + \lambda \cdot \begin{pmatrix} -2 \\ 1 \\ 3 \end{pmatrix} \text{ mit } \lambda \in \mathbb{R},$$

$$h_t: \vec{x} = \begin{pmatrix} -2 \\ 4 \\ 3 \end{pmatrix} + \mu \cdot \begin{pmatrix} 2t \\ -3t+1 \\ t-2 \end{pmatrix} \text{ mit } \mu \in \mathbb{R},\ t \in \mathbb{R}.$$

Untersuchen Sie, ob die Gerade g parallel zu einer Geraden h_t der Schar verläuft und ob g und eine Gerade h_t der Schar identisch sind.

(Saarland 2000, Haupttermin, A2, 1.4)

5.2 Ebenen, Halbebenen und Flächen

5.2.1 Parametergleichungen für Ebenen

Eine Ebene e im Anschauungsraum ist durch einen Punkt A und zwei nicht parallele Richtungen festgelegt. Da eine Ebene nach allen Seiten unbegrenzt ist, können wir zeichnerisch nur **Ebenenausschnitte** darstellen.

In der Abbildung wird dies für die Ebene veranschaulicht, die durch den Parallelogrammausschnitt angedeutet ist.

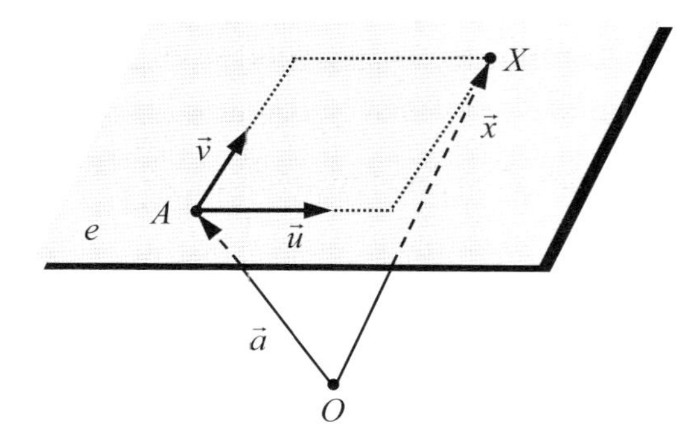

Den Aufpunkt A beschreibt man durch seinen Ortsvektor $\vec{a}$, die beiden Richtungen durch zwei nicht kollineare Vektoren $\vec{u}$ und $\vec{v}$, die die Ebene aufspannen.

Für einen beliebigen Punkt X mit Ortsvektor $\vec{x}$ gilt:

$X \in e \Leftrightarrow \overrightarrow{AX}$ ist Linearkombination von $\vec{u}$ und $\vec{v}$.

$\Leftrightarrow$ Es gibt $\lambda, \mu \in \mathbb{R}$ mit $\overrightarrow{AX} = \lambda \cdot \vec{u} + \mu \cdot \vec{v}$.

$\Leftrightarrow$ Es gibt $\lambda, \mu \in \mathbb{R}$ mit $\vec{x} - \vec{a} = \lambda \cdot \vec{u} + \mu \cdot \vec{v}$.

$\Leftrightarrow$ Es gibt $\lambda, \mu \in \mathbb{R}$ mit $\vec{x} = \vec{a} + \lambda \cdot \vec{u} + \mu \cdot \vec{v}$.

Die Ebene e lässt sich erfassen in der Form:

$$e = \left\{ X \in E^3 \mid \text{Es gibt } \lambda, \mu \in \mathbb{R} \text{ mit } \vec{x} = \vec{a} + \lambda \cdot \vec{u} + \mu \cdot \vec{v} \right\}.$$

Durchlaufen die Parameter λ und μ alle reellen Zahlen, so erhält man für X alle Punkte der Ebene e.

Parametergleichung (Punktrichtungsgleichung) einer Ebene

Die Ebene durch den Punkt A des Anschauungsraumes, deren Richtungen durch die nicht kollinearen Vektoren $\vec{u} \neq \vec{0}$ und $\vec{v} \neq \vec{0}$ bestimmt sind, hat die Gleichung $\vec{x} = \vec{a} + \lambda \cdot \vec{u} + \mu \cdot \vec{v}$ mit $\lambda, \mu \in \mathbb{R}$.

Sie heißt **Parameter-** oder **Punktrichtungsgleichung** der Ebene e.

Der Ortsvektor $\vec{a}$ zum **Aufpunkt** A heißt **Stützvektor**, die Vektoren $\vec{u}$ und $\vec{v}$ heißen **Richtungsvektoren** der Ebene.

Kurzschreibweise: $e: \vec{x} = \vec{a} + \lambda \cdot \vec{u} + \mu \cdot \vec{v}$

Die Parameterform einer Ebene ist der schon bekannten Darstellung von Geraden sehr ähnlich. Auch hier gibt es einen Stützvektor, statt nur einem Richtungsvektor gibt es bei einer Ebene aber zwei Richtungsvektoren.

Wie die Parametergleichung einer Geraden, so ist auch die Parametergleichung einer Ebene nicht eindeutig:

- Jeder Punkt der Ebene kann als Aufpunkt dienen.
- Sind $\vec{u}$ und $\vec{v}$ Richtungsvektoren einer Ebene e, so kann auch jede Linearkombination von $\vec{u}$ und $\vec{v}$ als Richtungsvektor dienen.

Zu ein und derselben Ebene gibt es **unendlich viele** Parametergleichungen.

Beispiel (Parametergleichung und Punkt einer Ebene bestimmen)

Gegeben sind der Punkt $A(-2\,|\,1\,|\,4)$ und die Vektoren $\vec{u} = \begin{pmatrix} 1 \\ 3 \\ -2 \end{pmatrix}$ und $\vec{v} = \begin{pmatrix} 4 \\ 0 \\ -7 \end{pmatrix}$.

Gesucht sind eine Gleichung der zugehörigen Ebene e und ein weiterer Punkt.

- *Ebenengleichung*

  Durch den Punkt A und die beiden Vektoren $\vec{u}$ und $\vec{v}$ ist eine Ebene eindeutig festgelegt.

  $$e: \vec{x} = \begin{pmatrix} -2 \\ 1 \\ 4 \end{pmatrix} + \lambda \cdot \begin{pmatrix} 1 \\ 3 \\ -2 \end{pmatrix} + \mu \cdot \begin{pmatrix} 4 \\ 0 \\ -7 \end{pmatrix}, \ \lambda, \mu \in \mathbb{R}$$

- *Weiterer Punkt von e*

  In der Ebenengleichung wählt man spezielle Werte für die Parameter λ und μ.

  Wir wählen z.B. $\lambda = -1$ und $\mu = 2$:

  $$\vec{p} = \begin{pmatrix} -2 \\ 1 \\ 4 \end{pmatrix} + (-1) \cdot \begin{pmatrix} 1 \\ 3 \\ -2 \end{pmatrix} + 2 \cdot \begin{pmatrix} 4 \\ 0 \\ -7 \end{pmatrix} = \begin{pmatrix} 5 \\ -2 \\ -8 \end{pmatrix}.$$

  Ein weiterer Punkt von e ist $P(5\,|\,-2\,|\,-8)$.

Eine Ebene ist auch eindeutig festgelegt durch die Angabe dreier Punkte A, B und C, die nicht auf einer gemeinsamen Geraden liegen.

Für die rechts ausschnittsweise dargestellte Ebene haben wir den Punkt A als Aufpunkt gewählt. Mithilfe der Ortsvektoren $\vec{a}$, $\vec{b}$ und $\vec{c}$ kann man zwei Richtungsvektoren der Ebene angeben, z.B. die Vektoren $\vec{b} - \vec{a}$ und $\vec{c} - \vec{a}$.

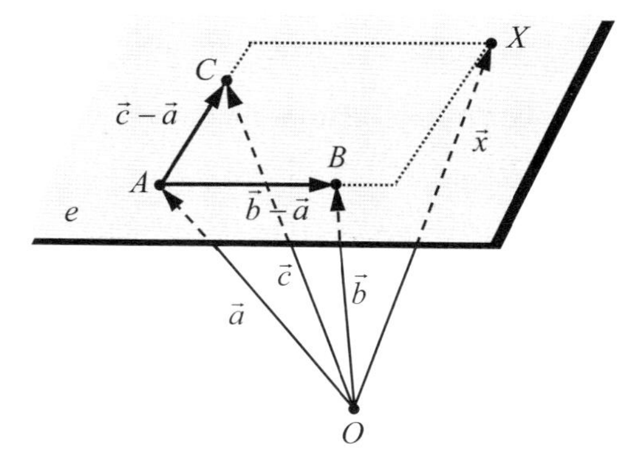

Dreipunktegleichung einer Ebene

Die Ebene durch drei verschiedene Punkte A, B und C, die nicht auf einer gemeinsamen Geraden liegen, mit den Ortsvektoren $\vec{a}$, $\vec{b}$ und $\vec{c}$ hat die Gleichung $\vec{x} = \vec{a} + \lambda \cdot (\vec{b} - \vec{a}) + \mu \cdot (\vec{c} - \vec{a})$ mit $\lambda, \mu \in \mathbb{R}$.

Sie heißt **Dreipunktegleichung** der Ebene durch die Punkte A, B und C.

Kurzschreibweise: $e: \vec{x} = \vec{a} + \lambda \cdot (\vec{b} - \vec{a}) + \mu \cdot (\vec{c} - \vec{a})$

Beispiel (Punktprobe bei einer Ebene in Parameterform)

Gegeben ist die Ebene e mit der Gleichung $e\colon \vec{x} = \begin{pmatrix} 2 \\ 4 \\ 1 \end{pmatrix} + \lambda \cdot \begin{pmatrix} 3 \\ 2 \\ -1 \end{pmatrix} + \mu \cdot \begin{pmatrix} 1 \\ 4 \\ -2 \end{pmatrix}$.

Gehören die Punkte $P(3|-2|4)$ und $Q(9|9|-3)$ zu e?

Dazu ist zu prüfen, ob es Werte für die Parameter λ und μ so gibt, dass die Ortsvektoren von P und Q die Ebenengleichung erfüllen.

- $P \in e$?

$$\begin{pmatrix} 3 \\ -2 \\ 4 \end{pmatrix} = \begin{pmatrix} 2 \\ 4 \\ 1 \end{pmatrix} + \lambda \cdot \begin{pmatrix} 3 \\ 2 \\ -1 \end{pmatrix} + \mu \cdot \begin{pmatrix} 1 \\ 4 \\ -2 \end{pmatrix} \Leftrightarrow \begin{cases} 3 = 2 + 3\lambda + \mu \\ -2 = 4 + 2\lambda + 4\mu \\ 4 = 1 - \lambda - 2\mu \end{cases}$$

$$\Leftrightarrow \begin{cases} 3\lambda + \mu = 1 & \text{(I)} \\ 2\lambda + 4\mu = -6 & \text{(II)} \\ -\lambda - 2\mu = 3 & \text{(III)} \end{cases}$$

$$\text{Lösung:} \begin{cases} 2\cdot\text{(I)} + \text{(III)}: & 5\lambda = 5 \Leftrightarrow \lambda = 1 \\ \text{Einsetzen in (I)}: & 3 + \mu = 1 \Leftrightarrow \mu = -2 \\ \text{Probe in (II)}: & 2\cdot 1 + 4\cdot(-2) = -6 \quad \text{(w)} \end{cases}$$

Das Gleichungssystem ist für $\lambda = 1$ und $\mu = -2$ erfüllt.
Der Punkt $P(3|-2|4)$ liegt also in der Ebene e.

- $Q \in e$?

$$\begin{pmatrix} 9 \\ 9 \\ -3 \end{pmatrix} = \begin{pmatrix} 2 \\ 4 \\ 1 \end{pmatrix} + \lambda \cdot \begin{pmatrix} 3 \\ 2 \\ -1 \end{pmatrix} + \mu \cdot \begin{pmatrix} 1 \\ 4 \\ -2 \end{pmatrix} \Leftrightarrow \begin{cases} 9 = 2 + 3\lambda + \mu \\ 9 = 4 + 2\lambda + 4\mu \\ -3 = 1 - \lambda - 2\mu \end{cases}$$

$$\Leftrightarrow \begin{cases} 3\lambda + \mu = 7 & \text{(I)} \\ 2\lambda + 4\mu = 5 & \text{(II)} \\ -\lambda - 2\mu = -4 & \text{(III)} \end{cases}$$

$$\text{Lösung:} \begin{cases} 2\cdot\text{(I)} + \text{(III)}: & 5\lambda = 10 \Leftrightarrow \lambda = 2 \\ \text{Einsetzen in (I)}: & 3\cdot 2 + \mu = 7 \Leftrightarrow \mu = 1 \\ \text{Probe in (II)}: & 2\cdot 2 + 4\cdot 1 = 8 \neq 5 \end{cases}$$

Das Gleichungssystem ist unerfüllbar.
Der Punkt $Q(9|9|-3)$ gehört somit nicht zur Ebene e.

Es ist zu beachten, dass auch in diesem Fall erst die Probe im 3. Lösungsschritt über die Erfüllbarkeit des Gleichungssystems entscheidet.

Parameterdarstellung der Koordinatenebenen

In dem von uns verwendeten kartesischen Koordinatensystem werden die Koordinatenachsen als x_1-Achse, x_2-Achse und x_3-Achse bezeichnet. Mithilfe der Einheitsvektoren $\vec{e}_1$, $\vec{e}_2$ und $\vec{e}_3$ in Achsenrichtung konnten wir eine Parameterdarstellung der Koordinatenachsen angeben.

Als Koordinatenebene bezeichnet man eine von zwei Einheitsvektoren aufgespannte Ursprungsebene. Im dreidimensionalen Raum gibt es drei Koordinatenebenen, die wir als x_1-x_2-Ebene, x_1-x_3-Ebene und x_2-x_3-Ebene bezeichnen.

Die folgende Übersicht zeigt die Darstellung der Koordinatenebenen durch eine Parametergleichung.

- **x_1-x_2-Ebene**

$$\vec{x} = \lambda \cdot \vec{e}_1 + \mu \cdot \vec{e}_2 = \lambda \cdot \begin{pmatrix} 1 \\ 0 \\ 0 \end{pmatrix} + \mu \cdot \begin{pmatrix} 0 \\ 1 \\ 0 \end{pmatrix}$$

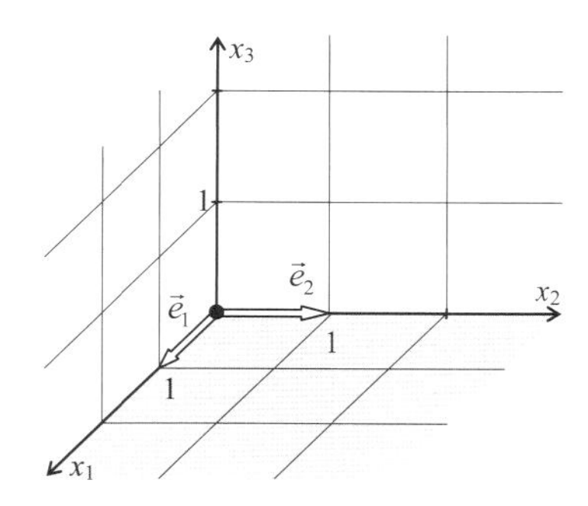

- **x_1-x_3-Ebene**

$$\vec{x} = \lambda \cdot \vec{e}_1 + \mu \cdot \vec{e}_3 = \lambda \cdot \begin{pmatrix} 1 \\ 0 \\ 0 \end{pmatrix} + \mu \cdot \begin{pmatrix} 0 \\ 0 \\ 1 \end{pmatrix}$$

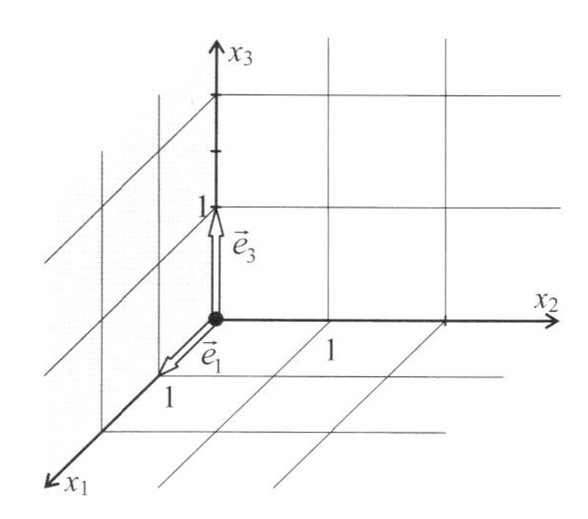

- **x_2-x_3-Ebene**

$$\vec{x} = \lambda \cdot \vec{e}_2 + \mu \cdot \vec{e}_3 = \lambda \cdot \begin{pmatrix} 0 \\ 1 \\ 0 \end{pmatrix} + \mu \cdot \begin{pmatrix} 0 \\ 0 \\ 1 \end{pmatrix}$$

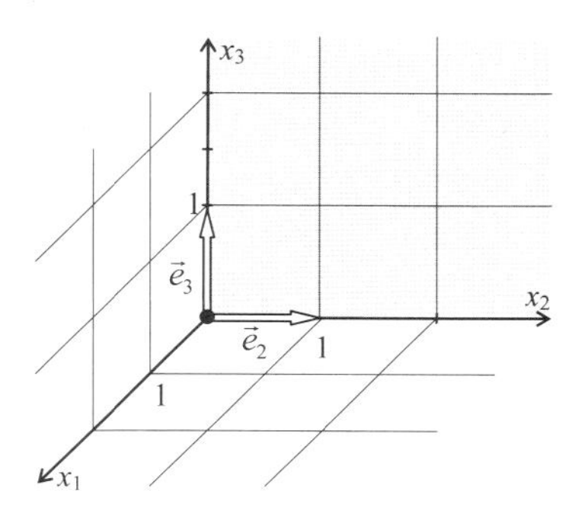

Wir werden in einem der nächsten Abschnitte eine weitere, sehr viel einfachere Darstellungsform für die Koordinatenebenen betrachten.

Aufgaben

1. Gegeben ist eine Ebene e (angedeutet durch den Parallelogrammausschnitt) mit dem Aufpunkt A und den Richtungsvektoren $\vec{u}$ und $\vec{v}$ durch die Gleichung $e: \vec{x} = \vec{a} + \lambda \cdot \vec{u} + \mu \cdot \vec{v}$.

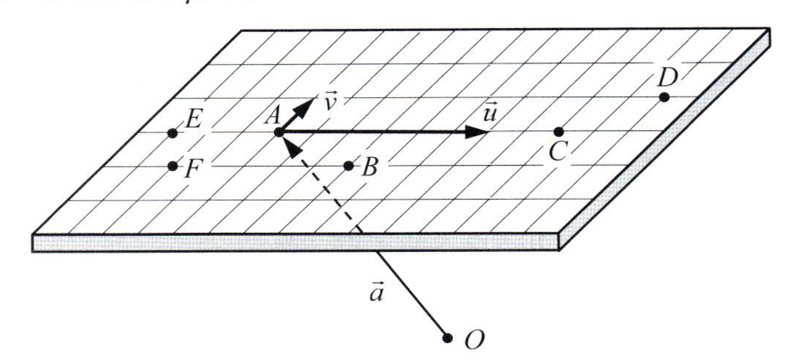

Lesen Sie die λ- und die μ-Werte ab, die zu den eingezeichneten Punkten A, B, C, D, E und F führen.

2. Gegeben ist eine Ebene e durch die Gleichung

$$e: \vec{x} = \begin{pmatrix} 0 \\ 0,5 \\ 1 \end{pmatrix} + \lambda \cdot \begin{pmatrix} 0 \\ 3 \\ 0 \end{pmatrix} + \mu \cdot \begin{pmatrix} 2 \\ 4 \\ 0 \end{pmatrix}.$$

Geben Sie die Punkte in der Ebene an, die zu den folgenden Parameterpaaren $(\lambda \mid \mu)$ gehören: $(0 \mid 0)$, $(\frac{1}{2} \mid 0)$, $(1 \mid -\frac{1}{2})$ und $(1 \mid 1)$.

3. Geben Sie eine Gleichung der Ebene durch die Punkte A, B und C an.

a) $A(2 \mid -4 \mid 0)$, $B(-3 \mid 1 \mid 4)$ und $C(5 \mid 0 \mid 1)$

b) $A(1 \mid -1 \mid 5)$, $B(-5 \mid 4 \mid 3)$ und $C(0 \mid 0 \mid 1)$

4. Bestimmen Sie jeweils eine Parametergleichung der Ebene, in der die Seitenflächen $ABFE$ bzw. $BCGF$ des Quaders liegen.

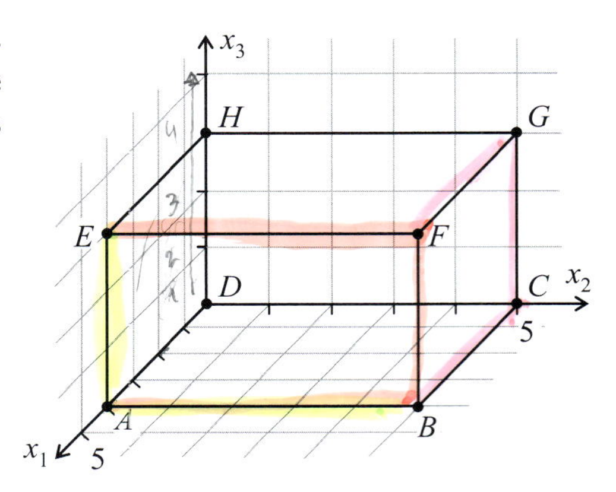

5. Gegeben ist eine Pyramide mit einem Quadrat der Seitenlänge 4 als Grundfläche sowie dem Punkt $S(2|2|4)$ als Spitze.

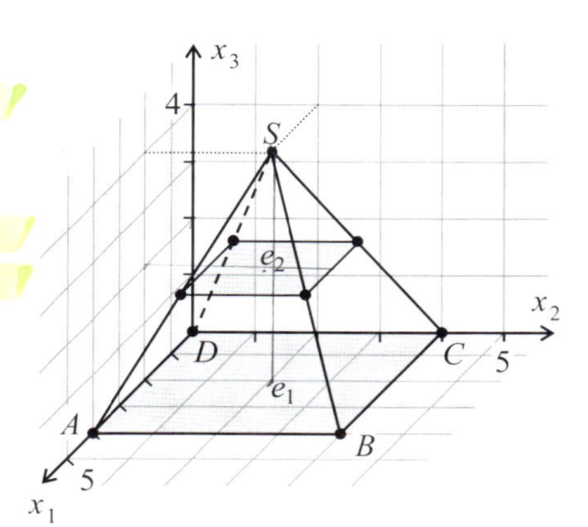

   a) Bestimmen Sie eine Parametergleichung der Ebene e_1, in der die Bodenfläche liegt.
   Entnehmen Sie die notwendigen Informationen aus der Zeichnung.

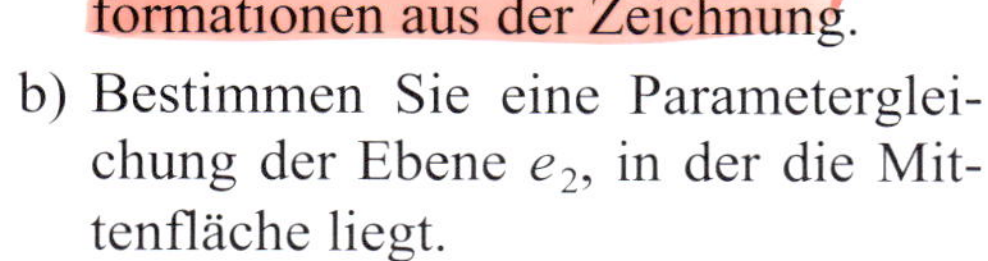

   b) Bestimmen Sie eine Parametergleichung der Ebene e_2, in der die Mittenfläche liegt.

6. a) Stellen Sie eine Punktrichtungsgleichung der Ebene auf, die durch den Punkt $A(2|4|1)$ verläuft und die folgenden Richtungsvektoren besitzt:

$$\vec{u} = \begin{pmatrix} 3 \\ 2 \\ -1 \end{pmatrix} \quad \text{und} \quad \vec{v} = \begin{pmatrix} 0 \\ 4 \\ -2 \end{pmatrix}.$$

   b) Untersuchen Sie, ob die Punkte $P(5|2|2)$ und $Q(5|3|3)$ in dieser Ebene liegen.

7. Überprüfen Sie, ob die Punkte $P(11|0|0)$ und $Q(-2|2|7)$ in der Ebene e liegen.

$$e: \vec{x} = \begin{pmatrix} 1 \\ 2 \\ 6 \end{pmatrix} + \lambda \cdot \begin{pmatrix} -5 \\ 1 \\ 3 \end{pmatrix} + \mu \cdot \begin{pmatrix} 2 \\ -1 \\ -2 \end{pmatrix}$$

8. Prüfen Sie, ob es eine Ebene e gibt, die durch den Punkt $B(4|2|1)$ verläuft und die Gerade g enthält. Geben Sie gegebenenfalls eine Parametergleichung dieser Ebene an.

   a) $g: \vec{x} = \begin{pmatrix} 1 \\ 2 \\ 3 \end{pmatrix} + \lambda \cdot \begin{pmatrix} 1 \\ 0 \\ 5 \end{pmatrix}$

   b) $g: \vec{x} = \begin{pmatrix} 1 \\ 2 \\ 3 \end{pmatrix} + \lambda \cdot \begin{pmatrix} -3 \\ 0 \\ 2 \end{pmatrix}$

9. a) Überprüfen Sie, ob die Punkte $A(4|5|2)$, $B(1|1|-2)$, $C(5|0|1)$ und $D(-2|0|3)$ in einer Ebene liegen.

   b) Überprüfen Sie, ob das Viereck $ABCD$ mit den Eckpunkten $A(2|0|3)$, $B(3|4|-5)$, $C(5|1|8)$ und $D(6|5|0)$ eben ist.

10. Gegeben sind die Punkte $P(4|2|5)$, $Q(6|0\ 6)$ und die Gerade

$$g: \vec{x} = \begin{pmatrix} 6 \\ 6 \\ 9 \end{pmatrix} + \lambda \cdot \begin{pmatrix} -1 \\ 4 \\ 1 \end{pmatrix}.$$

Bestimmen Sie eine Parametergleichung der Ebene e, die den Punkt P und die Gerade g enthält, und weisen Sie nach, dass auch der Punkt Q in dieser Ebene liegt.

11. a) Stellen Sie eine Parametergleichung der x_1-x_2-Ebene auf.
    b) Geben Sie eine Parametergleichung der Ebene e an, die durch den Punkt $A(4|2|-1)$ verläuft und parallel zur x_1-x_2-Ebene ist.

12. Beschreiben Sie die besondere Lage der Ebenen im Raum.

a) $e: \vec{x} = \begin{pmatrix} 1 \\ 1 \\ 0 \end{pmatrix} + \lambda \cdot \begin{pmatrix} -4 \\ 2 \\ 0 \end{pmatrix} + \mu \cdot \begin{pmatrix} 4 \\ -5 \\ 0 \end{pmatrix}$ b) $e: \vec{x} = \begin{pmatrix} 3 \\ 1 \\ 2 \end{pmatrix} + \lambda \cdot \begin{pmatrix} 0 \\ -1 \\ 2 \end{pmatrix} + \mu \cdot \begin{pmatrix} 0 \\ -3 \\ -4 \end{pmatrix}$

13. Geben Sie eine Gleichung für die Ebene e an.
    a) e ist die x_1-x_3-Ebene.
    b) e geht durch den Punkt $A(0|4|0)$ und ist senkrecht zur x_2-Achse.
    c) e geht durch $P(3|0|4)$ und enthält die Gerade $g: \vec{x} = \begin{pmatrix} 3 \\ 1 \\ 0 \end{pmatrix} + \lambda \cdot \begin{pmatrix} 0 \\ 4 \\ 0 \end{pmatrix}$.

14. Gegeben ist die Geradenschar $g_t: \vec{x} = \begin{pmatrix} 2 \\ -1 \\ 3 \end{pmatrix} + \lambda \cdot \begin{pmatrix} -3 \\ 4 \\ 2t \end{pmatrix}$ mit $t \in \mathbb{R}$.

Begründen Sie, dass alle Geraden der Schar g_t in einer gemeinsamen Ebene e liegen, und ermitteln Sie eine Parametergleichung dieser Ebene.

15. Gegeben ist die Geradenschar $g_t: \vec{x} = \begin{pmatrix} 4+3t \\ t \\ 4t-3 \end{pmatrix} + \lambda \cdot \begin{pmatrix} -3 \\ 2 \\ -4 \end{pmatrix}$ mit $t \in \mathbb{R}$.

a) Die Aufpunkte der Geradenschar liegen selbst auf einer Geraden h. Geben Sie einen Aufpunkt und einen Richtungsvektor von h an.
b) Geben Sie eine Parametergleichung der Ebene e an, in der alle Geraden der Schar enthalten sind.

5.2.2 Beschreibung von Halbebenen und Flächen

Die Parametergleichung einer Ebene in der Form $e: \vec{x} = \vec{a} + \lambda \cdot \vec{u} + \mu \cdot \vec{v}$ eignet sich auch zur Beschreibung von Halbebenen und Flächen. Wie bei den Geraden sind auch in diesem Fall die Bereiche der Parameter λ und μ geeignet zu wählen.

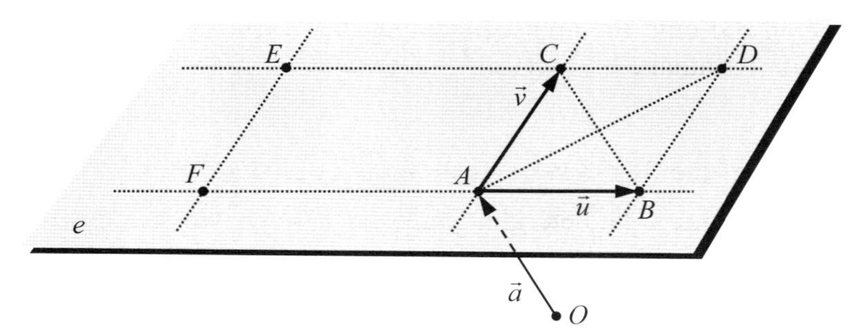

Anhand der Zeichnung lassen sich folgende Intervalle für die Parameter λ und μ ablesen:

• **Halbebene** mit Rand, in der C liegt und von der Geraden AB begrenzt wird.	$\lambda \in \mathbb{R}$ und $\mu \in \mathbb{R}_0^+$
• **Viertelebene** mit Rand, die von den Strahlen $\overline{AF}$ und $\overline{AC}$ begrenzt wird.	$\lambda \in \mathbb{R}_0^-$ und $\mu \in \mathbb{R}_0^+$
• **Parallelogramm** $FBDE$ ohne Rand.	$\lambda \in]-2;1[$ und $\mu \in]0;1[$

Besonders hervorgehoben werden sollen die beiden folgenden Fälle:

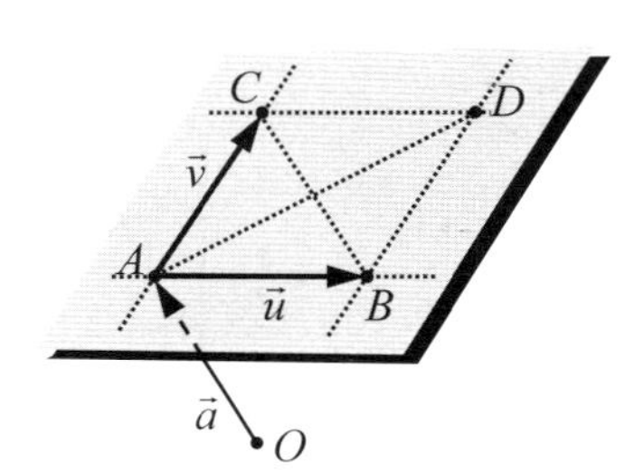

- **Parallelogrammfläche**

  Für das von den Vektoren $\vec{u} = \overrightarrow{AB}$ und $\vec{v} = \overrightarrow{AC}$ aufgespannte Parallelogramm gilt der Parameterbereich:

  $\lambda, \mu \in [0;1]$.

- **Dreiecksfläche** (LK)

  Für das von den Vektoren $\vec{u} = \overrightarrow{AB}$ und $\vec{v} = \overrightarrow{AC}$ aufgespannte Dreieck gilt der Parameterbereich:

  $\lambda, \mu \in \mathbb{R}_0^+$ und $\lambda + \mu \leq 1$.

  Diese Eigenschaft ist keineswegs offensichtlich und auch nicht ganz einfach nachzuweisen.

PDF Adobe Beweis 5.2.2

Aufgaben

16. Die abgebildeten Halbebenen und Flächen werden durch Vektoren $\vec{u}$ und $\vec{v}$ erzeugt und in der Parameterform $\vec{x} = \vec{a} + \lambda \cdot \vec{u} + \mu \cdot \vec{v}$ beschrieben.
Geben Sie die zugehörigen Parameterbereiche an.

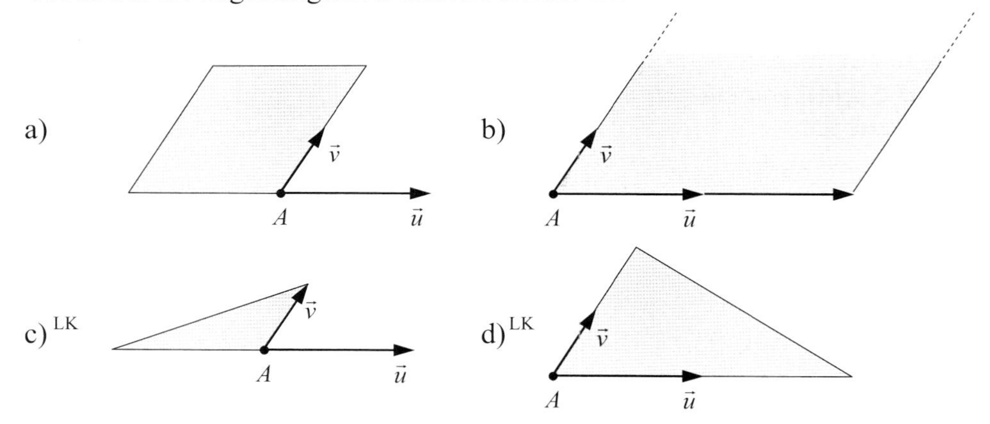

17. Gegeben sind ein Punkt A und zwei nicht kollineare Vektoren $\vec{u}$ und $\vec{v}$. Skizzieren und beschreiben Sie die Punktmenge, welche durch die Parametergleichung $\vec{x} = \vec{a} + \lambda \cdot \vec{u} + \mu \cdot \vec{v}$ beschrieben wird, wenn für die Parameter gilt:

a) $\lambda = 1$ und $\mu \in \mathbb{R}$ b) $0 \leq \lambda$ und $\mu = 0{,}5$

c) $0 \leq \lambda$ und $0 \leq \mu$ d) $0 \leq \lambda \leq 2$ und $0 \leq \mu \leq 0{,}5$

e)[LK] $0 \leq \lambda, \mu$ mit $\lambda + \mu \leq 1$

18. Die Abbildung zeigt ein Gebäude, das aus einem Quader mit aufgesetztem Walmdach besteht.
Drei Kanten des Gebäudes liegen auf den Koordinatenachsen; die Bodenfläche liegt in der horizontalen x_1-x_2-Ebene.
Gegeben sind die Punkte:
$D(0|0|15)$, $E(8|0|15)$, $F(8|20|15)$, $G(0|20|15)$ und $T(4|17|21)$.

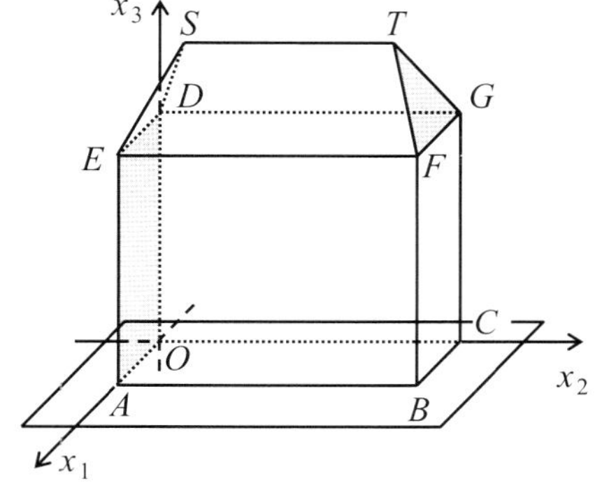

Geben Sie Gleichungen für die Ebenen an, in denen die linke Seitenfläche $AODE$ und die Dachfläche FGT liegen.
Wie müssen die Parameterwerte eingeschränkt werden, damit diese Flächen korrekt beschrieben werden?

19. Die Abbildung rechts zeigt einen Quader. Die Punkte P und Q sind dabei Kantenmitten.
Durch die Punkte P, Q, G und H wird die gekennzeichnete Fläche festgelegt.
Bestimmen Sie eine Gleichung der Ebene, in der diese Fläche liegt, und geben Sie die Einschränkungen für die Parameterwerte an.
Alle notwendigen Angaben können aus der Abbildung abgelesen werden.

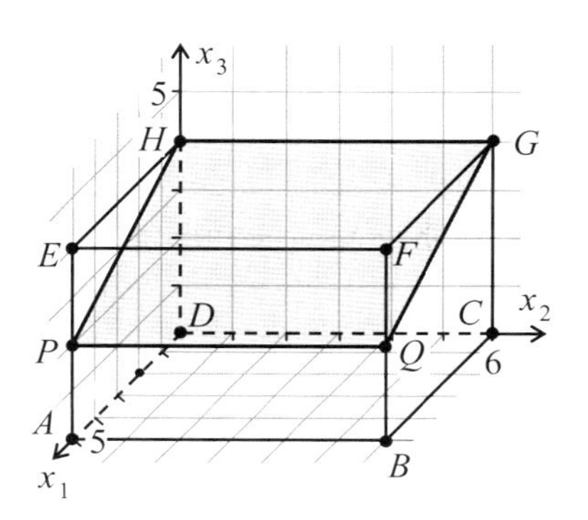

20.[LK] a) Betrachtet wird ein Dreieck mit den Eckpunkten $A(2|-4|0)$, $B(-3|1|4)$ und $C(-1|2|0)$. Prüfen Sie, ob der Ursprung im Innern des Dreiecks liegt.
b) Prüfen Sie, ob der Punkt $D(6|4{,}5|3{,}5)$ im Innern des Dreiecks mit den Eckpunkten $A(4|5|2)$, $B(1|1|-2)$ und $C(5|0|1)$ liegt.

21. Ein Parallelogramm, von dem eine Ecke im Ursprung liegt, wird von den Vektoren $\vec{u} = \begin{pmatrix} 1 \\ 2 \\ 6 \end{pmatrix}$ und $\vec{v} = \begin{pmatrix} 5 \\ 4 \\ 2 \end{pmatrix}$ aufgespannt.
a) Geben Sie die restlichen Eckpunkte des Parallelogramms an.
b) Prüfen Sie, ob die beiden Punkte $P(4{,}6|4{,}4|5{,}2)$ und $Q(4|5|10)$ im Innern dieser Parallelogrammfläche liegen.

22. In der Ecke eines großen Museumsraumes wurde für eine Kunstinstallation entsprechend der nebenstehenden Darstellung ein dreieckiger Spiegel eingebaut.

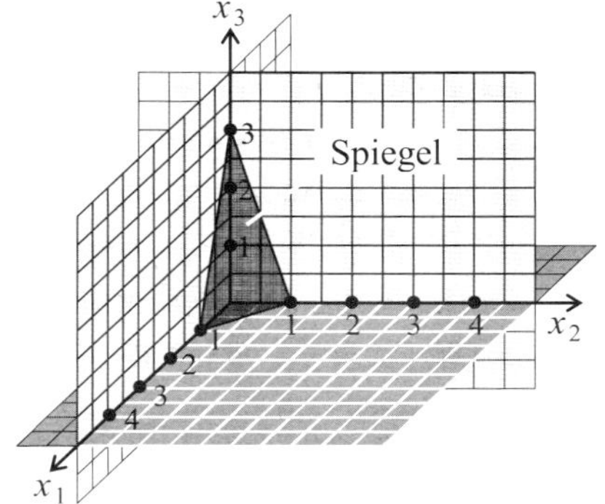

a) Stellen Sie eine Parametergleichung der Ebene e auf, in der der Spiegel liegt. Entnehmen Sie die notwendigen Informationen aus der Abbildung.
b)[LK] Zeigen Sie, dass der Punkt $S(\frac{1}{3}|\frac{1}{2}|\frac{1}{2})$ auf der Spiegelfläche liegt.

5.2.3 Parameterfreie Gleichungen für Ebenen

Punktnormalengleichung

Ebenen lassen sich auch durch eine parameterfreie Gleichung beschreiben.

Ein Vektor $\vec{n}$, der auf einer Ebene e senkrecht steht, wird als **Normalenvektor** von e bezeichnet.

Eine Ebene e ist durch einen Punkt A und einen Normalenvektor $\vec{n} \neq \vec{0}$ eindeutig festgelegt.

Für einen beliebigen Punkt $X \neq A$ des Anschauungsraums E^3 gilt:

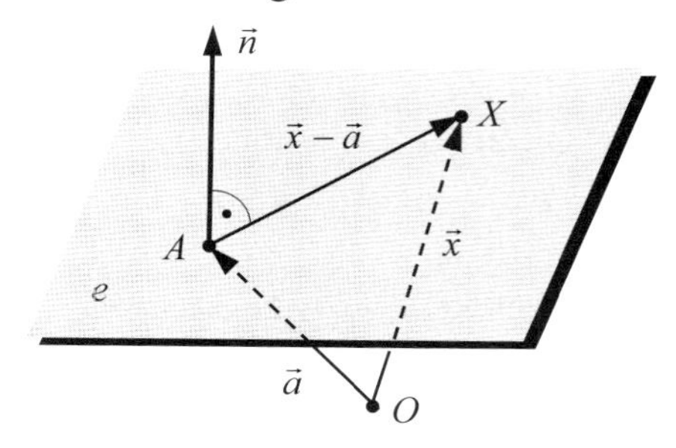

$$X \in e \Leftrightarrow \overrightarrow{AX} \text{ ist Richtungsvektor von } e.$$
$$\Leftrightarrow \vec{n} \perp \overrightarrow{AX}$$
$$\Leftrightarrow \vec{n} \cdot \overrightarrow{AX} = 0$$
$$\Leftrightarrow \vec{n} \cdot (\vec{x} - \vec{a}) = 0$$

Der Punkt X liegt genau dann in der Ebene, wenn sein Ortsvektor $\vec{x}$ die letzte Gleichung erfüllt.

Die Ebene e lässt sich demnach beschreiben in der Form:

$$e = \left\{ X \in E^3 \mid \vec{n} \cdot (\vec{x} - \vec{a}) = 0 \right\}.$$

Im Unterschied zu den bisherigen Formen ist dies eine vektorielle Darstellung der Ebene e, die keine Parameter enthält (**parameterfreie Form**).

Punktnormalengleichung einer Ebene

Ist $A \in E^3$ ein Punkt mit dem Ortsvektor $\vec{a}$ und $\vec{n} \in \mathbb{R}^3 \setminus \{\vec{0}\}$, dann ist die Punktmenge

$$e = \left\{ X \in E^3 \mid \vec{n} \cdot (\vec{x} - \vec{a}) = 0 \right\}$$

die Ebene durch A mit dem Normalenvektor $\vec{n}$.

Die Gleichung $\vec{n} \cdot (\vec{x} - \vec{a}) = 0$ heißt **Punktnormalengleichung der Ebene (PNG)**; A heißt **Aufpunkt der Ebene**.

Kurzschreibweise: $e: \vec{n} \cdot (\vec{x} - \vec{a}) = 0$

Wie die Parametergleichung einer Ebene ist auch die Punktnormalengleichung nicht eindeutig:

- Jeder Punkt der Ebene kann als Aufpunkt dienen.
- Ist $\vec{n}$ ein Normalenvektor einer Ebene e, so kann auch jedes vom Nullvektor verschiedene Vielfache von $\vec{n}$ als Normalenvektor dienen.

Zu ein und derselben Ebene gibt es daher **unendlich viele** Normalengleichungen.

Allgemeine Normalengleichung und Koordinatengleichung

Durch die Umformung

$$\vec{n}\cdot(\vec{x}-\vec{a})=0 \Leftrightarrow \vec{n}\cdot\vec{x}-\vec{n}\cdot\vec{a}=0$$

und die Ersetzung $c=\vec{n}\cdot\vec{a}$ erhält man:

$e\colon \vec{n}\cdot\vec{x}-c=0$ (**Allgemeine Normalengleichung**).

Multipliziert man $\vec{n}\cdot\vec{x}$ aus, so ergibt sich:

$e\colon n_1\cdot x_1+n_2\cdot x_2+n_3\cdot x_3-c=0$ (**Koordinatengleichung**).

Allgemeine Normalengleichung und Koordinatengleichung einer Ebene

Ist $c\in\mathbb{R}$ und $\vec{n}=\begin{pmatrix}n_1\\n_2\\n_3\end{pmatrix}\in\mathbb{R}^3\setminus\{\vec{0}\}$, dann ist die Punktmenge

$$e=\left\{X\in E^3 \mid \vec{n}\cdot\vec{x}-c=0\right\}$$

eine Ebene mit dem Normalenvektor $\vec{n}$.

Für die Ebene e heißt die Gleichung

- $e\colon \vec{n}\cdot\vec{x}-c=0$ **Allgemeine Normalengleichung** (**ANG**).
  Kurzschreibweise: $e\colon \vec{n}\cdot\vec{x}-c=0$
- $n_1\cdot x_1+n_2\cdot x_2+n_3\cdot x_3-c=0$ **Koordinatengleichung** (**KG**).
  Kurzschreibweise: $e\colon n_1\cdot x_1+n_2\cdot x_2+n_3\cdot x_3-c=0$

Ist eine Ebene in der Normalenform gegeben, so gelingt die Punktprobe einfacher als beim Vorliegen der Parameterform, da kein Gleichungssystem zu lösen ist.

Beispiel (Punktprobe bei einer Ebene in Normalenform)

Gegeben ist die Ebene mit der Gleichung $e\colon \begin{pmatrix}2\\-3\\1\end{pmatrix}\cdot\vec{x}-6=0$.

Gehören die Punkte $P(-1|-2|2)$ und $Q(5|-3|1)$ zu e?

Wir prüfen, ob die Ortsvektoren von P und Q die Ebenengleichung erfüllen.

$P\in e?$	$\begin{pmatrix}2\\-3\\1\end{pmatrix}\cdot\begin{pmatrix}-1\\-2\\2\end{pmatrix}-6=6-6=0$; P liegt also in der Ebene e.
$Q\in e?$	$\begin{pmatrix}2\\-3\\1\end{pmatrix}\cdot\begin{pmatrix}5\\-3\\1\end{pmatrix}-6=20-6=14\neq 0$; Q liegt nicht in der Ebene e.

Beispiel (Angabe eines Normalenvektors und eines Punktes einer Ebene)
Gegeben ist die Koordinatengleichung einer Ebene $e\colon x_1 - 3 \cdot x_2 - 4 \cdot x_3 - 8 = 0$.
Ein Normalenvektor und ein Punkt lassen sich direkt aus der Gleichung ablesen:

- Normalenvektor: $\vec{n} = \begin{pmatrix} 1 \\ -3 \\ -4 \end{pmatrix}$ (Ergibt sich aus den Koeffizienten der Gleichung.)
- Punkt: $A(8|0|0)$ (Wählt man z.B. $x_2 = x_3 = 0$, so folgt $x_1 = 8$.)

Aufgaben

23. Gegeben sind die Ebenen $e_1\colon \begin{pmatrix} 1 \\ 2 \\ 6 \end{pmatrix} \cdot \vec{x} + 9 = 0$ und $e_2\colon x_1 + 2 \cdot x_2 + 3 \cdot x_3 - 8 = 0$.
    a) Prüfen Sie, ob die Punkte $A(0|1|3)$ und $B(-1|-1|-1)$ in der Ebene e_1 liegen.
    b) Prüfen Sie, ob die Punkte $P(3|1|1)$, $Q(3|-2|-1)$ und $R(-3|0|0)$ in der Ebene e_2 liegen.

24. Gegeben ist eine Ebene mit der Gleichung $e\colon -5 \cdot x_1 + 7 \cdot x_2 + 3 \cdot x_3 - 2 = 0$.
    a) Prüfen Sie, welcher der Punkte $P(1|1|0)$, $Q(2|3|-3)$ und $R(5|-1|11)$ in der Ebene e liegt.
    b) Bestimmen Sie $k \in \mathbb{R}$ so, dass der Punkt $S(-5|1|k)$ in der Ebene e liegt.

25. Geben Sie einen Normalenvektor für die Ebene an.
    a) $e\colon 2x_1 - x_2 - 3x_3 - 5 = 0$ b) $e\colon -2x_1 + 8 = x_3 - x_2$

26. Bestimmen Sie zwei verschiedene Punkte der angegebenen Ebene.
    a) $e\colon x_1 + x_2 - 2x_3 = 6$ b) $e\colon 2x_1 + x_2 - 3x_3 = 6$
    c) $e\colon \begin{pmatrix} 2 \\ -3 \\ 1 \end{pmatrix} \cdot \vec{x} - 6 = 0$ d) $e\colon \begin{pmatrix} 1 \\ -3 \\ 0 \end{pmatrix} \cdot \vec{x} - 7 = 0$

27. Wandeln Sie die Koordinatengleichung der Ebene in eine allgemeine Normalengleichung um.
    a) $e\colon 2x_1 - x_2 = 5$ b) $e\colon -2x_2 - x_3 = 5$
    c) $e\colon -2x_1 + 8 = x_3$ d) $e\colon x_2 = 4$

28. Stellen Sie eine allgemeine Normalengleichung der Ebene e auf.

a) e hat den Normalenvektor $\vec{n} = \begin{pmatrix} 2 \\ -1 \\ 0 \end{pmatrix}$ und geht durch den Punkt $A(1|-1|0)$.

b) e ist die x_1-x_2-Ebene.

c) e ist senkrecht zur x_2-Achse und geht durch den Punkt $A(-4|1|3)$.

d) e geht durch $A(3|-2|5)$ und steht senkrecht zum Ortsvektor von A.

e) e ist die Symmetrieebene zu den Punkten $A(3|5|1)$ und $B(7|-1|3)$.

29. Betrachtet wird ein Würfel der Kantenlänge 3. Bestimmen Sie eine Normalengleichung der Ebene, welche

a) den Punkt F enthält und auf der Raumdiagonalen DF senkrecht steht,

b) den Punkt F enthält und auf der Raumdiagonalen EC senkrecht steht.

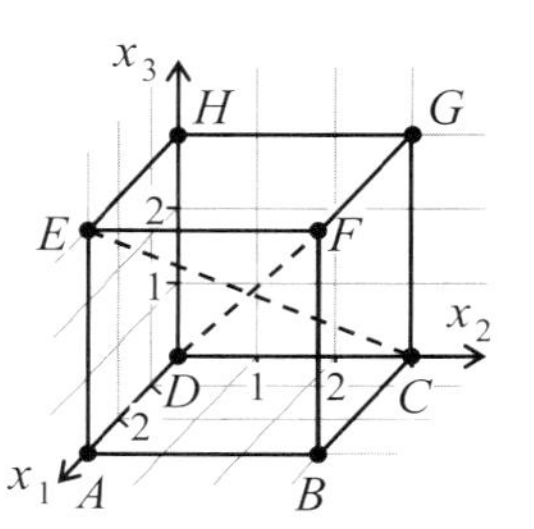

30. Welche Gleichungen beschreiben dieselbe Ebene?

a) $\begin{pmatrix} 1 \\ -2 \\ -2 \end{pmatrix} \cdot \left[\vec{x} - \begin{pmatrix} 1 \\ 2 \\ 1 \end{pmatrix} \right] = 0$ b) $\begin{pmatrix} -1 \\ 2 \\ 2 \end{pmatrix} \cdot \vec{x} = 5$ c) $x_1 - 2x_2 + 2x_3 + 5 = 0$

d) $-x_1 + 2x_2 + 2x_3 = -5$ e) $\begin{pmatrix} 1 \\ -2 \\ -2 \end{pmatrix} \cdot \vec{x} + 5 = 0$ f) $\begin{pmatrix} 2 \\ -4 \\ 4 \end{pmatrix} \cdot \left[\vec{x} - \begin{pmatrix} 1 \\ -1 \\ 1 \end{pmatrix} \right] = 0$

31. In der Ecke eines großen Museumsraumes wurde für eine Kunstinstallation entsprechend der nebenstehenden Darstellung ein dreieckiger Spiegel eingebaut.

Nur eine der folgenden Koordinatengleichungen beschreibt die Lage des Spiegels. Entscheiden Sie.

a) $3x_1 - 3x_2 + x_3 = 3$

b) $x_1 + x_2 + 3x_3 = 1$

c) $3x_1 + 3x_2 + 3x_3 = 1$

d) $3x_1 + 3x_2 + x_3 = 3$

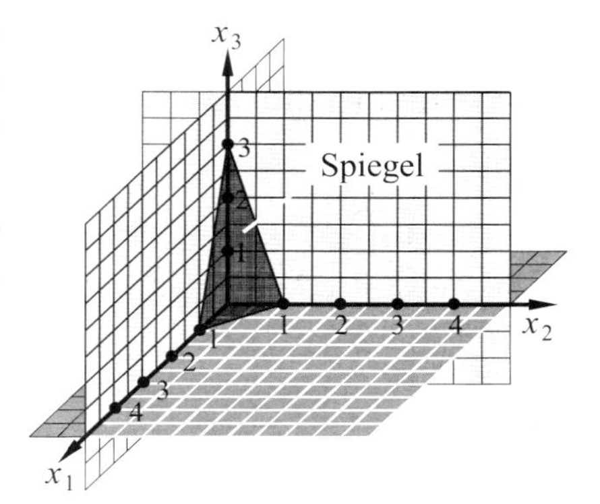

Normalengleichung einer Ebene erstellen

Das Arbeiten mit einer Normalengleichung ist bei vielen Fragestellungen vorzuziehen. Ist eine Ebene durch drei Punkte gegeben oder durch eine Parametergleichung festgelegt, so muss zur Angabe einer Normalengleichung zuerst ein Normalenvektor berechnet werden.

Beispiel (Ebenengleichung in Normalenform aus drei Punkten erstellen)

Gegeben sind die Punkte $A(4|-1|0)$, $B(2|0|2)$ und $C(6|1|-2)$.

Gesucht ist eine Koordinatengleichung der Ebene durch diese Punkte.

- *Richtungsvektoren*

$$\overrightarrow{AB} = \vec{b} - \vec{a} = \begin{pmatrix} 2 \\ 0 \\ 2 \end{pmatrix} - \begin{pmatrix} 4 \\ -1 \\ 0 \end{pmatrix} = \begin{pmatrix} -2 \\ 1 \\ 2 \end{pmatrix} \text{ ; wähle } \vec{u} = \begin{pmatrix} -2 \\ 1 \\ 2 \end{pmatrix}$$

$$\overrightarrow{AC} = \vec{c} - \vec{a} = \begin{pmatrix} 6 \\ 1 \\ -2 \end{pmatrix} - \begin{pmatrix} 4 \\ -1 \\ 0 \end{pmatrix} = \begin{pmatrix} 2 \\ 2 \\ -2 \end{pmatrix} \text{ ; wähle } \vec{v} = \begin{pmatrix} 1 \\ 1 \\ -1 \end{pmatrix}$$

Mithilfe des Vektorprodukts der Richtungsvektoren errechnen wir einen Normalenvektor der Ebene.

- *Normalenvektor*

$$\vec{u} \times \vec{v} = \begin{pmatrix} -2 \\ 1 \\ 2 \end{pmatrix} \times \begin{pmatrix} 1 \\ 1 \\ -1 \end{pmatrix} = \begin{pmatrix} -3 \\ 0 \\ -3 \end{pmatrix} \text{ ; wähle } \vec{n} = \begin{pmatrix} 1 \\ 0 \\ 1 \end{pmatrix}$$

Für mögliche weitere Rechnungen ist es auch hier sinnvoll, einen kollinearen einfacheren Vektor als Normalenvektor zu wählen.

Mit der Wahl von A als Aufpunkt ergeben sich die Normalengleichungen.

- *Punktnormalengleichung*

(PNG) $$e: \begin{pmatrix} 1 \\ 0 \\ 1 \end{pmatrix} \cdot \left[\vec{x} - \begin{pmatrix} 4 \\ -1 \\ 0 \end{pmatrix} \right] = 0$$

- *Allgemeine Normalengleichung*

(ANG) $$e: \begin{pmatrix} 1 \\ 0 \\ 1 \end{pmatrix} \cdot \vec{x} - 4 = 0$$ (Skalarprodukt berechnet)

- *Koordinatengleichung*

$$e: \begin{pmatrix} 1 \\ 0 \\ 1 \end{pmatrix} \cdot \begin{pmatrix} x_1 \\ x_2 \\ x_3 \end{pmatrix} - 4 = 0$$ (Komponentenschreibweise für $\vec{x}$)

(KG) $$e: x_1 + x_3 - 4 = 0$$

Aufgaben

32. Gegeben ist eine Parametergleichung einer Ebene. Bestimmen Sie eine zugehörige Normalengleichung in der Koordinatenform.

a) $e\colon \vec{x} = \begin{pmatrix} 0 \\ 1 \\ 0 \end{pmatrix} + \lambda \cdot \begin{pmatrix} 1 \\ 1 \\ 0 \end{pmatrix} + \mu \cdot \begin{pmatrix} 0 \\ 4 \\ 1 \end{pmatrix}$ b) $e\colon \vec{x} = \begin{pmatrix} 1 \\ 0 \\ 0 \end{pmatrix} + \lambda \cdot \begin{pmatrix} 1 \\ 0 \\ 0 \end{pmatrix} + \mu \cdot \begin{pmatrix} 0 \\ 1 \\ 0 \end{pmatrix}$

c) $e\colon \vec{x} = \begin{pmatrix} 2 \\ 1 \\ 4 \end{pmatrix} + \lambda \cdot \begin{pmatrix} 3 \\ 2 \\ -1 \end{pmatrix} + \mu \cdot \begin{pmatrix} 0 \\ 4 \\ -2 \end{pmatrix}$ d) $e\colon \vec{x} = \lambda \cdot \begin{pmatrix} 5 \\ 0 \\ 1 \end{pmatrix} + \mu \cdot \begin{pmatrix} -3 \\ 1 \\ 0 \end{pmatrix}$

HA:

33. Bestimmen Sie eine Gleichung der Ebene durch die angegebenen Punkte in der Punktnormalen- und in der Koordinatenform.

a) $A(-1|3|1)$, $B(3|-4|1)$ und $C(0|0|-1)$

b) $A(6|-2|1)$, $B(-1|0|2)$ und $C(0|0|1)$

34. Bestimmen Sie jeweils eine Normalengleichung für die Ebenen, in denen die Seitenfläche BCS bzw. die Fläche AMS der abgebildeten Pyramide liegen.

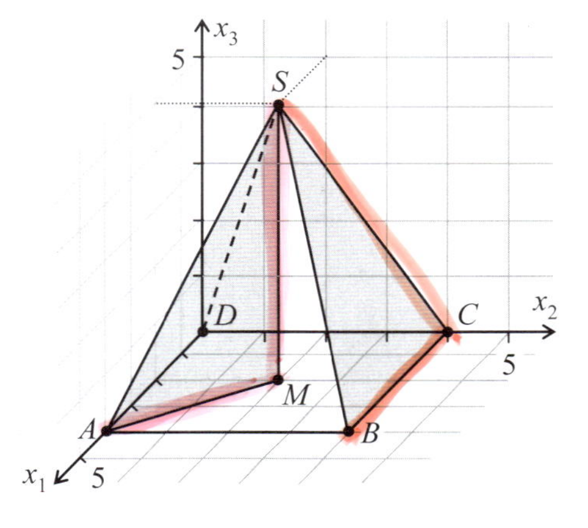

35. Bestimmen Sie eine Koordinatengleichung der Ebenen e_1 bzw. e_2, in denen die gekennzeichneten Flächen liegen.

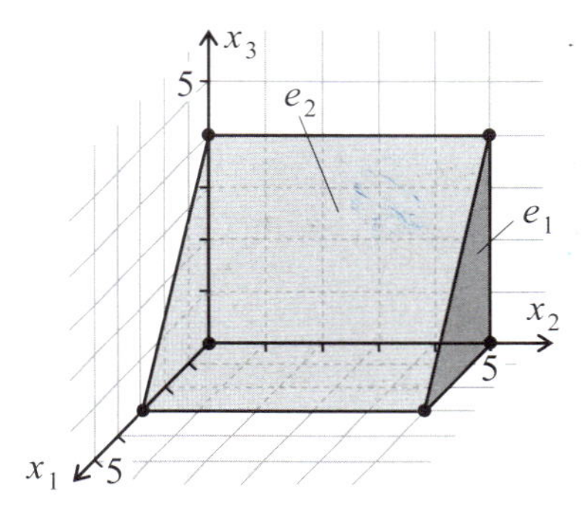

Umwandlung einer Normalengleichung in eine Parametergleichung

Umgekehrt kann es auch vorkommen, dass man zu einer Ebene, die in Normalenform gegeben ist, eine Parametergleichung benötigt.

Beispiel (Koordinaten- in Parametergleichung umwandeln)

Gegeben ist eine Ebene e mit der Gleichung $3x_1 - 2x_2 + x_3 - 6 = 0$.
Gesucht ist eine Parametergleichung dieser Ebene.

Eine Möglichkeit besteht darin, dass man drei Punkte der Ebene bestimmt.

- *Drei Punkte*

  $A(2|0|0)$ (Wählt man $x_2 = x_3 = 0$, so folgt $x_1 = 2$.)

  $B(0|-3|0)$ (Wählt man $x_1 = x_3 = 0$, so folgt $x_2 = -3$.)

  $C(0|0|6)$ (Wählt man $x_1 = x_2 = 0$, so folgt $x_3 = 6$.)

  Durch diese Wahl der Koordinaten ist zusätzlich gewährleistet, dass die drei Punkte nicht auf einer gemeinsamen Geraden liegen.

- *Richtungsvektoren*

  $$\overrightarrow{AB} = \vec{b} - \vec{a} = \begin{pmatrix} -2 \\ -3 \\ 0 \end{pmatrix} \text{ ; wähle } \vec{u} = \begin{pmatrix} 2 \\ 3 \\ 0 \end{pmatrix}$$

  $$\overrightarrow{AC} = \vec{c} - \vec{a} = \begin{pmatrix} -2 \\ 0 \\ 6 \end{pmatrix} \text{ ; wähle } \vec{v} = \begin{pmatrix} -1 \\ 0 \\ 3 \end{pmatrix}$$

- *Parametergleichung*

  $$\vec{x} = \begin{pmatrix} 2 \\ 0 \\ 0 \end{pmatrix} + \lambda \cdot \begin{pmatrix} 2 \\ 3 \\ 0 \end{pmatrix} + \mu \cdot \begin{pmatrix} -1 \\ 0 \\ 3 \end{pmatrix}$$

- *Alternative*

  Die Richtungsvektoren $\vec{u}$ und $\vec{v}$ lassen sich auch direkt bestimmen, wenn man ausnutzt, dass sie beide orthogonal zum Normalenvektor $\vec{n}$ der Ebene e sein müssen. Dazu setzt man eine Komponente von $\vec{n}$ null, vertauscht die beiden anderen und ändert dabei bei einer dieser Komponenten das Vorzeichen.

  $$\vec{n} = \begin{pmatrix} 3 \\ -2 \\ 1 \end{pmatrix}$$

Aufgabe

36. Wie lautet eine Parametergleichung der Ebene?

a) $e: \begin{pmatrix} 2 \\ 1 \\ 1 \end{pmatrix} \cdot \left[\vec{x} - \begin{pmatrix} 2 \\ -3 \\ 2 \end{pmatrix} \right] = 0$ b) $e: \begin{pmatrix} 4 \\ 5 \\ 0 \end{pmatrix} \cdot \vec{x} - 8 = 0$ c) $e: \begin{pmatrix} 2 \\ 3 \\ -1 \end{pmatrix} \cdot \vec{x} = 5$

d) $e: 4x_1 - 2x_2 + 6x_3 + 6 = 0$ e) $e: x_2 - 2x_3 = 0$ f) $e: x_1 - 9 = 0$

5.2.4 Spezielle Koordinatengleichungen

Parameterfreie Darstellung der Koordinatenebenen

Ein Vorteil der Darstellung von Ebenen in Koordinatenform besteht darin, dass die Koordinatenebenen durch einfache Gleichungen parameterfrei beschreibbar sind. Die Abbildungen zeigen nur einen Teil der jeweiligen Koordinatenebene.

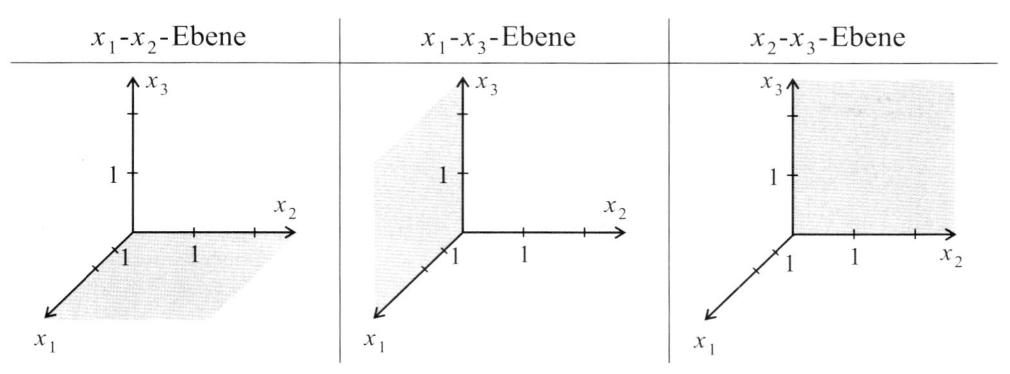

Alle Punkte der dargestellten Koordinatenebene besitzen die Koordinate

$x_3 = 0$	$x_2 = 0$	$x_1 = 0$

Damit sind bereits Koordinatengleichungen der Koordinatenebenen gegeben.

Koordinatengleichungen der Koordinatenebenen

Die Koordinatenebenen besitzen die Gleichungen:

x_1-x_2-Ebene: $x_3 = 0$ | x_1-x_3-Ebene: $x_2 = 0$ | x_2-x_3-Ebene: $x_1 = 0$

Die nachstehende Übersicht zeigt die verschiedenen Darstellungsmöglichkeiten für die Koordinatenebenen. Dabei wird die einfache Beschreibung in der Koordinatenform deutlich.

Koordinatenebene	Parameterform	Normalenform	Koordinatenform
x_1-x_2-Ebene	$\vec{x} = \lambda \cdot \begin{pmatrix} 1 \\ 0 \\ 0 \end{pmatrix} + \mu \cdot \begin{pmatrix} 0 \\ 1 \\ 0 \end{pmatrix}$	$\begin{pmatrix} 0 \\ 0 \\ 1 \end{pmatrix} \cdot \vec{x} = 0$	$x_3 = 0$
x_1-x_3-Ebene	$\vec{x} = \lambda \cdot \begin{pmatrix} 1 \\ 0 \\ 0 \end{pmatrix} + \mu \cdot \begin{pmatrix} 0 \\ 0 \\ 1 \end{pmatrix}$	$\begin{pmatrix} 0 \\ 1 \\ 0 \end{pmatrix} \cdot \vec{x} = 0$	$x_2 = 0$
x_2-x_3-Ebene	$\vec{x} = \lambda \cdot \begin{pmatrix} 0 \\ 1 \\ 0 \end{pmatrix} + \mu \cdot \begin{pmatrix} 0 \\ 0 \\ 1 \end{pmatrix}$	$\begin{pmatrix} 1 \\ 0 \\ 0 \end{pmatrix} \cdot \vec{x} = 0$	$x_1 = 0$

Parallelebenen zu den Koordinatenebenen lassen sich ebenfalls einfach durch eine Koordinatengleichung beschreiben.

In der Abbildung ist ein Ausschnitt der Parallelebene zur x_1-x_3-Ebene durch den Punkt $P(0|2|0)$ dargestellt. Alle Punkte dieser Ebene besitzen wie der Punkt P die x_2-Koordinate 2.

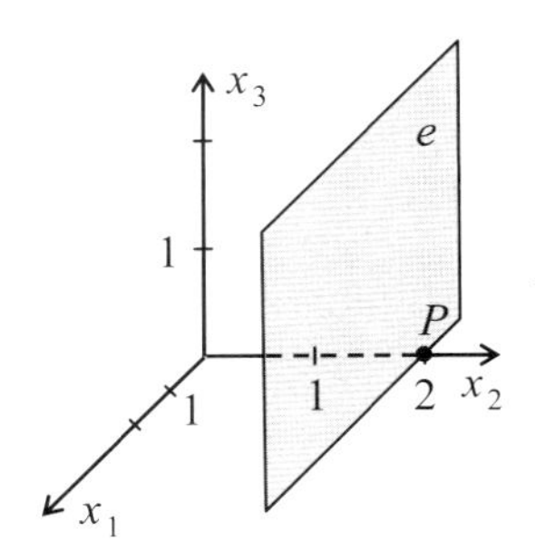

Die betrachtete Ebene e kann daher beschrieben werden durch die Gleichung:

$$x_2 = 2 \Leftrightarrow x_2 - 2 = 0.$$

Aufgaben

37. Geben Sie eine Gleichung der beschriebenen Ebene in Koordinatenform an.
    a) e_1 ist eine Parallelebene zur x_1-x_2-Ebene durch den Punkt $P(1|2|3)$.
    b) e_2 ist eine Parallelebene zur x_2-x_3-Ebene durch den Punkt $Q(5|-2|-1)$.
    c) e_3 ist eine Parallelebene zur x_1-x_3-Ebene durch den Punkt $R(-1|-3|-2)$.

38. Geben Sie eine Koordinatengleichung der Ebenen an, die durch die markierten Flächen ausschnittsweise dargestellt sind.
    a) Fläche ist senkrecht zur x_1-Achse. b) Fläche ist senkrecht zur x_2-Achse.

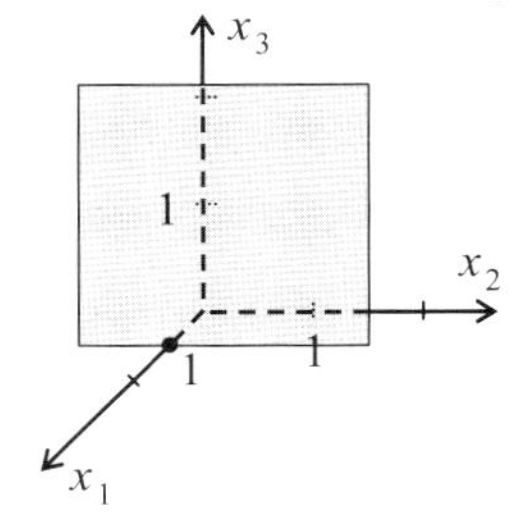

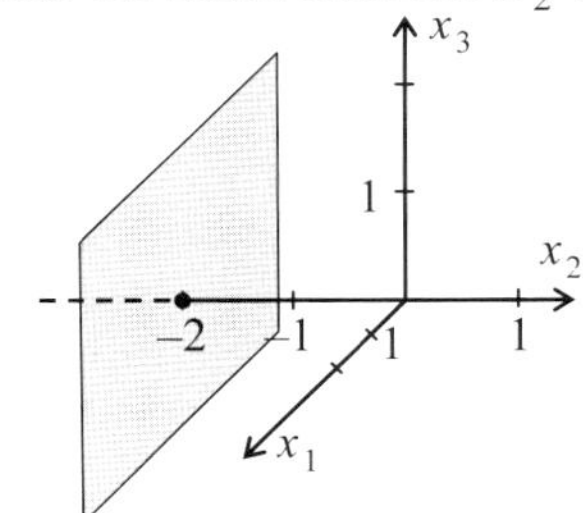

c) Fläche ist senkrecht zur x_3-Achse.

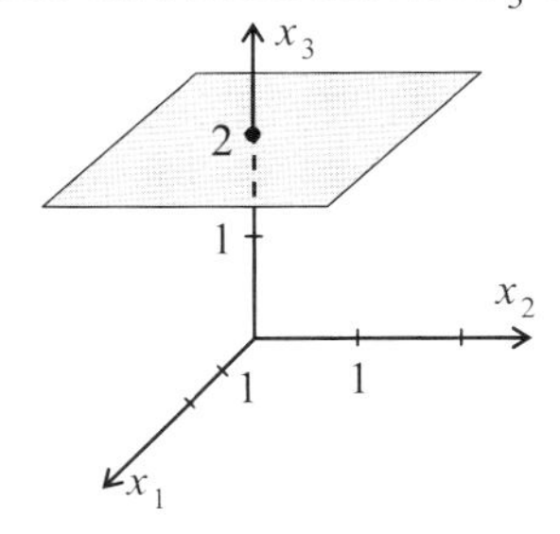

39. Welche besondere Lage besitzen die Ebenen im Koordinatensystem?
    a) $e_a: 2x_3 = a$ b) $e_b: -x_1 = b$ c) $e_c: x_2 - 0{,}5c = 0$

Spurpunkte einer Ebene

Als **Spurpunkte** oder auch als **Achsenabschnittspunkte** einer Ebene bezeichnet man die Schnittpunkte der Ebene mit den Koordinatenachsen. Die **Spurgeraden** ergeben sich als Verbindungsgeraden durch die Spurpunkte.

Mithilfe dieser Spurpunkte und der zugehörigen Spurgeraden kann man sich eine gute Vorstellung von der Lage der Ebene im Koordinatensystem verschaffen.

Um einen Ausschnitt der Ebene zu erhalten, zeichnet man die Spurpunkte auf den Koordinatenachsen und verbindet sie zu einem Dreieck. Die Seiten des Dreiecks sind dabei Ausschnitte der Spurgeraden.

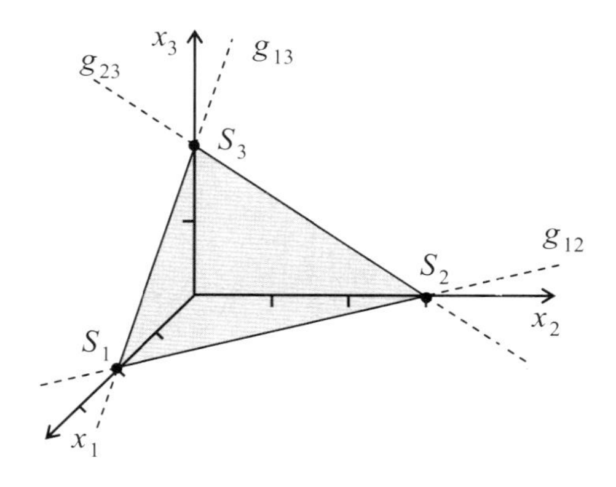

Spurpunkte: S_1, S_2, S_3
Spurgeraden: g_{12}, g_{13}, g_{23}

Die Spurpunkte einer Ebene lassen sich am einfachsten aus einer Koordinatengleichung der Ebene bestimmen.

Beispiel (Spurpunkte und Spurgeraden einer Ebene bestimmen)

Gegeben ist eine Ebene mit der Koordinatengleichung $e: 6x_1 + 3x_2 + 4x_3 = 12$.

Aus der Koordinatengleichung lassen sich die Spurpunkte S_1, S_2 und S_3 der Ebene einfach bestimmen:

- Spurpunkt S_1: Für $x_2 = x_3 = 0$ folgt $6x_1 = 12 \Leftrightarrow x_1 = 2$, also $S_1(2\,|\,0\,|\,0)$
- Spurpunkt S_2: Für $x_1 = x_3 = 0$ folgt $3x_2 = 12 \Leftrightarrow x_2 = 4$, also $S_2(0\,|\,4\,|\,0)$
- Spurpunkt S_3: Für $x_1 = x_2 = 0$ folgt $4x_3 = 12 \Leftrightarrow x_3 = 3$, also $S_3(0\,|\,0\,|\,3)$

Mithilfe der Spurpunkte lässt sich bereits die Lage der Ebene e im Koordinatensystem darstellen.

In der Abbildung gezeichnet ist die Spurgerade g_{12} durch die beiden Spurpunkte S_1 und S_2.

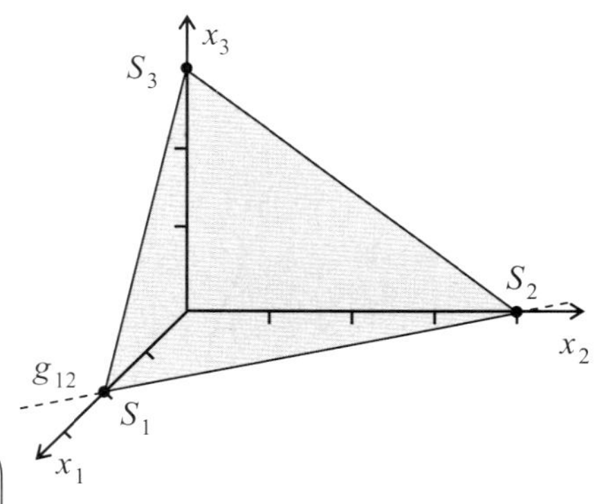

Eine Gleichung von g_{12} ergibt sich als:

$$g_{12}: \vec{x} = \begin{pmatrix} 2 \\ 0 \\ 0 \end{pmatrix} + \lambda \cdot \left[\begin{pmatrix} 0 \\ 4 \\ 0 \end{pmatrix} - \begin{pmatrix} 2 \\ 0 \\ 0 \end{pmatrix} \right] = \begin{pmatrix} 2 \\ 0 \\ 0 \end{pmatrix} + \lambda \cdot \begin{pmatrix} -2 \\ 4 \\ 0 \end{pmatrix}$$

Es kann auch der Fall auftreten, dass eine Ebene keinen Spurpunkt mit einer Koordinatenachse besitzt.

Beispiel (Spurpunkte und Spurgeraden einer Ebene bestimmen)

Gegeben ist eine Ebene mit der Koordinatengleichung $e: 2x_1 + 3x_2 = 6$.

Die Berechnung der Spurpunkte führt zu:

- Spurpunkt S_1: Für $x_2 = x_3 = 0$ folgt $2x_1 = 6 \Leftrightarrow x_1 = 3$, also $S_1(3|0|0)$
- Spurpunkt S_2: Für $x_1 = x_3 = 0$ folgt $3x_2 = 6 \Leftrightarrow x_2 = 2$, also $S_2(0|2|0)$
- Spurpunkt S_3: Für $x_1 = x_2 = 0$ folgt $0 \cdot x_3 = 6$ (unerfüllbar), S_3 existiert nicht.

Die Ebene e besitzt mit der x_3-Achse keinen Spurpunkt. Die Ebene verläuft parallel zur x_3-Achse.

Man zeichnet in diesem Fall mithilfe der Spurpunkte S_1 und S_2 einen rechteckigen Ausschnitt der Ebene. Die Spurgeraden g_{13} und g_{23} werden parallel zur x_3-Achse gezeichnet.

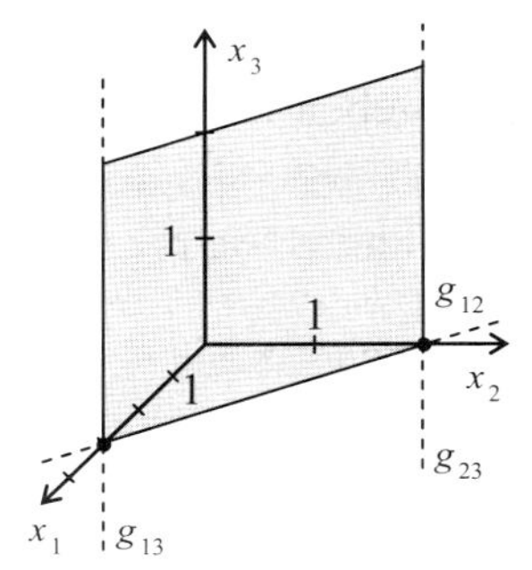

Achsenabschnittsgleichung einer Ebene

Die Koordinatengleichung einer Ebene lässt sich so umformen, dass die Achsenabschnitte direkt ablesbar sind.

Achsenabschnittsgleichung einer Ebene

Eine Gleichung der Form $e: \frac{x_1}{s_1} + \frac{x_1}{s_2} + \frac{x_1}{s_3} = 1$ wird als **Achsenabschnittsgleichung** bezeichnet.

Aus dieser Gleichung lassen sich die Achsenabschnittspunkte $S_1(s_1|0|0)$, $S_2(0|s_2|0)$ und $S_3(0|0|s_3)$ von e direkt ablesen.

Beispiel (Koordinatengleichung in Achsenabschnittsgleichung umwandeln)

Gegeben ist eine Ebene mit der Koordinatengleichung $e: 6x_1 + 3x_2 - 24x_3 = 12$.

Eine Division der Gleichung durch 12 ergibt:

$$e: 6x_1 + 3x_2 - 24x_3 = 12 \quad | :12$$

$$\frac{1}{2}x_1 + \frac{1}{4}x_2 - 2x_3 = 1$$

$$\frac{x_1}{2} + \frac{x_2}{4} - \frac{x_3}{\frac{1}{2}} = 1$$

In der letzten Zeile steht die Achsenabschnittsform der Ebene e. Aus ihr lassen sich die Spurpunkte $S_1(2|0|0)$, $S_2(0|4|0)$ und $S_3(0|0|0{,}5)$ direkt ablesen. Damit kann ein Bild der Ebene gezeichnet werden.

Aufgaben

40. Wandeln Sie die Gleichungen der Ebenen in die Achsenabschnittsform um.

a) e_a: $2x_1 + x_2 + 2x_3 = 4$ b) e_b: $4x_1 - 3x_2 - 8x_3 = 12$

c) e_c: $3x_1 - 2x_3 = 6$ d) e_d: $3x_1 - 6 = 0$

41. Eine Ebene besitzt die angegebenen Achsenabschnittspunkte. Geben Sie eine bruchfreie Koordinatengleichung für die Ebene an.

a) $S_1(2|0|0)$, $S_2(0|4|0)$, $S_3(0|0|5)$ b) $S_1(3|0|0)$, $S_2(0|-1|0)$, $S_3(0|0|3)$

c) $S_2(0|-2|0)$, $S_3(0|0|3)$ d) $S_1(-5|0|0)$

42. Gegeben ist die Ebene e: $3x_1+6x_2+4x_3 = 12$. Bestimmen Sie die Achsenabschnittspunkte S_1, S_2 oder S_3 sowie die zugehörigen Spurgeraden.

Zeichnen Sie mithilfe der Spurpunkte die Ebene in einem Koordinatensystem.

43. Berechnen Sie – soweit vorhanden – die Achsenabschnittspunkte der Ebene. Zeichnen Sie die Ebene in einem Koordinatensystem.

Welche besondere Lage besitzt die Ebene jeweils?

a) e_a: $2x_1+3x_2 = 6$ b) e_b: $4x_1 = 8$

44. Bestimmen Sie eine Koordinatengleichung der ausschnittsweise abgebildeten Ebene. Geben Sie diese in bruchfreier Schreibweise an.

a)

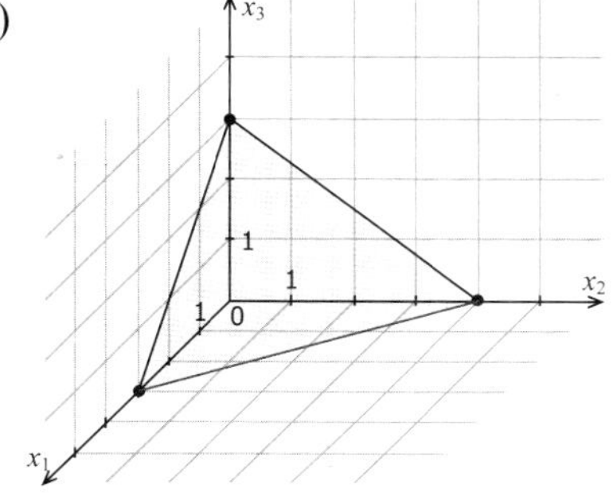

b)

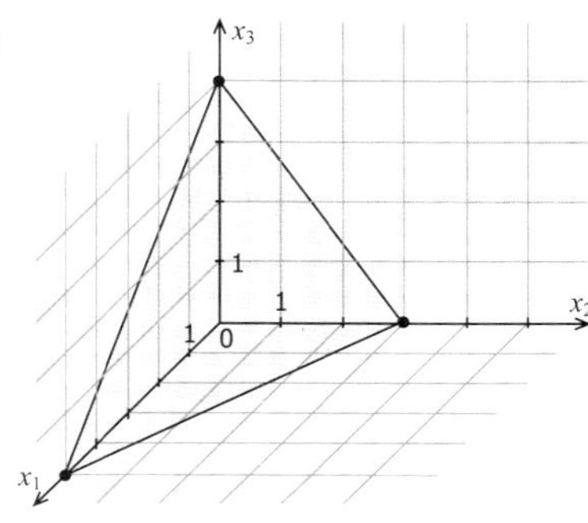

c)

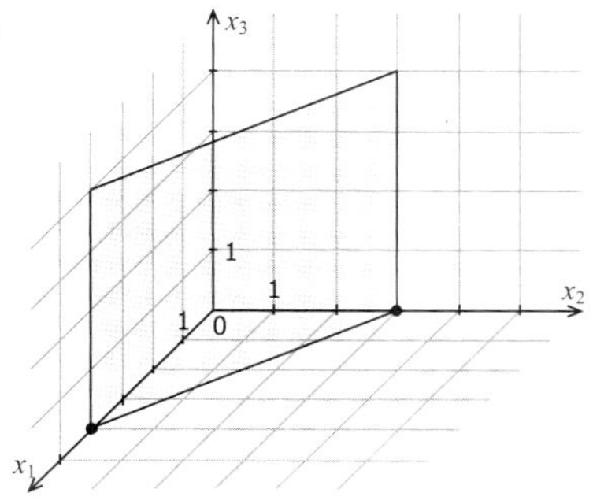

d)

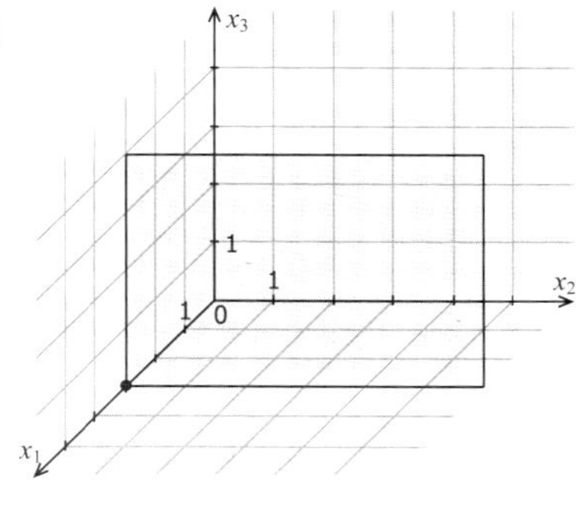

Vermischte Aufgaben

45. Gegeben sind der Punkt $A(3|2|1)$ und der Normalenvektor $\vec{n} = \begin{pmatrix} -5 \\ 7 \\ 3 \end{pmatrix}$.

    a) Geben Sie eine Punktnormalengleichung, eine allgemeine Normalengleichung und eine Koordinatengleichung der Ebene e an, die den Punkt A enthält und $\vec{n}$ als Normalenvektor besitzt.

    b) Prüfen Sie, welche der Punkte $P(1|1|0)$, $Q(2|3|-3)$ und $R(5|-1|11)$ in der Ebene e liegen.

    c) Bestimmen Sie $k \in \mathbb{R}$ so, dass der Punkt $S(-5|1|k)$ in der Ebene e liegt.

46. Bestimmen Sie eine Koordinatengleichung der Mittellotebene e_m zu den beiden Punkten $A(1|-2|3)$ und $B(0|1|1)$.

47. Geben Sie eine Koordinatengleichung einer Ebene an, die zur x_2-x_3-Ebene parallel ist und den Punkt $P(1|2|3)$ enthält.

48. Stellen Sie eine allgemeine Normalengleichung für die Ebene e auf, die durch den Punkt $A(-4|1|3)$ geht und

    a) parallel zur x_1-x_2-Ebene verläuft,

    b) senkrecht zur x_2-Achse verläuft,

    c) senkrecht auf der Geraden $g\colon \vec{x} = \begin{pmatrix} -7 \\ -1 \\ 0 \end{pmatrix} + \lambda \cdot \begin{pmatrix} -2 \\ 3 \\ 4 \end{pmatrix}$ steht,

    d) parallel zu der Ebene $w\colon 2x_1 - x_2 - x_3 = 8$ verläuft.

49. Gegeben sind die Punkte $A(4|2|5)$ und $B(6|0|6)$ sowie die Gerade g mit der Gleichung

$$g\colon \vec{x} = \begin{pmatrix} 6 \\ 6 \\ 9 \end{pmatrix} + \lambda \cdot \begin{pmatrix} -1 \\ 4 \\ 1 \end{pmatrix}.$$

    a) Bestimmen Sie eine Parametergleichung der Ebene e, die den Punkt A und die Gerade g enthält und weisen Sie nach, dass auch der Punkt B in dieser Ebene liegt.

    b) Auf der Geraden g gibt es einen Punkt C so, dass die Strecken $\overline{AB}$ und $\overline{BC}$ senkrecht aufeinander stehen.
    Berechnen Sie die Koordinaten des Punktes C.

50. Geben Sie allgemein eine Normalengleichung einer Ebene an, welche den Ursprung enthält.

51. Die Spurgerade einer Ebene geht durch die Punkte $P(2|0|0)$ und $Q(0|3|0)$. Eine zweite Spurgerade der Ebene verläuft durch $R(0|0|5)$ und $Q(0|3|0)$. Geben Sie eine Koordinatengleichung von e in bruchfreier Schreibweise an.

52. Von einer Ebene e_2 sind die folgenden Spurgeraden bekannt:

$$g_{12}: \vec{x} = \begin{pmatrix} 0 \\ 3 \\ 0 \end{pmatrix} + \lambda \cdot \begin{pmatrix} 2 \\ -1 \\ 0 \end{pmatrix} \text{ und } g_{23}: \vec{x} = \begin{pmatrix} 0 \\ 3 \\ 0 \end{pmatrix} + \mu \cdot \begin{pmatrix} 0 \\ -1 \\ 1 \end{pmatrix}.$$

Bestimmen Sie die Spurgerade g_{13} mit der x_1-x_3-Ebene.

53. Gegeben sind die Ebene $e: 4 \cdot x_1 + 3 \cdot x_2 + 6 \cdot x_3 = 24$ und der Punkt $P(2|2|5)$.

a) Bestimmen Sie die Schnittpunkte der Ebene e mit den drei Koordinatenachsen.

b) Vom Punkt P aus fällt ein Kügelchen parallel zur x_3-Achse auf die Ebene e. Bestimmen Sie die Koordinaten des Auftreffpunktes R des Kügelchens auf die Ebene e.

c) Berechnen Sie eine Gleichung der Spurgeraden von e in der x_1-x_2-Ebene.

d) Nach dem Auftreffen des Kügelchens auf die Ebene e rollt es auf kürzestem Weg zur x_1-x_2-Ebene. Berechnen Sie die Koordinaten des Auftreffpunktes dieses Kügelchens in der x_1-x_2-Ebene.

54. Gegeben ist die Geradenschar $h_t: \vec{x} = \begin{pmatrix} 2 \\ 5 \\ 6 \end{pmatrix} + \lambda \cdot \begin{pmatrix} t \\ 2 \\ 1 \end{pmatrix}$ mit $\lambda \in \mathbb{R}$, $t \in \mathbb{R}$.

Bestimmen Sie eine Koordinatengleichung der Ebene, in der alle Geraden der Schar h_t liegen.

55. Gegeben ist die Geradenschar $g_t: \vec{x} = \begin{pmatrix} 4+3t \\ t \\ 4t-3 \end{pmatrix} + \lambda \cdot \begin{pmatrix} -3 \\ 2 \\ -4 \end{pmatrix}$ mit $\lambda \in \mathbb{R}$, $t \in \mathbb{R}$.

a) Die Aufpunkte der Geradenschar liegen selbst auf einer Geraden h. Geben Sie einen Aufpunkt und einen Richtungsvektor von h an.

b) Bestimmen Sie eine Koordinatengleichung der Ebene e, in der alle Geraden der Schar enthalten sind.

5.2.5 Lagebeziehungen zwischen Geraden und Ebenen

Parallelität von Geraden und Ebenen

Betrachtet wird eine Ebene

$$e: \vec{n}\cdot\vec{x} - c = 0$$

und eine Gerade

$$g: \vec{x} = \vec{a}_g + \lambda\cdot\vec{u}.$$

Man nennt die Gerade g parallel zu der Ebene e, wenn sie in einer zu e parallelen Ebene e' verläuft.

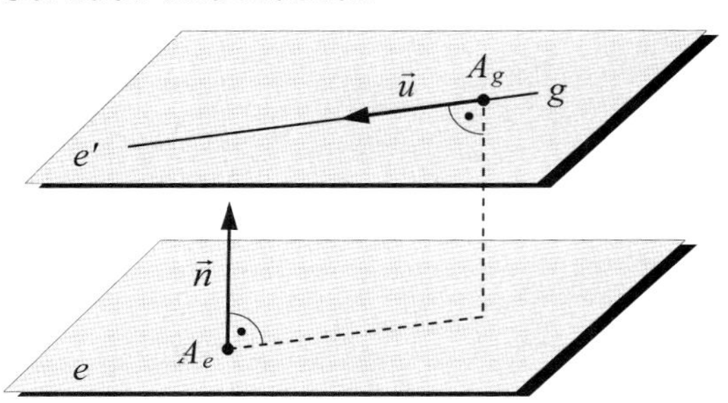

Dies ist dann der Fall, wenn der Richtungsvektor $\vec{u}$ von g und der Normalenvektor $\vec{n}$ von e orthogonal sind, d.h. wenn $\vec{u}\cdot\vec{n} = 0$ gilt.

Parallelität von Gerade und Ebene
Eine Ebene $e: \vec{n}\cdot\vec{x} - c = 0$ und eine Gerade $g: \vec{x} = \vec{a}_g + \lambda\cdot\vec{u}$ sind genau dann parallel, wenn der Richtungsvektor $\vec{u}$ von g und der Normalenvektor $\vec{n}$ von e orthogonal sind, d.h. wenn $\vec{u}\cdot\vec{n} = 0$ gilt.

Aufgaben

56. Prüfen Sie, ob die Ebene e und die Gerade g parallel sind.

a) $e: \begin{pmatrix}1\\2\\-1\end{pmatrix}\cdot\vec{x} - 5 = 0$; $g: \vec{x} = \begin{pmatrix}1\\0\\1\end{pmatrix} + \lambda\cdot\begin{pmatrix}1\\0\\-2\end{pmatrix}$

b) $e: 3x_1 - 5x_2 + 8x_3 - 7 = 0$; $g: \vec{x} = \begin{pmatrix}1\\4\\1\end{pmatrix} + \lambda\cdot\begin{pmatrix}-1\\1\\1\end{pmatrix}$

57. Prüfen Sie, ob die Gerade g durch die Punkte $P(1|3|1)$ und $Q(2|4|1)$ und die Ebene e durch die Punkte $A(1|2|1)$, $B(2|3|0)$ und $C(3|4|2)$ parallel sind.

58. Zeigen Sie, dass die Flächendiagonale $\overline{EG}$ in dem Quader parallel zur x_1-x_2-Ebene ist.

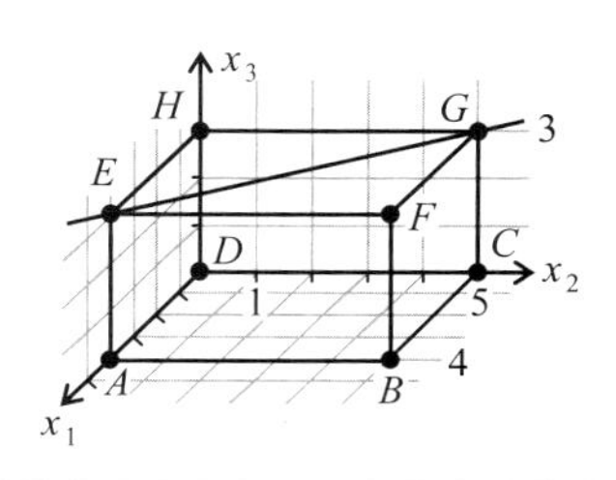

Lageuntersuchung für parallele Geraden und Ebenen

Wir betrachten im dreidimensionalen Raum eine Ebene und eine dazu parallele Gerade

$$e: \vec{n} \cdot \vec{x} - c = 0 \quad \text{und} \quad g: \vec{x} = \vec{a}_g + \lambda \cdot \vec{u} \quad (\text{mit } \vec{u} \perp \vec{n} \text{ oder } \vec{u} \cdot \vec{n} = 0).$$

Es sind dabei zwei Fälle zu unterscheiden:

1. Die Gerade verläuft vollständig in der Ebene.

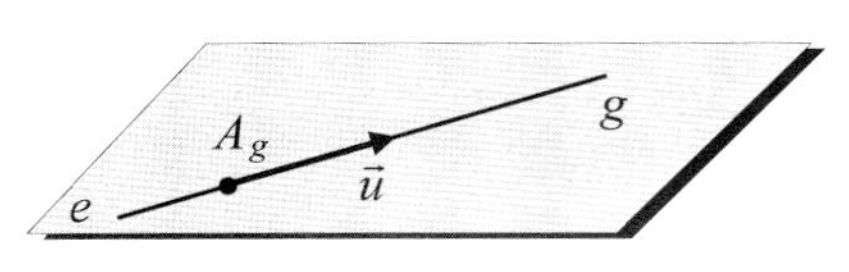

Lage des Aufpunkts A_g: $A_g \in e$

2. Die Ebene und die Gerade haben keinen gemeinsamen Punkt (echt parallel).

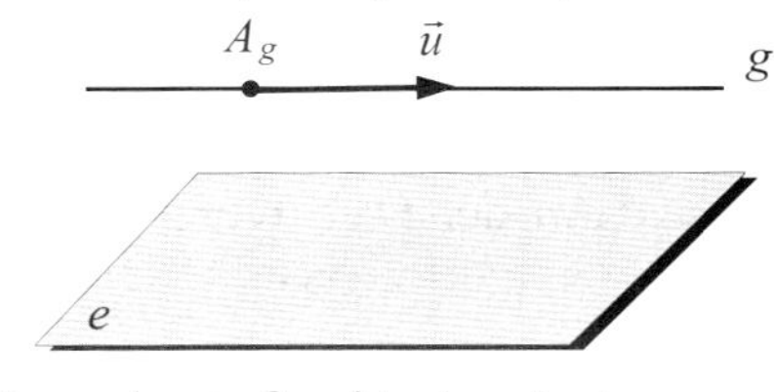

Lage des Aufpunkts A_g: $A_g \notin e$

Lageentscheidung mithilfe einer Punktprobe

Die Frage, ob eine zu einer Ebene parallele Gerade vollständig in e verläuft oder beide keinen gemeinsamen Punkt besitzen (echt parallel sind), lässt sich mithilfe einer Punktprobe entscheiden.

Am einfachsten führt man sie für den Aufpunkt A_g von g bezüglich e durch:

- Gilt $A_g \in e$, so verläuft die Gerade g vollständig in e.
- Gilt $A_g \notin e$, so sind die Gerade g und die Ebene e echt parallel.

Beispiel (Prüfen, ob eine Gerade vollständig in einer Ebene verläuft)

Gegeben sind die Gerade $g: \vec{x} = \begin{pmatrix} 5 \\ 7 \\ 5 \end{pmatrix} + \lambda \cdot \begin{pmatrix} 0 \\ 2 \\ 6 \end{pmatrix}$ und die Ebene $e: \begin{pmatrix} 13 \\ -6 \\ 2 \end{pmatrix} \cdot \vec{x} - 33 = 0$.

- *Test auf Parallelität*

  Der Richtungsvektor von g ist orthogonal zum Normalenvektor von e. Gerade und Ebene sind parallel.

  $$\vec{u} \cdot \vec{n} = \begin{pmatrix} 0 \\ 2 \\ 6 \end{pmatrix} \cdot \begin{pmatrix} 13 \\ -6 \\ 2 \end{pmatrix} = 0 - 12 + 12 = 0$$

- *Lageentscheidung*

  Wir führen eine Punktprobe für den Aufpunkt A_g von g bezüglich e durch:

  $$\begin{pmatrix} 13 \\ -6 \\ 2 \end{pmatrix} \cdot \begin{pmatrix} 5 \\ 7 \\ 5 \end{pmatrix} - 33 = 65 - 42 + 10 - 33 = 0, \text{ also gilt } A_g(5 \mid 7 \mid 5) \in e.$$

Ergebnis: Die Gerade g verläuft vollständig in der Ebene e.

Beispiel (Prüfen, ob eine Gerade und eine Ebene echt parallel sind)

Gegeben sind $g: \vec{x} = \begin{pmatrix} 1 \\ 2 \\ 3 \end{pmatrix} + \lambda \cdot \begin{pmatrix} 2 \\ 2 \\ 1 \end{pmatrix}$ und $e: 2x_1 - x_2 - 2x_3 + 7 = 0$.

Als Normalenvektor von e liest man $\vec{n} = \begin{pmatrix} 2 \\ -1 \\ -2 \end{pmatrix}$ aus der Koordinatengleichung ab.

- *Test auf Parallelität*
  Der Richtungsvektor von g ist orthogonal zum Normalenvektor von e.
  Gerade und Ebene sind parallel.

  $$\vec{u} \cdot \vec{n} = \begin{pmatrix} 2 \\ 2 \\ 1 \end{pmatrix} \cdot \begin{pmatrix} 2 \\ -1 \\ -2 \end{pmatrix} = 4 - 2 - 2 = 0$$

- *Lageentscheidung*
  Wir führen eine Punktprobe für den Aufpunkt A_g von g bezüglich e durch:

  $$2 \cdot 1 - 2 - 2 \cdot 3 + 7 = 2 - 2 - 6 + 7 = 1 \neq 0, \text{ also gilt } A_g(1|2|3) \notin e.$$

Ergebnis: Die Gerade g ist echt parallel zur Ebene e.

Aufgabe

59. Zeigen Sie, dass die Gerade g parallel zur Ebene e ist. Untersuchen Sie, ob die Gerade g vollständig in der Ebene e verläuft oder ob beide echt parallel sind.

a) $e: \begin{pmatrix} 10 \\ -7 \\ -9 \end{pmatrix} \cdot \vec{x} + 15 = 0$; $g: \vec{x} = \begin{pmatrix} 2 \\ 5 \\ 0 \end{pmatrix} + \lambda \cdot \begin{pmatrix} 5 \\ 2 \\ 4 \end{pmatrix}$

b) $e: \begin{pmatrix} 1 \\ -1 \\ 1 \end{pmatrix} \cdot \vec{x} + 3 = 0$; $g: \vec{x} = \begin{pmatrix} 3 \\ 0 \\ 2 \end{pmatrix} + \lambda \cdot \begin{pmatrix} -1 \\ 2 \\ 3 \end{pmatrix}$

c) $e: \begin{pmatrix} 13 \\ -6 \\ 2 \end{pmatrix} \cdot \left[\vec{x} - \begin{pmatrix} 5 \\ 6 \\ 2 \end{pmatrix} \right] = 0$; $g: \vec{x} = \begin{pmatrix} 5 \\ 7 \\ 5 \end{pmatrix} + \lambda \cdot \begin{pmatrix} 0 \\ 2 \\ 6 \end{pmatrix}$

d) $e: \vec{x} = \begin{pmatrix} 3 \\ 2 \\ 1 \end{pmatrix} + \lambda \cdot \begin{pmatrix} 1 \\ 0 \\ 1 \end{pmatrix} + \mu \cdot \begin{pmatrix} 0 \\ 1 \\ 1 \end{pmatrix}$; $g: \vec{x} = \begin{pmatrix} 1 \\ 2 \\ 3 \end{pmatrix} + \nu \cdot \begin{pmatrix} 1 \\ 1 \\ 2 \end{pmatrix}$

Lageuntersuchung für nicht parallele Geraden und Ebenen

Wir betrachten im dreidimensionalen Raum eine Ebene und eine Gerade

$$e: \vec{n}\cdot\vec{x} - c = 0 \quad \text{und} \quad g: \vec{x} = \vec{a}_g + \lambda\cdot\vec{u} \quad (\text{mit } \vec{u} \not\perp \vec{n} \text{ bzw. } \vec{u}\cdot\vec{n} \neq 0),$$

die nicht parallel sind. Hierbei ist nur der folgende Fall möglich:

Die Gerade schneidet die Ebene in einem Punkt S.

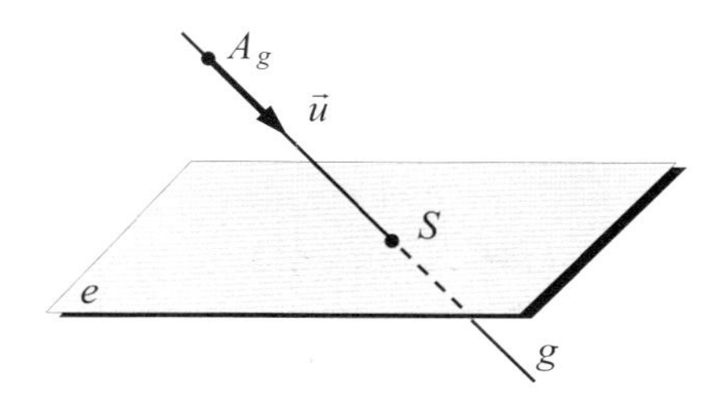

Schnittpunktberechnung

Für eine Ebene e und eine nicht parallele Gerade g berechnet man den Schnittpunkt, indem man die rechte Seite der Gleichung von g für $\vec{x}$ in die Normalengleichung von e einsetzt und den Wert des Parameters λ bestimmt.

Beispiel (Prüfen, ob eine Gerade und eine Ebene nicht parallel sind)

Gegeben sind die Gerade $g: \vec{x} = \begin{pmatrix} 2 \\ 3 \\ -1 \end{pmatrix} + \lambda\cdot\begin{pmatrix} 2 \\ -3 \\ 1 \end{pmatrix}$ und die Ebene $e: \begin{pmatrix} 3 \\ 4 \\ -2 \end{pmatrix}\cdot\vec{x} - 4 = 0$.

- *Test auf Parallelität*

  Der Richtungsvektor von g ist nicht orthogonal zum Normalenvektor von e.
  Gerade und Ebene sind nicht parallel.
  Sie schneiden sich in einem Punkt.

  $$\vec{u}\cdot\vec{n} = \begin{pmatrix} 2 \\ -3 \\ 1 \end{pmatrix}\cdot\begin{pmatrix} 3 \\ 4 \\ -2 \end{pmatrix} = 6 - 12 - 2 \neq 0$$

- *Schnittpunktberechnung*

  Die rechte Seite der Gleichung der Geraden g wird anstelle von $\vec{x}$ in die Normalengleichung von e eingesetzt:

  $$\begin{pmatrix} 3 \\ 4 \\ -2 \end{pmatrix}\cdot\left[\begin{pmatrix} 2 \\ 3 \\ -1 \end{pmatrix} + \lambda\cdot\begin{pmatrix} 2 \\ -3 \\ 1 \end{pmatrix}\right] - 4 = 0 \Leftrightarrow 20 - 8\lambda - 4 = 0 \Leftrightarrow \lambda = 2.$$

  Einsetzen von $\lambda = 2$ in der Gleichung von g ergibt:

  $$\vec{s} = \begin{pmatrix} 2 \\ 3 \\ -1 \end{pmatrix} + 2\cdot\begin{pmatrix} 2 \\ -3 \\ 1 \end{pmatrix} = \begin{pmatrix} 6 \\ -3 \\ 1 \end{pmatrix}.$$

Ergebnis: Die Gerade g und die Ebene e schneiden sich im Punkt $S(6\,|\,-3\,|\,1)$.

Aufgaben

60. Zeigen Sie, dass die Gerade g nicht parallel zur Ebene e ist. Berechnen Sie den Schnittpunkt.

a) $e: \begin{pmatrix} 3 \\ 3 \\ -2 \end{pmatrix} \cdot \vec{x} - 4 = 0$; $g: \vec{x} = \begin{pmatrix} 2 \\ 3 \\ -1 \end{pmatrix} + \lambda \cdot \begin{pmatrix} 2 \\ -3 \\ 1 \end{pmatrix}$

b) $e: \begin{pmatrix} 1 \\ 2 \\ 1 \end{pmatrix} \cdot \vec{x} = 11$; $g: \vec{x} = \begin{pmatrix} 1 \\ 3 \\ 2 \end{pmatrix} + \lambda \cdot \begin{pmatrix} 2 \\ 1 \\ 0 \end{pmatrix}$

c) $e: \vec{x} = \begin{pmatrix} 3 \\ 2 \\ 1 \end{pmatrix} + \lambda \cdot \begin{pmatrix} 1 \\ 0 \\ 1 \end{pmatrix} + \mu \cdot \begin{pmatrix} 0 \\ 1 \\ 1 \end{pmatrix}$; $g: \vec{x} = \begin{pmatrix} 1 \\ 2 \\ 3 \end{pmatrix} + \nu \cdot \begin{pmatrix} 1 \\ 1 \\ 1 \end{pmatrix}$

61. Wo durchstößt die Gerade $g: \vec{x} = \begin{pmatrix} -4,5 \\ 0 \\ 0 \end{pmatrix} + \nu \cdot \begin{pmatrix} 4 \\ -1 \\ 4 \end{pmatrix}$ die Ebene e, die durch die Punkte $A(0|0|-1)$, $B(1|0|1)$ und $C(0|1\ 0)$ gegeben ist?

62. Gegeben sind die Ebene $e: \begin{pmatrix} 1 \\ -2 \\ 2 \end{pmatrix} \cdot \vec{x} = 4,5$ und die Gerade $g: \vec{x} = \begin{pmatrix} 1 \\ 3 \\ 7 \end{pmatrix} + \lambda \cdot \begin{pmatrix} -1 \\ 2 \\ -2 \end{pmatrix}$.

a) Begründen Sie, dass die Gerade g die Ebene e schneidet. Berechnen Sie den Schnittpunkt.

b) Entscheiden Sie, ob die Gerade g die Ebene e senkrecht schneidet.

63.* In welchem Punkt S schneidet die Raumdiagonale $\overline{EC}$ die in der Abbildung hervorgehobene Fläche?

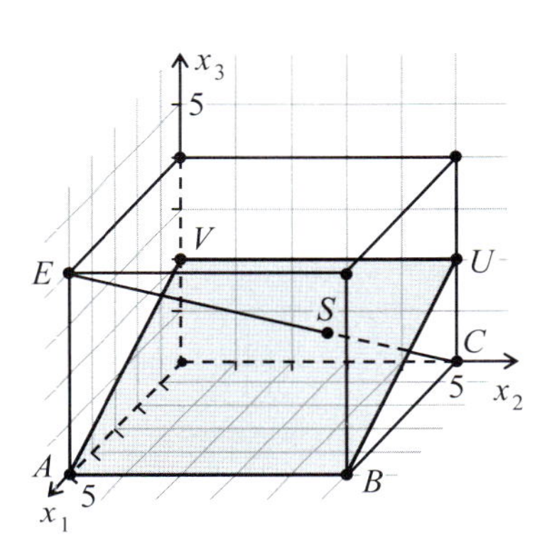

Im nachstehenden Diagramm ist die Vorgehensweise zur Untersuchung der Lagebeziehung zwischen einer Geraden g und einer Ebene e

$$g: \vec{x} = \vec{a}_g + \lambda \cdot \vec{u} \quad \text{und} \quad e: \vec{n} \cdot \vec{x} - c = 0$$

in einer Gesamtübersicht dargestellt.

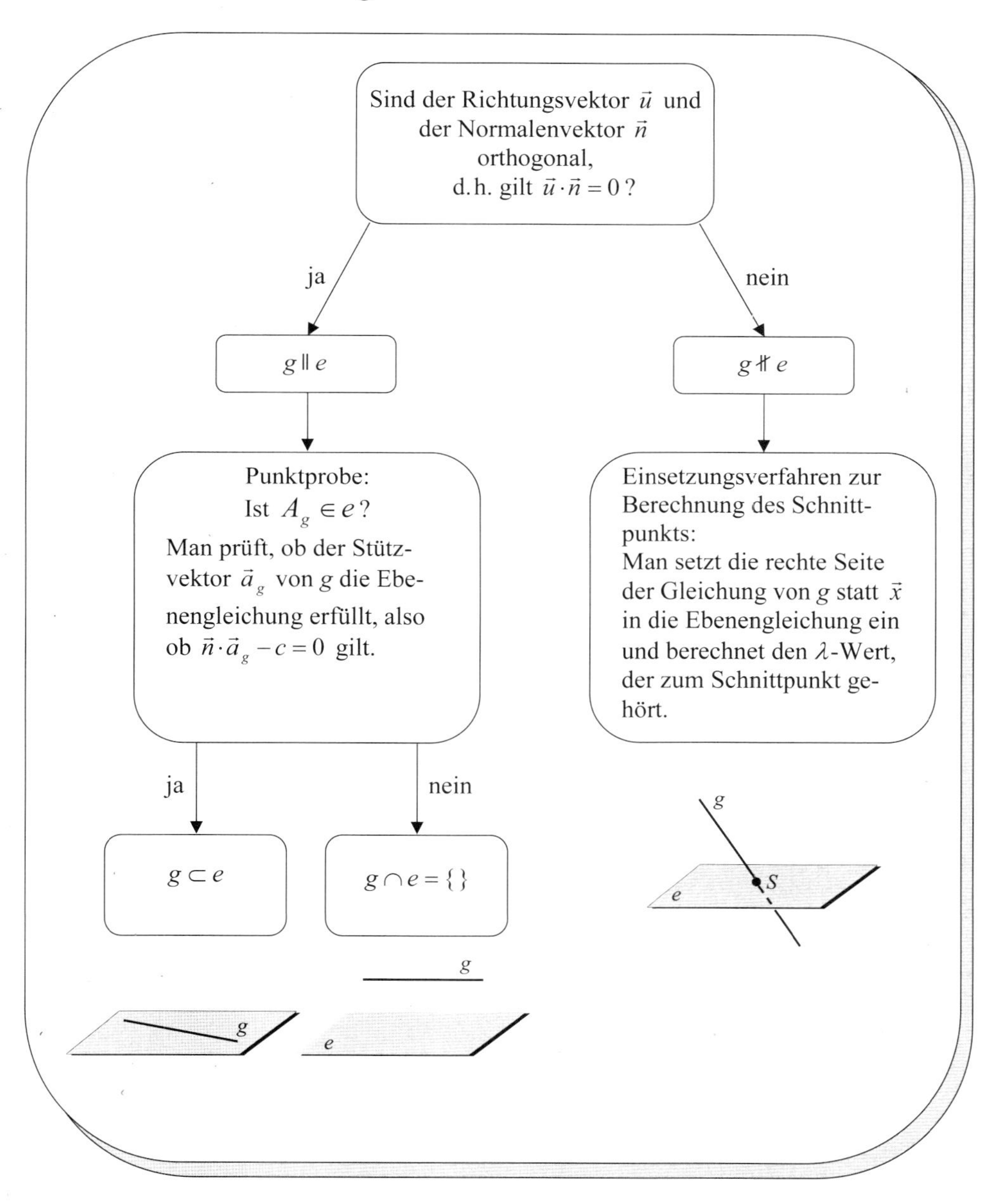

Vermischte Aufgaben und Aufgaben mit einem Parameter

64. a) Berechnen Sie den Schnittpunkt der Geraden g, die durch die beiden Punkte $P(3|1|0)$ und $Q(6|3|0)$ festgelegt ist, mit der Ebene e durch die drei Punkte $A(3|5|2)$, $B(3|11|4)$ und $C(4|6|2)$.

    b)[LK] Trifft die Gerade g die Dreiecksfläche mit den Eckpunkten A, B und C?

65. Prüfen Sie rechnerisch, ob sich die Gerade g und die Ebene e, in der die gekennzeichnete Dreiecksfläche liegt, schneiden.

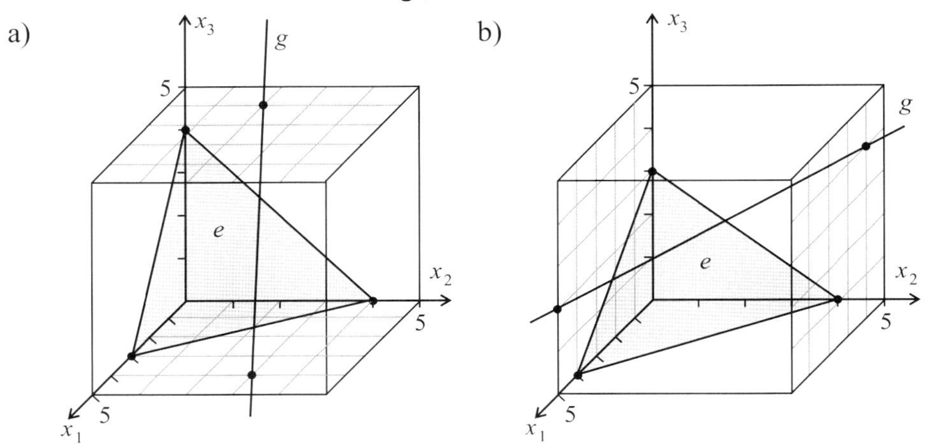

66. Gegeben ist die Punkteschar $D_r(3|3+r|6-2r)$ mit $r \in \mathbb{R}$.

    Zeigen Sie, dass die Punkteschar D_r eine zur Ebene $e: \begin{pmatrix} 0 \\ 1 \\ -2 \end{pmatrix} \cdot \vec{x} - 1 = 0$ senkrechte Gerade g bildet.

67. Gegeben ist die Punkteschar $P_a(a|1-a|2+3a)$ mit $a \in \mathbb{R}$.

    Geben Sie eine Gleichung einer Ursprungsebene an, die senkrecht zur Punkteschar P_a verläuft.

68. Gegeben sind die Ebene e: $x_1+2x_2+2x_3-5 = 0$ sowie die Geradenschar

$$g_a: \vec{x} = \begin{pmatrix} 4 \\ 3 \\ 2 \end{pmatrix} + \lambda \cdot \begin{pmatrix} a \\ -1 \\ -4 \end{pmatrix} \text{ mit } \lambda \in \mathbb{R} \text{ und } a \in \mathbb{R}.$$

Untersuchen Sie die Lagebeziehung zwischen der Ebene e und den Geraden der Schar g_a in Abhängigkeit von a.

5.2.6 Besondere Lagen von Geraden im Koordinatensystem

Geraden durch den Ursprung

Wir betrachten eine Gerade mit der Parametergleichung $g\colon \vec{x} = \vec{a} + \lambda \cdot \vec{u}$.

Wird der Nullvektor als Stützvektor gewählt ($\vec{a} = \vec{0}$), so verläuft g durch den Koordinatenursprung.

Darüber hinaus gibt es für den Fall $\vec{a} \neq \vec{0}$ aber auch noch die folgende Möglichkeit:

$$\vec{a} + \lambda \cdot \vec{u} = \vec{0} \iff \vec{a} = -\lambda \cdot \vec{u}\,.$$

Der Stützvektor $\vec{a}$ und der Richtungsvektor $\vec{u}$ der Gerade g sind diesem Fall kollinear.

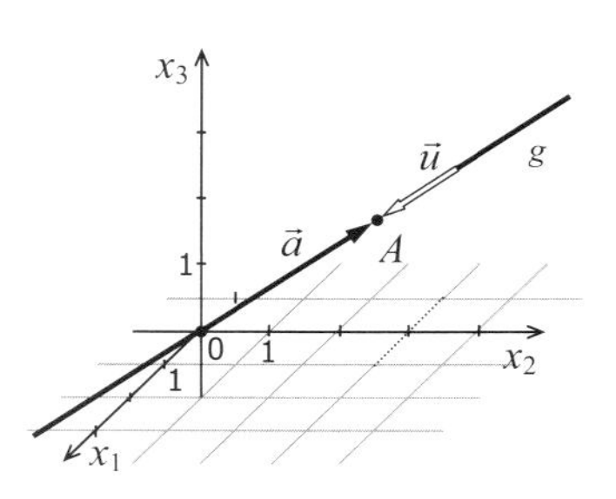

Geraden parallel zu einer Koordinatenachse

Sind im Richtungsvektor einer Geraden eine oder zwei Komponenten gleich null, so nimmt die Gerade eine besondere Lage im Koordinatensystem ein.

Wir betrachten zuerst den Fall, dass im Richtungsvektor einer Geraden genau zwei Komponenten gleich null sind.

Beispiel (Zwei Komponenten des Richtungsvektors sind gleich null.)

Die Abbildung zeigt die Gerade g mit der angegebenen Parametergleichung.

Es fällt auf, dass die x_2- und die x_3-Komponente des Richtungsvektors $\vec{u}$ von g gleich null sind. Er ist daher kollinear zum Einheitsvektor $\vec{e}_1$ in Richtung der x_1-Achse, d. h. es gilt

$$\vec{u} = \begin{pmatrix} -2 \\ 0 \\ 0 \end{pmatrix} \parallel \vec{e}_1 = \begin{pmatrix} 1 \\ 0 \\ 0 \end{pmatrix}.$$

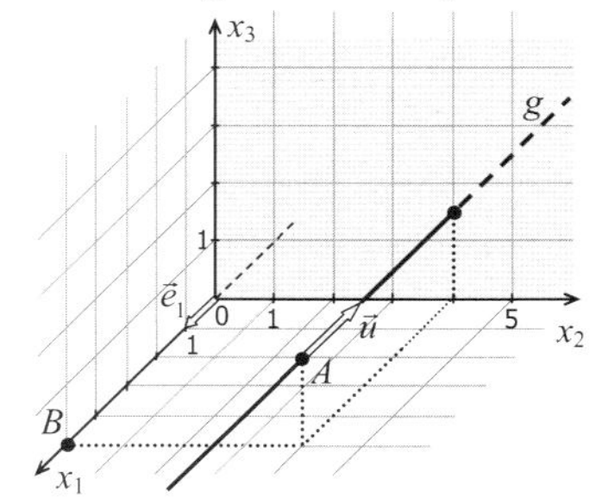

$$g\colon \vec{x} = \begin{pmatrix} 5 \\ 4 \\ 1{,}5 \end{pmatrix} + \lambda \cdot \begin{pmatrix} -2 \\ 0 \\ 0 \end{pmatrix}$$

Komponenten des Richtungsvektors $\vec{u}$

u_2, $u_3 = 0$

↓

g parallel zur x_1-Achse ⟶ **g senkrecht** zur x_2-x_3-Ebene

Geometrisch bedeutet dies:

- Die Gerade g verläuft parallel zur x_1-Achse.

  Dies lässt sich noch weiter präzisieren:

  - Da $A(5|4|1{,}5)$ nicht zur x_1-Achse gehört, liegt echte Parallelität vor.
  - Wäre aber z. B. $B(5|0|0)$ der Aufpunkt, so wäre g mit der x_1-Achse identisch.

Der Vektor $\vec{u}$ ist auch als Normalenvektor der x_2-x_3-Ebene interpretierbar. Für die Lagebeziehung von Gerade und Ebene bedeutet dies:

- Die Gerade g verläuft senkrecht zur x_2-x_3-Ebene.

Geraden parallel zu einer Koordinatenebene

Wir betrachten den Fall, dass im Richtungsvektor einer Gerade eine Komponente gleich null ist.

Beispiel (Eine Komponente des Richtungsvektors ist gleich null.)

Die Abbildung zeigt die Gerade g mit der angegebenen Parametergleichung.

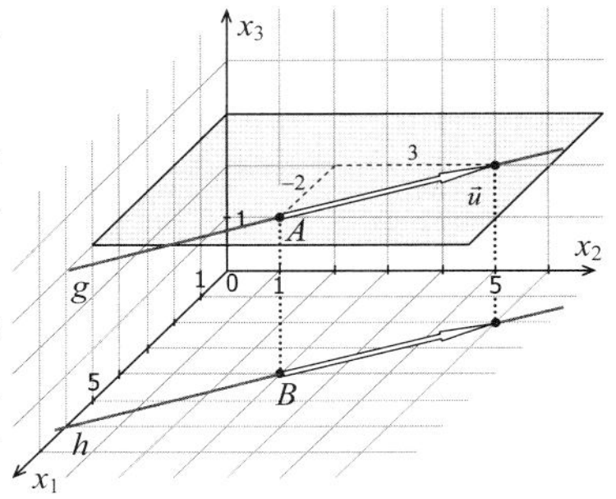

Dabei fällt auf, dass die x_3-Komponente des Richtungsvektors $\vec{u}$ von g gleich null ist. Es gibt keinen Spurpunkt mit der x_1-x_2-Ebene.

Dies lässt sich auch mit unserer Kenntnis über die Lagebeziehung von Gerade und Ebene begründen. Für den Richtungsvektor $\vec{u}$ von g und den Normalenvektor $\vec{e}_3$ der x_1-x_2-Ebene gilt:

$$\vec{u}\cdot\vec{e}_3 = \begin{pmatrix}-2\\3\\0\end{pmatrix}\cdot\begin{pmatrix}0\\0\\1\end{pmatrix} = -2\cdot 0 + 3\cdot 0 + 0\cdot 1 = 0.$$

$$g:\ \vec{x} = \begin{pmatrix}4\\3\\3\end{pmatrix} + \lambda\cdot\begin{pmatrix}-2\\3\\0\end{pmatrix}$$

Komponenten des Richtungsvektors $\vec{u}$

$u_3 = 0$

↓

g parallel zur x_1-x_2-Ebene ⟶ **g senkrecht** zur x_3-Achse

Geometrisch bedeutet dies:

- Die Gerade g verläuft parallel zur x_1-x_2-Ebene.

  Dies lässt sich noch weiter präzisieren:
  - Da $A(4|3|3)$ nicht in der x_1-x_2-Ebene liegt, liegt echte Parallelität vor.
  - Wäre aber z. B. $B(4|3|0)$ der Aufpunkt, so würde g in der x_1-x_2-Ebene verlaufen.

Der Vektor $\vec{e}_3$ kann auch als Richtungsvektor der x_3-Achse aufgefasst werden. Die Eigenschaft $\vec{u}\cdot\vec{e}_3 = 0$ kann somit auch wie folgt interpretiert werden:

- Die Gerade g verläuft senkrecht zur x_3-Achse.

Die Abbildung rechts zeigt als weitere Beispiele die Geraden:

$$g:\ \vec{x} = \vec{a} + \lambda\cdot\vec{u} = \begin{pmatrix}6\\0\\1\end{pmatrix} + \lambda\cdot\begin{pmatrix}-3\\0\\2\end{pmatrix}$$

$$h:\ \vec{x} = \vec{b} + \mu\cdot\vec{v} = \begin{pmatrix}5\\2\\0\end{pmatrix} + \mu\cdot\begin{pmatrix}2\\-3\\0\end{pmatrix}$$

$$k:\ \vec{x} = \vec{c} + \sigma\cdot\vec{w} = \begin{pmatrix}0\\1\\4\end{pmatrix} + \sigma\cdot\begin{pmatrix}0\\5\\-2\end{pmatrix}$$

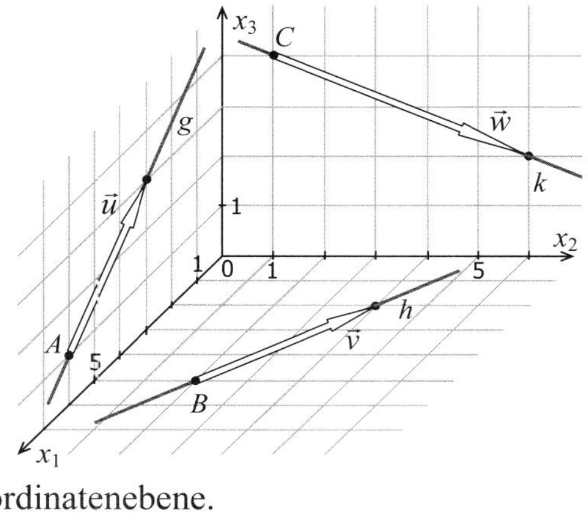

Jede dieser Geraden verläuft in einer Koordinatenebene.

Das folgende Diagramm zeigt die möglichen besonderen Lagen von Geraden im Koordinatensystem in einer Gesamtübersicht.

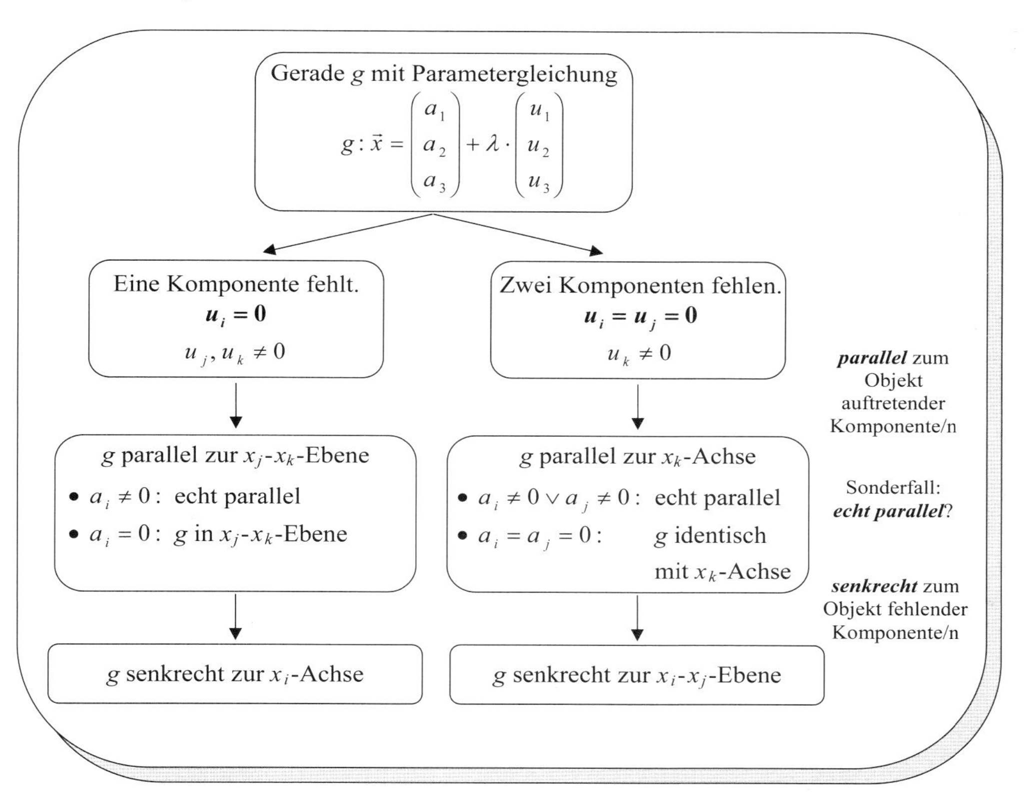

Aufgabe

69. Welche besondere Lage besitzen die folgenden Geraden?

a) $g_1: \vec{x} = \begin{pmatrix} 1 \\ 0 \\ 0 \end{pmatrix} + \lambda \cdot \begin{pmatrix} 0 \\ 1 \\ 2 \end{pmatrix}$

b) $g_2: \vec{x} = \lambda \cdot \begin{pmatrix} -3 \\ 1 \\ -2 \end{pmatrix}$

c) $g_3: \vec{x} = \begin{pmatrix} 1 \\ 0 \\ -1 \end{pmatrix} + \lambda \cdot \begin{pmatrix} 0 \\ 0 \\ -3 \end{pmatrix}$

d) $g_4: \vec{x} = \begin{pmatrix} 1 \\ 0 \\ 4 \end{pmatrix} + \lambda \cdot \begin{pmatrix} -2 \\ 0 \\ 1 \end{pmatrix}$

e) $g_5: \vec{x} = \begin{pmatrix} 0 \\ 1 \\ 0 \end{pmatrix} + \lambda \cdot \begin{pmatrix} 0 \\ -2 \\ 0 \end{pmatrix}$

f) $g_6: \vec{x} = \begin{pmatrix} 2 \\ 6 \\ -4 \end{pmatrix} + \lambda \cdot \begin{pmatrix} -1 \\ -3 \\ 2 \end{pmatrix}$

5.2.7 Lagebeziehungen zwischen Ebenen

Parallelität von zwei Ebenen

Betrachtet werden zwei Ebenen

$$e_1 : \vec{n}_1 \cdot \vec{x} - c_1 = 0$$

und

$$e_2 : \vec{n}_2 \cdot \vec{x} - c_2 = 0 .$$

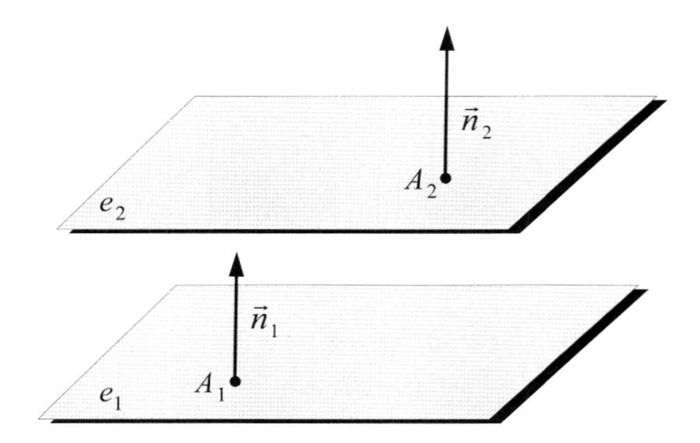

Die beiden Ebenen e_1 und e_2 sind genau dann parallel, wenn die beiden Normalenvektoren $\vec{n}_1$ und $\vec{n}_2$ die gleiche oder die entgegengesetzte Richtung haben, d.h. wenn sie kollinear sind.

Parallelität von zwei Ebenen

Zwei Ebenen $e_1 : \vec{n}_1 \cdot \vec{x} - c_1 = 0$ und $e_2 : \vec{n}_2 \cdot \vec{x} - c_2 = 0$ sind genau dann parallel, wenn die Normalenvektoren $\vec{n}_1$ und $\vec{n}_2$ kollinear sind.

Aufgaben

70. Untersuchen Sie, ob die Ebenen e_1 und e_2 parallel sind.

$$e_1 : \begin{pmatrix} -2 \\ 0 \\ 3 \end{pmatrix} \cdot \vec{x} + 5 = 0 \quad ; \quad e_2 : \begin{pmatrix} 1 \\ 0 \\ -1{,}5 \end{pmatrix} \cdot \vec{x} + 5 = 0$$

71. Untersuchen Sie, ob folgende Ebenen zueinander parallel sind:
   - Ebene e_1 durch die Punkte $A(2|-1|1)$, $B(3|-1|3)$ und $C(3|0|4)$ und
   - Ebene e_2 durch die Punkte $P(3|0|2)$, $Q(4|2|6)$ und $R(3|2|-1)$.

72. Weisen Sie rechnerisch nach, dass die Bodenfläche in der x_1-x_2-Ebene und die Dachfläche durch die Punkte

   $E(4|1|3)$, $F(5|5|5)$, $G(0|5|5)$, $H(1|1|3)$

   nicht parallel sind.

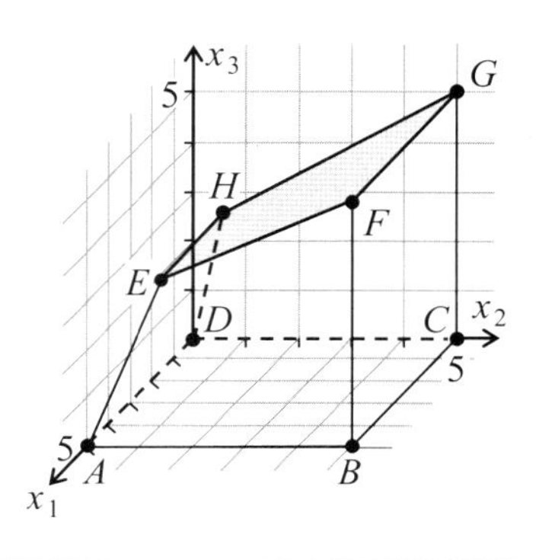

Lageuntersuchung für zwei parallele Ebenen

Wir betrachten im dreidimensionalen Raum zwei parallele Ebenen

$$e_1: \vec{n}_1 \cdot \vec{x} - c_1 = 0 \text{ und } e_2: \vec{n}_2 \cdot \vec{x} - c_2 = 0 \text{ (mit } \vec{n}_1,\ \vec{n}_2 \text{ kollinear).}$$

Für zwei parallele Ebenen sind folgende Fälle zu unterscheiden:

1. Die Ebenen sind identisch.

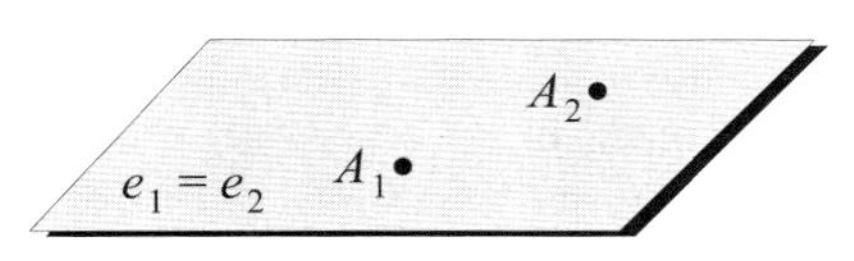

Lage des Aufpunkts A_2 von e_2: $A_2 \in e_1$

2. Die Ebenen sind verschieden (echt parallel).

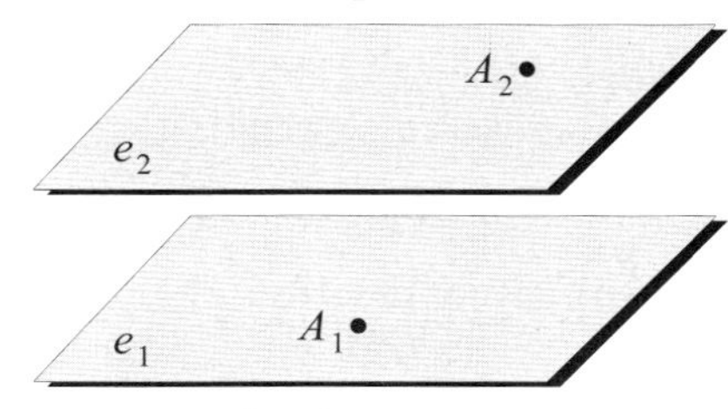

Lage des Aufpunkts A_2 von e_2: $A_2 \notin e_1$

Entscheidung mithilfe einer Punktprobe

Die Frage, ob zwei parallele Ebenen identisch oder verschieden (echt parallel) sind, lässt sich mithilfe einer Punktprobe entscheiden.
Man führt eine Punktprobe für einen beliebigen Punkt von e_2 (z.B. für den Aufpunkt A_2) bezüglich e_1 durch:

- Gilt $A_2 \in e_1$, so sind die parallelen Ebenen identisch.
- Gilt $A_2 \notin e_1$, so sind die parallelen Ebenen verschieden (echt parallel).

Beispiel (Prüfen, ob zwei Ebenen identisch sind)

Gegeben sind die Ebenen $e_1: \begin{pmatrix} 2 \\ 5 \\ -3 \end{pmatrix} \cdot \left[\vec{x} - \begin{pmatrix} 1 \\ 0 \\ -2 \end{pmatrix} \right] = 0$ und $e_2: \begin{pmatrix} -3 \\ -7,5 \\ 4,5 \end{pmatrix} \cdot \left[\vec{x} - \begin{pmatrix} 3 \\ 1 \\ 1 \end{pmatrix} \right] = 0$.

- *Test auf Parallelität*

  Die Normalenvektoren sind kollinear.
  Die beiden Ebenen sind parallel.

  $$\vec{n}_2 = \begin{pmatrix} -3 \\ -7,5 \\ 4,5 \end{pmatrix} = -1,5 \cdot \begin{pmatrix} 2 \\ 5 \\ -3 \end{pmatrix} = -1,5 \cdot \vec{n}_1$$

- *Lageentscheidung*

  Wir führen eine Punktprobe für den Aufpunkt $A_2(3|1|1)$ von e_2 in der Gleichung von e_1 durch:

  $$\begin{pmatrix} 2 \\ 5 \\ -3 \end{pmatrix} \cdot \left[\begin{pmatrix} 3 \\ 1 \\ 1 \end{pmatrix} - \begin{pmatrix} 1 \\ 0 \\ -2 \end{pmatrix} \right] = \begin{pmatrix} 2 \\ 5 \\ -3 \end{pmatrix} \cdot \begin{pmatrix} 2 \\ 1 \\ 3 \end{pmatrix} = 4 + 5 - 9 = 0 \text{, also gilt } A_2 \in e_1.$$

Ergebnis: Die Ebenen sind identisch.

Beispiel (Prüfen, ob zwei Ebenen echt parallel sind)

Gegeben sind die Ebenen $e_1: \begin{pmatrix} -3 \\ 4 \\ 4 \end{pmatrix} \cdot \vec{x} - 6 = 0$ und $e_2: 1{,}5x_1 - 2x_2 - 2x_3 + 2 = 0$.

- *Test auf Parallelität*
  Die Normalenvektoren sind kollinear.
  Die beiden Ebenen sind parallel.

  $$\vec{n}_2 = \begin{pmatrix} 1{,}5 \\ -2 \\ -2 \end{pmatrix} = -0{,}5 \cdot \begin{pmatrix} -3 \\ 4 \\ 4 \end{pmatrix} = -0{,}5 \cdot \vec{n}_1$$

- *Lageentscheidung*
  – Aus keiner der Ebenengleichungen ist ein Punkt direkt ablesbar.
  Wir bestimmen einen beliebigen Punkt von e_2.

  Wählt man z.B. $x_1 = x_2 = 0$ in e_2, so folgt $x_3 = 1$ und somit $A_2(0|0|1)$.

  – Wir führen eine Punktprobe für $A_2(0|0|1)$ in der Gleichung von e_1 durch:

  $$\begin{pmatrix} -3 \\ 4 \\ 4 \end{pmatrix} \cdot \begin{pmatrix} 0 \\ 0 \\ 1 \end{pmatrix} - 6 = (0+0+4) - 6 = -2 \neq 0, \text{ also gilt } A_2 \notin e_1.$$

Ergebnis: Die Ebenen sind echt parallel.

Aufgabe

73. Zeigen Sie, dass die Ebenen e_1 und e_2 parallel sind. Untersuchen Sie weiter, ob die beiden Ebenen identisch oder echt parallel sind.

a) $e_1: x_1 - x_2 - 2x_3 - 1 = 0$; $e_2: -2x_1 + 2x_2 + 4x_3 = 2$

b) $e_1: \begin{pmatrix} 4 \\ 3 \\ -2 \end{pmatrix} \cdot \vec{x} = 0$; $e_2: -4x_1 - 3x_2 + 2x_3 = 1$

c) $e_1: 2x_1 - x_2 - 5 = 0$; $e_2: \vec{x} = \begin{pmatrix} 2 \\ -1 \\ 0 \end{pmatrix} + \lambda \cdot \begin{pmatrix} 1 \\ 2 \\ 2 \end{pmatrix} + \mu \cdot \begin{pmatrix} 1 \\ 2 \\ -3 \end{pmatrix}$

d) $e_1: \vec{x} = \begin{pmatrix} 1 \\ 0 \\ -1 \end{pmatrix} + \lambda \cdot \begin{pmatrix} -5 \\ 6 \\ 2 \end{pmatrix} + \mu \cdot \begin{pmatrix} 3 \\ 2 \\ -8 \end{pmatrix}$; $e_2: \begin{pmatrix} 26 \\ 17 \\ 14 \end{pmatrix} \cdot \left[\vec{x} - \begin{pmatrix} 1 \\ -1 \\ -1 \end{pmatrix} \right] = 0$

Lageuntersuchung für nicht parallele Ebenen

Wir betrachten im dreidimensionalen Raum zwei nicht parallele Ebenen

$$e_1 : \vec{n}_1 \cdot \vec{x} - c_1 = 0 \text{ und } e_2 : \vec{n}_2 \cdot \vec{x} - c_2 = 0 \text{ (mit } \vec{n}_1,\ \vec{n}_2 \text{ nicht kollinear).}$$

Hierbei ist nur der folgende Fall möglich:

Die Ebenen schneiden sich in einer gemeinsamen Schnittgeraden g_S.

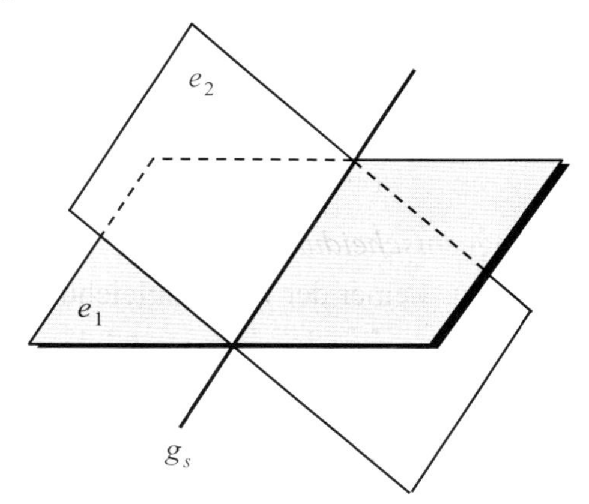

Berechnung einer Gleichung der Schnittgeraden

Für zwei nicht parallele Ebenen e_1 und e_2 kann die Berechnung einer Gleichung der Schnittgeraden auf unterschiedliche Arten erfolgen. Die möglichen Vorgehensweisen werden nachfolgend anhand von Beispielen erläutert.

Beispiel (Schnittgerade mithilfe der Normalengleichungen bestimmen)

Gegeben sind die Ebenen $e_1 : \begin{pmatrix} -1 \\ 1 \\ -1 \end{pmatrix} \cdot \vec{x} - 1 = 0$ und $e_2 : \begin{pmatrix} 2 \\ -1 \\ -1 \end{pmatrix} \cdot \vec{x} - 2 = 0$.

- *Test auf Parallelität*

  Die Normalenvektoren sind nicht kollinear (keine Vielfache), die Ebenen daher nicht parallel. Sie schneiden sich also in einer Geraden.

  $$\vec{n}_1 = \begin{pmatrix} -1 \\ 1 \\ -1 \end{pmatrix} \quad ; \quad \vec{n}_2 = \begin{pmatrix} 2 \\ -1 \\ -1 \end{pmatrix}$$

- *Berechnung der Schnittgeraden aus den Koordinatengleichungen*

  – Koordinatengleichungen

  $$e_1 : -x_1 + x_2 - x_3 - 1 = 0$$
  $$e_2 : 2x_1 - x_2 - x_3 - 2 = 0$$

  – Gleichungssystem

  Es liegt ein unterbestimmtes Gleichungssystem vor (nur zwei Gleichungen für drei Variablen).

  $$\begin{cases} -x_1 + x_2 - x_3 = 1 \\ 2x_1 - x_2 - x_3 = 2 \end{cases}$$

– Freie Wahl einer Variablen Wir wählen z.B. $x_3 = \lambda$.	$\begin{cases} -x_1 + x_2 - \lambda = 1 \\ 2x_1 - x_2 - \lambda = 2 \end{cases} \Leftrightarrow \begin{cases} -x_1 + x_2 = 1 + \lambda & \text{(I)} \\ 2x_1 - x_2 = 2 + \lambda & \text{(II)} \end{cases}$
– Lösung des Gleichungssystems	$\text{(I)} + \text{(II)}:\ x_1 = 3 + 2\lambda$ $\text{In (I)}:\quad -3 - 2\lambda + x_2 = 1 + \lambda \Leftrightarrow x_2 = 4 + 3\lambda$
– Angabe einer Gleichung der Schnittgeraden	$\vec{x} = \begin{pmatrix} x_1 \\ x_2 \\ x_3 \end{pmatrix} = \begin{pmatrix} 3 + 2\lambda \\ 4 + 3\lambda \\ \lambda \end{pmatrix} = \begin{pmatrix} 3 \\ 4 \\ 0 \end{pmatrix} + \begin{pmatrix} 2\lambda \\ 3\lambda \\ \lambda \end{pmatrix} = \begin{pmatrix} 3 \\ 4 \\ 0 \end{pmatrix} + \lambda \cdot \begin{pmatrix} 2 \\ 3 \\ 1 \end{pmatrix}$

Beispiel (Schnittgerade mithilfe der Parameterform der einen Ebene und der Normalenform der zweiten Ebene bestimmen)

Eine andere Möglichkeit zur Berechnung einer Gleichung der Schnittgeraden besteht darin, eine der beiden Ebenengleichungen in die Parameterform umzuwandeln und dann das Einsetzungsverfahren zu verwenden.

- *Parametergleichung*
  (der Ebene e_2 aus dem letzten Beispiel)

$$e_2 : \vec{x} = \begin{pmatrix} 1 \\ 0 \\ 0 \end{pmatrix} + \lambda \cdot \begin{pmatrix} 1 \\ 0 \\ 2 \end{pmatrix} + \mu \cdot \begin{pmatrix} 1 \\ 2 \\ 0 \end{pmatrix}$$

- *Berechnung der Schnittgeraden mithilfe des Einsetzungsverfahrens*
  Setzt man die rechte Seite dieser Gleichung statt $\vec{x}$ in die Normalengleichung von e_1 aus dem letzten Beispiel ein, so ergibt sich:

$$\begin{pmatrix} -1 \\ 1 \\ -1 \end{pmatrix} \cdot \left[\begin{pmatrix} 1 \\ 0 \\ 0 \end{pmatrix} + \lambda \cdot \begin{pmatrix} 1 \\ 0 \\ 2 \end{pmatrix} + \mu \cdot \begin{pmatrix} 1 \\ 2 \\ 0 \end{pmatrix} \right] - 1 = 0 \Leftrightarrow -1 - 3\lambda + \mu - 1 = 0 \Leftrightarrow \mu = 3\lambda + 2.$$

- *Gleichung der Schnittgeraden*
  Wir setzen $\mu = 3\lambda + 2$ in die Gleichung von e_2 ein.

$$\vec{x} = \begin{pmatrix} 1 \\ 0 \\ 0 \end{pmatrix} + \lambda \cdot \begin{pmatrix} 1 \\ 0 \\ 2 \end{pmatrix} + \underbrace{(3\lambda + 2)}_{\text{eingesetzt für } \mu} \cdot \begin{pmatrix} 1 \\ 2 \\ 0 \end{pmatrix} = \begin{pmatrix} 1 \\ 0 \\ 0 \end{pmatrix} + \lambda \cdot \begin{pmatrix} 1 \\ 0 \\ 2 \end{pmatrix} + 3\lambda \cdot \begin{pmatrix} 1 \\ 2 \\ 0 \end{pmatrix} + 2 \cdot \begin{pmatrix} 1 \\ 2 \\ 0 \end{pmatrix}$$

$$= \begin{pmatrix} 1 \\ 0 \\ 0 \end{pmatrix} + \lambda \cdot \begin{pmatrix} 1 \\ 0 \\ 2 \end{pmatrix} + \lambda \cdot \begin{pmatrix} 3 \\ 6 \\ 0 \end{pmatrix} + \begin{pmatrix} 2 \\ 4 \\ 0 \end{pmatrix} = \begin{pmatrix} 3 \\ 4 \\ 0 \end{pmatrix} + \lambda \cdot \begin{pmatrix} 4 \\ 6 \\ 2 \end{pmatrix}$$

Diese Gleichung stimmt - bis auf ein Vielfaches des Richtungsvektors - mit der im vorangehenden Beispiel errechneten Gleichung überein.

Sind beide Ebenen in der Parameterform gegeben, so ist es empfehlenswert, zumindest eine der beiden Ebenengleichungen in die Normalenform umzuwandeln.

Aufgaben

74. Berechnen Sie eine Gleichung der Schnittgeraden von e_1 und e_2.

a) $e_1: \begin{pmatrix} 4 \\ 3 \\ 2 \end{pmatrix} \cdot \vec{x} = 0$; $e_2: \vec{x} = \begin{pmatrix} 1 \\ 0 \\ -1 \end{pmatrix} + \lambda \cdot \begin{pmatrix} -5 \\ 6 \\ 2 \end{pmatrix} + \mu \cdot \begin{pmatrix} 3 \\ 2 \\ -8 \end{pmatrix}$

b) $e_1: x_1 - x_2 - 2x_3 - 1 = 0$; $e_2: \vec{x} = \begin{pmatrix} 1 \\ 1 \\ 0 \end{pmatrix} + \lambda \cdot \begin{pmatrix} 1 \\ 2 \\ 2 \end{pmatrix} + \mu \cdot \begin{pmatrix} 1 \\ 2 \\ -3 \end{pmatrix}$

75. Berechnen Sie eine Gleichung der Schnittgeraden von e_1 und e_2.

a) $e_1: \begin{pmatrix} 1 \\ 2 \\ 3 \end{pmatrix} \cdot \vec{x} - 3 = 0$; $e_2: \begin{pmatrix} 1 \\ 1 \\ -1 \end{pmatrix} \cdot \vec{x} = 0$

b) $e_1: 2x_1 - 2x_2 + x_3 = 2$; $e_2: x_1 + 2x_2 - x_3 = 1$

76. Berechnen Sie eine Gleichung der Schnittgeraden von e_1 und e_2.

$e_1: \vec{x} = \begin{pmatrix} 2 \\ 0 \\ 0 \end{pmatrix} + \lambda \cdot \begin{pmatrix} -2 \\ 1 \\ 0 \end{pmatrix} + \mu \cdot \begin{pmatrix} -2 \\ 0 \\ 3 \end{pmatrix}$; $e_2: \vec{x} = \begin{pmatrix} 1 \\ 0 \\ 0 \end{pmatrix} + \nu \cdot \begin{pmatrix} -1 \\ 3 \\ 0 \end{pmatrix} + \rho \cdot \begin{pmatrix} -1 \\ 0 \\ 2 \end{pmatrix}$

77. Prüfen Sie, ob sich die beiden Ebenen e_1 und e_2, in denen die gekennzeichneten Dreiecksflächen liegen, schneiden.

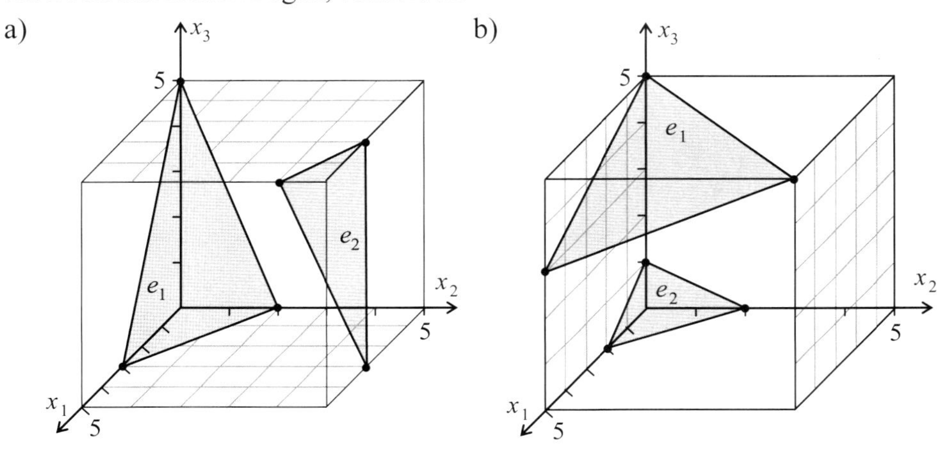

Im nachstehenden Diagramm ist die Vorgehensweise zur Untersuchung der Lagebeziehung zwischen zwei Ebenen

$$e_1 : \vec{n}_1 \cdot \vec{x} - c_1 = 0 \quad \text{und} \quad e_2 : \vec{n}_2 \cdot \vec{x} - c_2 = 0$$

in einer Gesamtübersicht dargestellt.

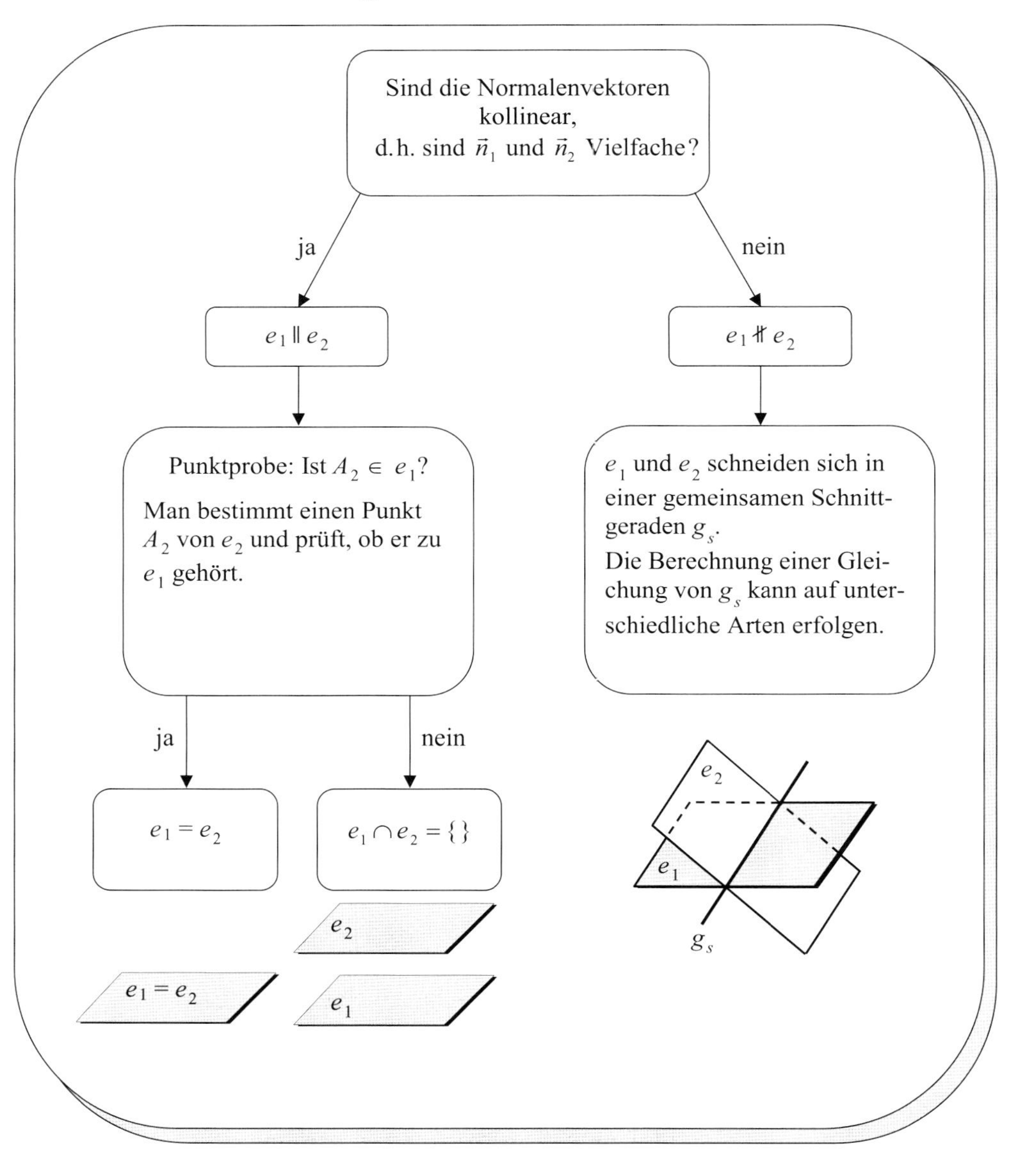

Vermischte Aufgaben und Aufgaben mit Parameter

78. Gegeben sind die Ebenen e_1 und e_2:

$$e_1: \begin{pmatrix} 1 \\ -1 \\ 1 \end{pmatrix} \cdot \vec{x} - 3 = 0 \quad \text{und} \quad e_2: \vec{x} = \lambda \cdot \begin{pmatrix} 0 \\ -1 \\ 5 \end{pmatrix} + \mu \cdot \begin{pmatrix} 1 \\ 0 \\ -4 \end{pmatrix}.$$

a) Zeigen Sie, dass die beiden Ebenen senkrecht aufeinander stehen.

b) Bestimmen Sie eine Gleichung der Schnittgeraden g_S der beiden Ebenen.

79. Gegeben ist die Ebenenschar e_k und die Geradenschar g_k mit

$$e_k: k\,x_1 + x_2 - x_3 - 2k = 0 \text{ und } g_k: \vec{x} = \mu \cdot \begin{pmatrix} k \\ k \\ 2 \end{pmatrix} \text{ mit } k, \mu \in \mathbb{R}.$$

a) Ermitteln Sie die Werte für k, für die die Geraden g_k parallel zur zugehörigen Ebene e_k verlaufen.

b) Prüfen Sie, ob dabei echte Parallelität vorliegt oder ob die entsprechende Gerade vollständig in der zugehörigen Ebene verläuft.

80. Gegeben sind die Ebenen
$e: x_1 + x_2 - 3 = 0$, $f: -2x_1 + x_3 - 1 = 0$ und $k: 2x_2 + x_3 + a = 0$ mit $a \in \mathbb{R}$.

a) Geben Sie an, welche besondere Lage jede dieser Ebenen bezüglich des Koordinatensystems hat.

b) Zeigen Sie, dass die drei Normalenvektoren der Ebenen e, f und k komplanar sind.

81. Gegeben sind die Ebene $e: x_1 + x_2 - 2x_3 = 0$ und die Geradenschar

$$g_k: \vec{x} = \begin{pmatrix} 1 \\ 1 \\ k \end{pmatrix} + \lambda \cdot \begin{pmatrix} -2 \\ 0 \\ -1 \end{pmatrix} \text{ mit } k \in \mathbb{R}.$$

a) Zeigen Sie, dass alle Geraden der Schar parallel zu e sind.

b) Bestimmen Sie diejenige Gerade der Schar, welche in e liegt.

82. Gegeben sind die Ebene $e: x_1 - x_3 = -5$ und die Schar $e_t: t \cdot x_1 + 2x_2 + x_3 = 10$.

a) Berechnen Sie t so, dass e orthogonal zu e_t ist.

b) Zeigen Sie, dass e zu keiner Ebene der Schar e_t parallel ist.

83. Gegeben ist eine Ebenenschar $e_t: x_1 + t \cdot x_2 + 2x_3 = 5$ mit $t \in \mathbb{R}$.

Alle Ebenen der Schar haben eine feste Gerade h gemeinsam. Ermitteln Sie eine Gleichung von h.

5.2.8 Besondere Lagen von Ebenen im Koordinatensystem

Ebenen durch den Ursprung

Wir betrachten eine Ebene e mit einer Koordinatengleichung der Form

$$e\colon\ n_1 \cdot x_1 + n_2 \cdot x_2 + n_3 \cdot x_3 = c\ .$$

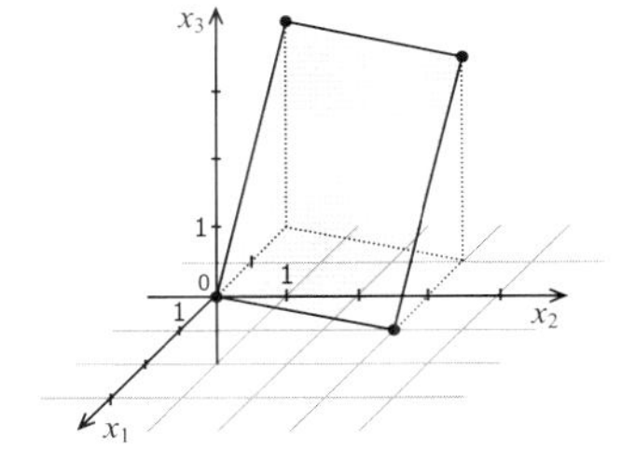

Gilt für die Konstante $c = 0$, dann verläuft die Ebene durch den Koordinatenursprung. Dies kann man durch eine Punktprobe leicht verifizieren.

Die Abbildung zeigt als Beispiel einen Ausschnitt der Ebene $e\colon 3x_1 - x_2 + 2x_3 = 0$.

Ebenen parallel zu einer Koordinatenachse

Fehlen in der Koordinatengleichung einer Ebene eine oder mehrere Koordinaten, so nimmt die Ebene eine besondere Lage im Koordinatensystem ein.

Wir betrachten zunächst den Fall, dass in der Koordinatengleichung einer Ebene genau eine Koordinate nicht auftritt.

Beispiel (Eine Koordinate fehlt in der Koordinatengleichung der Ebene)

Die Abbildung zeigt einen Ausschnitt der Ebene e mit der Koordinatengleichung $e\colon 2x_1 + x_2 = 6$.

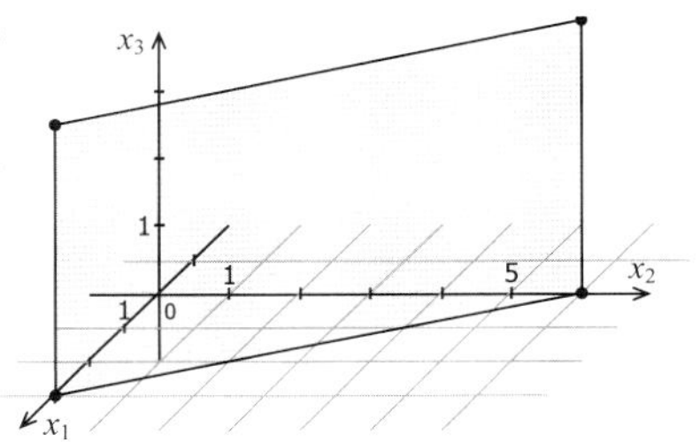

Es fällt auf, dass in der Gleichung die x_3-Koordinate nicht auftritt.

- Die x_3-Koordinate ist frei wählbar.
- Es gibt keinen Spurpunkt mit der x_3-Achse.

Geometrisch bedeutet dies:

- Die Ebene e verläuft parallel zur x_3-Achse.

Diese Eigenschaft lässt sich auch mithilfe unserer Kenntnisse über die Lagebeziehung von Gerade und Ebene begründen.

Für den Normalenvektor $\vec{n}$ von e und den Richtungsvektor $\vec{e}_3$ der x_3-Achse gilt:

$$\vec{n} \cdot \vec{e}_3 = \begin{pmatrix} 2 \\ 1 \\ 0 \end{pmatrix} \cdot \begin{pmatrix} 0 \\ 0 \\ 1 \end{pmatrix} = 2 \cdot 0 + 1 \cdot 0 + 0 \cdot 1 = 0\ .$$

$e\colon\ 2\,x_1 + x_2 = 6$

Koordinaten in der Koordinatengleichung

$n_3 = 0$

↓

***e* parallel** zur x_3-Achse ⟶ ***e* senkrecht** zur x_1-x_2-Ebene

Die Gleichung $\vec{n} \cdot \vec{e}_3 = 0$ lässt sich noch auf eine zweite Art interpretieren. Da $\vec{e}_3$ als Normalenvektor der x_1-x_2-Ebene aufgefasst werden kann, bedeutet dies:

- Die Ebene e verläuft senkrecht zur x_1-x_2-Ebene.

Handelt es sich bei der Ebene e um eine Ursprungsebene, so enthält die Ebene die entsprechende Koordinatenachse.

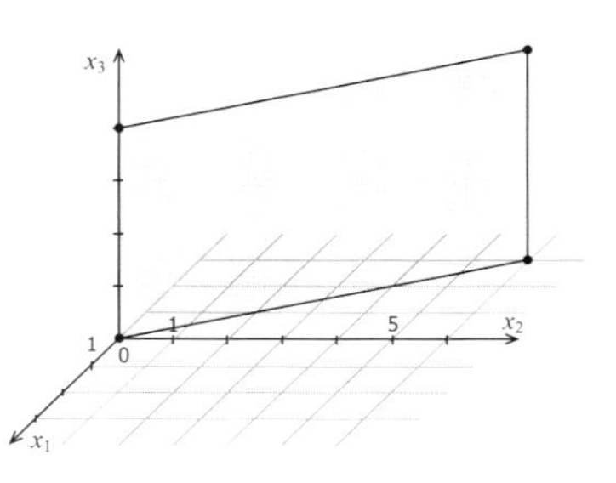

In der Abbildung ist im Vergleich zum letzten Beispiel die Situation für einen Ausschnitt der Ebene mit der Koordinatengleichung e: $2x_1 + x_2 = 0$ dargestellt.

Die Ebene e enthält in diesem Fall die x_3-Achse.

Ebenen parallel zu einer Koordinatenebene

Wir betrachten den Fall, dass in der Koordinatengleichung einer Ebene genau zwei Koordinaten nicht auftreten.

Beispiel (Zwei Koordinaten fehlen in der Koordinatengleichung der Ebene)

Die Abbildung zeigt einen Ausschnitt der Ebene e mit der Koordinatengleichung e: $2x_2 = 8$.

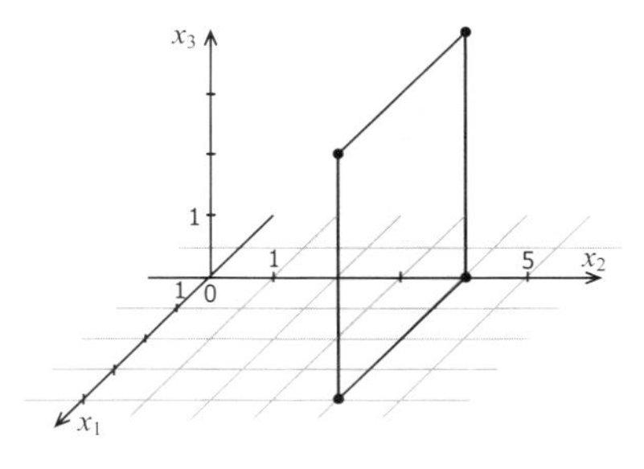

e: $2\,x_2 = 8$

Koordinaten in der Koordinatengleichung

$n_1 = n_3 = 0$

↓

***e* parallel** zur x_1-x_3-Ebene ⟶ ***e* senkrecht** zur x_2-Achse

Es fällt auf, dass in der Gleichung die x_1- und die x_3-Koordinate nicht auftreten.

Geometrisch bedeutet dies, dass die Ebene e parallel zur x_1-Achse und parallel zur x_3-Achse verläuft.

- Sie verläuft damit parallel zur x_1-x_3-Ebene.

Dies lässt sich auch mit unseren Kenntnissen über die Lagebeziehung zweier Ebenen begründen.

Für den Normalenvektor $\vec{n}$ von e und den Normalenvektor $\vec{e}_2$ der x_1-x_3-Ebene gilt:

$$\vec{n} = \begin{pmatrix} 0 \\ 2 \\ 0 \end{pmatrix} = 2 \cdot \begin{pmatrix} 0 \\ 1 \\ 0 \end{pmatrix} = 2 \cdot \vec{e}_2 \text{ , d. h. } \vec{n} \parallel \vec{e}_2 .$$

Da $\vec{e}_2$ als Richtungsvektor der x_2-Achse aufgefasst werden kann, bedeutet dies:

- Die Ebene e verläuft senkrecht zur x_2-Achse.

Handelt es sich bei der gegebenen Ebene e um eine Ursprungsebene, so ist die Ebene identisch mit der entsprechenden Koordinatenebene.

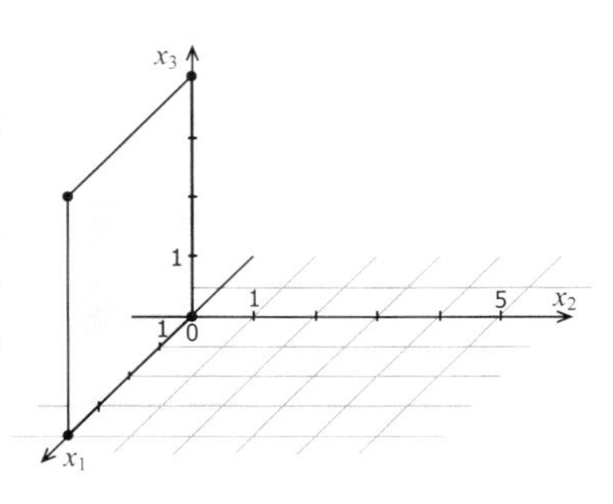

In der Abbildung ist zum Vergleich mit dem letzten Beispiel die Situation für einen Ausschnitt der Ebene mit der Koordinatengleichung e: $2x_2 = 0$ gezeichnet.

Die Ebene e ist in diesem Fall die x_1-x_3-Ebene.

Das folgende Diagramm zeigt die möglichen besonderen Lagen von Ebenen im Koordinatensystem in einer Gesamtübersicht.

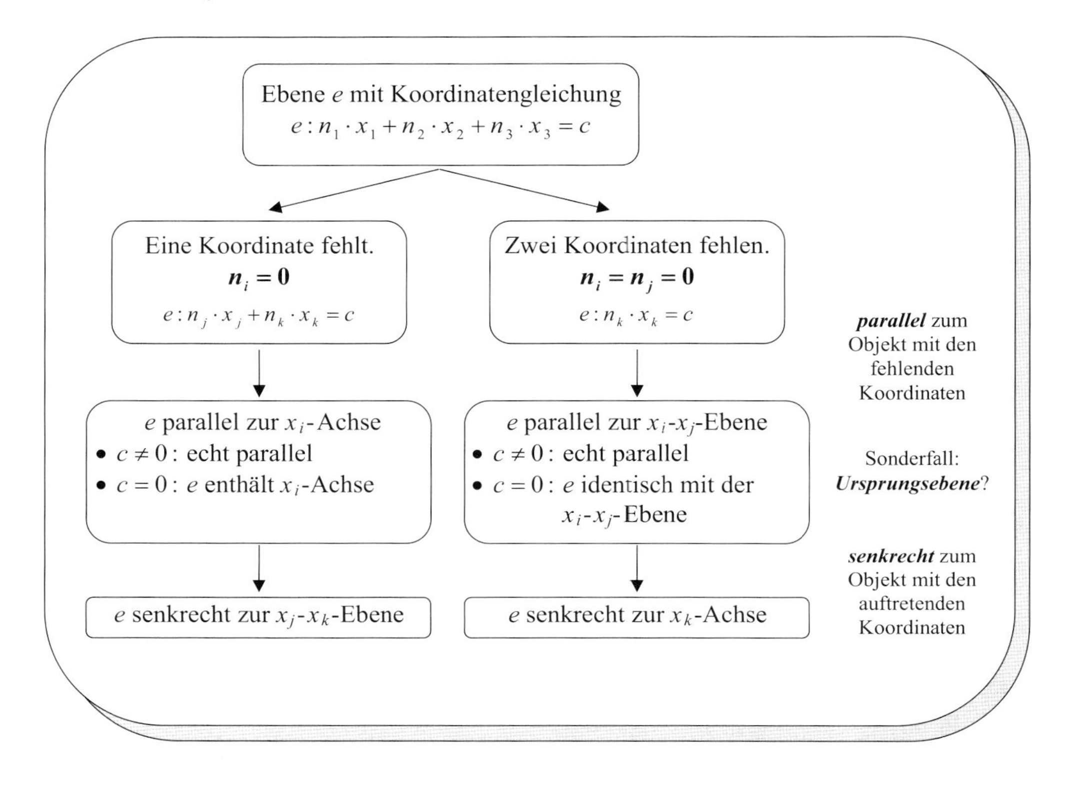

Aufgaben

84. Welche besondere Lage besitzen die folgenden Ebenen?

a) $e_1: 5x_1 - 2x_2 + x_3 = 0$ b) $e_2: -x_1 + 5 = 0$ c) $e_3: 5x_1 - 2x_3 = 0$

d) $e_4: -7x_3 = 0$ e) $e_5: -3x_2 + x_3 = 6$ f) $e_6: x_2 - x_3 + 3 = 0$

85. Lesen Sie aus den Abbildungen je eine Koordinatengleichung der ausschnittsweise dargestellten Ebene ab.

a)
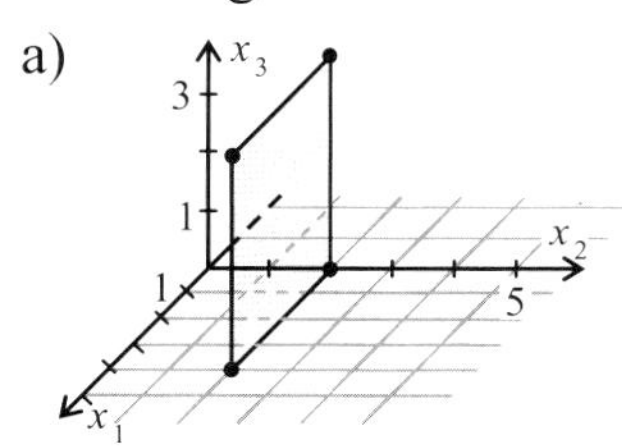

b)
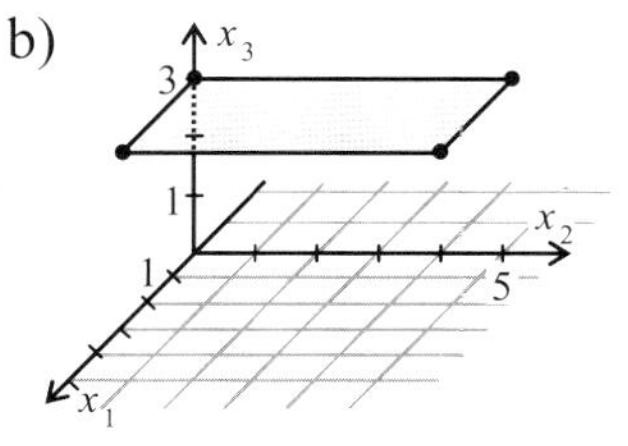

c)
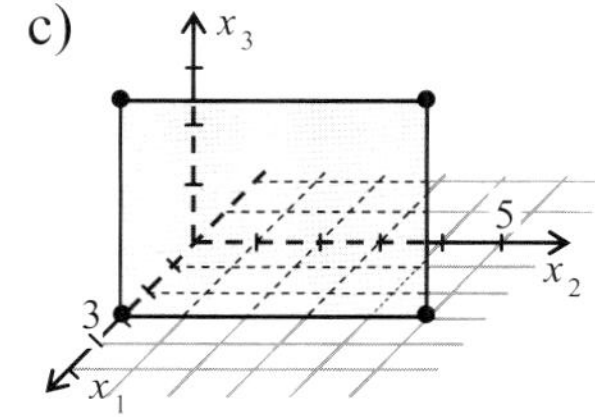

Begründen und Argumentieren

1 Eine Ebene kann nicht nur durch drei Punkte festgelegt werden, sondern auch durch einen Punkt P und eine Gerade $g: \vec{x} = \vec{a} + \lambda \cdot \vec{u}$.

a) Welche Bedingung müssen der Punkt P und die Gerade g erfüllen, damit tatsächlich eine Ebene e eindeutig festgelegt wird? Erläutern Sie die Situation anhand einer Skizze.

b) Geben Sie eine Gleichung der Ebene e in Parameterform an.

2 Geben Sie eine mögliche Normalengleichung und eine mögliche Koordinatengleichung zu den folgenden Ebenen an.

a) e_1 ist parallel zur x_1-x_3-Ebene und hat vom Ursprung den Abstand 4.

b) e_2 verläuft senkrecht zur x_1-Achse und enthält den Punkt $P(1|2|3)$.

c) e_3 verläuft durch den Ursprung und ist senkrecht zu der Geraden durch die Punkte $P(3|2|1)$ und $Q(2|0|1)$.

3 Für welche Werte des Parameters $k \in \mathbb{R}$

a) verläuft die Ebene e_1: $\vec{x} = \begin{pmatrix} k+1 \\ -1 \\ k \end{pmatrix} + \lambda \cdot \begin{pmatrix} 0 \\ 0 \\ 2 \end{pmatrix} + \mu \cdot \begin{pmatrix} 0 \\ k \\ 0 \end{pmatrix}$ in der x_2-x_3-Ebene,

b) verläuft die Ebene e_2: $\vec{x} = \begin{pmatrix} 1 \\ 2 \\ k \end{pmatrix} + \lambda \cdot \begin{pmatrix} 0 \\ 1 \\ 2 \end{pmatrix} + \mu \cdot \begin{pmatrix} 1 \\ 1 \\ 0 \end{pmatrix}$ durch den Ursprung,

c) wird durch e_3: $\vec{x} = \begin{pmatrix} 1 \\ 2 \\ 5 \end{pmatrix} + \lambda \cdot \begin{pmatrix} 9 \\ k \\ k \end{pmatrix} + \mu \cdot \begin{pmatrix} k \\ 1 \\ 1 \end{pmatrix}$ keine Ebene beschrieben,

d) ist die Gerade g: $\vec{x} = \lambda \cdot \begin{pmatrix} 1 \\ k \\ 3 \end{pmatrix}$ parallel zu e_4: $\vec{x} = \begin{pmatrix} 1 \\ 4 \\ 3 \end{pmatrix} + \mu \cdot \begin{pmatrix} 1 \\ 2 \\ 0 \end{pmatrix} + \nu \cdot \begin{pmatrix} 0 \\ 1 \\ 1 \end{pmatrix}$?

4 Betrachtet wird eine Ebene $e: \vec{n} \cdot (\vec{x} - \vec{a}) = 0$ und eine Gerade $g: \vec{x} = \vec{a} + \lambda \cdot \vec{u}$.
Welche der folgenden Aussagen treffen zu?
Begründen Sie Ihre Antwort, indem Sie eine entsprechende Skizze erstellen.

a) Gilt $\vec{n} \cdot \vec{u} = 0$, so verläuft die Gerade g senkrecht zur Ebene e.

b) Gilt $\vec{n} \cdot \vec{u} \neq 0$, so schneidet die Gerade g die Ebene e.

c) Gilt $\vec{n} = \lambda \cdot \vec{u}$, so verläuft die Gerade g parallel zur Ebene e.

d) Gilt $\vec{n} \times \vec{u} = \vec{0}$, so verläuft die Gerade g orthogonal zur Ebene e.

5 Betrachtet werden Teile einer Ebene $e\colon \vec{x} = \vec{a} + \lambda \cdot \vec{u} + \mu \cdot \vec{v}$ bzw. die Ebene selbst.
Ordnen Sie den Zeichnungen die richtigen Bedingungen für die Parameter zu.

①
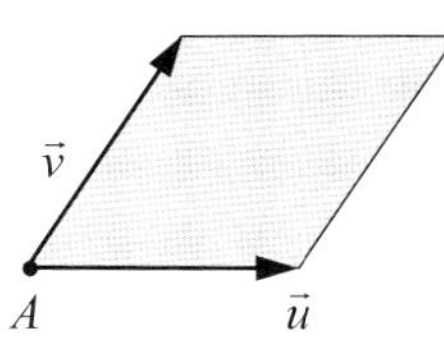

② LK
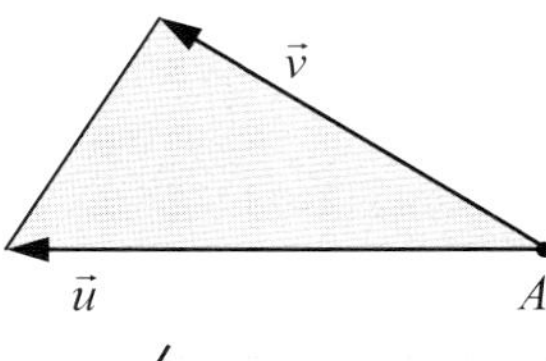

③
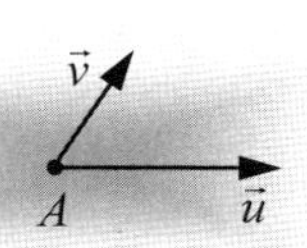

④
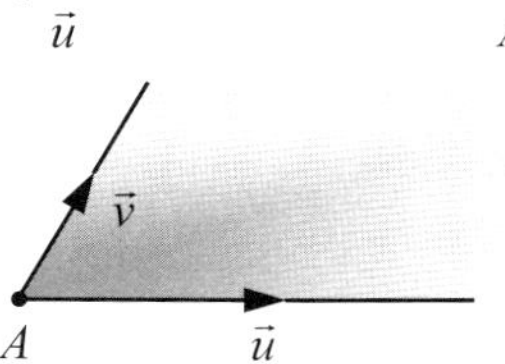

a) $\lambda, \mu \in \mathbb{R}_0^+$

b) $\lambda, \mu \in \mathbb{R}$

c) $\lambda, \mu \in \mathbb{R}_0^+$ und $\lambda + \mu \leq 1$

d) $0 \leq \lambda \leq 1$ und $0 \leq \mu \leq 1$

6 Die Abbildungen zeigen jeweils nur einen Teil einer Ebene. Ordnen Sie diesen Ebenen die richtige Koordinatengleichung zu.
Geben Sie dann noch für jede Ebene eine zugehörige Parametergleichung an.

①
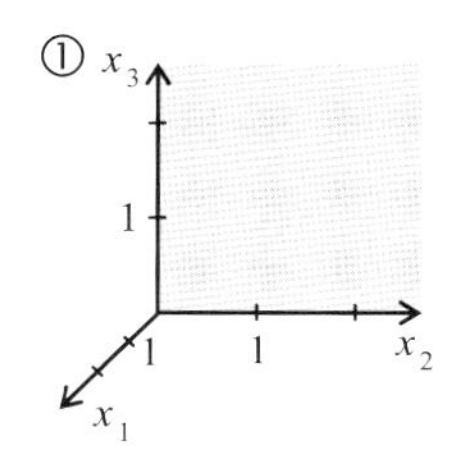

②
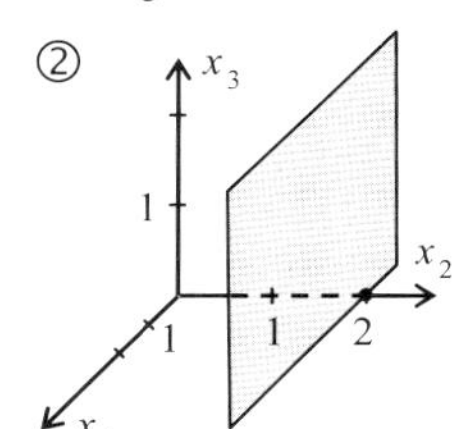

③
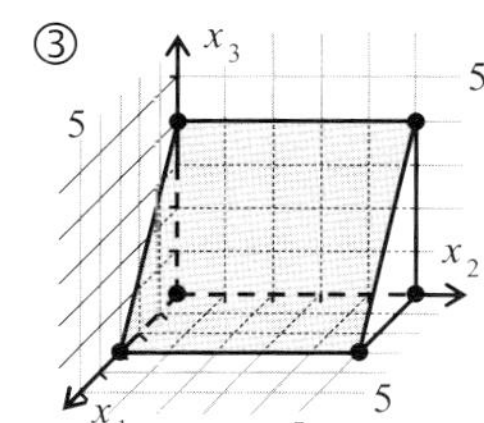

④
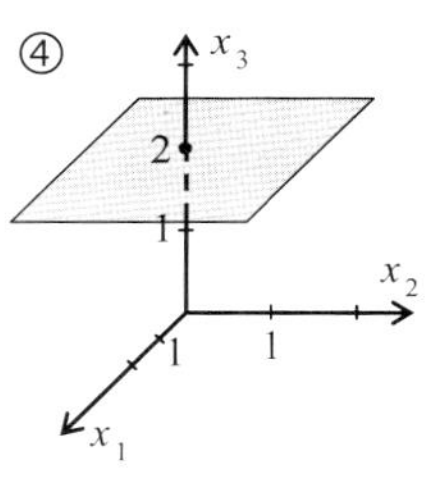

a) $4x_1 - 3x_3 = 12$ b) $x_3 = 2$ c) $x_1 = 0$ d) $x_2 = 2$

7 Ordnen Sie den nachfolgend dargestellten Lagen zweier Ebenen das richtige System von Koordinatengleichungen zu. Begründen Sie Ihre Entscheidung.

①
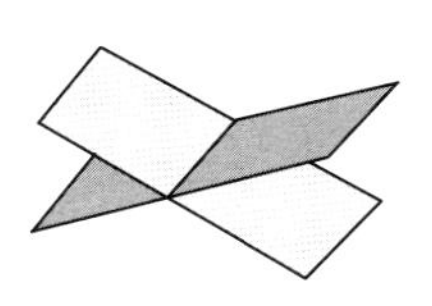

②
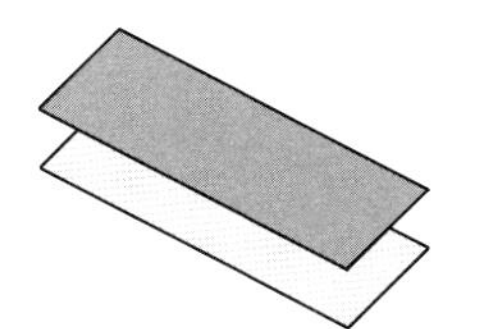

③

a) $\begin{cases} -x_1 + x_2 - x_3 = 1 \\ x_1 - x_2 + x_3 = 2 \end{cases}$ b) $\begin{cases} -x_1 + 2x_2 - x_3 = 1 \\ x_1 + x_2 + x_3 = 2 \end{cases}$ c) $\begin{cases} -x_1 + x_2 - x_3 = 1 \\ 2x_1 - x_2 - x_3 = 2 \end{cases}$

Abituraufgabenteile

A1. Gegeben ist ein ebener, dreieckiger Spiegel mit den Eckpunkten $A(3|5|-5)$, $B(9|-1|-2)$ und $C(1|9|-1)$ (Skizze nicht maßstabgerecht!).

Ein Lichtstrahl verläuft durch den Punkt $Q(-2|-13|0)$ in Richtung des Vektors

$$\vec{u} = \begin{pmatrix} 3 \\ 9 \\ -1 \end{pmatrix}.$$

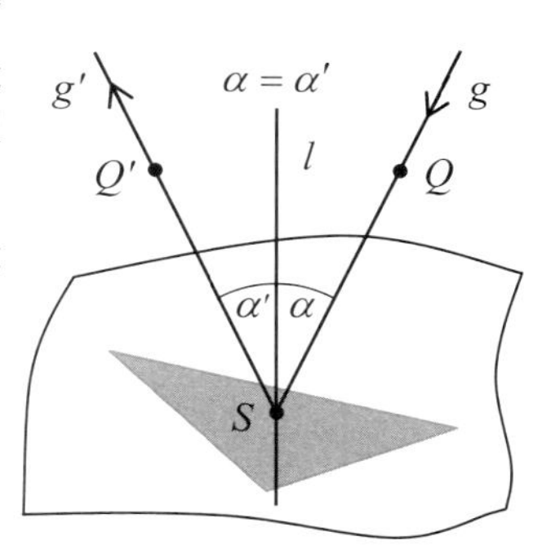

a) Bestimmen Sie eine Koordinatengleichung der Ebene e, in der der Spiegel liegt.

b) In welchem Punkt S schneidet die Trägergerade g des einfallenden Lichtstrahls die Ebene $e: 6x_1 + 5x_2 - 2x_3 = 53$?

c)^{LK} Zeigen Sie, dass der einfallende Lichtstrahl den Spiegel trifft.

d) Senkrecht zur Ebene e verläuft durch den Punkt $S(4|5|-2)$ die Gerade l, das so genannte Einfallslot zum einfallenden Lichtstrahl.
Geben Sie eine Gleichung dieser Geraden l an.

(Saarland 2001, Nachtermin)

A2. Gegeben sind die Punkte $A(4|2|5)$, $B(6|0|6)$ und die Gerade

$$g: \vec{x} = \begin{pmatrix} 6 \\ 6 \\ 9 \end{pmatrix} + \lambda \cdot \begin{pmatrix} -1 \\ 4 \\ 1 \end{pmatrix}.$$

a) Berechnen Sie eine Koordinatengleichung der Ebene e, die den Punkt A und die Gerade g enthält und weisen Sie nach, dass auch der Punkt B in dieser Ebene liegt.

b) Auf der Geraden g gibt es einen Punkt C so, dass die Strecken $\overline{AB}$ und $\overline{BC}$ senkrecht aufeinander stehen. Berechnen Sie die Koordinaten des Punktes C [Zur Kontrolle: $C(7|2|8)$].

c) Ergänzen Sie das rechtwinklige Dreieck ABC durch Berechnung des Punktes D zum Rechteck $ABCD$ und zeigen Sie dann, dass dieses Rechteck sogar ein Quadrat ist.

d) Das Quadrat $ABCD$ ist die Grundfläche einer geraden quadratischen Pyramide, deren Spitze S in der x-z-Ebene liegt. Berechnen Sie die Koordinaten der Pyramidenspitze S und das Volumen der Pyramide $ABCDS$ [Zur Kontrolle: $S(1{,}5|0|10{,}5)$].

(Saarland 2004, Haupttermin)

A3. Gegeben sind die Punkte $P(-2|0|8)$ und $Q(6|10|10)$ sowie die Ebenen e_1 und e_2, die durch die folgenden Gleichungen definiert sind:

$$e_1: \begin{pmatrix} 1 \\ -1 \\ 1 \end{pmatrix} \cdot \vec{x} - 3 = 0 \quad \text{und} \quad e_2: \vec{x} = \lambda \cdot \begin{pmatrix} 0 \\ -1 \\ 5 \end{pmatrix} + \mu \cdot \begin{pmatrix} 1 \\ 0 \\ -4 \end{pmatrix}.$$

a) Zeigen Sie, dass die beiden Ebenen senkrecht aufeinander stehen.

b) Bestimmen Sie eine Gleichung der Schnittgeraden g_S der beiden Ebenen.

c) Der Punkt $R(-3|1|7)$ bildet mit den Punkten P und Q ein Dreieck. Zeigen Sie, dass dieses Dreieck rechtwinklig ist und in einer Ebene e liegt, die senkrecht zu e_1 und e_2 verläuft.

d) Bestimmen Sie den Punkt S, der das Dreieck zu einem Rechteck ergänzt.

(Saarland 2003, Nachtermin)

A4. Gegeben sind die Punkte $A(1|0|8)$, $B(2|1|7)$, $C(4|5|3)$, $D(6|7|1)$ und $E(6|8|2)$ sowie die Gerade

$$g: \vec{x} = \begin{pmatrix} 2 \\ 3 \\ 4 \end{pmatrix} + \lambda \cdot \begin{pmatrix} 1 \\ 1 \\ 0 \end{pmatrix} \text{ mit } \lambda \in \mathbb{R}.$$

a) Zeigen Sie, dass die Punkte A, B und C nicht auf einer Geraden liegen.

b) Bestimmen Sie eine Koordinatengleichung der Ebene durch die Punkte A, B und C.

c) Berechnen Sie die Koordinaten des Schnittpunkts der Geraden g mit der Ebene $e: x_2 + x_3 - 8 = 0$.

d) Zeigen Sie, dass der Punkt D in der Ebene e liegt.

(Saarland 1997, Haupttermin)

A5. Gegeben sind die Ebene $e: x_1 + 2x_2 + 2x_3 - 5 = 0$ sowie die Geradenschar

$$g_a: \vec{x} = \begin{pmatrix} 4 \\ 3 \\ 2 \end{pmatrix} + \lambda \cdot \begin{pmatrix} a \\ -1 \\ -4 \end{pmatrix} \text{ mit } \lambda \in \mathbb{R} \text{ und } a \in \mathbb{R}.$$

a) Berechnen Sie eine Koordinatengleichung der Ebene, in der alle Geraden der Schar g_a liegen.

b) Untersuchen Sie die Lagebeziehung zwischen der Ebene e und den Geraden der Schar g_a in Abhängigkeit von a.

(Saarland 2004, Nachtermin)

5.3 Schnittwinkel

5.3.1 Schnittwinkel zwischen zwei Geraden

Zwei sich schneidende Geraden g_1 und g_2 bilden zwei Paare von Scheitelwinkeln. Es sind zwei Fälle zu unterscheiden:

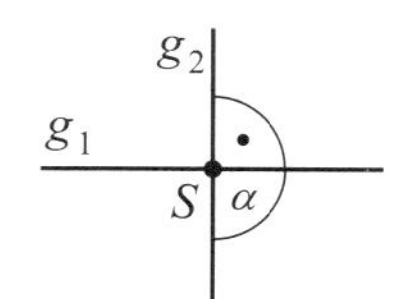

- Einer dieser vier Winkel ist ein rechter. Dann sind alle vier Winkel rechte und jeder kann als **Schnittwinkel** $\sphericalangle\alpha$ von g_1 und g_2 angesehen werden. Die Geraden sind in diesem Fall senkrecht zueinander und es gilt $\alpha = 90°$.

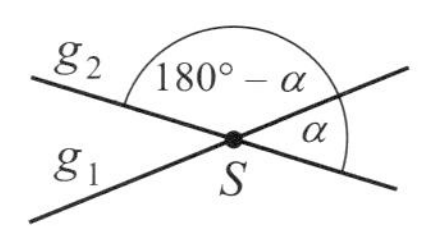

- Einer dieser vier Winkel ist kleiner als ein rechter. Dann nennt man ihn (oder seinen Scheitelwinkel) den **Schnittwinkel** $\sphericalangle\alpha$ von g_1 und g_2. Die beiden anderen sind seine Nebenwinkel, ihr Maß ist $180° - \alpha$.

Der Schnittwinkel $\sphericalangle\alpha$ zweier sich schneidender Geraden mit den Gleichungen $g_1: \vec{x} = \vec{a}_1 + \lambda \cdot \vec{u}_1$ und $g_2: \vec{x} = \vec{a}_2 + \mu \cdot \vec{u}_2$ kann mithilfe der Richtungsvektoren $\vec{u}_1$ und $\vec{u}_2$ ausgedrückt werden. Es gibt folgende Fälle:

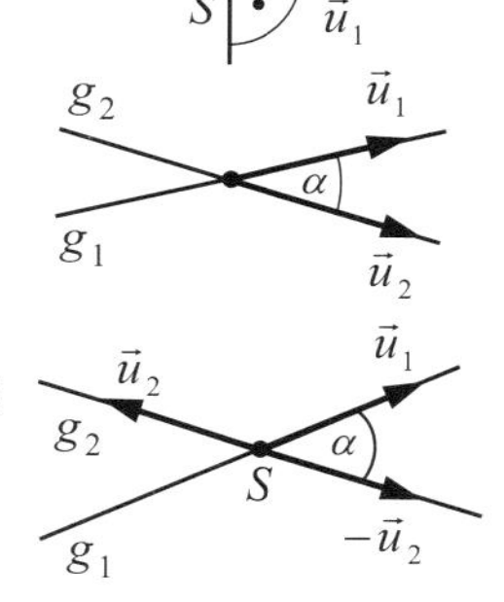

1. Fall

   $\vec{u}_1$ und $\vec{u}_2$ bilden einen spitzen oder rechten Winkel.

   Dann ist $\alpha = |\sphericalangle(\vec{u}_1; \vec{u}_2)|$. Nach der Winkelformel folgt:

$$\cos(\alpha) = \frac{\vec{u}_1 \cdot \vec{u}_2}{|\vec{u}_1| \cdot |\vec{u}_2|}.$$

2. Fall

   $\vec{u}_1$ und $\vec{u}_2$ bilden einen stumpfen Winkel.

   Dann ist $\alpha = |\sphericalangle(\vec{u}_1; -\vec{u}_2)|$. Nach der Winkelformel folgt:

$$\cos(\alpha) = \frac{\vec{u}_1 \cdot (-\vec{u}_2)}{|\vec{u}_1| \cdot |-\vec{u}_2|} = -\frac{\vec{u}_1 \cdot \vec{u}_2}{|\vec{u}_1| \cdot |\vec{u}_2|}.$$

Die beiden Fälle lassen sich durch Verwendung der Betragschreibweise zusammenfassen.

Schnittwinkel zweier Geraden

Sind $\vec{u}_1$ und $\vec{u}_2$ Richtungsvektoren zweier sich schneidender Geraden, so gilt für das Maß des Schnittwinkels $\sphericalangle\alpha$ der beiden Geraden:

$$\cos(\alpha) = \left| \frac{\vec{u}_1 \cdot \vec{u}_2}{|\vec{u}_1| \cdot |\vec{u}_2|} \right|.$$

Beispiel (Schnittpunkt und Schnittwinkel zweier Geraden berechnen)

Gegeben sind die Geraden $g: \vec{x} = \begin{pmatrix} 2 \\ 1 \\ 1 \end{pmatrix} + \lambda \cdot \begin{pmatrix} -1 \\ 2 \\ 1 \end{pmatrix}$ und $h: \vec{x} = \begin{pmatrix} -1 \\ 2 \\ 1 \end{pmatrix} + \mu \cdot \begin{pmatrix} 4 \\ -3 \\ -1 \end{pmatrix}$.

Gesucht ist der Schnittpunkt und das Maß des Schnittwinkels von g und h.

- *Schnittpunktberechnung*

– Ansatz für den Ortsvektors $\vec{s}$ des Schnittpunkts S (Gleichsetzungsverfahren)	$\vec{s} = \begin{pmatrix} 2 \\ 1 \\ 1 \end{pmatrix} + \lambda \cdot \begin{pmatrix} -1 \\ 2 \\ 1 \end{pmatrix} = \begin{pmatrix} -1 \\ 2 \\ 1 \end{pmatrix} + \mu \cdot \begin{pmatrix} 4 \\ -3 \\ -1 \end{pmatrix}$
– Gleichungssystem	$\begin{pmatrix} -\lambda & - & 4\mu & = & -3 \\ 2\lambda & + & 3\mu & = & 1 \\ \lambda & + & \mu & = & 0 \end{pmatrix} \begin{matrix} \text{(I)} \\ \text{(II)} \\ \text{(III)} \end{matrix}$
– Lösung des Systems	$\text{(II)} + 2 \cdot \text{(I)}: \quad -5\mu = -5 \Leftrightarrow \mu = 1$ $\text{In (I)}: \quad -\lambda - 4 = -3 \Leftrightarrow \lambda = -1$ Probe in (III): $-1 + 1 = 0$
– Schnittpunkt Einsetzen von $\lambda = -1$ in die Gleichung von g	$\vec{s} = \begin{pmatrix} 2 \\ 1 \\ 1 \end{pmatrix} + (-1) \cdot \begin{pmatrix} -1 \\ 2 \\ 1 \end{pmatrix} = \begin{pmatrix} 3 \\ -1 \\ 0 \end{pmatrix}$, also $S(3 \mid -1 \mid 0)$

- *Schnittwinkel*

Richtungsvektoren: $\vec{u}_1 = \begin{pmatrix} -1 \\ 2 \\ 1 \end{pmatrix}$ mit $|\vec{u}_1| = \sqrt{(-1)^2 + 2^2 + 1^2} = \sqrt{6}$

$\vec{u}_2 = \begin{pmatrix} 4 \\ -3 \\ -1 \end{pmatrix}$ mit $|\vec{u}_2| = \sqrt{4^2 + (-3)^2 + (-1)^2} = \sqrt{26}$

Für das Maß des Schnittwinkels $\sphericalangle\alpha$ ergibt sich

$$\cos(\alpha) = \left| \frac{\vec{u}_1 \cdot \vec{u}_2}{|\vec{u}_1| \cdot |\vec{u}_2|} \right| = \left| \frac{-4-6-1}{\sqrt{6} \cdot \sqrt{26}} \right| = \frac{11}{\sqrt{6} \cdot \sqrt{26}} \approx 0{,}8807,$$

also $\alpha \approx 28{,}27°$.

Der Schnittwinkel der beiden Geraden hat das Maß $\alpha \approx 28{,}27°$.

Aufgaben

1. Berechnen Sie den Schnittpunkt und das Maß des Schnittwinkels der beiden Geraden.

   a) $g: \vec{x} = \begin{pmatrix} 3 \\ 2 \\ 1 \end{pmatrix} + \lambda \cdot \begin{pmatrix} 2 \\ 1 \\ 0 \end{pmatrix}$ und $h: \vec{x} = \begin{pmatrix} 2 \\ 1 \\ 0 \end{pmatrix} + \mu \cdot \begin{pmatrix} 1 \\ 0 \\ -1 \end{pmatrix}$

   b) $g: \vec{x} = \lambda \cdot \begin{pmatrix} 1 \\ 2 \\ 3 \end{pmatrix}$ und $h: \vec{x} = \mu \cdot \begin{pmatrix} 2 \\ 0 \\ 1 \end{pmatrix}$

2. Zeigen Sie, dass sich die Geraden g und h im Raum schneiden. Berechnen Sie ihren Schnittpunkt und das Maß ihres Schnittwinkels.

   a) $g: \vec{x} = \begin{pmatrix} 1 \\ 1 \\ 0 \end{pmatrix} + \lambda \cdot \begin{pmatrix} 1 \\ 0 \\ 3 \end{pmatrix}$ und $h: \vec{x} = \begin{pmatrix} 2 \\ 2 \\ 3 \end{pmatrix} + \mu \cdot \begin{pmatrix} 1 \\ -1 \\ 3 \end{pmatrix}$

   b) $g: \vec{x} = \begin{pmatrix} 2 \\ 0 \\ 7 \end{pmatrix} + \lambda \cdot \begin{pmatrix} 1 \\ 1 \\ 1 \end{pmatrix}$ und $h: \vec{x} = \begin{pmatrix} 0 \\ 4 \\ -5 \end{pmatrix} + \mu \cdot \begin{pmatrix} 5 \\ 2 \\ 10 \end{pmatrix}$

3. Ein Flugzeug befindet sich im Punkt $A(-20|50|12)$ und nimmt zur Landung Kurs auf den Punkt $B(50|-20|0)$. In der Mitte M der Strecke zwischen A und B muss der Pilot wegen aufkommenden Nebels den Kurs ändern. Er fliegt auf einem Umweg über $C(20|-10|4)$ nach B (alle Angaben in km).

   a) Um welchen Winkel muss der Pilot in M seinen Kurs ändern?

   b) Wie lang ist der Umweg durch die Kursänderung, wenn man idealisiert die einzelnen Teilstrecken als geradlinig annimmt?

4. Gegeben ist eine Ebene durch $e: 2x_1 - x_2 + 2x_3 = 5$.

   a) Ermitteln Sie die Schnittpunkte S_1, S_2 und S_3 von e mit den Koordinatenachsen.

   b) Zeigen Sie, dass das Dreieck $S_1S_2S_3$ gleichschenklig ist.

   c) Das Dreieck $S_1S_2S_3$ bildet die Grundfläche einer Pyramide mit der Spitze $S(3,5|-3|3,5)$. Bestimmen Sie das Volumen dieser Pyramide und prüfen Sie, ob der Ursprung innerhalb oder außerhalb der Pyramide liegt.

   d) Welchen Winkel bilden die Kanten $\overline{S_1S}$ und $\overline{S_2S}$?

5.3.2 Schnittwinkel zwischen Gerade und Ebene

Ist e eine Ebene und g eine Gerade, welche die Ebene schneidet, dann heißt der Winkel, den die Gerade g mit ihrer senkrechten Projektion g' auf die Ebene einschließt, **Winkel zwischen der Geraden g und der Ebene e.**

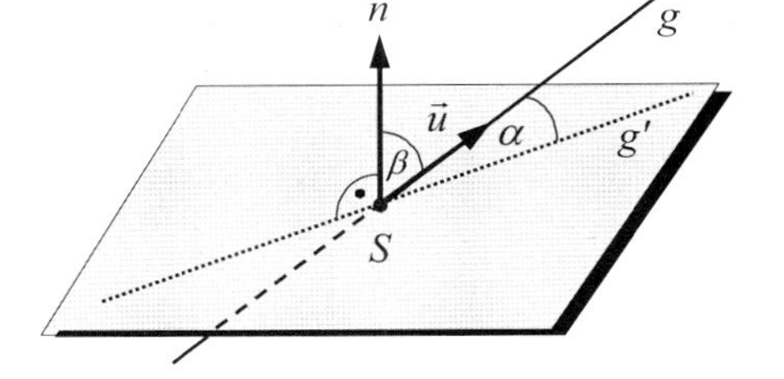

Wir betrachten die Gerade $g: \vec{x} = \vec{a} + \lambda \cdot \vec{u}$ und die Ebene $e: \vec{n} \cdot \vec{x} - c = 0$.

Es gilt: $\cos(\beta) = \left| \frac{\vec{n} \cdot \vec{u}}{|\vec{n}| \cdot |\vec{u}|} \right|$ und $\alpha + \beta = 90°$.

Zusammen mit $\cos(\beta) = \cos(90° - \alpha) = \sin(\alpha)$ folgt $\sin(\alpha) = \left| \frac{\vec{n} \cdot \vec{u}}{|\vec{n}| \cdot |\vec{u}|} \right|$.

Schnittwinkel zwischen Gerade und Ebene

Ist $\vec{n}$ ein Normalenvektor der Ebene e und $\vec{u}$ ein Richtungsvektor der Geraden g, so gilt für das Maß des Schnittwinkels $\sphericalangle\alpha$ zwischen g und e:

$$\sin(\alpha) = \left| \frac{\vec{n} \cdot \vec{u}}{|\vec{n}| \cdot |\vec{u}|} \right|.$$

Beispiel (Maß des Schnittwinkels zwischen Gerade und Ebene berechnen)

Gegeben sind die Gerade $g: \vec{x} = \begin{pmatrix} 2 \\ -3 \\ 2 \end{pmatrix} + \lambda \cdot \begin{pmatrix} 1 \\ -1 \\ 3 \end{pmatrix}$ und die Ebene $e: \begin{pmatrix} 5 \\ 2 \\ 1 \end{pmatrix} \cdot \vec{x} - 5 = 0$.

Gesucht ist das Maß des Schnittwinkels zwischen g und e.

- *Test auf Parallelität*

  Wegen $\vec{n} \cdot \vec{u} = \begin{pmatrix} 5 \\ 2 \\ 1 \end{pmatrix} \cdot \begin{pmatrix} 1 \\ -1 \\ 3 \end{pmatrix} = 5 - 2 + 3 = 6 \neq 0$ sind g und e nicht parallel.

  g und e schneiden sich in einem Punkt. Dieser wird hier nicht berechnet.

- *Schnittwinkel*

$$\sin(\alpha) = \left| \frac{\vec{n} \cdot \vec{u}}{|\vec{n}| \cdot |\vec{u}|} \right| = \left| \frac{\begin{pmatrix} 5 \\ 2 \\ 1 \end{pmatrix} \cdot \begin{pmatrix} 1 \\ -1 \\ 3 \end{pmatrix}}{\left|\begin{pmatrix} 5 \\ 2 \\ 1 \end{pmatrix}\right| \cdot \left|\begin{pmatrix} 1 \\ -1 \\ 3 \end{pmatrix}\right|} \right| = \left| \frac{5 - 2 + 3}{\sqrt{30} \cdot \sqrt{11}} \right| \approx 0{,}3303, \text{ also } \alpha \approx 19{,}29°$$

Der Schnittwinkel zwischen Gerade und Ebene hat das Maß $\alpha \approx 19{,}29°$.

Aufgaben

5. Berechnen Sie das Maß des Schnittwinkels der Geraden g und der Ebene e.

a) $g: \vec{x} = \begin{pmatrix} 1 \\ 5 \\ -7 \end{pmatrix} + \lambda \cdot \begin{pmatrix} -3 \\ 0 \\ 4 \end{pmatrix}$ und $e: x_1 + 2x_2 + 3x_3 = 3$

b) $g: \vec{x} = \begin{pmatrix} 2 \\ 1 \\ 0 \end{pmatrix} + \lambda \cdot \begin{pmatrix} 1 \\ -2 \\ 2 \end{pmatrix}$ und $e: x_1 - x_2 + 2x_3 = 2$

c) $g: \vec{x} = \begin{pmatrix} 1 \\ 0 \\ 0 \end{pmatrix} + \lambda \cdot \begin{pmatrix} -1 \\ 1 \\ -1 \end{pmatrix}$ und $e: \vec{x} = \begin{pmatrix} 1 \\ 1 \\ 1 \end{pmatrix} + \mu \cdot \begin{pmatrix} 1 \\ 0 \\ 2 \end{pmatrix} + \nu \cdot \begin{pmatrix} 0 \\ -1 \\ 2 \end{pmatrix}$

6. Berechnen Sie den Schnittpunkt und das Maß des Schnittwinkels der Geraden g und der Ebene e.

a) $g: \vec{x} = \begin{pmatrix} 2 \\ 7 \\ 2 \end{pmatrix} + \lambda \cdot \begin{pmatrix} -1 \\ 2 \\ 5 \end{pmatrix}$ und $e: \left[\vec{x} - \begin{pmatrix} 3 \\ 4 \\ 5 \end{pmatrix} \right] \cdot \begin{pmatrix} -1 \\ 2 \\ 3 \end{pmatrix} = 0$

b) $g: \vec{x} = \lambda \cdot \begin{pmatrix} -1 \\ 2 \\ 5 \end{pmatrix}$ und $e: 5x_1 + x_2 + x_3 = 22$

7. Die Punkte $A(13|33|10)$ und $B(19|27|9)$ (alle Angaben in km) beschreiben kurzzeitig die als geradlinig angenommene Bahn eines Flugzeugs.

a) Begründen Sie, dass sich das Flugzeug im Sinkflug befindet, und geben Sie an, in welche Himmelsrichtung es fliegt.

b) In welchem Punkt ist es bis auf 7500 m gesunken?

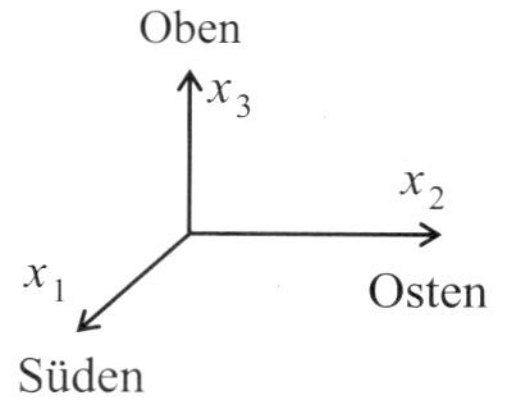

c) Das Flugzeug hat schon ziemlich genau Kurs auf den Aufsetzpunkt der Landebahn eingeschlagen.
Berechnen Sie die Koordinaten dieses Aufsetzpunktes.

d) Unter welchem Winkel würde das Flugzeug bei unveränderter Flugroute auf der Landebahn aufsetzen?

8. Prüfen Sie, ob sich die Gerade g und die Ebene e orthogonal schneiden.

a) $g: \vec{x} = \begin{pmatrix} 2 \\ -4 \\ 2 \end{pmatrix} + \lambda \cdot \begin{pmatrix} 2 \\ 1 \\ 2 \end{pmatrix}$ und $e: -x_1 - x_2 + 2x_3 = 3$

b) $g: \vec{x} = \begin{pmatrix} 1 \\ -3 \\ 2 \end{pmatrix} + \lambda \cdot \begin{pmatrix} -2 \\ 2 \\ 1 \end{pmatrix}$ und $e: \vec{x} = \begin{pmatrix} 1 \\ 2 \\ 1 \end{pmatrix} + \mu \cdot \begin{pmatrix} 1 \\ 0 \\ 2 \end{pmatrix} + \upsilon \cdot \begin{pmatrix} 0 \\ -1 \\ 2 \end{pmatrix}$

9. Gegeben sind die Gerade g durch die Punkte $A(15|-7|9)$ und $B(11|-1|-3)$ und eine Ebene e. Prüfen Sie, ob g und e aufeinander senkrecht stehen.

$$e: \vec{x} = \begin{pmatrix} 2 \\ -1 \\ 3 \end{pmatrix} + \lambda \cdot \begin{pmatrix} -15 \\ -2 \\ 3 \end{pmatrix} + \mu \cdot \begin{pmatrix} -22 \\ -2 \\ 6 \end{pmatrix}$$

10. Ein U-Boot befindet sich momentan im Punkt $P(1200|0|-540)$ (alle Angaben in Meter).

a) Der Kapitän hat zu Forschungszwecken den Kurs Nordost bei konstanter Tiefe gewählt. Geben Sie eine Gleichung der Geraden g an, die die derzeitige Fahrtrichtung beschreibt.

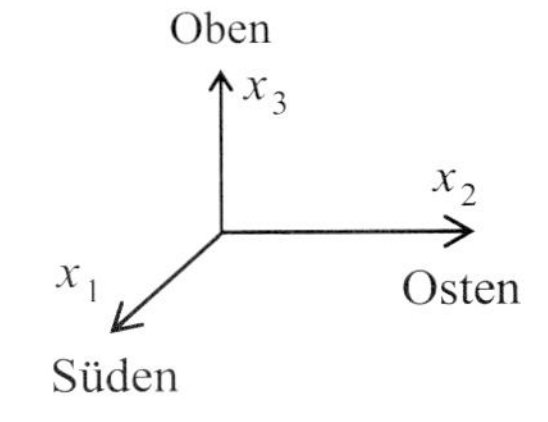

b) Im Punkt $Q(400|800|-540)$ ändert der Kapitän die Fahrtrichtung und fährt in Richtung des Vektors

$$\vec{v} = \begin{pmatrix} -8 \\ -13 \\ 9 \end{pmatrix}.$$

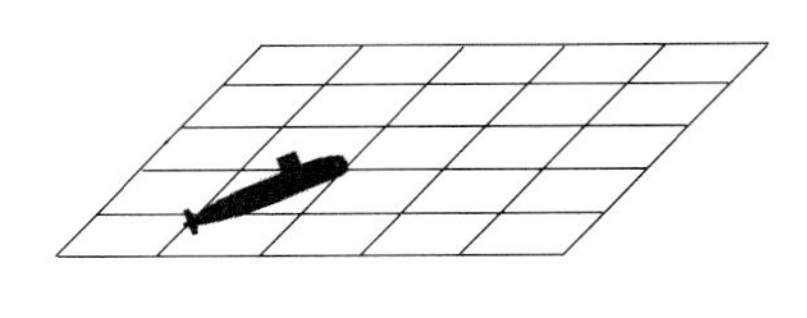

- Bestimmen Sie, um wie viel Grad sich das U-Boot bezüglich der horizontalen Ebene gedreht hat.
- Wie groß ist der Steigungswinkel bezüglich der horizontalen Ebene?
- Bestimmen Sie den Punkt R, in dem das U-Boot die Wasseroberfläche erreicht.

11. Gegeben ist die Geradenschar $g_k: \vec{x} = \begin{pmatrix} 2 \\ 1 \\ 0 \end{pmatrix} + \lambda \cdot \begin{pmatrix} 3 \\ 4 \\ k \end{pmatrix}$ mit $k \in \mathbb{R}$.

Welche Gerade der Schar bildet mit der x_1-x_3-Ebene einen Winkel von 30°?

5.3.3 Schnittwinkel zwischen zwei Ebenen

Sind e_1 und e_2 zwei sich schneidende Ebenen, dann heißt der Schnittwinkel zweier Geraden g_1 und g_2, die in e_1 bzw. e_2 liegen und senkrecht auf der Schnittgeraden g_S stehen, **Schnittwinkel der beiden Ebenen**.

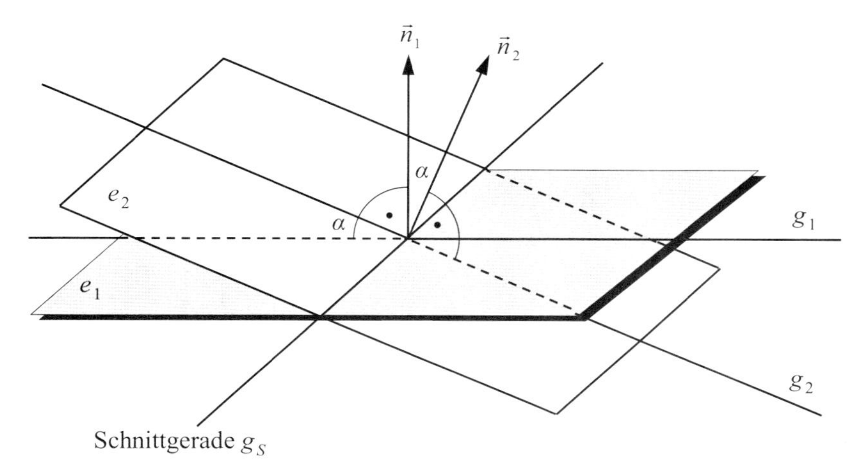

Der Schnittwinkel der beiden Ebenen ist genauso groß wie der Winkel zwischen den Geraden in Richtung der beiden Normalenvektoren $\vec{n}_1$ und $\vec{n}_2$ der beiden Ebenen.

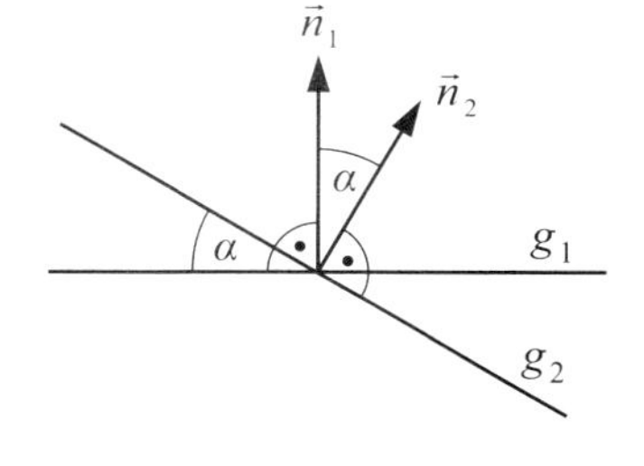

Somit gilt:

$$\cos(\alpha) = \left| \frac{\vec{n}_1 \cdot \vec{n}_2}{|\vec{n}_1| \cdot |\vec{n}_2|} \right|.$$

Schnittwinkel zwischen zwei Ebenen

Sind $\vec{n}_1$ und $\vec{n}_2$ Normalenvektoren zweier sich schneidender Ebenen e_1 und e_2, so gilt für das Maß des Schnittwinkels $\sphericalangle\alpha$ zwischen den beiden Ebenen:

$$\cos(\alpha) = \left| \frac{\vec{n}_1 \cdot \vec{n}_2}{|\vec{n}_1| \cdot |\vec{n}_2|} \right|.$$

Die einzelnen Formeln zur Schnittwinkelberechnung besitzen die gleiche Struktur. Im Hinblick auf die auftretende Winkelfunktion ist die folgende Merkhilfe möglich.

- Wie im Fall zweier Geraden treten in der obigen Formel für den Schnittwinkel zweier Ebenen nur Vektoren desselben Typs auf. Hier steht dann als Winkelfunktion der Kosinus.
- In der Formel für den Schnittwinkel von Gerade und Ebene treten mit einem Richtungsvektor und einem Normalenvektor Vektoren unterschiedlichen Typs auf. In diesem Fall steht als Winkelfunktion der Sinus.

Beispiel (Maß des Schnittwinkels zwischen zwei Ebenen berechnen)

Gegeben sind die Ebenen $e_1: \vec{x} = \begin{pmatrix} 1 \\ 1 \\ 1 \end{pmatrix} + \lambda \cdot \begin{pmatrix} 0 \\ -1 \\ 1 \end{pmatrix} + \mu \cdot \begin{pmatrix} 2 \\ -2 \\ -2 \end{pmatrix}$ mit $\lambda, \mu \in \mathbb{R}$ und

$$e_2: \vec{x} = \begin{pmatrix} 0 \\ 1 \\ 1 \end{pmatrix} + \nu \cdot \begin{pmatrix} 2 \\ -1 \\ 3 \end{pmatrix} + \rho \cdot \begin{pmatrix} 2 \\ -2 \\ -1 \end{pmatrix} \text{ mit } \nu, \rho \in \mathbb{R}.$$

Gesucht ist das Maß des Schnittwinkels zwischen e_1 und e_2.

- *Test auf Parallelität*

  Als Normalenvektoren für e_1 und e_2 ergeben sich:

  $$\vec{n}_1 = \begin{pmatrix} 0 \\ -1 \\ 1 \end{pmatrix} \times \begin{pmatrix} 2 \\ -2 \\ -2 \end{pmatrix} = \begin{pmatrix} 4 \\ 2 \\ 2 \end{pmatrix} \quad \text{und} \quad \vec{n}_2 = \begin{pmatrix} 2 \\ -1 \\ 3 \end{pmatrix} \times \begin{pmatrix} 2 \\ -2 \\ -1 \end{pmatrix} = \begin{pmatrix} 7 \\ 8 \\ -2 \end{pmatrix}.$$

  Man erkennt, dass $\vec{n}_1$ und $\vec{n}_2$ nicht kollinear sind. Die Ebenen e_1 und e_2 sind nicht parallel. Sie schneiden sich in einer Geraden g, auf deren Berechnung an dieser Stelle verzichtet werden soll.

- *Schnittwinkel*

  $$\cos(\alpha) = \left| \frac{\vec{n}_1 \cdot \vec{n}_2}{|\vec{n}_1| \cdot |\vec{n}_2|} \right| = \left| \frac{\begin{pmatrix} 4 \\ 2 \\ 2 \end{pmatrix} \cdot \begin{pmatrix} 7 \\ 8 \\ -2 \end{pmatrix}}{\left|\begin{pmatrix} 4 \\ 2 \\ 2 \end{pmatrix}\right| \cdot \left|\begin{pmatrix} 7 \\ 8 \\ -2 \end{pmatrix}\right|} \right| = \frac{28 + 16 - 4}{\sqrt{24} \cdot \sqrt{117}} \approx 0{,}7549 \text{, also } \alpha \approx 40{,}99°$$

  Das Maß des Schnittwinkels zwischen e_1 und e_2 ist $\alpha \approx 40{,}99°$.

Aufgaben

12. Berechnen Sie das Maß des Schnittwinkels der beiden Ebenen e_1 und e_2.

a) $e_1: \vec{x} = \begin{pmatrix} 2 \\ 1 \\ 0 \end{pmatrix} + \lambda \cdot \begin{pmatrix} 0 \\ 1 \\ 1 \end{pmatrix} + \mu \cdot \begin{pmatrix} 2 \\ 1 \\ 0 \end{pmatrix}$; $e_2: \vec{x} = \begin{pmatrix} 2 \\ 1 \\ 0 \end{pmatrix} + \nu \cdot \begin{pmatrix} 0 \\ 1 \\ 1 \end{pmatrix} + \rho \cdot \begin{pmatrix} 3 \\ -1 \\ 2 \end{pmatrix}$

b) $e_1: -3x_1 - 2x_2 + x_3 - 3 = 0$; $e_2: -3x_1 - 2x_2 - x_3 + 1 = 0$

13. Berechnen Sie das Maß des Schnittwinkels der beiden Ebenen e_1 und e_2.

a) $e_1: \left[\vec{x} - \begin{pmatrix}0\\0\\7\end{pmatrix}\right] \cdot \begin{pmatrix}4\\2\\1\end{pmatrix} = 0$; $e_2: \left[\vec{x} - \begin{pmatrix}5\\1\\2\end{pmatrix}\right] \cdot \begin{pmatrix}6\\1\\2\end{pmatrix} = 0$

b) $e_1: 3x_1 + 5x_2 = 0$; $e_2: 2x_1 - 3x_2 - 3x_3 = 13$

c) e_1 durch die Punkte $A(2|4|9)$, $B(7|5|9)$ und $C(8|6|10)$,
e_2 durch die Punkte $P(7|11|1)$, $Q(8|11|2)$ und $R(13|12|6)$.

14. Zeigen Sie, dass die Ebene $e: x_1 + x_2 + x_3 = 4$ alle Koordinatenebenen unter demselben Winkel schneidet. Wie groß ist dieser Winkel?

15. Zeigen Sie, dass sich $e_1: 2x_2 - x_3 = 0$ und $e_2: 3x_1 + x_2 + 2x_3 = 12$ orthogonal schneiden.

16. Die Cheops-Pyramide ist die älteste und größte der drei Pyramiden von Gizeh und wird deshalb auch als *Große Pyramide* bezeichnet. Die Fertigstellung des Bauwerks wird auf 2580 v. Chr. datiert.
Hinsichtlich Länge, Volumen und Masse ist die Cheops-Pyramide nach der Chinesischen Mauer das größte menschliche Bauwerk aller Zeiten. Sie ist eine gerade quadratische Pyramide mit folgenden Maßen:

- ursprüngliche Höhe: 280 Königsellen (146,60 m) (heutige Höhe ≈ 138,75 m),
- ursprüngliche Seitenlänge: 440 Königsellen (230,33 m) (heutige Länge ≈ 225 m).

(1 Königselle entspricht etwa 52,3 cm.)

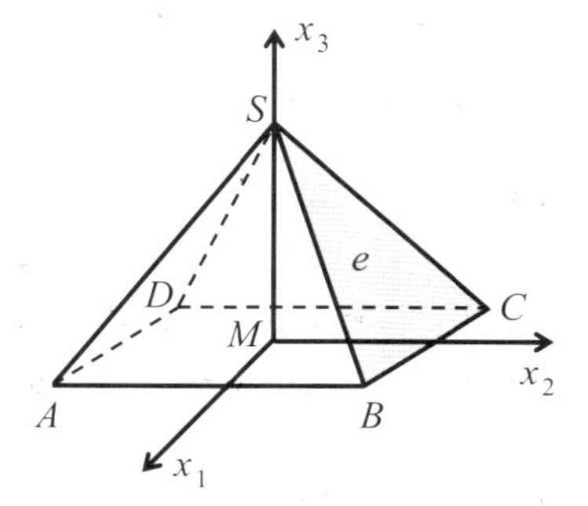

a) Geben Sie die Punkte A, B, C, D und S bezüglich des Koordinatensystems, wie in der Abbildung rechts, in der Einheit „Königselle“ an.

b) Betrachtet wird die Ebene e, in der die Seitenfläche durch B, C und S liegt. Berechnen Sie den Winkel, den diese Ebene e bildet mit
- der angrenzenden Seitenfläche e_1 durch A, B und S,
- der gegenüberliegenden Seitenfläche e_2 durch A, D und S,
- der Grundfläche e_3 durch A, B und C.

Vermischte Aufgaben

17. Ein von dem Punkt $P(1|1|-9)$ ausgehender Lichtstrahl wird auf den Punkt $Q(-2|4|6)$ gerichtet.
    a) Welcher Punkt der von $A(-1|3|5)$, $B(-8|8|2)$ und $C(13|-7|3)$ aufgespannten Ebene wird von dem Lichtstrahl getroffen?
    b)[LK] Liegt der Treffpunkt innerhalb der Dreiecksfläche ABC?
    c) Unter welchem Winkel trifft der Lichtstrahl die Ebene?

18. Gegeben sind die Ebenen $e_1: x_1 + 4x_2 - 2x_3 = 5$ und $e_2: 2x_1 - x_2 - x_3 = 3$.
    a) Begründen Sie, dass sich e_1 und e_2 senkrecht schneiden.
    b) Berechnen Sie möglichst einfach einen Richtungsvektor der gemeinsamen Schnittgeraden.

19. Die Gerade $g: \vec{x} = \begin{pmatrix} 2 \\ 1 \\ 1 \end{pmatrix} + \lambda \cdot \begin{pmatrix} 0 \\ 0 \\ 1 \end{pmatrix}$ ist parallel zur Ebene $e: x_1 + x_2 = 5$.
    a) Bestimmen Sie eine Gleichung der Ebene e', die orthogonal zu e ist und g enthält.
    b) Bestimmen Sie die beiden Ebenen e_1 und e_2, welche e unter einem Winkel von $45°$ schneiden und g enthalten.

20. Bestimmen Sie alle Ebenen, welche mit der Ebene $e: 3x_1 + 4x_3 = 0$ die beiden Punkte $A(0|0|0)$ und $B(4|0|-3)$ gemeinsam haben und e unter einem Winkel von $60°$ schneiden.

21. a) Bestimmen Sie die **Spurgeraden** der Ebene $e: 2x_1 + 3x_2 - x_3 + 6 = 0$.
    Die Schnittgeraden einer Ebene mit den Koordinatenebenen heißen Spurgeraden.
    b) Welche Winkel schließen die Spurgeraden miteinander ein?
    c) Bestimmen Sie den Umkreismittelpunkt des von den Spurgeraden gebildeten Dreiecks.
    d) Der Punkt $P(1|1|1)$ legt mit den drei Schnittpunkten der Spurgeraden eine dreiseitige Pyramide fest. Berechnen Sie das Volumen dieser dreiseitigen Pyramide.

22. Bestimmen Sie Parametergleichungen der Winkelhalbierenden der Geraden

$$g: \vec{x} = \begin{pmatrix} 1 \\ 5 \\ 2 \end{pmatrix} + \lambda \cdot \begin{pmatrix} -2 \\ 1 \\ 2 \end{pmatrix} \text{ und } h: \vec{x} = \begin{pmatrix} 1 \\ 5 \\ 2 \end{pmatrix} + \mu \cdot \begin{pmatrix} 3 \\ 0 \\ 4 \end{pmatrix}.$$

Abituraufgabenteile

A1. Ein Rathaus besteht aus einem Quader mit aufgesetztem Walmdach (siehe Skizze; Maße in Meter).
Drei Kanten des Rathauses liegen auf den Koordinatenachsen; die Bodenfläche liegt in der horizontalen x_1-x_2-Ebene.
Gegeben sind die Punkte $D(0|0|15)$, $E(8|0|15)$, $F(8|20|15)$, $G(0|20|15)$ und $T(4|17|21)$.

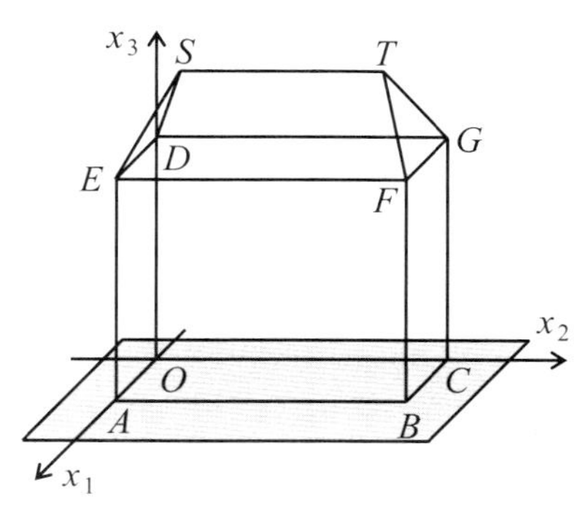

Berechnen Sie den Winkel zwischen dem Dachboden $DEFG$ und der Dachfläche FGT.

(Saarland 2006, Nachtermin)

A2. Zwei Passagierflugzeuge F_1 und F_2 fliegen entlang geradliniger Flugbahnen über ein ebenes Gelände hinweg (Längeneinheit: 1 km).
Das Flugzeug F_1 fliegt durch $E(0|2|4)$ in Richtung Westen parallel zum Erdboden.
Die Flugbahn des Flugzeugs F_2 verläuft von $G(0|1|5)$ nach $H(-4|5|4)$.
Das Koordinatensystem ist dabei wie folgt festgelegt:
Die x_1-Achse zeigt nach Osten, die x_2-Achse nach Norden auf der Bodenfläche, die x_3-Achse zeigt senkrecht nach oben.

a) Ermitteln Sie Gleichungen für die Flugbahnen der beiden Flugzeuge.

b) Begründen Sie, dass sich das Flugzeug F_2 im Sinkflug befindet, und ermitteln Sie, in welche Himmelsrichtung es fliegt.

c) Berechnen Sie das Maß des Sinkwinkels von Flugzeug F_2, wobei der Sinkwinkel der Winkel zwischen der Flugrichtung von F_2 und der Horizontalen ist.

d) Können die beiden Flugzeuge kollidieren?

(Saarland 2006, Haupttermin)

A3. Ein Würfel mit der Kantenlänge a ist wie in der Abbildung in einem kartesischen Koordinatensystem positioniert.
Berechnen Sie das Maß des Winkels zwischen zwei Raumdiagonalen des Würfels.

(Saarland 2004, Haupttermin)

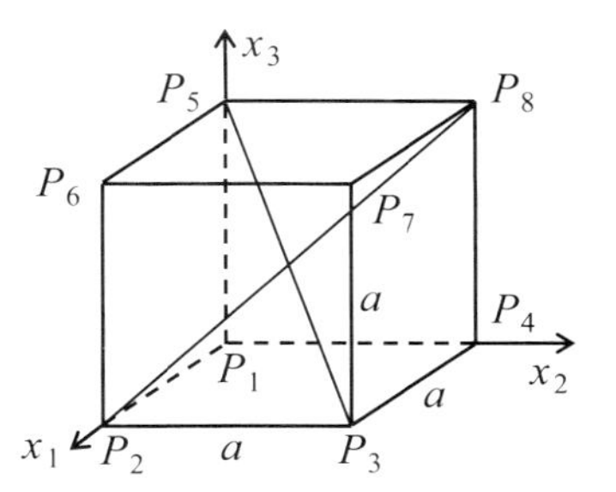

A4. Auf einem ebenen Gelände steht ein Turm.
Die Punkte haben die Koordinaten: $E(6|0|10)$, $F(6|6|10)$, $G(0|6|10)$, $H(0|0|10)$, $S(3|3|16)$.
Eine Koordinatengleichung der Ebene, welche die Dachfläche EFS enthält, ist gegeben durch die Gleichung $2x_1 + x_3 - 22 = 0$.

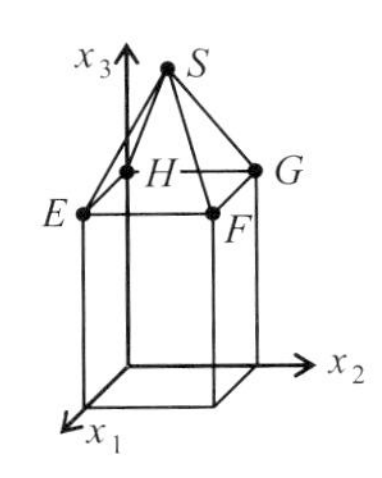

Auf der Dachfläche EFS sollen Sonnenkollektoren angebracht werden, aber nur dann, wenn zwei Bedingungen erfüllt werden:

1. Es muss eine Dachfläche von mindestens $18\,\text{m}^2$ vorliegen.
2. Paralleles Sonnenlicht mit dem Richtungsvektor $\vec{u} = \begin{pmatrix} -8 \\ 1 \\ -4 \end{pmatrix}$ soll möglichst senkrecht ($80° \leq$ Winkelmaß $\leq 100°$) auf die Dachfläche EFS treffen.

Überprüfen Sie **beide** Bedingungen.
(Saarland 2008, Nachtermin)

A5. In einem Fußballstadion liegt das Fußballfeld in der x_1-x_2-Ebene.
Eine Tribüne wird als ebene Fläche betrachtet; sie liegt in der Ebene mit der Gleichung $e: 2x_1 - 4x_2 + 5x_3 = 65$.
Das Tribünendach werde beschrieben durch das Rechteck $ABCD$ mit $A(6|-12|22)$, $B(38|4|22)$, $C(32|16|16)$ und $D(0|0|16)$.
In den Punkten C und D ist das Dach an zwei senkrecht zur x_1-x_2-Ebene stehenden Masten befestigt: Von den Mastspitzen $S_1(0|0|25)$ und $S_2(32|16|25)$ führt jeweils ein Befestigungsseil zum Punkt A bzw. B.
Eine Einheit im Koordinatensystem entspricht einem Meter.

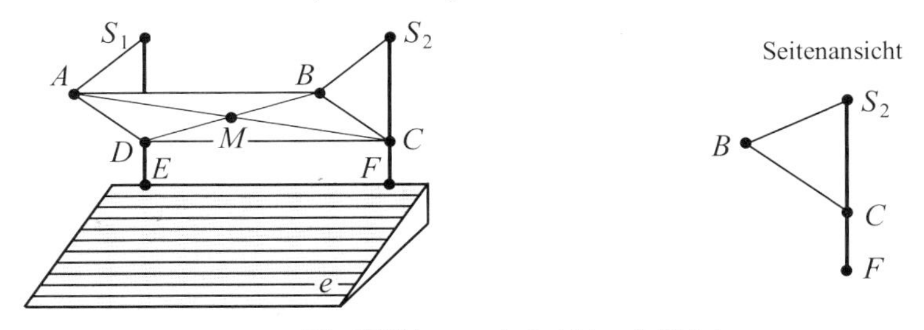

Die Abbildungen sind nicht maßstäblich.

Berechnen Sie

- den Winkel, unter dem die Tribüne im Vergleich zum Fußballfeld ansteigt, sowie
- den Winkel, den das Seil von der Mastspitze S_2 zum Punkt B und die Dachkante $\overline{BC}$ einschließen.

(Saarland 2008, Haupttermin)

5.4 Abstände

Im Zusammenhang mit Punkten, Geraden und Ebenen des Anschauungsraums stellt sich oft die Frage nach dem Abstand dieser Objekte untereinander. In den folgenden Abschnitten sollen vektorielle Verfahren zur Abstandsberechnung bereitgestellt werden.
Unter dem Abstand zwischen Punkten, Geraden und Ebenen versteht man allgemein die **minimale Entfernung** je zweier Punkte der beteiligten Punktmengen.

5.4.1 Abstand zweier Punkte

Der einfachste Fall eines Abstandsproblems ist die Frage nach dem Abstand (der Entfernung) zweier Punkte im Anschauungsraum. Die Fragestellung wurde bereits früher besprochen:

Abstand zweier Punkte
Für den Abstand zweier Punkte $P(p_1 \mid p_2 \mid p_3)$ und $Q(q_1 \mid q_2 \mid q_3)$ des Anschauungsraums gilt:

$$d(P;Q) = \left|\overrightarrow{PQ}\right| = |\vec{q} - \vec{p}| = \sqrt{(q_1 - p_1)^2 + (q_2 - p_2)^2 + (q_3 - p_3)^2} \;.$$

Aufgaben

1. Berechnen Sie den Abstand der Punkte.
   a) $A(-3 \mid 1 \mid -5)$ und $B(2 \mid -2 \mid -3)$ b) $R(3 \mid 0 \mid -2)$ und $S(2 \mid -3 \mid 1)$

2. Berechnen Sie die Längen der Strecken $\overline{PQ}$ und $\overline{UV}$ in der Abbildung rechts.

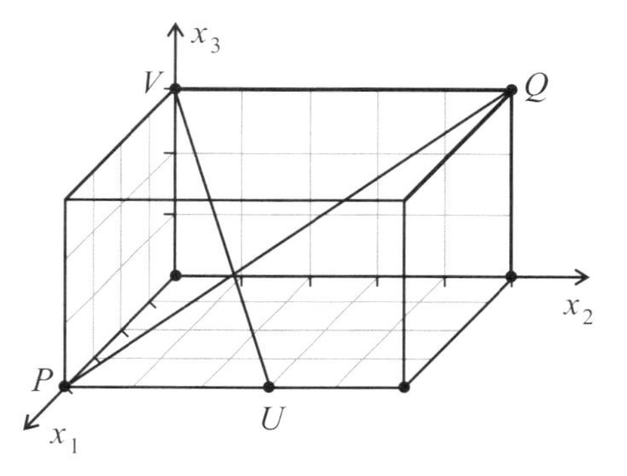

3. Unter welcher Bedingung für den Parameter t ist der Punkt $A(1 \mid 2 \mid 3)$ vom Punkt $B(-2 \mid 0{,}5 \mid 4)$ weiter entfernt als vom Punkt $C(0 \mid -1 \mid t)$?

5.4.2 Abstand Punkt – Gerade

Lotebenenmethode (1. Methode)

Gegeben sind ein Punkt P und eine Gerade

$$g: \vec{x} = \vec{a} + \lambda \cdot \vec{u}$$

mit dem Richtungsvektor $\vec{u}$.

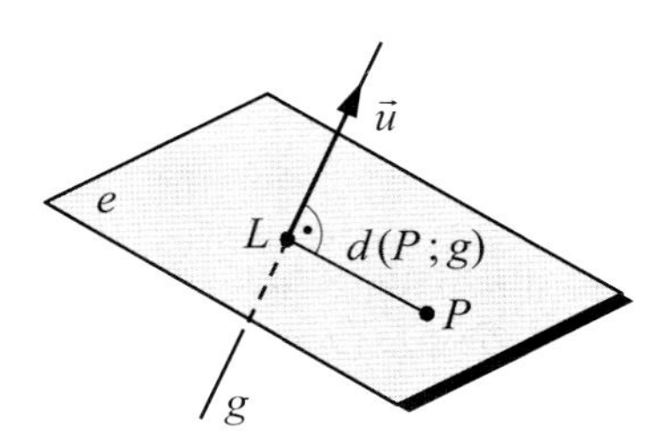

Unter dem Abstand eines Punktes P von einer Geraden g versteht man die Länge des Lotes von P auf die Gerade g, d.h. die Länge der Strecke von P zum Lotfußpunkt L:

$$d(P;g) = d(P;L) = |\overline{PL}| = |\overrightarrow{PL}| = |\vec{l} - \vec{p}|.$$

Die Abstandsberechnung kann durch die Betrachtung einer **Lotebene** e als Hilfsebene erfolgen, die den Punkt P enthält und senkrecht zu g orientiert ist.

1. *Konstruktion der Lotebene e* Für die Lotebene e gilt: $P \in e$ und $g \perp e$.	$e: \vec{u} \cdot (\vec{x} - \vec{p}) = 0$ ▪ Aufpunkt: gegebener Punkt P ▪ Normalenvektor: Richtungsvektor $\vec{u}$ von g
2. *Berechnung des Lotfußpunkts L* L ist der Schnittpunkt der Geraden g mit der Lotebene e.	Mit dem Einsetzungsverfahren berechnet man den Parameterwert λ und damit die Koordinaten des Lotfußpunkts L.
3. *Abstandsberechnung* Der gesuchte Abstand ist der Abstand zwischen P und L.	$d(P;g) = d(P;L) = \lvert\overrightarrow{PL}\rvert$

Beispiel (Abstand Punkt-Gerade mit der Lotebenenmethode berechnen)

Gesucht ist der Abstand des Punktes $P(0|5|6)$ von $g: \vec{x} = \begin{pmatrix} 2 \\ 0 \\ 1 \end{pmatrix} + \lambda \cdot \begin{pmatrix} -4 \\ 1 \\ 1 \end{pmatrix}$.

1. *Konstruktion der Lotebene e*

– Aufpunkt von e	$P(0\|5\|6)$
– Normalenvektor von e	$\vec{u} = \begin{pmatrix} -4 \\ 1 \\ 1 \end{pmatrix}$ (Richtungsvektor von g)
– Normalengleichung von e	$e: \begin{pmatrix} -4 \\ 1 \\ 1 \end{pmatrix} \cdot \left[\vec{x} - \begin{pmatrix} 0 \\ 5 \\ 6 \end{pmatrix} \right] = \begin{pmatrix} -4 \\ 1 \\ 1 \end{pmatrix} \cdot \vec{x} - 11 = 0$

2. *Berechnung des Lotfußpunkts L*

– Einsetzungsverfahren Wir setzen die rechte Seite der Gleichung von g statt $\vec{x}$ in die Gleichung von e ein.	$\begin{pmatrix}-4\\1\\1\end{pmatrix}\cdot\left[\begin{pmatrix}2\\0\\1\end{pmatrix}+\lambda\cdot\begin{pmatrix}-4\\1\\1\end{pmatrix}\right]-11=0$ $\Leftrightarrow\ -7+18\lambda-11=0\ \Leftrightarrow\ \lambda=1$
– Lotfußpunkt Wir setzen den Wert $\lambda=1$ in die Gleichung von g ein.	$\vec{l}=\begin{pmatrix}2\\0\\1\end{pmatrix}+1\cdot\begin{pmatrix}-4\\1\\1\end{pmatrix}=\begin{pmatrix}-2\\1\\2\end{pmatrix}$ Der Lotfußpunkt ist somit $L(-2\,\|\,1\,\|\,2)$.

3. *Abstandsberechnung*

– Verbindungsvektor von P und L	$\overrightarrow{PL}=\begin{pmatrix}-2\\1\\2\end{pmatrix}-\begin{pmatrix}0\\5\\6\end{pmatrix}=\begin{pmatrix}-2\\-4\\-4\end{pmatrix}$
– Abstand Der gesuchte Abstand ist der Abstand zwischen P und L.	$d(P;g)=d(P;L)=\|\overrightarrow{PL}\|$ $=\sqrt{4+16+16}=\sqrt{36}=6$

Aufgaben

4. Welchen Abstand hat der Punkt P von der Geraden g?

a) $P(-4\,|-2\,|\,1)$ und $g:\vec{x}=\begin{pmatrix}-4\\-2\\1\end{pmatrix}+\lambda\cdot\begin{pmatrix}-1\\1\\2\end{pmatrix}$

b) $P(7\,|\,3\,|\,3)$ und $g:\vec{x}=\begin{pmatrix}5\\0\\5\end{pmatrix}+\lambda\cdot\begin{pmatrix}1\\1\\1\end{pmatrix}$

5. Gegeben ist die Gerade $g:\vec{x}=\begin{pmatrix}2\\0\\1\end{pmatrix}+\lambda\cdot\begin{pmatrix}-4\\1\\1\end{pmatrix}$.

Prüfen Sie, ob die Punkte $P(2\,|\,3\,|\,4)$ und $Q(-7\,|\,3\,|-2)$ von der Geraden g gleich weit entfernt sind.

6. Gegeben ist die Gerade $g: \vec{x} = \begin{pmatrix} -2 \\ 4 \\ 3 \end{pmatrix} + \lambda \cdot \begin{pmatrix} -3 \\ 1 \\ 3 \end{pmatrix}$.

   Bestimmen Sie den Punkt L der Geraden g, der dem Ursprung am nächsten liegt.

7. Betrachtet wird das Dreieck ABC mit den Eckpunkten
   $A(2|1|0)$, $B(4|3|-1)$ und $C(5|4|3)$.

   Berechnen Sie die Länge der Höhe h_b.

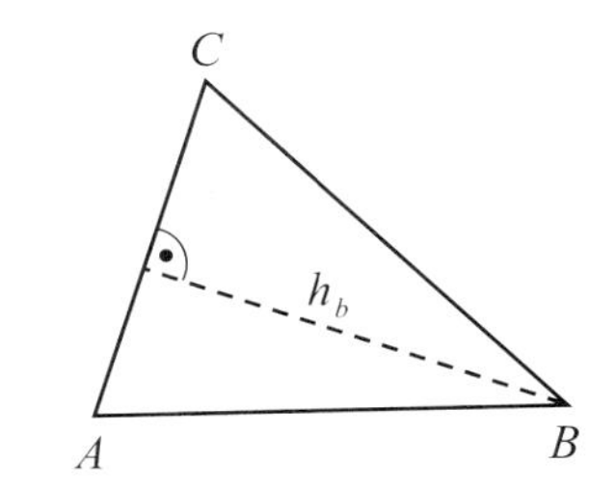

8. Berechnen Sie den Abstand des Eckpunkts F von der Raumdiagonalen $\overline{BH}$.
   Geben Sie den zugehörigen Lotfußpunkt L an.
   Liegt L auf der Raumdiagonalen $\overline{BH}$ näher zum Punkt B oder zum Punkt H?
   Stellen Sie zuerst eine Vermutung an und begründen Sie dann anhand Ihrer Rechnung.

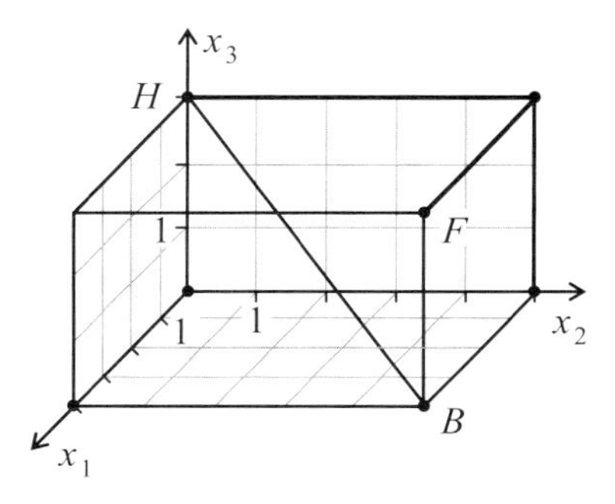

9.* Berechnen Sie den Abstand des Punktes $P(1|3|2)$ von der Strecke $\overline{AB}$ mit den Endpunkten $A(0|-3|3)$ und $B(1|-2|4)$.

   a) Führen Sie die Fragestellung auf ein Abstandsproblem „Punkt-Gerade“ zurück und berechnen Sie dabei auch den Lotfußpunkt L.

   b) Interpretieren Sie die Lage des Lotfußpunkts L bezüglich des gegebenen Sachzusammenhangs. Eine Skizze kann dabei hilfreich sein.

   c) Wie ist folglich die minimale Entfernung des Punktes P zur Strecke $\overline{AB}$ zu berechnen?

10.* Von der Spitze $S(25|-15|10)$ eines Maibaums soll ein Schmuckband zu einem Zaun zwischen den Punkten $A(-5|5|1)$ und $B(0|15|1)$ eines benachbarten Grundstücks gespannt werden.
   Das verfügbare Band hat eine Länge von 70 m. Reicht es aus? (Alle Einheiten in m)

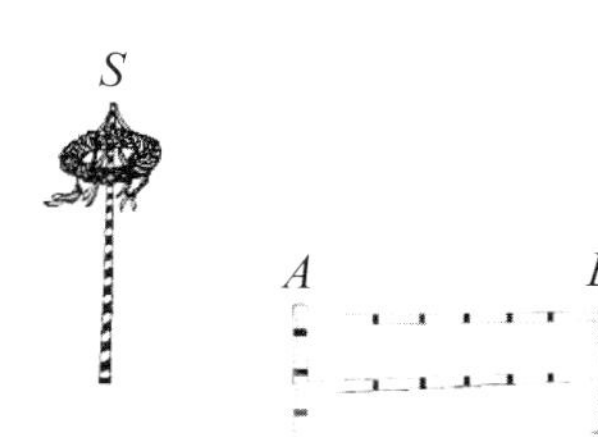

Abstandsformel Punkt-Gerade (2. Methode)

Für eine Gerade $g: \vec{x} = \vec{a} + \lambda \cdot \vec{u}$ und einen Punkt P lässt sich der Abstand von P zu g auch mithilfe der folgenden Überlegung gewinnen.

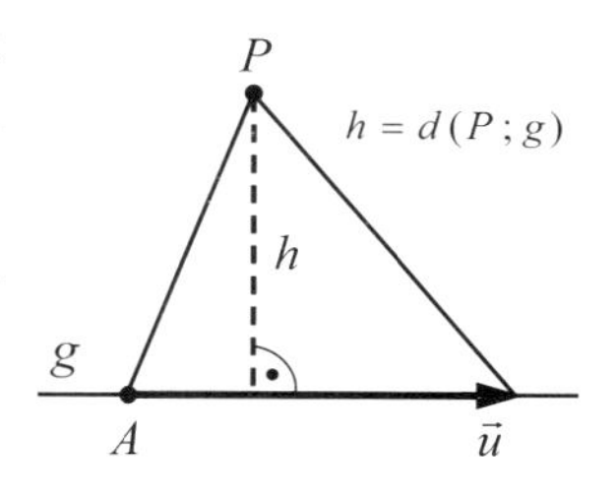

Durch die Gerade g und den Punkt P wird ein Dreieck wie abgebildet festgelegt. Der gesuchte Abstand $d(P;g)$ ist die Höhe h dieses Dreiecks.

Den Flächeninhalt des Dreiecks können wir auf zwei Arten berechnen:

- elementargeometrisch: $\mu(A) = \frac{1}{2} \cdot \text{Grundseite} \cdot \text{Höhe} = \frac{1}{2} \cdot |\vec{u}| \cdot h$
- vektoriell: $\mu(A) = \frac{1}{2} \cdot |\vec{u} \times \overrightarrow{AP}|$

Gleichsetzen und Auflösen nach h ergibt:

$$h = \frac{1}{|\vec{u}|} \cdot |\vec{u} \times \overrightarrow{AP}| = \left|\frac{\vec{u}}{|\vec{u}|} \times \overrightarrow{AP}\right| = |\vec{u}^0 \times \overrightarrow{AP}|$$ ($\vec{u}^0$ Einheitsvektor in Richtung von $\vec{u}$).

Formel zur Berechnung des Abstands eines Punktes von einer Geraden

Ist $\vec{u}$ ein Richtungsvektor und A ein Aufpunkt einer Geraden g, so gilt für den Abstand des beliebigen Punktes P von g:

$$d(P;g) = \frac{1}{|\vec{u}|} \cdot |\vec{u} \times \overrightarrow{AP}| = |\vec{u}^0 \times \overrightarrow{AP}|.$$

Beispiel (Abstand Punkt-Gerade mit der Abstandsformel berechnen)

Gesucht ist der Abstand des Punktes $P(3|1|0)$ von $g: \vec{x} = \begin{pmatrix} 2 \\ 0 \\ 1 \end{pmatrix} + \lambda \cdot \begin{pmatrix} -2 \\ 1 \\ 2 \end{pmatrix}$.

- *Betrag des Richtungsvektors* $|\vec{u}| = \sqrt{4+1+4} = 3$
- *Verbindungsvektor* $\overrightarrow{AP} = \vec{p} - \vec{a} = \begin{pmatrix} 3 \\ 1 \\ 0 \end{pmatrix} - \begin{pmatrix} 2 \\ 0 \\ 1 \end{pmatrix} = \begin{pmatrix} 1 \\ 1 \\ -1 \end{pmatrix}$
- *Abstandsformel*

$$d(P;g) = \frac{1}{|\vec{u}|} \cdot |\vec{u} \times \overrightarrow{AP}| = \frac{1}{3} \cdot \left| \begin{pmatrix} -2 \\ 1 \\ 2 \end{pmatrix} \times \begin{pmatrix} 1 \\ 1 \\ -1 \end{pmatrix} \right| = \frac{1}{3} \cdot \left| \begin{pmatrix} -3 \\ 0 \\ -3 \end{pmatrix} \right| = \frac{1}{3} \cdot 3 \cdot \sqrt{2} = \sqrt{2}$$

Die Anwendung der Abstandsformel ist vor allem dann sinnvoll, wenn nur der Abstandswert, nicht aber der Lotfußpunkt gefragt ist.

Aufgaben

11. Gegeben ist die Gerade $g: \vec{x} = \begin{pmatrix} 2 \\ 0 \\ 1 \end{pmatrix} + \lambda \cdot \begin{pmatrix} -4 \\ 1 \\ 1 \end{pmatrix}$.

    Berechnen Sie die Abstände der Punkte $P(2|3|4)$ und $Q(-7|3|-2)$ von g.

12. Im Würfel der Kantenlänge 4 ist M der Mittelpunkt der Seitenkante $\overline{CG}$.
    Wie weit ist der Eckpunkt E von der Strecke $\overline{AM}$ entfernt?

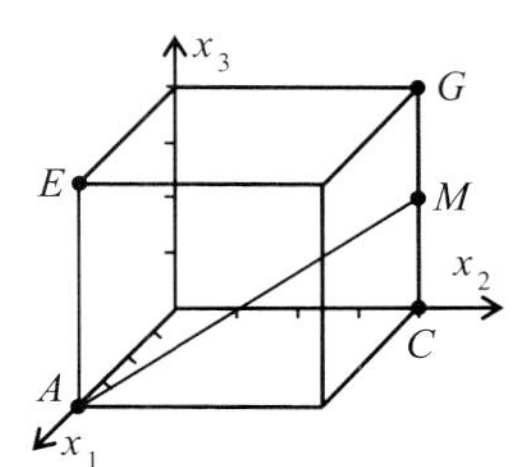

13. Ein Dreieck ABC wird von folgenden Geraden gebildet:

$$g_{AB}: \vec{x} = \begin{pmatrix} 2 \\ 2 \\ 4 \end{pmatrix} + \lambda \cdot \begin{pmatrix} 1 \\ 2 \\ 2 \end{pmatrix}, \quad g_{CA}: \vec{x} = \begin{pmatrix} 1 \\ 0 \\ 2 \end{pmatrix} + \mu \cdot \begin{pmatrix} 1 \\ 1 \\ -1 \end{pmatrix} \quad \text{und} \quad g_{BC}: \vec{x} = \begin{pmatrix} 2 \\ 1 \\ 1 \end{pmatrix} + \nu \cdot \begin{pmatrix} 0 \\ 1 \\ 3 \end{pmatrix}.$$

    a) Bestätigen Sie möglichst ohne eine Schnittpunktberechnung, dass die Eckpunkte des Dreiecks ABC gegeben sind durch $A(1|0|2)$, $B(2|2|4)$ und $C(2|1|1)$.
    b) Berechnen Sie die Länge der Höhe $\overline{h_c}$ des Dreiecks ABC.

14. Ein Flugzeug bewegt sich beim Start geradlinig längs der Geraden

$$g: \vec{x} = \begin{pmatrix} 2 \\ 0 \\ 0 \end{pmatrix} + \lambda \cdot \begin{pmatrix} 3 \\ 2 \\ 1 \end{pmatrix} \quad \text{(Längenangaben in km).}$$

    Wird zu einer Gebäudespitze in $B(10|7{,}5|0{,}3)$ ein Sicherheitsabstand von 2 km eingehalten?

15.* Welcher Punkt der Geraden $g: \vec{x} = \begin{pmatrix} 2 \\ 1 \\ 0 \end{pmatrix} + \lambda \cdot \begin{pmatrix} -2 \\ 1 \\ 2 \end{pmatrix}$ hat von den beiden Punkten $A(1|-2|3)$ und $B(1|0|1)$ denselben Abstand?

    Lösen Sie die Aufgabenstellung auf zwei Arten:
    - als Abstandsproblem,
    - unter Betrachtung der Symmetrieebene zu den Punkten A und B.

5.4.3 Abstand Punkt – Ebene

Lotgeradenmethode (1. Methode)

Gegeben sind ein Punkt P und eine Ebene mit der Gleichung $e\colon \vec{n}\cdot\vec{x}-c=0$.

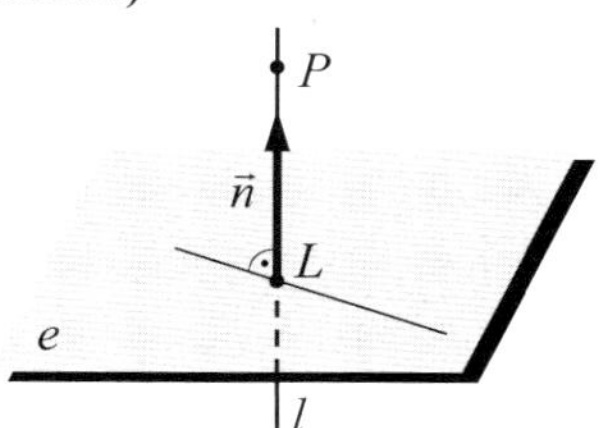

Gesucht ist der Abstand $d(P;e)$ des Punktes P von der Ebene e. Dieser Abstand ist die minimale Entfernung des Punktes P von e. Es handelt sich dabei um die Länge der Strecke zwischen P und dem Fußpunkt L des Lotes $\overline{l}$ von P auf e.

Die Berechnung des Abstands kann in folgenden Schritten erfolgen:

1. *Konstruktion der Lotgeraden l* Für die Lotgerade l gilt: $P\in l$ und $l\perp e$.	$l\colon \vec{x}=\vec{p}+\lambda\cdot\vec{n}$ ▪ Aufpunkt: gegebener Punkt P ▪ Richtungsvektor: Normalenvektor $\vec{n}$ von e
2. *Berechnung des Lotfußpunkts L* L ist der Schnittpunkt der Lotgeraden l mit der Ebene e.	Mit dem Einsetzungsverfahren berechnet man den Parameterwert λ und damit die Koordinaten des Lotfußpunkts L[1].
3. *Abstandsberechnung* Der gesuchte Abstand ist der Abstand zwischen P und L.	$d(P;e)=d(P;L)=\lvert\overrightarrow{PL}\rvert\ (=\lvert\lambda\cdot\vec{n}\rvert)$

Beispiel (Abstand Punkt-Ebene mit der Lotgeradenmethode berechnen)

Gesucht ist der Abstand des Punktes $P(1|2|0)$ von $e\colon 2x_1-x_2+2x_3=9$.

1. *Konstruktion der Lotgeraden l*

– Aufpunkt von l: $P(1|2|0)$

– Richtungsvektor von l: $\vec{n}=\begin{pmatrix}2\\-1\\2\end{pmatrix}$ (Normalenvektor von e)

– Gleichung der Lotgeraden l: $l\colon \vec{x}=\begin{pmatrix}1\\2\\0\end{pmatrix}+\lambda\cdot\begin{pmatrix}2\\-1\\2\end{pmatrix}$

2. *Berechnung des Lotfußpunkts L*

– Einsetzungsverfahren
Wir setzen die rechte Seite der Gleichung von l statt $\vec{x}$ in die Gleichung von e ein.

$$\begin{pmatrix}2\\-1\\2\end{pmatrix}\cdot\left[\begin{pmatrix}1\\2\\0\end{pmatrix}+\lambda\cdot\begin{pmatrix}2\\-1\\2\end{pmatrix}\right]=9$$

$$\Leftrightarrow\ 0+9\lambda=9\ \Leftrightarrow\ \lambda=1$$

---

[1] Interessiert man sich nur für den Abstand von P zu e, so ist die Berechnung des Lotfußpunktes nicht erforderlich. Es genügt die Kenntnis des Verbindungsvektors $\overrightarrow{PL}$. Er ergibt sich mithilfe des berechneten Wertes für λ zu $\overrightarrow{PL}=\vec{l}-\vec{p}=\lambda\cdot\vec{n}$.

– Lotfußpunkt Wir setzen den Wert $\lambda = 1$ in die Gleichung von l ein.	$\vec{l} = \begin{pmatrix} 1 \\ 2 \\ 0 \end{pmatrix} + 1 \cdot \begin{pmatrix} 2 \\ -1 \\ 2 \end{pmatrix} = \begin{pmatrix} 3 \\ 1 \\ 2 \end{pmatrix}$, also $L(3\|1\|2)$
3. *Abstandsberechnung* – Verbindungsvektor von P und L	$\overrightarrow{PL} = \begin{pmatrix} 3 \\ 1 \\ 2 \end{pmatrix} - \begin{pmatrix} 1 \\ 2 \\ 0 \end{pmatrix} = \begin{pmatrix} 2 \\ -1 \\ 2 \end{pmatrix}$
– Der gesuchte Abstand ist der Abstand zwischen P und L.	$d(P;e) = d(P;L) = \|\overrightarrow{PL}\| = \sqrt{4+1+4} = \sqrt{9} = 3$

Aufgaben

16. Berechnen Sie den Fußpunkt L des Lotes vom Punkt P auf die Ebene e.

a) $P(4|-4|9)$ und $e: \begin{pmatrix} 2 \\ -3 \\ 6 \end{pmatrix} \cdot \vec{x} = 25$

b) $P(1|2|9)$ und $e: \vec{x} = \begin{pmatrix} 0 \\ -2 \\ 0 \end{pmatrix} + \lambda \cdot \begin{pmatrix} 0 \\ 3 \\ 1 \end{pmatrix} + \mu \cdot \begin{pmatrix} 2 \\ 0 \\ -1 \end{pmatrix}$

17. Gegeben sind die Punkte $A(-4|-2|1)$ und $B(0|-6|5)$.
Berechnen Sie den Fußpunkt L des Lots vom Mittelpunkt M der Strecke $\overline{AB}$ auf die Ebene durch die Punkte $P(0|-1|7)$, $Q(7|-1|0)$ und $R(7|1|1)$.

18. Welche Abstände haben die Punkte P und Q von der Ebene e?

a) $P(1|0|0)$; $Q(-4|4|0)$; $e: \begin{pmatrix} 4 \\ -4 \\ 2 \end{pmatrix} \cdot \vec{x} = 40$

b)* $P(1|1|1)$; $Q(-1|0|-1)$; $e: 4x_1 - 7x_2 + 4x_3 = 9$

19. Die Punkte $A(5|0|4)$, $B(5|5|1)$, $C(0|0|5)$ und $S(-1|7|8)$ bilden eine dreiseitige Pyramide mit der Spitze S.
Bestimmen Sie die Länge der Pyramidenhöhe h.

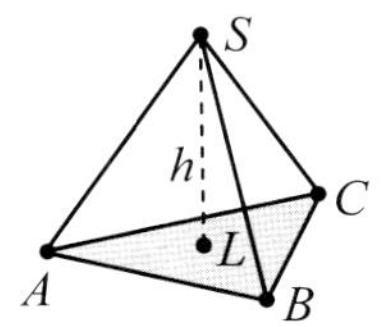

Abstandsformel Punkt-Ebene (2. Methode)

Der Abstand eines Punktes P von einer Ebene $e: \vec{n} \cdot (\vec{x} - \vec{a}) = 0$ lässt sich auch mithilfe der folgenden elementargeometrischen Überlegung gewinnen.

Der Abstand d des Punktes P von der Ebene e ist die Länge des Lotes von P auf e.

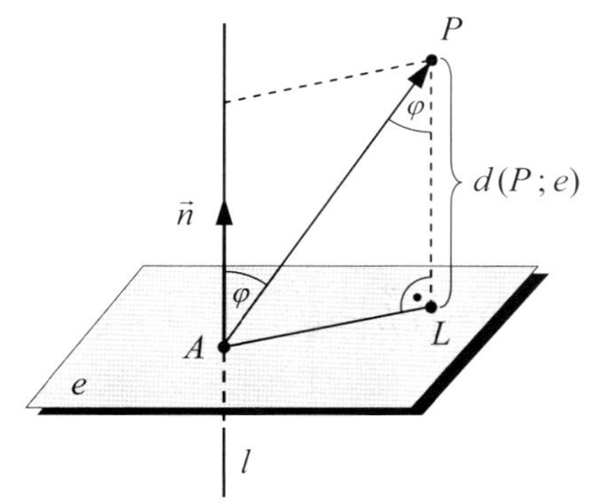

Für das Maß des Winkels $\sphericalangle\varphi$ zwischen den Vektoren $\overrightarrow{AP}$ und $\vec{n}$ gilt:

$$\cos(\varphi) = \frac{d(P;e)}{|\overrightarrow{AP}|}.$$

Nach der Winkelformel gilt:

$$\cos(\varphi) = \frac{\overrightarrow{AP} \cdot \vec{n}}{|\overrightarrow{AP}| \cdot |\vec{n}|}.$$

Durch Gleichsetzen folgt:

$$\frac{d(P;e)}{|\overrightarrow{AP}|} = \frac{\overrightarrow{AP} \cdot \vec{n}}{|\overrightarrow{AP}| \cdot |\vec{n}|}$$

$$\Leftrightarrow \quad d(P;e) = \frac{1}{|\vec{n}|} \cdot (\vec{n} \cdot \overrightarrow{AP}).$$

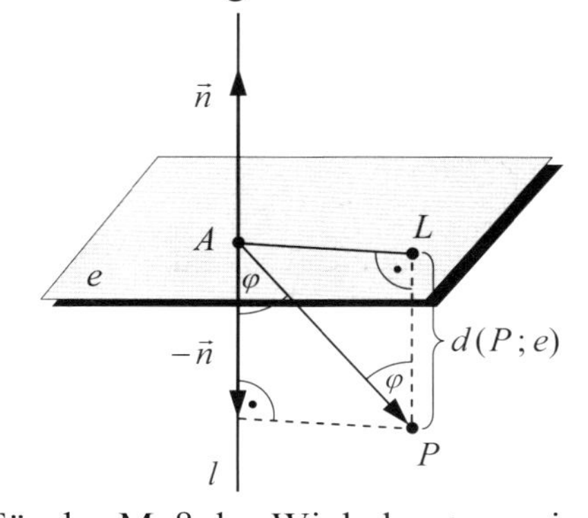

Für das Maß des Winkels $\sphericalangle\varphi$ zwischen den Vektoren $\overrightarrow{AP}$ und $-\vec{n}$ gilt auch hier:

$$\cos(\varphi) = \frac{d(P;e)}{|\overrightarrow{AP}|}.$$

Bei der Anwendung der Winkelformel ist der Vektor $-\vec{n}$ zu verwenden:

$$\cos(\varphi) = \frac{\overrightarrow{AP} \cdot (-\vec{n})}{|\overrightarrow{AP}| \cdot |-\vec{n}|} = -\frac{\overrightarrow{AP} \cdot \vec{n}}{|\overrightarrow{AP}| \cdot |\vec{n}|}.$$

Durch Gleichsetzen folgt hier:

$$\frac{d(P;e)}{|\overrightarrow{AP}|} = -\frac{\overrightarrow{AP} \cdot \vec{n}}{|\overrightarrow{AP}| \cdot |\vec{n}|}$$

$$\Leftrightarrow \quad d(P;e) = -\frac{1}{|\vec{n}|} \cdot (\vec{n} \cdot \overrightarrow{AP}).$$

Die beiden Fälle lassen sich zusammenfassen: $d(P;e) = \frac{1}{|\vec{n}|} \cdot |\vec{n} \cdot \overrightarrow{AP}|$.

Formel zur Berechnung des Abstands eines Punktes von einer Ebene

Ist $\vec{n}$ ein Normalenvektor einer Ebene e und A ein Punkt dieser Ebene, so gilt für den Abstand eines beliebigen Punktes P von dieser Ebene e:

$$d(P;e) = \frac{1}{|\vec{n}|} \cdot |\vec{n} \cdot \overrightarrow{AP}| = |\vec{n}^0 \cdot \overrightarrow{AP}|.$$

Beispiel (Abstand Punkt-Ebene mit der Abstandsformel berechnen)

Gesucht ist der Abstand des Punktes $P(3|1|0)$ von $e{:}\,6x_1-2x_2+3x_3=9$.

- *Normalenvektor und Betrag* $\quad \vec{n}=\begin{pmatrix}6\\-2\\3\end{pmatrix}$ mit $|\vec{n}|=\sqrt{36+4+9}=\sqrt{49}=7$
- *Punkt der Ebene* $\quad A(0|0|3)\in e \quad (x_1=x_2=0 \Rightarrow x_3=3)$
- *Verbindungsvektor* $\quad \overrightarrow{AP}=\vec{p}-\vec{a}=\begin{pmatrix}3\\1\\0\end{pmatrix}-\begin{pmatrix}0\\0\\3\end{pmatrix}=\begin{pmatrix}3\\1\\-3\end{pmatrix}$
- *Abstandsformel*

$$d(P;e)=\frac{1}{|\vec{n}|}\cdot|\vec{n}\cdot\overrightarrow{AP}|=\frac{1}{7}\cdot\left|\begin{pmatrix}6\\-2\\3\end{pmatrix}\cdot\begin{pmatrix}3\\1\\-3\end{pmatrix}\right|=\frac{1}{7}\cdot|18-2-9|=1$$

Diese Rechnung liefert, wie bei der Abstandsformel für den Fall *„Punkt - Gerade"*, nur den Abstandswert, nicht aber den Lotfußpunkt.

Aufgaben

20. Gegeben sind der Punkt $P(1|-8|-4)$ und die Ebene $e{:}\begin{pmatrix}3\\-5\\0\end{pmatrix}\cdot\vec{x}-3=0$.

    Berechnen Sie den Abstand von *P* zu *e*.

21. Bestimmen Sie die Länge der Pyramidenhöhe aus Aufgabe 19 mit der Abstandsformel.

22. Gegeben ist ein Würfel der Kantenlänge 4.

    a) Zeigen Sie, dass die Dreiecksfläche *ACH* in der Ebene $e{:}\;x_1+x_2+x_3=4$ liegt.

    b) Wie weit ist der Eckpunkt *F* von *e* entfernt?

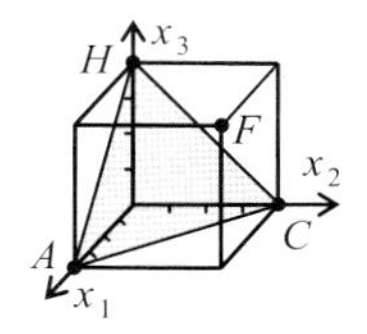

23. Welche Punkte der Geraden *g* haben von der Ebene *e* den Abstand 1?

$$g:\vec{x}=\begin{pmatrix}3\\1\\-1\end{pmatrix}+\lambda\cdot\begin{pmatrix}-1\\3\\4\end{pmatrix}\quad;\quad e{:}\begin{pmatrix}-1\\2\\2\end{pmatrix}\cdot\vec{x}-3=0$$

Hesse'sche Normalengleichung (3. Methode) (LK)

Die Formel zur Berechnung des Abstands eines Punktes P von einer Ebene e kann auf folgende Art umgeformt werden:

$$d(P;e) = |\vec{n}^{\,0} \cdot \overrightarrow{AP}| = |\vec{n}^{\,0} \cdot (\vec{p} - \vec{a})| = |\vec{n}^{\,0} \cdot \vec{p} - \underbrace{\vec{n}^{\,0} \cdot \vec{a}}_{=d}| = |\vec{n}^{\,0} \cdot \vec{p} - d|.$$

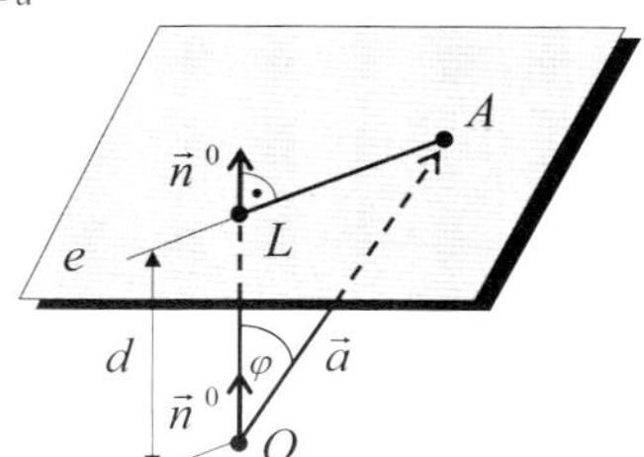

Dabei gibt es zwei mögliche Orientierungen für $\vec{n}^{\,0}$. Man wählt die Orientierung von $\vec{n}^{\,0}$ so, dass für die Konstante $d = \vec{n}^{\,0} \cdot \vec{a} \geq 0$ gilt. Bei dieser Wahl bilden $\vec{n}^0$ und $\vec{a}$ einen spitzen Winkel. Anschaulich bedeutet dies, dass $\vec{n}^0$, im Ursprung abgetragen, zur Ebene e hin zeigt. Für O gilt speziell:

$$d(O;e) = |\vec{n}^{\,0} \cdot \vec{0} - d| = |-d| = d.$$

Die Konstante d gibt unmittelbar den Abstand des Ursprungs von der Ebene an.

Der Term $\vec{n}^{\,0} \cdot (\vec{p} - \vec{a})$ entspricht dem Term $\vec{n} \cdot (\vec{x} - \vec{a})$ der Punktnormalengleichung der Ebene e, wenn man $\vec{x}$ durch $\vec{p}$ und den Normalenvektor $\vec{n}$ durch den Einheitsvektor $\vec{n}^{\,0}$ ersetzt. Man erhält einen Sonderfall der Normalengleichung, für die man eine eigene Bezeichnung verwendet.

Hesse'sche Normalengleichung einer Ebene (kurz: Hesseform)

Die Normalengleichung $\vec{n}^{\,0} \cdot \vec{x} - d = 0$ mit $|\vec{n}^{\,0}| = 1$ und $d \geq 0$ einer Ebene heißt **Hesse'sche Normalengleichung der Ebene** (Abk.: HNG)[1].

Dabei gibt $d \geq 0$ den Abstand der Ebene e zum Ursprung an und der Normaleneinheitsvektor $\vec{n}^{\,0}$, im Ursprung abgetragen, zeigt zur Ebene e hin.

Beispiel (Hesse'sche Normalengleichung einer Ebene aufstellen)

Gegeben ist die Ebene e in der allgemeinen Normalenform $e\colon \begin{pmatrix} 2 \\ -1 \\ 2 \end{pmatrix} \cdot \vec{x} + 6 = 0$.

Wir berechnen die Länge des Normalenvektors: $|\vec{n}| = \sqrt{2^2 + (-1)^2 + 2^2} = 3$.

Eine Division der Ebenengleichung durch $|\vec{n}|$ ergibt:

$$\begin{pmatrix} 2 \\ -1 \\ 3 \end{pmatrix} \cdot \vec{x} + 6 = 0 \underbrace{\Leftrightarrow}_{:3} \frac{1}{3} \cdot \begin{pmatrix} 2 \\ -1 \\ 2 \end{pmatrix} \cdot \vec{x} + \frac{6}{3} = 0 \underbrace{\Leftrightarrow}_{\cdot(-1)} -\frac{1}{3} \cdot \begin{pmatrix} 2 \\ -1 \\ 2 \end{pmatrix} \cdot \vec{x} - \underbrace{2}_{d>0} = 0 \Leftrightarrow \frac{1}{3} \cdot \begin{pmatrix} -2 \\ 1 \\ -2 \end{pmatrix} \cdot \vec{x} - 2 = 0.$$

Man kann hierbei einen Umformungsschritt einsparen, wenn man direkt durch (–3) dividiert.

Die Hesseform von e lautet damit $e\colon \frac{1}{3} \cdot \begin{pmatrix} -2 \\ 1 \\ -2 \end{pmatrix} \cdot \vec{x} - 2 = 0$ (HNG).

Der Ursprung hat von der Ebene e den Abstand 2.

---

(1) Otto Ludwig Hesse (1811 – 1874), deutscher Mathematiker

Mit der Hesse'schen Normalengleichung einer Ebene ist ein weiteres Verfahren zur Berechnung des Abstands Punkt-Ebene gegeben.

Abstandsberechnung mithilfe der Hesse'schen Normalengleichung

Ist $\vec{n}^0 \cdot \vec{x} - d = 0$ die Hesse'sche Normalengleichung eine Ebene *e*, dann gilt für den Abstand eines Punktes *P* von der Ebene:

$$d(P\,;e) = \left|\vec{n}^0 \cdot \vec{p} - d\right|.$$

Beispiel (Abstand Punkt-Ebene mit der Hesseform berechnen)

Gegeben ist die Ebene *e* in der Hesseform $e: \frac{1}{3} \cdot \begin{pmatrix} -2 \\ 1 \\ -2 \end{pmatrix} \cdot \vec{x} - 2 = 0$ (vgl. letztes Bsp.).

Gesucht ist der Abstand des Punktes $P(2\,|\,3\,|\,-2)$ von der Ebene *e*.

Wir setzen den Ortsvektor $\vec{p}$ von *P* für $\vec{x}$ in den Term der Hesseform ein und bilden den Betrag:

$$d(P\,;e) = |\vec{n}^{\,0} \cdot \vec{p} - d\,| = \left|\frac{1}{3} \cdot \begin{pmatrix} -2 \\ 1 \\ -2 \end{pmatrix} \cdot \begin{pmatrix} 2 \\ 3 \\ -2 \end{pmatrix} - 2\right| = \left|\frac{1}{3} \cdot 3 - 2\right| = |1-2| = |-1| = 1.$$

Der Punkt *P* hat von der Ebene *e* den Abstand 1.

Bei den Abstandsberechnungen tritt der Betrag des Terms $\vec{n}^0 \cdot \vec{p} - d$ auf. Aber auch das Vorzeichen dieses Terms hat eine geometrische Bedeutung.

5.4.3

$\vec{n}^{\,0} \cdot \vec{p} - d > 0$	$\vec{n}^{\,0} \cdot \vec{p} - d = 0$	$\vec{n}^{\,0} \cdot \vec{p} - d < 0$
P und *O* liegen auf verschiedenen Seiten von *e*.	*P* liegt in *e*.	*P* und *O* liegen auf derselben Seite von *e*.

Lagebestimmung mithilfe der Hesse'schen Normalengleichung

Ist $\vec{n}^0 \cdot \vec{x} - d = 0$ die Hesse'sche Normalengleichung einer Ebene e und P ein Punkt, so gilt:

$$\vec{n}^0 \cdot \vec{p} - d \begin{cases} > 0: & O \text{ und } P \text{ liegen auf verschiedenen Seiten von } e. \\ = 0: & P \text{ liegt in } e. \\ < 0: & O \text{ und } P \text{ liegen auf derselben Seite von } e. \end{cases}$$

Aufgaben

24. Bringen Sie die folgenden Ebenengleichungen in die Hesseform und berechnen Sie den Abstand zum Ursprung.

a) $e: \begin{pmatrix} 5 \\ -1 \\ 2 \end{pmatrix} \cdot \vec{x} + 30 = 0$ b) $e: \begin{pmatrix} -4 \\ 0 \\ 8 \end{pmatrix} \cdot \vec{x} = 25$

25. Bringen Sie die folgenden Ebenengleichungen in die Hesseform.

a) $e: 2x_1 - x_2 - 2x_3 = 3$ b) $e: \vec{x} = \begin{pmatrix} 3 \\ 0 \\ 0 \end{pmatrix} + \lambda \cdot \begin{pmatrix} 3 \\ 0 \\ 0 \end{pmatrix} + \mu \cdot \begin{pmatrix} 2 \\ 0 \\ -1 \end{pmatrix}$

26. Bestimmen Sie Gleichungen der Ebenen, die parallel verlaufen zu der Ebene $e: 7x_1 - 4x_2 + 4x_3 = 27$ und den Abstand 3 vom Ursprung haben.
Wie viele solcher Ebenen gibt es?

27. Bestimmen Sie die Ebenen, die auf der Geraden durch die Punkte $A(3|1|1)$ und $B(2|0|3)$ senkrecht stehen und vom Ursprung den Abstand 6 haben.

28. Gegeben ist die Ebene $e: -4x_1 - 4x_2 + 7x_3 = 36$. Bestimmen Sie Gleichungen der Ebenen, die zu e parallel sind und von e den Abstand 2 besitzen.

29. Bestimmen Sie die Gleichung einer Ebene e_S, die auf $e: 2x_1 + 3x_2 + 6x_3 = 14$ senkrecht steht und vom Ursprung den Abstand 2 hat.
Wie viele solcher Ebenen gibt es?

30. Gegeben sind die Ebene $e: 3x_1 + 4x_3 - 5 = 0$ und die Punkte $P_t(4t|5|-3t)$ mit $t \in \mathbb{R}$.
   a) Zeigen Sie, dass alle Punkte P_t von e denselben Abstand haben.
   b) Bestimmen Sie eine Normalengleichung der Ebene e^*, die alle Punkte P_t enthält und auf der Ebene e senkrecht steht.

5.4.4 Verwandte Abstandsberechnungen

Abstand paralleler Geraden (LK)

Die Berechnung des Abstands zweier paralleler Geraden kann auf den Fall „*Abstand Punkt-Gerade*“ zurückgeführt werden.
Der Abstand zweier paralleler Geraden g_1 und g_2 kann als Abstand eines beliebigen Punktes von g_2 zu g_1 berechnet werden. Als Punkt bietet sich dabei der Aufpunkt A_2 von g_2 an:

$$d(g_1\,;g_2)=d(A_2\,;g_1).$$

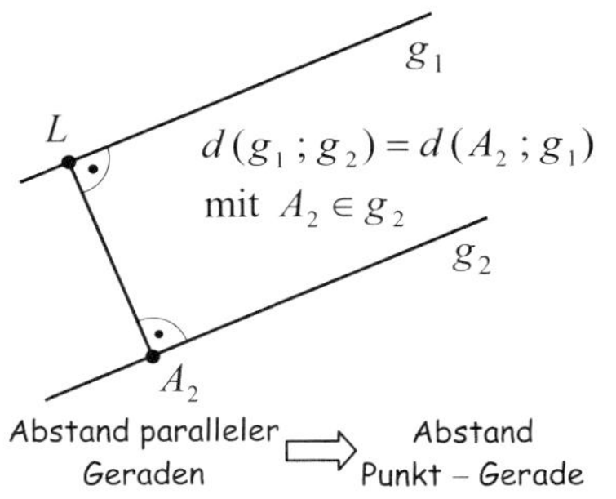

Beispiel (Abstand paralleler Geraden mit der Lotebenenmethode berechnen)

Gegeben sind die Geraden $g_1:\vec{x}=\begin{pmatrix}1\\0\\1\end{pmatrix}+\lambda\cdot\begin{pmatrix}2\\-1\\-1\end{pmatrix}$ und $g_2:\vec{x}=\begin{pmatrix}-2\\3\\4\end{pmatrix}+\lambda\cdot\begin{pmatrix}-4\\2\\2\end{pmatrix}$.

Für die Richtungsvektoren gilt $\vec{u}_2=-2\cdot\vec{u}_1$; daher ist $g_1 \parallel g_2$. Der gesuchte Abstand ist z.B. der Abstand des Aufpunkts $A_2(-2|3|4)$ von g_2 von der Geraden g_1.

1. *Konstruktion der Lotebene e*

– Aufpunkt von *e*	$A_2(-2\|3\|4)$
– Normalenvektor von *e*	$\vec{u}_1=\begin{pmatrix}2\\-1\\-1\end{pmatrix}$ (Richtungsvektor von g_1)
– Normalengleichung der Lotebene *e*	$e:\begin{pmatrix}2\\-1\\-1\end{pmatrix}\cdot\left[\vec{x}-\begin{pmatrix}-2\\3\\4\end{pmatrix}\right]=\begin{pmatrix}2\\-1\\-1\end{pmatrix}\cdot\vec{x}+11=0$

2. *Berechnung des Lotfußpunkts L*

– Einsetzungsverfahren
Einsetzen der rechten Seite von g_1 statt $\vec{x}$ in die Gleichung von e:

$$\begin{pmatrix}2\\-1\\-1\end{pmatrix}\cdot\left[\begin{pmatrix}1\\0\\1\end{pmatrix}+\lambda\cdot\begin{pmatrix}2\\-1\\-1\end{pmatrix}\right]+11=0 \Leftrightarrow 1+6\lambda+11=0 \Leftrightarrow 6\cdot\lambda=-12 \Leftrightarrow \lambda=-2$$

– Lotfußpunkt
Einsetzen von $\lambda=-2$ in die Gleichung von g_1 ergibt:

$$\vec{l}=\begin{pmatrix}1\\0\\1\end{pmatrix}+(-2)\cdot\begin{pmatrix}2\\-1\\-1\end{pmatrix}=\begin{pmatrix}-3\\2\\3\end{pmatrix},\text{ also } L(-3|2|3).$$

3. *Abstandsberechnung*

– Verbindungsvektor von A_2 und L	$\overrightarrow{A_2L} = \begin{pmatrix} -3 \\ 2 \\ 3 \end{pmatrix} - \begin{pmatrix} -2 \\ 3 \\ 4 \end{pmatrix} = \begin{pmatrix} -1 \\ -1 \\ -1 \end{pmatrix}$
– Abstand Der gesuchte Abstand ist der Abstand zwischen A_2 und L.	$d(g_1\,;g_2) = d(A_2\,;g_1) = d(A_2\,;L)$ $= \lvert \overrightarrow{A_2L} \rvert = \sqrt{1+1+1} = \sqrt{3}$

Aufgaben

31. Gegeben sind die parallelen Geraden

$$g: \vec{x} = \begin{pmatrix} -10 \\ 9 \\ -16 \end{pmatrix} + \mu \cdot \begin{pmatrix} 12 \\ -9 \\ 16 \end{pmatrix} \text{ und } h: \vec{x} = \begin{pmatrix} 1 \\ 4 \\ 3 \end{pmatrix} + \lambda \cdot \begin{pmatrix} 12 \\ -9 \\ 16 \end{pmatrix}.$$

   a) Stellen Sie eine Normalengleichung der Ebene e auf, die durch den Aufpunkt $A_h(1\,|\,4\,|\,3)$ der Geraden h geht und auf h senkrecht steht.

   b) Berechnen Sie die Koordinaten des Schnittpunktes S von h und e.

   c) Berechnen Sie den Abstand der Geraden g und h.

32. Welchen Abstand haben die zueinander parallelen Geraden g und h?

   a) $g: \vec{x} = \begin{pmatrix} 2 \\ 1 \\ -2 \end{pmatrix} + \lambda \cdot \begin{pmatrix} 1 \\ 1 \\ 1 \end{pmatrix}$ und $h: \vec{x} = \begin{pmatrix} 3 \\ 2 \\ 5 \end{pmatrix} + \mu \cdot \begin{pmatrix} 1 \\ 1 \\ 1 \end{pmatrix}$

   b) $g: \vec{x} = \begin{pmatrix} 3 \\ 4 \\ 0 \end{pmatrix} + \lambda \cdot \begin{pmatrix} 1 \\ 2 \\ 5 \end{pmatrix}$ und $h: \vec{x} = \begin{pmatrix} 0 \\ 3 \\ 7 \end{pmatrix} + \mu \cdot \begin{pmatrix} -3 \\ -6 \\ -15 \end{pmatrix}$

33. Ein Flugzeug einer Staffel passiert auf geradlinigem Flug die Positionen $A(2\,|\,1\,|\,2)$ und $B(-2\,|\,3\,|\,4)$. Ein zweites Flugzeug der Staffel bewegt sich längs der Geraden

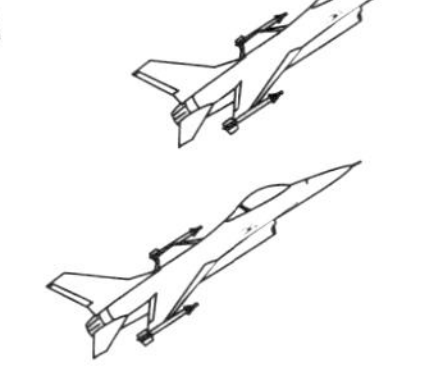

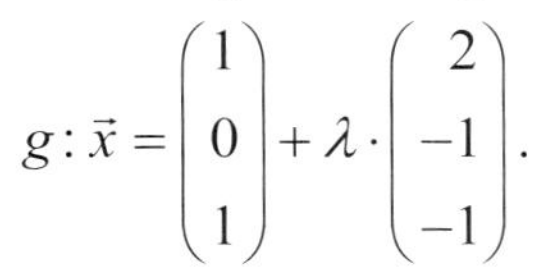

$$g: \vec{x} = \begin{pmatrix} 1 \\ 0 \\ 1 \end{pmatrix} + \lambda \cdot \begin{pmatrix} 2 \\ -1 \\ -1 \end{pmatrix}.$$

   a) Zeigen Sie, dass sich die beiden Flugzeuge im Parallelflug befinden.

   b) Berechnen Sie den Abstand der Flugbahnen.

Abstand paralleler Ebenen mit der Lotgeradenmethode

Auf die Abstandsberechnung „*Punkt-Ebene*“ lassen sich weitere Abstandsprobleme zurückführen. Die Berechnung kann dabei mit der Lotgeradenmethode, der entsprechenden Abstandsformel oder auch der Hesseform erfolgen.

Die Berechnung des Abstands zweier paralleler Ebenen lässt sich auf den Fall „*Abstand Punkt-Ebene*“ zurückführen.

Der Abstand zweier paralleler Ebenen e_1 und e_2 kann als Abstand eines beliebigen Punktes von e_2 zu e_1 berechnet werden. Als Punkt bietet sich dabei der Aufpunkt A_2 von e_2 an:

$$d(e_1\,;e_2) = d(A_2\,;e_1).$$

Die Verwendung der Hesse'schen Normalengleichung wird anschließend gesondert betrachtet.(LK)

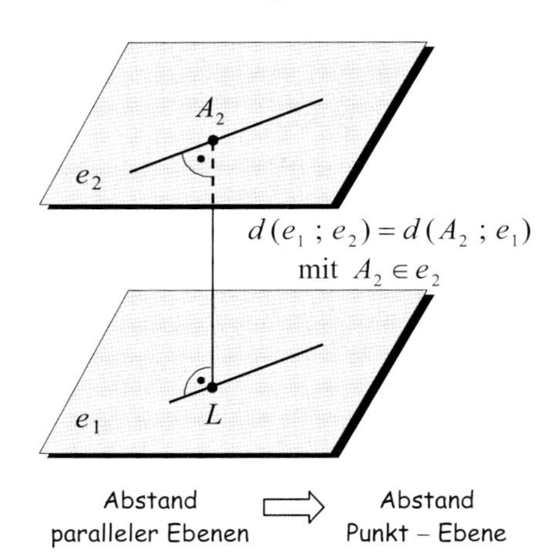

Beispiel (Abstand paralleler Ebenen berechnen)

Gegeben sind $e_1: 2x_1 + 2x_2 + x_3 + 5 = 0$ und $e_2: \vec{x} = \begin{pmatrix} 0 \\ 0 \\ 4 \end{pmatrix} + \lambda \cdot \begin{pmatrix} 1 \\ 0 \\ -2 \end{pmatrix} + \mu \cdot \begin{pmatrix} 1 \\ -1 \\ 0 \end{pmatrix}$.

Gesucht ist der Abstand der Ebenen e_1 und e_2.

- Normalenvektor von e_2: $\vec{n}_2 = \begin{pmatrix} 1 \\ 0 \\ -2 \end{pmatrix} \times \begin{pmatrix} 1 \\ -1 \\ 0 \end{pmatrix} = \begin{pmatrix} -2 \\ -2 \\ -1 \end{pmatrix} = (-1) \cdot \vec{n}_1$
- Parallelität: Die Normalenvektoren $\vec{n}_1$ und $\vec{n}_2$ sind kollinear, daher ist $e_1 \parallel e_2$.

Wir berechnen den Abstand der parallelen Ebenen nach der Lotgeradenmethode.

1. *Konstruktion der Lotgeraden l*

– Aufpunkt von l	$A_2(0\,\vert\,0\,\vert\,4)$ (Aufpunkt von e_2)
– Richtungsvektor von l	$\vec{u} = \begin{pmatrix} 2 \\ 2 \\ 1 \end{pmatrix}$ (Normalenvektor von e_1)
– Gleichung der Lotgeraden l	$l: \vec{x} = \begin{pmatrix} 0 \\ 0 \\ 4 \end{pmatrix} + \lambda \cdot \begin{pmatrix} 2 \\ 2 \\ 1 \end{pmatrix}$

2. *Berechnung des Lotfußpunkts L*
   - Einsetzungsverfahren (Einsetzen der rechten Seite von l in die Gleichung von e_1)

$$\begin{pmatrix}2\\2\\1\end{pmatrix}\cdot\left[\begin{pmatrix}0\\0\\4\end{pmatrix}+\lambda\cdot\begin{pmatrix}2\\2\\1\end{pmatrix}\right]+5=0 \Leftrightarrow 4+9\lambda+5=0 \Leftrightarrow \lambda=-1$$

   - Lotfußpunkt
     Einsetzen von $\lambda=-1$ in die Gleichung von l ergibt $L(-2\,|\,-2\,|\,3)$.

3. *Abstandsberechnung*

– Verbindungsvektor von A_2 und L	$\overrightarrow{A_2L}=\begin{pmatrix}-2\\-2\\3\end{pmatrix}-\begin{pmatrix}0\\0\\4\end{pmatrix}=\begin{pmatrix}-2\\-2\\-1\end{pmatrix}$
– Abstand	$d(e_1\,;e_2)=d(A_2\,;L)=\lvert\overrightarrow{A_2L}\rvert=\sqrt{4+1+4}=\sqrt{9}=3$

Aufgaben

34. Berechnen Sie den Abstandswert aus dem letzten Beispiel auch mit der entsprechenden Abstandsformel.

35. Zeigen Sie, dass e_1 und e_2 parallel sind. Berechnen Sie den Abstand.

    a) $e_1: 3x_1-4x_2+5x_3=16$ und $e_2: 3x_1-4x_2+5x_3=24$

    b) $e_1: 2x_1-1x_2+5x_3=7$ und $e_2: \begin{pmatrix}-2\\1\\-5\end{pmatrix}\cdot\left[\vec{x}-\begin{pmatrix}5\\1\\1\end{pmatrix}\right]=0$

    c) $e_1: \begin{pmatrix}1\\-1\\1\end{pmatrix}\cdot\left[\vec{x}-\begin{pmatrix}2\\3\\1\end{pmatrix}\right]=0$ und $e_2: \begin{pmatrix}-2\\2\\-2\end{pmatrix}\cdot\vec{x}+22=0$

    d) $e_1: 8x_1-5x_2-4x_3=13$ und $e_2: \vec{x}=\begin{pmatrix}3\\4\\7\end{pmatrix}+\lambda\cdot\begin{pmatrix}1\\0\\2\end{pmatrix}+\mu\cdot\begin{pmatrix}3\\4\\1\end{pmatrix}$

36. Gegeben sind die Punkte $A(1\,|\,0\,|\,0)$, $B(-1\,|\,2\,|\,3)$ und $C(2\,|\,2\,|\,-6)$ sowie die Ebene $e: 6x_1+3x_2+2x_3+16=0$.

    Zeigen Sie, dass die Ebene e und die Ebene durch die Punkte A, B und C parallel sind und berechnen Sie den Abstand der beiden Ebenen.

Abstand paralleler Ebenen mit der Hesse'schen Normalengleichung (LK)

Liegen die Gleichungen der parallelen Ebenen e_1 und e_2 in der Hesseform vor, so gibt es eine sehr bequeme Möglichkeit, den Abstand $d(e_1, e_2)$ schon direkt anhand der Hesseform zu bestimmen.

Wir betrachten die parallelen Ebenen

$$e_1: \vec{n}_1^{\,0} \cdot \vec{x} - d_1 = 0 \text{ (HNG) und } e_2: \vec{n}_2^{\,0} \cdot \vec{x} - d_2 = 0 \text{ (HNG).}$$

Die Parallelität von e_1 und e_2 bedeutet in diesem Fall, dass die Normaleneinheitsvektoren gleich ($\vec{n}_1^{\,0} = \vec{n}_2^{\,0}$) oder Gegenvektoren ($\vec{n}_1^{\,0} = -\vec{n}_2^{\,0}$) sind. Für die Lage dieser Ebenen gibt es folgende Möglichkeiten:

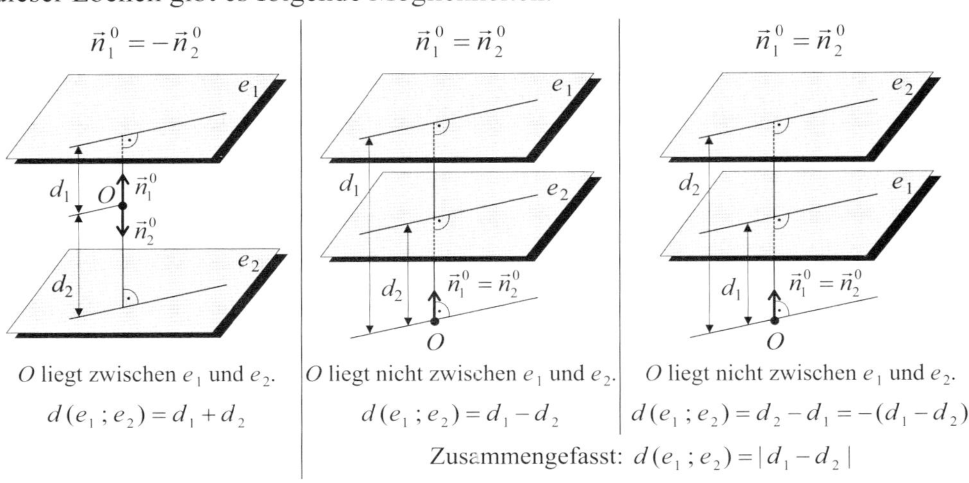

O liegt zwischen e_1 und e_2. $d(e_1; e_2) = d_1 + d_2$

O liegt nicht zwischen e_1 und e_2. $d(e_1; e_2) = d_1 - d_2$

O liegt nicht zwischen e_1 und e_2. $d(e_1; e_2) = d_2 - d_1 = -(d_1 - d_2)$

Zusammengefasst: $d(e_1; e_2) = |d_1 - d_2|$

Berechnung des Abstands paralleler Ebenen mit der Hesseform

Sind $e_1: \vec{n}_1^{\,0} \cdot \vec{x} - d_1 = 0$ und $e_2: \vec{n}_2^{\,0} \cdot \vec{x} - d_2 = 0$ parallele Ebenen in der Hesseform, so gilt für ihren Abstand

$$d(e_1; e_2) = \begin{cases} d_1 + d_2, & \text{falls } \vec{n}_1^{\,0} = -\vec{n}_2^{\,0} \\ |d_1 - d_2|, & \text{falls } \vec{n}_1^{\,0} = \vec{n}_2^{\,0} \end{cases}$$

Aufgaben

37. Berechnen Sie den Abstand der Ebenen

$$e_1: 3x_1 - 4x_2 + 5x_3 = 16 \text{ und } e_2: 3x_1 - 4x_2 + 5x_3 = 24.$$

38. Durch den Punkt $A(-10|1|15)$ soll zu der Ebene $e: 4x_1 + 3x_3 = 20$ eine Parallelebene e_p gelegt werden.
    a) Bestimmen Sie eine Gleichung von e_p.
    b) Berechnen Sie den Abstand der beiden Ebenen e und e_p.
    c) Wie liegt der Ursprung zu den beiden Ebenen?

Abstand einer Geraden von einer parallelen Ebene (LK)

Auch die Berechnung des Abstands einer Geraden von einer parallelen Ebene kann auf den Fall „*Abstand Punkt - Ebene*“ zurückgeführt werden.

Der Abstand einer Geraden g von einer parallelen Ebene e kann als Abstand eines beliebigen Punktes von g zu e berechnet werden. Als Punkt bietet sich dabei der Aufpunkt A_g von g an:

$$d(g;e) = d(A_g;e).$$

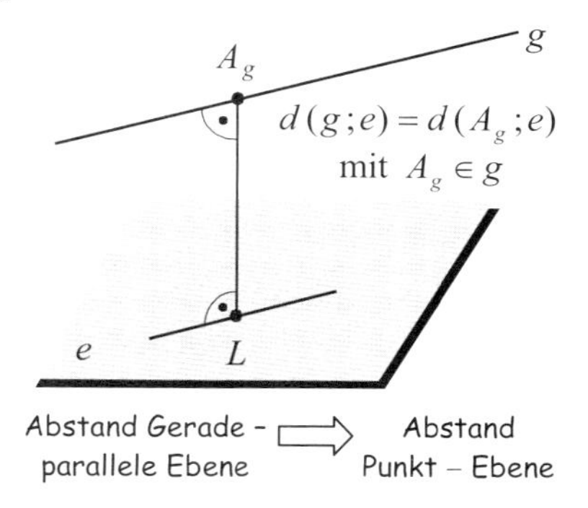

Beispiel (Abstand einer Geraden von einer parallelen Ebene berechnen)

Gesucht ist der Abstand von $g: \vec{x} = \begin{pmatrix} 5 \\ -3 \\ 2 \end{pmatrix} + \lambda \cdot \begin{pmatrix} 2 \\ 0 \\ 1 \end{pmatrix}$ zu $e: -x_1 + 4x_2 + 2x_3 - 8 = 0$.

Wegen $\vec{n} \cdot \vec{u} = \begin{pmatrix} -1 \\ 4 \\ 2 \end{pmatrix} \cdot \begin{pmatrix} 2 \\ 0 \\ 1 \end{pmatrix} = 0$ ist die Gerade g parallel zur Ebene e.

Wir berechnen den Abstand von g zu e mithilfe der Hesseform.

1. *Umwandlung der Gleichung von e in die Hesse'sche Normalengleichung*

– Betrag des Normalenvektors von e	$\lvert\vec{n}\rvert = \sqrt{(-1)^2 + 4^2 + 2^2} = \sqrt{21}$
– Hesse'sche Normalengleichung von e	$e: \frac{1}{\sqrt{21}} \cdot \begin{pmatrix} -1 \\ 4 \\ 2 \end{pmatrix} \cdot \vec{x} - \frac{8}{\sqrt{21}} = 0$

2. *Abstandsberechnung für den Aufpunkt von g*

– Einsetzen des Ortsvektors von $A_g(5\,|\,-3\,|\,2)$ statt $\vec{x}$ in den Term der HNG

$$d(g;e) = d(A_g;e) = \left| \frac{1}{\sqrt{21}} \cdot \begin{pmatrix} -1 \\ 4 \\ 2 \end{pmatrix} \cdot \begin{pmatrix} 5 \\ -3 \\ 2 \end{pmatrix} - \frac{8}{\sqrt{21}} \right| = \left| \frac{1}{\sqrt{21}} \cdot (-13) - \frac{8}{\sqrt{21}} \right|$$

$$= \left| \frac{-13}{\sqrt{21}} - \frac{8}{\sqrt{21}} \right| = \left| \frac{-21}{\sqrt{21}} \right| = \frac{21}{\sqrt{21}} = \sqrt{21}$$

– Lageentscheidung

Da sich vor der Betragsbildung eine negative Zahl ergibt, liegen der Punkt A_g und damit auch die Gerade g und der Ursprung in verschiedenen Halbräumen bezüglich der Ebene e.

Aufgaben

39. Berechnen Sie den Abstandswert aus dem letzten Beispiel auch mit der entsprechenden Abstandsformel.

40. Gegeben sind eine Gerade g und eine Ebene e:

$$g: \vec{x} = \begin{pmatrix} -4 \\ 3 \\ 1 \end{pmatrix} + \lambda \cdot \begin{pmatrix} -5 \\ -2 \\ 4 \end{pmatrix} \text{ und } e: \begin{pmatrix} 4 \\ 0 \\ 5 \end{pmatrix} \cdot \left[\vec{x} - \begin{pmatrix} 5 \\ 1 \\ 1 \end{pmatrix} \right] = 0.$$

Zeigen Sie, dass g und e parallel sind und berechnen Sie den Abstand der Geraden g von der Ebene e.

41. Gegeben sind eine Gerade g und eine Ebene e:

$$g: \vec{x} = \begin{pmatrix} -4 \\ 3 \\ 1 \end{pmatrix} + \lambda \cdot \begin{pmatrix} -5 \\ -2 \\ 4 \end{pmatrix} \text{ und } e: \vec{x} = \begin{pmatrix} 1 \\ 0 \\ 2 \end{pmatrix} + \lambda \cdot \begin{pmatrix} 2 \\ 1 \\ -1 \end{pmatrix} + \mu \cdot \begin{pmatrix} 1 \\ 1 \\ 1 \end{pmatrix}.$$

a) Zeigen Sie, dass g und e parallel sind.

b) Berechnen Sie den Abstand der Geraden g von der Ebene e.

42. In einem Würfel mit der Kantenlänge 4 sind die Punkte S, R und T Kantenmittelpunkte.

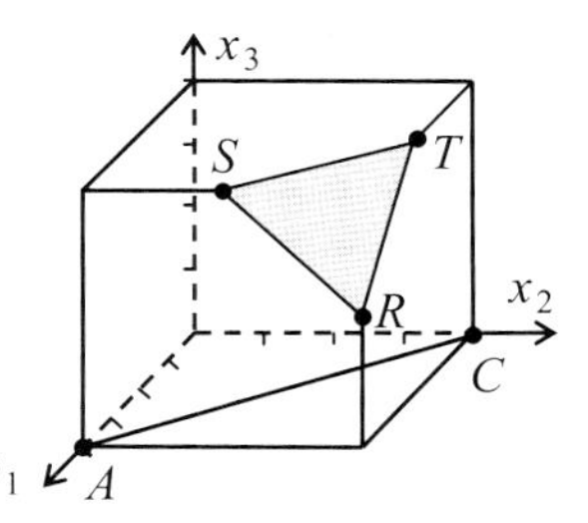

a) Zeigen Sie, dass $e: x_1 + x_2 + x_3 = 10$ eine Koordinatengleichung der Ebene e ist, in der die Dreiecksfläche SRT liegt.

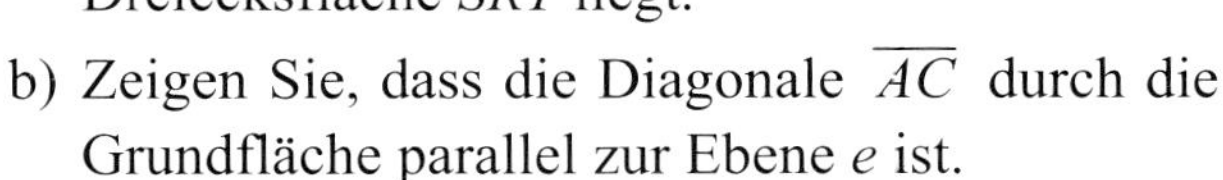

b) Zeigen Sie, dass die Diagonale $\overline{AC}$ durch die Grundfläche parallel zur Ebene e ist.

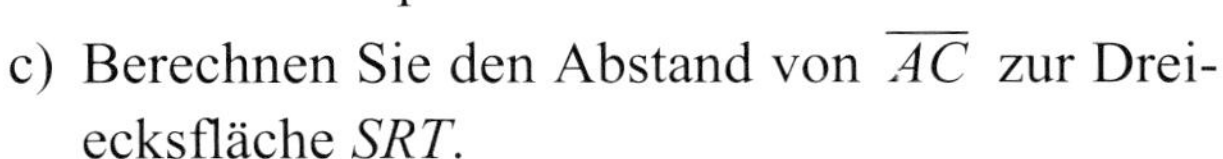

c) Berechnen Sie den Abstand von $\overline{AC}$ zur Dreiecksfläche SRT.

43.* Gegeben sind eine Gerade g und eine Ebene e:

$$g: \vec{x} = \begin{pmatrix} a \\ 1 \\ 0 \end{pmatrix} + \lambda \cdot \begin{pmatrix} a \\ b \\ 0 \end{pmatrix} \text{ mit } a, b \in \mathbb{R} \text{ und } e: \vec{x} = \begin{pmatrix} 1 \\ 0 \\ 2 \end{pmatrix} + \lambda \cdot \begin{pmatrix} 2 \\ 1 \\ -1 \end{pmatrix} + \mu \cdot \begin{pmatrix} 1 \\ 1 \\ 1 \end{pmatrix}.$$

Prüfen Sie, ob es Werte für die Parameter a und b so gibt, dass die Gerade g und die Ebene e parallel sind und den Abstand 1 besitzen.

Abstand windschiefer Geraden (LK)

Wir betrachten die windschiefen Geraden
$g_1: \vec{x} = \vec{a}_1 + \lambda \cdot \vec{u}_1$ und $g_2: \vec{x} = \vec{a}_2 + \mu \cdot \vec{u}_2$.

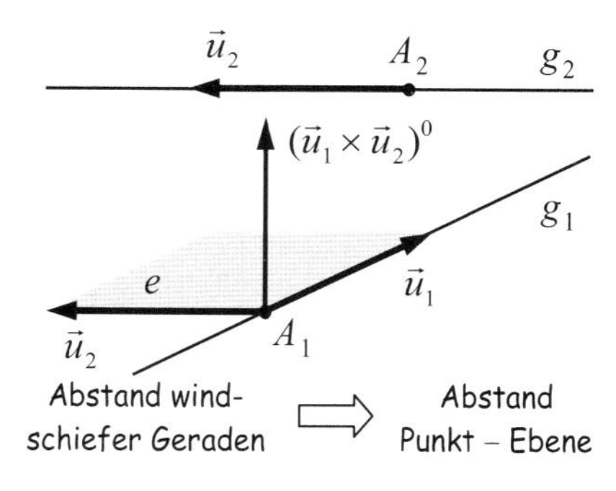

Da die Geraden als windschief vorausgesetzt sind, sind die beiden Richtungsvektoren $\vec{u}_1$ und $\vec{u}_2$ nicht kollinear.

Das Abstandsproblem kann durch die folgende Überlegung auf den schon bekannten Fall „*Abstand Punkt-Ebene*" zurückgeführt werden.

Dazu konstruieren wir eine Hilfsebene e, welche die Gerade g_1 enthält und zu g_2 parallel ist. Dies wird dadurch erreicht, dass man $\vec{u}_2$ als zweiten Richtungsvektor in einer Parametergleichung von e wählt:

$$e: \vec{x} = \underbrace{\vec{a}_1 + \lambda \cdot \vec{u}_1}_{\text{von } g_1} + \underbrace{\mu \cdot \vec{u}_2}_{\text{von } g_2}.$$

Der gesuchte Abstand kann als Abstand eines beliebigen Punktes der Geraden g_2 von e berechnet werden. Es bietet sich an, den Aufpunkt A_2 von g_2 zu wählen.
Zur Abstandsberechnung muss die Gleichung von e in eine Normalengleichung umgewandelt werden.

Beispiel (Abstand windschiefer Geraden berechnen)

Gegeben sind die als windschief vorausgesetzten Geraden

$$g_1: \vec{x} = \begin{pmatrix} 4 \\ 6 \\ 7 \end{pmatrix} + \lambda \cdot \begin{pmatrix} 3 \\ 2 \\ 0 \end{pmatrix} \text{ und } g_2: \vec{x} = \begin{pmatrix} 0 \\ 3 \\ -1 \end{pmatrix} + \mu \cdot \begin{pmatrix} 3 \\ -2 \\ 2 \end{pmatrix}.$$

Der Abstand der Geraden wird mithilfe der Hesseform einer Hilfsebene berechnet.

• *Hilfsebene e durch g_1 parallel zu g_2*	$e: \vec{x} = \begin{pmatrix} 4 \\ 6 \\ 7 \end{pmatrix} + \lambda \cdot \begin{pmatrix} 3 \\ 2 \\ 0 \end{pmatrix} + \mu \cdot \begin{pmatrix} 3 \\ -2 \\ 2 \end{pmatrix}$
• *Normalenvektor $\vec{n}$*	$\vec{u}_1 \times \vec{u}_2 = \begin{pmatrix} 3 \\ 2 \\ 0 \end{pmatrix} \times \begin{pmatrix} 3 \\ -2 \\ 2 \end{pmatrix} = \begin{pmatrix} 4 \\ -6 \\ -12 \end{pmatrix}$; $\vec{n} = \begin{pmatrix} -2 \\ 3 \\ 6 \end{pmatrix}$
• *Gleichung der Hilfsebene e*	$e: \begin{pmatrix} -2 \\ 3 \\ 6 \end{pmatrix} \cdot \left[\vec{x} - \begin{pmatrix} 4 \\ 6 \\ 7 \end{pmatrix} \right] = \begin{pmatrix} -2 \\ 3 \\ 6 \end{pmatrix} \cdot \vec{x} - 52 = 0$

- *Umwandlung der Gleichung von e in die Hesse'sche Normalengleichung*
  - Betrag des Normalenvektors von e: $|\vec{n}| = \sqrt{(-2)^2 + 3^2 + 6^2} = \sqrt{49} = 7$
  - Hesse'sche Normalengleichung von e: $\frac{1}{7} \cdot \begin{pmatrix} -2 \\ 3 \\ 6 \end{pmatrix} \cdot \vec{x} - \frac{52}{7} = 0$
- *Abstandsberechnung für den Aufpunkt von g_2*
  - Einsetzen des Ortsvektors von $A_2(0|3|-1)$ für $\vec{x}$ in den Term der Hesseform von e:

$$d(g_1 ; g_2) = d(A_2 ; e) = \left| \frac{1}{7} \cdot \begin{pmatrix} -2 \\ 3 \\ 6 \end{pmatrix} \cdot \begin{pmatrix} 0 \\ 3 \\ -1 \end{pmatrix} - \frac{52}{7} \right| = \left| \frac{1}{7} \cdot 3 - \frac{52}{7} \right| = \left| -\frac{49}{7} \right| = |-7| = 7$$

  - Lageentscheidung
    Da sich vor der Betragsbildung eine negative Zahl ergibt, liegen der Punkt A_2 und damit auch die Gerade g_2 und der Ursprung auf verschiedenen Seiten der Hilfsebene e.

Ergebnis: Der Abstand der Geraden g_1 und g_2 beträgt 7.

Aufgaben

44. Der Abstandswert aus dem obigen Beispiel kann auch mit der entsprechenden Abstandsformel berechnet werden.
    a) Begründen Sie, dass sich für die Abstandsformel ergibt:

$$d(g_1 ; g_2) = d(A_2 ; e) = \left| (\vec{u}_1 \times \vec{u}_2)^0 \cdot \overrightarrow{A_1 A_2} \right|,$$

    wobei $(\vec{u}_1 \times \vec{u}_2)^0$ ein Normaleneinheitsvektor der Hilfsebene e ist und A_1 und A_2 die Aufpunkte von g_1 und g_2 sind.

    b) Berechnen Sie den Abstandswert aus dem obigen Beispiel mit der entsprechenden Abstandsformel.

45. Berechnen Sie den Abstand folgender windschiefer Geraden:

    a) $g: \vec{x} = \begin{pmatrix} 5 \\ 2 \\ 2 \end{pmatrix} + \lambda \cdot \begin{pmatrix} 3 \\ 4 \\ 1 \end{pmatrix}$ und $h: \vec{x} = \begin{pmatrix} 3 \\ 3 \\ 4 \end{pmatrix} + \mu \cdot \begin{pmatrix} 1 \\ 0 \\ 1 \end{pmatrix}$

    b) $g: \vec{x} = \begin{pmatrix} 3 \\ 0 \\ 0 \end{pmatrix} + \lambda \cdot \begin{pmatrix} 1 \\ 0 \\ 4 \end{pmatrix}$ und $h: \vec{x} = \begin{pmatrix} 2 \\ 1 \\ 0 \end{pmatrix} + \mu \cdot \begin{pmatrix} 1 \\ 1 \\ -4 \end{pmatrix}$

46. Die Geraden $g: \vec{x} = \begin{pmatrix} 3 \\ 5 \\ 7 \end{pmatrix} + \lambda \cdot \begin{pmatrix} 1 \\ 0 \\ 0 \end{pmatrix}$ und $h: \vec{x} = \begin{pmatrix} 2 \\ 1 \\ 9 \end{pmatrix} + \mu \cdot \begin{pmatrix} 0 \\ 0 \\ 1 \end{pmatrix}$ haben eine besondere Lage.

Beschreiben Sie die Lagebeziehung zwischen g und h und geben Sie ohne große Rechnung ihren Abstand an.

47.* Gegeben sind die Geraden $g_1: \vec{x} = \begin{pmatrix} 2 \\ 1 \\ -1 \end{pmatrix} + \lambda \cdot \begin{pmatrix} 1 \\ 0 \\ 3 \end{pmatrix}$ und $g_2: \vec{x} = \begin{pmatrix} -1 \\ 1 \\ 1 \end{pmatrix} + \mu \cdot \begin{pmatrix} -1 \\ 4 \\ 1 \end{pmatrix}$.

a) Zeigen Sie, dass g_1 und g_2 windschief sind.

b) Berechnen Sie den Abstand der windschiefen Geraden g_1 und g_2.

c) Auf den Geraden g_1 und g_2 gibt es Punkte $L_1 \in g_1$ und $L_2 \in g_2$, die Fußpunkte eines gemeinsamen Lotes der Geraden g_1 und g_2 sind. Ihr Abstand entspricht dem Abstand der windschiefen Geraden g_1 und g_2.

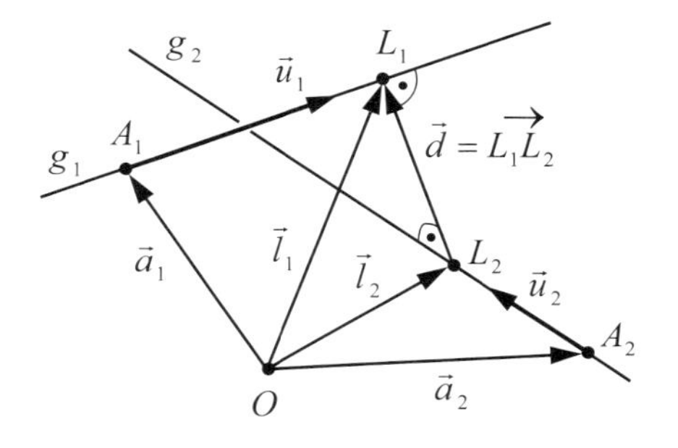

Die folgende Betrachtung zeigt eine Möglichkeit, um diese Fußpunkte L_1 und L_2 des gemeinsamen Lotes von g_1 und g_2 zu berechnen.

1. Bestimmen Sie in Abhängigkeit der Parameter λ und μ den Verbindungsvektor $\vec{d} = \overrightarrow{L_1L_2}$ der Lotfußpunkte $L_1 \in g_1$ und $L_2 \in g_2$.
2. Nutzen Sie die Bedingungen $\vec{d} \perp \vec{u}_1$ und $\vec{d} \perp \vec{u}_2$.
3. Lösen Sie das sich ergebende Gleichungssystem mit den Lösungsvariablen λ und μ.
4. Berechnen Sie die Koordinaten der Punkte L_1 und L_2.
5. Berechnen Sie den Abstand $|\overrightarrow{L_1L_2}| = |\vec{d}|$ und vergleichen Sie das Ergebnis mit dem Ergebnis aus Teil b.

Vermischte Aufgaben zur Abstandsberechnung

48. Gegeben sind die beiden Ebenen

$$e_1: \begin{pmatrix} 2 \\ 2 \\ 1 \end{pmatrix} \cdot \vec{x} = 6 \quad \text{und} \quad e_2: \vec{x} = \begin{pmatrix} 0 \\ 0 \\ 4 \end{pmatrix} + \lambda \cdot \begin{pmatrix} 1 \\ 0 \\ -2 \end{pmatrix} + \mu \cdot \begin{pmatrix} 1 \\ -1 \\ 0 \end{pmatrix}.$$

Zeigen Sie, dass die beiden Ebenen parallel sind. Ermitteln Sie eine Gleichung der Mittelparallelebene.

49. Der Landeanflug eines Flugzeugs wird in einem dreidimensionalen Koordinatensystem annähernd durch die gegebene Gerade g beschrieben:

$$g: \vec{x} = \begin{pmatrix} -7000 \\ 2500 \\ 1000 \end{pmatrix} + \lambda \cdot \begin{pmatrix} 1000 \\ -200 \\ -100 \end{pmatrix} \text{ mit } \lambda \in \mathbb{R} \text{ und } \lambda \geq 0 \text{ (alle Angaben in m).}$$

Dabei hat der Fußpunkt des Towers die Koordinaten $T(0|0|0)$ und die Landebahn liegt in der x_1-x_2-Ebene.
Das Flugzeug wird als Punkt betrachtet und der Landeanflug beginnt für $\lambda = 0$.

a) Berechnen Sie die Koordinaten des Punktes, in dem das Flugzeug auf der Landebahn aufsetzt. (Teilergebnis: $\lambda = 10$)

b) Berechnen Sie die Länge der Strecke, die das Flugzeug vom Beginn des Landeanflugs bis zum Aufsetzen auf der Landebahn zurückgelegt hat, sowie den Abstand des Fußpunktes des Towers vom Aufsetzpunkt.

c) In der Einflugschneise wird eine Hochspannungsleitung überflogen. Deren Verlauf wird in Näherung durch die folgende Gerade h beschrieben:

$$h: \vec{x} = \begin{pmatrix} -100 \\ 0 \\ 25 \end{pmatrix} + \mu \cdot \begin{pmatrix} 1 \\ 1 \\ 0 \end{pmatrix} \text{ mit } \mu \in \mathbb{R}.$$

- Zeigen Sie, dass sich die Geraden g und h nicht schneiden.
- Berechnen Sie den Abstand des Flugzeugs von dieser Leitung im Moment des Überfliegens.

50. Prüfen Sie, ob es Parameter $a, b \in \mathbb{R}$ so gibt, dass die Gerade g und die Ebene e parallel sind und den Abstand 1 haben:

$$g: \vec{x} = \begin{pmatrix} a \\ 1 \\ 0 \end{pmatrix} + \lambda \cdot \begin{pmatrix} a \\ b \\ 0 \end{pmatrix} \text{ mit } a, b \in \mathbb{R} \text{ und } e: \begin{pmatrix} 1 \\ 2 \\ -2 \end{pmatrix} \cdot \vec{x} - 9 = 0.$$

5.4.5 Analytische Beschreibung der Kugel (LK)

Kugeln im Anschauungsraum lassen sich vektoriell einfach beschreiben.
Eine Kugel ist dadurch ausgezeichnet, dass alle ihre Punkte X zu einem Punkt M (Mittelpunkt) denselben Abstand r (Radius) besitzen.
Ein Punkt $X(x_1 \mid x_2 \mid x_3)$ liegt genau dann auf einer Kugel mit dem Mittelpunkt $M(m_1 \mid m_2 \mid m_3)$ und dem Radius r, wenn gilt:

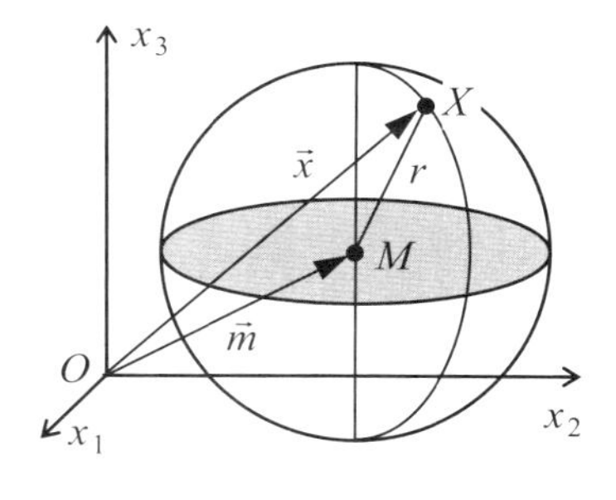

$$|\overrightarrow{MX}| = r \Leftrightarrow |\vec{x} - \vec{m}| = r$$
$$\Leftrightarrow (\vec{x} - \vec{m})^2 = r^2$$
$$\Leftrightarrow (x_1 - m_1)^2 + (x_2 - m_2)^2 + (x_3 - m_3)^2 = r^2$$

Analytische Beschreibung der Kugel

Die Punkte X einer Kugel mit dem Mittelpunkt $M(m_1 \mid m_2 \mid m_3)$ und dem Radius r werden beschrieben durch

- die Vektorgleichung: $(\vec{x} - \vec{m})^2 = r^2$
- die Koordinatengleichung: $(x_1 - m_1)^2 + (x_2 - m_2)^2 + (x_3 - m_3)^2 = r^2$

Beispiel (Kugelgleichungen bestimmen)

Die Kugel mit dem Mittelpunkt $M(-1 \mid 2 \mid -4)$ und dem Radius $r = 3$ besitzt die

- Vektorgleichung: $\left| \vec{x} - \begin{pmatrix} -1 \\ 2 \\ -4 \end{pmatrix} \right|^2 = 3^2 \Leftrightarrow \left| \vec{x} - \begin{pmatrix} -1 \\ 2 \\ -4 \end{pmatrix} \right|^2 = 9$
- Koordinatengleichung: $\left| \begin{pmatrix} x_1 + 1 \\ x_2 - 2 \\ x_3 + 4 \end{pmatrix} \right|^2 = (x_1 + 1)^2 + (x_2 - 2)^2 + (x_3 + 4)^2 = 9$

Beispiel (Mittelpunkt und Radius einer Kugel bestimmen)

Aus der Koordinatengleichung $(x_1 + 5)^2 + x_2^2 + (x_3 - 4)^2 = 2{,}25$ lassen sich der Mittelpunkt $M(-5 \mid 0 \mid 4)$ und der Radius $r = \sqrt{2{,}25} = 1{,}5$ ablesen.

Durch die spezielle Gleichung $x_1^2 + x_2^2 + x_3^2 = 1$ ist eine Kugel mit dem Ursprung als Mittelpunkt und dem Radius 1 gegeben.

Beispiel (Lage von Punkten bzgl. einer Kugel mit der Punktprobe bestimmen)

Betrachtet wird die Kugel mit der Gleichung $(x_1-2)^2+(x_2+1)^2+(x_3+3)^2=9$.
Die Lage der Punkte $A(1|2|-2)$, $B(0|-2|-2)$ und $C(4|0|-5)$ bezüglich der Kugel lässt sich jeweils durch eine Punktprobe entscheiden.

a) Punkt A: $(1-2)^2+(2+1)^2+(-2+3)^2=1+9+1=11>9$
Der Punkt A liegt außerhalb der Kugel.

b) Punkt B: $(0-2)^2+(-2+1)^2+(-2+3)^2=4+1+1=6<9$
Der Punkt B liegt innerhalb der Kugel.

c) Punkt C: $(4-2)^2+(0+1)^2+(-5+3)^2=4+1+4=9$
Der Punkt C liegt auf der Kugel.

Aufgaben

51. Geben Sie für die Kugel mit dem Mittelpunkt M und dem Radius r eine Vektor- und eine Koordinatengleichung an.

a) $M(-2|1|0)$ und $r=1{,}5$ b) $M(0|-4|1)$ und $r=\sqrt{3}$

52. Begründen Sie, dass durch die folgenden Gleichungen eine Kugel beschrieben wird. Geben Sie den Mittelpunkt und den Radius an.

a) $(x_1-3)^2+(x_2+3)^2+(x_3+3)^2=9$ b) $(x_1+2)^2+(x_2-5)^2+x_3^2=16$

c) $x_1^2+(x_2-6)^2+x_3^2=5$ d) $x_1^2+x_2^2+x_3^2=0{,}25$

e) $x_1^2+x_2^2+x_3^2-2x_1=0$ f) $x_1^2+x_2^2+x_3^2-2x_2-4x_3=-1$

53. Überprüfen Sie, ob die Punkte A, B und C innerhalb der Kugel, auf der Kugel oder außerhalb der Kugel mit dem Mittelpunkt M und dem Radius r liegen.

a) $A(-1|-1|1)$; $M(1|1|7)$; $r=5$

b) $B(2|-4|0)$; $M(2|-1|0)$; $r=3$

c) $C(-3|-2|0)$; $M(0|0|1)$; $r=6$

54. Wie muss man für eine Kugel mit dem Mittelpunkt M den Radius r wählen, damit die Kugel die Ebene e berührt?

a) $M(1|1|1)$; $e\colon \begin{pmatrix}1\\2\\6\end{pmatrix}\cdot\vec{x}+9=0$ b) $M(3|4|-1)$; $e\colon x_2-2x_3=0$

c) $M(3|-2|0)$; $e\colon \vec{x}=\begin{pmatrix}2\\1\\4\end{pmatrix}+\lambda\cdot\begin{pmatrix}3\\2\\-1\end{pmatrix}+\mu\cdot\begin{pmatrix}0\\4\\-2\end{pmatrix}$

Abituraufgabenteile

A1. Gegeben sind zwei Geraden g und h sowie eine Ebene e durch

$$g:\vec{x}=\begin{pmatrix}8\\-20\\0\end{pmatrix}+\lambda\cdot\begin{pmatrix}1\\0\\0\end{pmatrix}\quad;\quad h:\vec{x}=\begin{pmatrix}-10\\-9{,}6\\7{,}8\end{pmatrix}+\mu\cdot\begin{pmatrix}1\\0\\0\end{pmatrix}\quad;\quad e:\begin{pmatrix}0\\-3\\4\end{pmatrix}\cdot\vec{x}-60=0.$$

Die Gerade g kennzeichnet den Uferverlauf eines stehenden Gewässers, dessen Wasseroberfläche in der x_1-x_2-Ebene liegt. Die Ebene e beschreibt die Uferböschung, auf der ein Weg h parallel zum Ufer g verläuft. Oberhalb dieses Weges befindet sich mit Fußpunkt $F(0|0|15)$ ein 30 m hoher Mobilfunksendemast (alle Angaben in Meter).

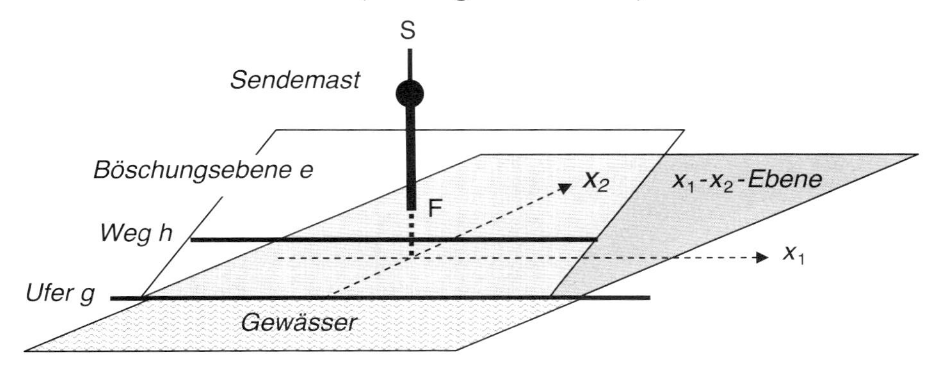

a) Berechnen Sie den Abstand des Weges h vom Ufer g.

b) Geben Sie die Koordinaten der Mastspitze S an.

c) Vom Punkt $P(88|-330|10)$ aus, der am gegenüberliegenden Ufer des Gewässers liegt, betrachtet Peter das „im Wasserspiegel" erscheinende Spiegelbild $S'(0|0|-45)$ der Mastspitze S.

Auf welchen Punkt W der Wasseroberfläche schaut Peter dabei?

(Saarland 2007, Haupttermin)

A2. Ein Flugzeug nimmt vom Punkt $A(-5|-9|8)$ aus geradlinig Kurs auf den Punkt $B(5|1|8)$ (alle Angaben in km).

a) In welcher Himmelsrichtung fliegt das Flugzeug?

b) Im Punkt $F(100|100|0)$ befindet sich ein Flugsender. Berechnen Sie, in welchem Punkt seiner Flugroute das Flugzeug dem Sender am nächsten kommt und wie groß der Abstand in diesem Fall ist.

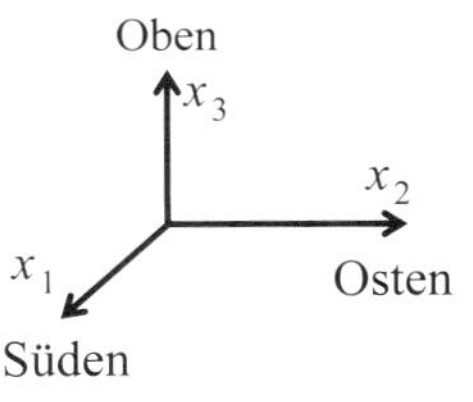

(Saarland, Beispielaufgabe)

A3. Die Skizze veranschaulicht (nicht maßstäblich) einen Hausanbau (Pavillon). Dabei sind die Punkte

$P(8|0|5)$, $A(8|3|4{,}25)$, $B(3|8|4{,}25)$, $R(0|8|5)$ und $S(0|0|9)$

Eckpunkte des Daches (Einheit: 1m).

a) Ermitteln Sie eine Koordinatengleichung für die Ebene, in der der Dachflächenteil *PRS* liegt.

b) Oberhalb des Daches verläuft ein Balken $\overline{B_1B_2}$ mit $B_1(10|0|7)$ und $B_2(0|10|7)$.

Vom Mittelpunkt des Balkens wird ein Seil senkrecht zur Dachfläche *PRS* gespannt.

Berechnen Sie den Punkt *Z*, in dem das Seil am Dach befestigt wird, und die Länge des Seiles.

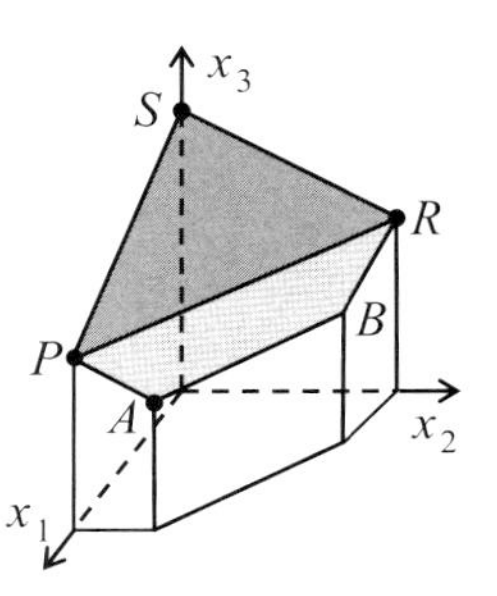

(Saarland 2005, Nachtermin)

A4. Auf einem ebenen Gelände steht ein Turm. Der Turm kann als Quader mit einer aufgesetzten quadratischen Pyramide als Dach verstanden werden. Die Höhe der Pyramide misst 6 m.

Die in der abgebildeten Bauskizze angegebenen Punkte haben die Koordinaten: $E(6|0|10)$, $F(6|6|10)$, $G(0|6|10)$, $H(0|0|10)$, $S(3|3|16)$.

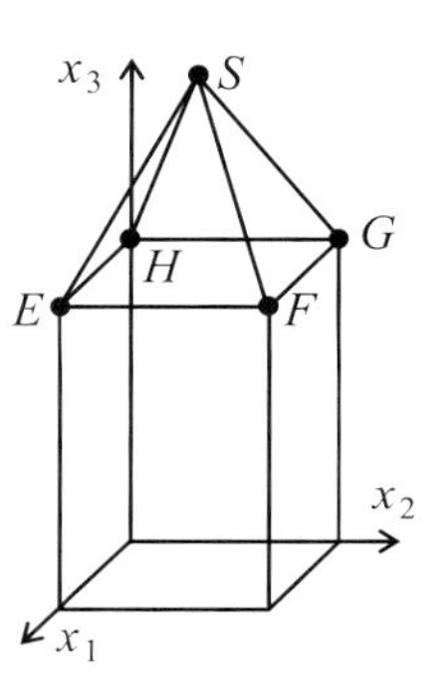

a) Zur Verstärkung des Dachstuhls sollen aus statischen Gründen zwei Stahlträger eingezogen werden:

- Der erste Träger T_1 wird in der Mitte der Kante $\overline{HG}$ angesetzt und stützt die Dachfläche *EFS* im Schwerpunkt des Dreiecks *EFS* ab.
- Der zweite Träger T_2 stützt von der Ecke *G* aus die Kante $\overline{ES}$ senkrecht ab.

① Bestimmen Sie die Längen der Träger T_1 und T_2.
Verwenden Sie dabei:

Der Träger T_2 liegt auf der Geraden: $t_2: \vec{x} = \begin{pmatrix} 0 \\ 6 \\ 10 \end{pmatrix} + \lambda \cdot \begin{pmatrix} 1 \\ -1 \\ 1 \end{pmatrix}$.

② Bestimmen Sie den Abstand der beiden Träger.

b) Die Dachkanten $\overline{ES}$ und $\overline{FS}$ sollen zusätzlich durch zwei weitere Träger mit der Länge 2 m senkrecht zum Dachboden *EFGH* abgestützt werden. Bestimmen Sie die Punkte auf dem Dachboden, an denen diese beiden Träger stehen.

Hinweis: Nach der Berechnung der Koordinaten von einem der beiden Punkte können Sie zur Ermittlung der Koordinaten des zweiten Punktes Symmetrieeigenschaften des Gebäudes ausnutzen.

(Saarland 2008, Nachtermin)

A5. Ein Rathaus besteht aus einem Quader mit aufgesetztem Walmdach (siehe Skizze; Maße in Meter).
Gegeben sind die Punkte
$D(0|0|15)$, $E(8|0|15)$, $F(8|20|15)$, $G(0|20|15)$ und $T(4|17|21)$.

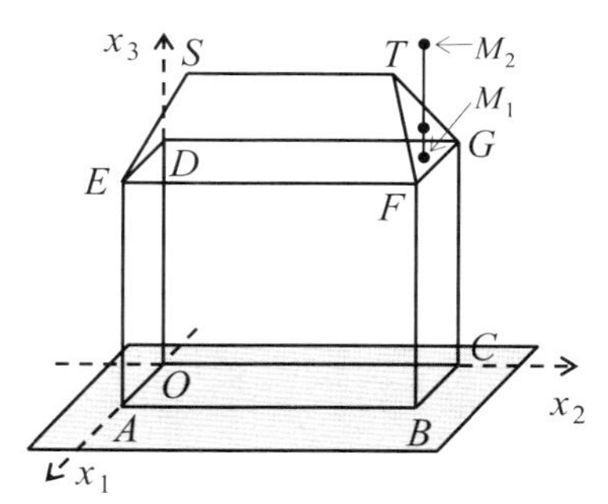

a) Eine Funkantenne $\overline{M_1M_2}$ der Länge 4 m steht senkrecht auf dem Dachboden und durchstößt das Dach im Schwerpunkt der Dachfläche *FGT*.
① Ermitteln Sie die Koordinaten der Antennenspitze M_2.
② Welchen Abstand hat die Spitze $M_2(4|19|19)$ der Antenne von der Dachfläche *FGT*?

b) Neben dem Rathaus steht im Punkt $F_1(4|37|0)$ ein 13 m hoher senkrechter Fahnenmast. Von der Spitze F_2 dieses Fahnenmastes soll ein Seil zum Punkt *T* des Walmdaches gespannt werden.
(Der Verlauf des Seiles soll als geradlinig angenommen werden.)
Zeigen Sie, dass diesem Seil eine Antenne mit der Spitze $M_2(4|19|19)$ nicht im Weg ist.

(Saarland 2006, Nachtermin)

A6. Von einem Pyramidenstumpf sind folgende Punkte bekannt:
- Grundfläche: $A(0|0|0)$, $B(-6|-12|12)$, $C(18|-36|0)$
- Deckfläche: $A'(14|-8|8)$, $B'(12|-12|12)$, $C'(20|-20|8)$, $D'(22|-16|4)$

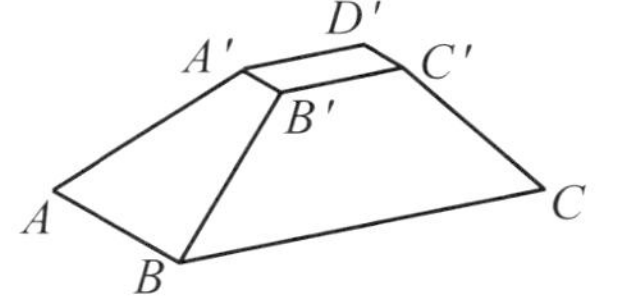

a) Bestimmen Sie eine Gleichung der Ebene *e*, die die Grundfläche *ABCD* enthält, in Normalenform. Weisen Sie nach, dass die Deckfläche parallel zur Grundfläche ist und von dieser den Abstand 12 hat.
[Mögliches Teilergebnis: $e: 2x_1 + x_2 + 2x_3 = 0$]

b) Zeigen Sie, dass die Geraden *BC* und *B'C'* den Abstand $6 \cdot \sqrt{5}$ besitzen und berechnen Sie den Inhalt der Seitenfläche *BCC'B'* im Modell.

c) Um Informationen über den inneren Aufbau des Pyramidenstumpfs zu erhalten, wird er geradlinig durchbohrt, im Modell betrachtet, parallel zur x_3-Achse, ausgehend vom Mittelpunkt der Kante $\overline{BB'}$.
Berechnen Sie im Modell die Koordinaten des Punkts, in dem die Bohrung aus der Grundfläche austritt.

(Bayern 2011, G-Kurs, Haupttermin)

A7. In einem kartesischen Koordinatensystem mit den nebenstehenden Bezeichnungen und Orientierungen der Achsen ist eine Ebene e gegeben durch die allgemeine Normalengleichung

$$e: \begin{pmatrix} 1 \\ -4 \\ 17 \end{pmatrix} \cdot \vec{x} - 28 = 0.$$

In dieser Ebene e liegt eine abschüssige Wiese, auf der eine Seilbahn für Kinder installiert ist. Diese Seilbahn besteht aus einer Anfangs- und einer Endstation und einem zwischen den Stationen gespannten Stahlseil. An einer auf dem Stahlseil frei beweglichen Aufhängung ist ein Gurt angebracht, an dem sich Kinder festhalten und durch Wirkung der Schwerkraft geradlinig von der Anfangs- zu der Endstation fahren können (siehe Skizze).

(Von einem möglichen Durchhang des Seils soll in dem Modell abgesehen werden.)

Jede der beiden Stationen besteht aus drei Holzbalken, die im Wiesenboden verankert sind. In den Punkten $P(14|5|12)$ und $Q(49|18|13)$, in denen die Holzbalken der beiden Stationen jeweils miteinander verbunden sind, ist auch das Stahlseil befestigt.

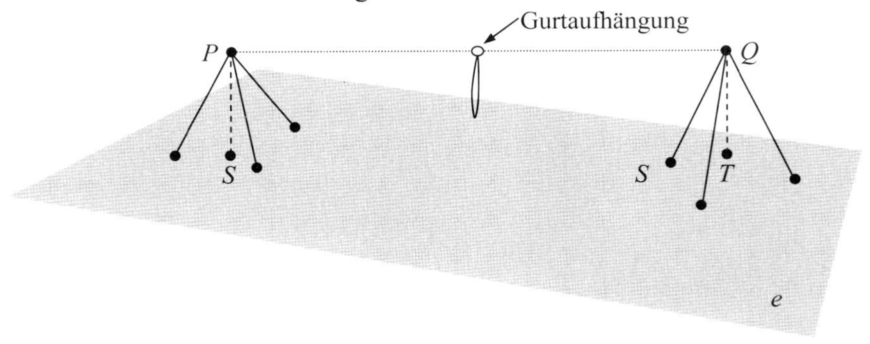

a) Begründen Sie, welche der beiden Stationen die Anfangsstation ist.

b) Der Punkt $S(14|5|2)$ liegt vertikal unterhalb von P in der Ebene e. Bestimmen Sie den entsprechenden Punkt T, der vertikal unterhalb von Q in e liegt.

[Zur Kontrolle: $T(49|18|3)$]

c) Weisen Sie nach, dass sich während der Fahrt der Abstand der Gurtaufhängung, die sich auf dem Stahlseil bewegt, zur Wiese nicht ändert.

d) Zwischen den Punkten $U(66{,}5|24{,}5|3{,}5)$ und $V(33{,}5|12|2{,}5)$, die beide in der Wiese liegen, soll ein geradlinig verlaufender Wasserlauf angelegt werden.

Überprüfen Sie, ob die Bahn diesen Wasserlauf überquert.

(Saarland 2009, Nachtermin)

5.5 Spiegelung und Projektion

5.5.1 Punktspiegelung

Ein Punkt P soll an einem Punkt Z gespiegelt werden. Der **Spiegelpunkt P'** liegt auf der Geraden durch P und Z und hat von Z den gleichen Abstand wie P.

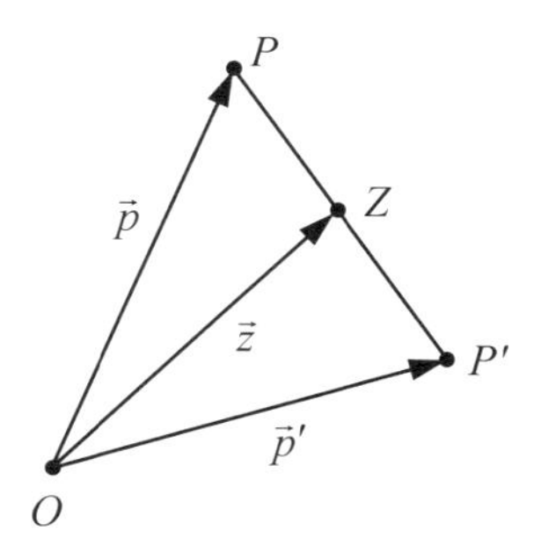

Da der Punkt Z der Mittelpunkt der Strecke $\overline{PP'}$ ist, gilt somit für den Ortsvektor $\vec{p}\,'$ des Spiegelpunkts von P bezüglich Z:

$$\vec{z} = \frac{1}{2}\cdot(\vec{p} + \vec{p}\,') \Leftrightarrow \vec{p}\,' = 2\vec{z} - \vec{p}.$$

Punktspiegelungsformel

Der **Spiegelpunkt P'**, der bei der Punktspiegelung eines Punktes P an einem Punkt Z (**Zentrum der Punktspiegelung**) entsteht, besitzt den Ortsvektor

$$\vec{p}\,' = 2\vec{z} - \vec{p}.$$

Aufgaben

1. Bestimmen Sie den Spiegelpunkt P' des Punktes $P(-1|3|0)$ bezüglich des Punktes $Z(3|4|-2)$.

2. Bei einer Spiegelung an dem Punkt $Z(2|1|-5)$ ergibt sich der Spiegelpunkt $P'(-3|1|4)$. Berechnen Sie den Originalpunkt P.

3. Zu welchem Punkt Z liegen die Punkte A und B in der Abbildung punktsymmetrisch?

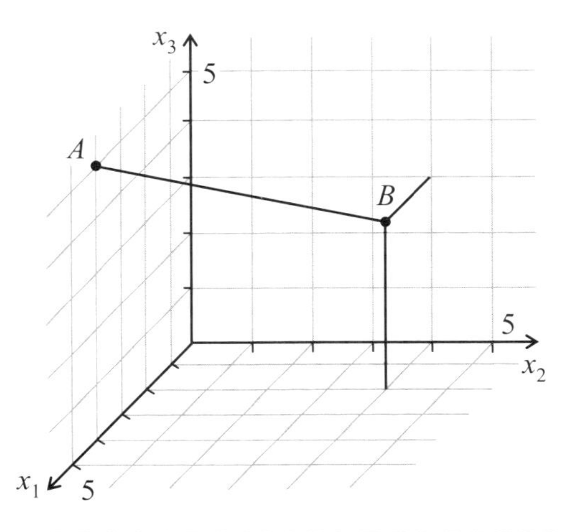

5.5.2 Spiegelung an einer Ebene

Die Projektion geometrischer Objekte in eine Ebene oder ihre Spiegelung bezüglich einer Ebene lässt sich auf die von der Abstandsberechnung schon bekannte Lotfußpunktberechnung mithilfe einer Lotgeraden zurückführen.

Grundaufgabe: Bestimmung des Spiegelpunkts P' eines Punkts P an einer Ebene mit der Gleichung $e: \vec{n} \cdot \vec{x} - c = 0$.

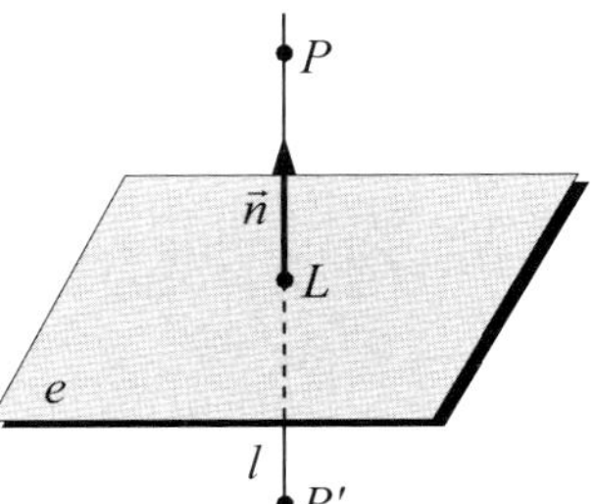

Die Projektion des Punkts P in die Ebene ist der Fußpunkt L des Lotes von P auf e. Die Berechnung des Lotfußpunkts L erfolgt analog zur Abstandsberechnung nach der Lotgeradenmethode.

1. *Konstruktion der Lotgeraden l* Für die Lotgerade l gilt: $P \in l$ und $l \perp e$.	$l: \vec{x} = \vec{p} + \lambda \cdot \vec{n}$ ▪ Aufpunkt: zu spiegelnder Punkt P ▪ Richtungsvektor: Normalenvektor $\vec{n}$ von e
2. *Berechnung des Lotfußpunkts L* L ist Schnittpunkt der Lotgeraden l und der Ebene e.	Mit dem Einsetzungsverfahren berechnet man den Parameterwert λ und damit die Koordinaten des Lotfußpunkts L.
3. *Berechnung des Spiegelpunkts P'*	Ortsvektor von P': $\vec{p}\,' = 2\vec{l} - \vec{p}$

Beispiel (Lotfußpunkt und Spiegelpunkt bezüglich einer Ebene berechnen)

Gesucht sind der Lotfußpunkt und der Spiegelpunkt von $P(4|3|1)$ bezüglich der Ebene $e: 3x_1 + 2x_2 + x_3 = 5$.

1. *Lotgerade* $l: \vec{x} = \begin{pmatrix} 4 \\ 3 \\ 1 \end{pmatrix} + \lambda \cdot \begin{pmatrix} 3 \\ 2 \\ 1 \end{pmatrix}$

2. *Lotfußpunkt L*

Einsetzen der rechten Seite von l statt $\vec{x}$ in die Gleichung von e:

$$\begin{pmatrix} 3 \\ 2 \\ 1 \end{pmatrix} \cdot \left[\begin{pmatrix} 4 \\ 3 \\ 1 \end{pmatrix} + \lambda \cdot \begin{pmatrix} 3 \\ 2 \\ 1 \end{pmatrix} \right] = 5 \Leftrightarrow 19 + 14\lambda = 5 \Leftrightarrow \lambda = -1$$

Setzt man diesen Wert in die Gleichung der Lotgeraden ein, so ergibt sich als Lotfußpunkt $L(1|1|0)$.

3. *Spiegelpunkt P'*: Aus $\vec{p}\,' = 2\vec{l} - \vec{p} = 2 \cdot \begin{pmatrix} 1 \\ 1 \\ 0 \end{pmatrix} - \begin{pmatrix} 4 \\ 3 \\ 1 \end{pmatrix} = \begin{pmatrix} -2 \\ -1 \\ -1 \end{pmatrix}$ folgt $P'(-2|-1|-1)$.

Aufgaben

4. Berechnen Sie die Projektion und den Spiegelpunkt von $P(4|-4|9)$ bezüglich der Ebene $e: \begin{pmatrix} 2 \\ -3 \\ 6 \end{pmatrix} \cdot \vec{x} = 25$.

5. Berechnen Sie für $P(1|2|9)$ den Fußpunkt des Lotes und den Spiegelpunkt bezüglich der Ebene $e: \vec{x} = \begin{pmatrix} 0 \\ -2 \\ 0 \end{pmatrix} + \lambda \cdot \begin{pmatrix} 0 \\ 3 \\ 1 \end{pmatrix} + \mu \cdot \begin{pmatrix} 2 \\ 0 \\ -1 \end{pmatrix}$.

6. Die Projektion oder Spiegelung einer Geraden g bezüglich einer parallelen Ebene e lässt sich auf die Grundaufgabe *„Spiegelung Punkt-Ebene"* zurückführen.

   a) Begründen Sie anhand der Abbildung rechts, dass eine Gleichung der **Projektionsgeraden** durch
   $$g_p: \vec{x} = \vec{l} + \lambda \cdot \vec{u}$$
   und eine Gleichung der **Spiegelgeraden** durch
   $$g_S: \vec{x} = \vec{p}\,' + \lambda \cdot \vec{u}$$
   gegeben sind.

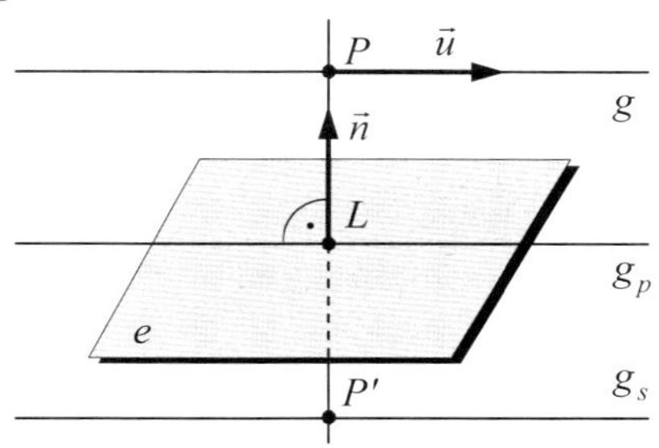

Gerade: $g: \vec{x} = \vec{p} + \lambda \cdot \vec{u}$
Ebene: $e: \vec{n} \cdot \vec{x} - c = 0$ mit $\vec{n} \cdot \vec{u} = 0$

   b) Gegeben sind eine Gerade und eine Ebene:
   $$g: \vec{x} = \begin{pmatrix} 3 \\ 0 \\ -4 \end{pmatrix} + \lambda \cdot \begin{pmatrix} 0 \\ 2 \\ 1 \end{pmatrix} \quad \text{und} \quad e: x_1 + x_2 - 2x_3 + 1 = 0.$$

   - Begründen Sie, dass die Gerade g parallel zur Ebene e verläuft.
   - Berechnen Sie eine Gleichung der Projektionsgeraden g_P und der Spiegelgeraden g_S von g bezüglich e.

7. Gegeben sind die Gerade g und die Ebene e.
   $$g: \vec{x} = \begin{pmatrix} 6 \\ -7 \\ 15 \end{pmatrix} + \lambda \cdot \begin{pmatrix} 3 \\ 2 \\ 0 \end{pmatrix} \quad ; \quad e: \vec{x} = \begin{pmatrix} 2 \\ -3 \\ 2 \end{pmatrix} + \mu \cdot \begin{pmatrix} 3 \\ -6 \\ -4 \end{pmatrix} + \nu \cdot \begin{pmatrix} 3 \\ -2 \\ -2 \end{pmatrix}$$

   a) Zeigen Sie, dass die Gerade g und die Ebene e parallel sind.

   b) Berechnen Sie eine Gleichung der Projektions- und der Spiegelgeraden von g bezüglich e.

8. Auch die Projektion oder Spiegelung einer Geraden g bezüglich einer nichtparallelen Ebene e lässt sich auf die Grundaufgabe „*Spiegelung Punkt-Ebene*“ zurückführen.

   a) Begründen Sie anhand der Abbildung rechts, dass eine Gleichung der Projektionsgeraden durch
   $$g_p: \vec{x} = \vec{s} + \lambda \cdot (\vec{l} - \vec{s})$$
   und eine Gleichung der Spiegelgeraden durch
   $$g_S: \vec{x} = \vec{s} + \lambda \cdot (\vec{p}' - \vec{s})$$
   gegeben sind, wenn S der Schnittpunkt der Geraden g mit der Ebene e ist.

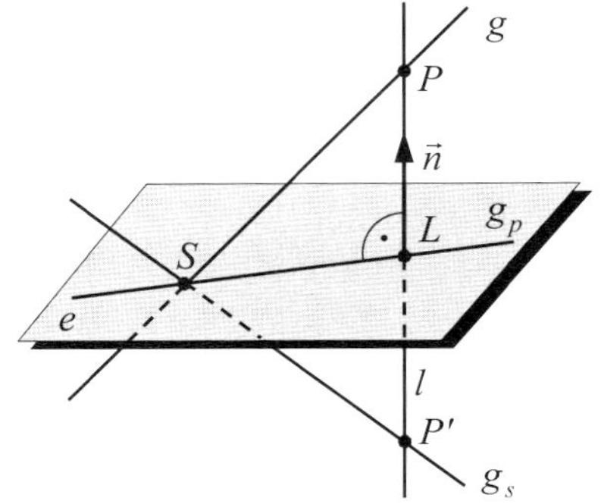

Gerade: $g: \vec{x} = \vec{p} + \lambda \cdot \vec{u}$
Ebene: $e: \vec{n} \cdot \vec{x} - c = 0$ mit $\vec{n} \cdot \vec{u} \neq 0$

   b) Gegeben sind eine Gerade und eine Ebene:
   $$g: \vec{x} = \begin{pmatrix} 7 \\ 5 \\ 1 \end{pmatrix} + \lambda \cdot \begin{pmatrix} 5 \\ 3 \\ -1 \end{pmatrix} \quad \text{und} \quad e: x_1 + x_2 - x_3 = 2.$$

   - Begründen Sie, dass die Gerade g nicht parallel zur Ebene e verläuft.
   - Zeigen Sie, dass die Gerade g die Ebene e im Punkt $S(2|2|2)$ schneidet.
   - Berechnen Sie für den Aufpunkt $P(7|5|1)$ der Geraden g den Lotfußpunkt L und den Spiegelpunkt P' bezüglich e.
   - Bestimmen Sie eine Gleichung der Projektionsgeraden g_P und der Spiegelgeraden g_S von g bezüglich e.

9. In einer Zementfabrik sind die Punkte P und Q durch eine Rutsche verbunden.

   a) Wie lang ist die Rutsche?
   Wie groß ist der Steigungswinkel mit der Bodenfläche?

   b) In der Mitte der Rutsche befindet sich eine defekte Stelle, durch die Zement senkrecht auf den Boden fallen kann.
   In welchem Punkt trifft der Zement auf den Boden und in welcher Höhe über dem Boden befindet sich die defekte Stelle in der Rutsche?

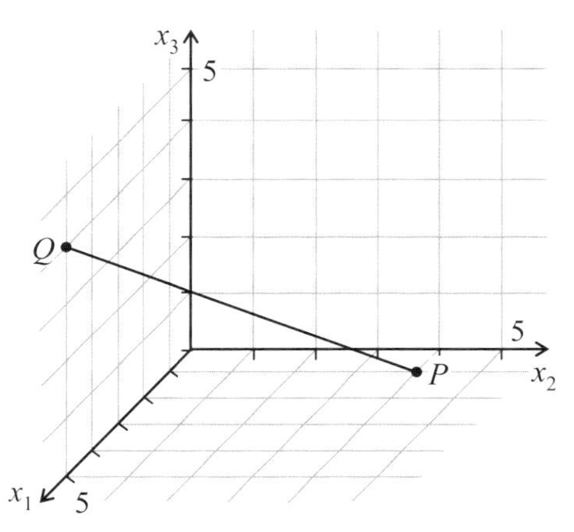

10. Ein Lichtstrahl verläuft durch den Punkt $A(10|-1|2)$ und wird an der Ebene mit der Gleichung
$$e: x_1 + x_2 - x_3 - 1 = 0$$
reflektiert. Der reflektierte Strahl verläuft durch den Punkt $B(4|1|4)$.
Bestimmen Sie eine Gleichung der Trägergeraden des reflektierten Strahls.

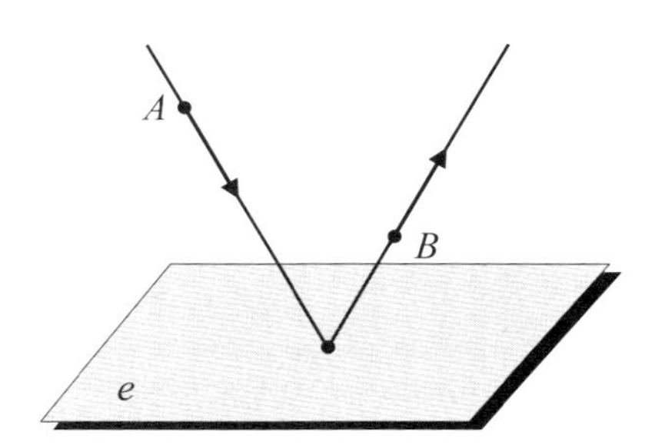

11.* In einer Werkshalle befinden sich zwei Förderbänder, die sich auffassen lassen als Teile von Geraden mit den Gleichungen
$$g_1: \vec{x} = \begin{pmatrix} 2 \\ 4 \\ 2 \end{pmatrix} + \lambda \cdot \begin{pmatrix} -1 \\ 1 \\ 1 \end{pmatrix} \quad \text{und} \quad g_2: \vec{x} = \begin{pmatrix} 3 \\ 6 \\ 2 \end{pmatrix} + \mu \cdot \begin{pmatrix} 1 \\ 0 \\ 2 \end{pmatrix}.$$

a) Bestimmen Sie die Schnittpunkte beider Geraden mit dem Boden (x_1-x_2-Ebene) und einer Seitenwand (x_1-x_3-Ebene).

b) Begründen Sie, dass beide Geraden windschief sind.

c) Von den Bändern fällt immer etwas Staub. Die Staubteilchen bilden die Geraden h_1 und h_2 auf dem Boden. In welchem Punkt und unter welchem Winkel schneiden sich diese Geraden?

12.* Gegeben ist die Ebene e: $2x_1 + 3x_2 - 6x_3 + 7 = 0$ und die Gerade
$$h: \vec{x} = \begin{pmatrix} 21 \\ 7 \\ -21 \end{pmatrix} + \lambda \cdot \begin{pmatrix} 10 \\ 4 \\ -11 \end{pmatrix} \quad \text{mit} \quad \lambda \in \mathbb{R}.$$

a) Berechnen Sie die Koordinaten des Schnittpunktes S der Geraden h mit der Ebene e sowie den Schnittwinkel zwischen h und e.
[Teilergebnis: $S(1|-1|1)$]

b) Bestimmen Sie eine Gleichung der Geraden h', die durch Spiegelung der Geraden h an der Ebene e entsteht.

c) Bestimmen Sie je eine Gleichung für die Trägergeraden der beiden Winkelhalbierenden w_1 und w_2 der Geraden h und h'.

5.5.3 Spiegelung an einer Geraden

Auch die Spiegelung geometrischer Objekte an einer Geraden lässt sich auf die von der Abstandsberechnung schon bekannte Lotfußpunktberechnung zurückführen.

Grundaufgabe: Bestimmung des Spiegelpunkts P' eines Punkts P an einer Geraden mit der Gleichung $g: \vec{x} = \vec{a} + \lambda \cdot \vec{u}$

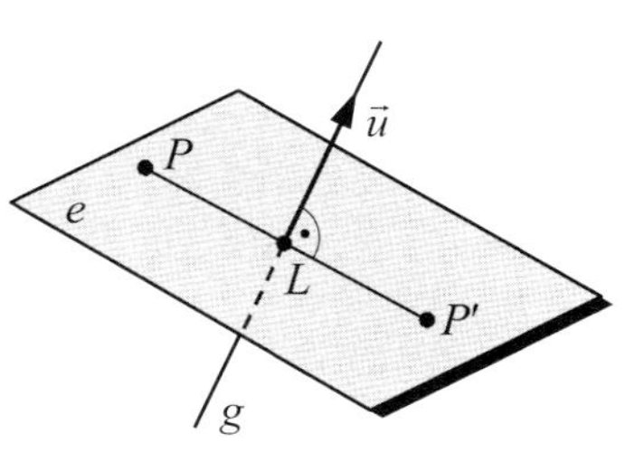

Die Projektion des Punkts P auf die Gerade g ist der Fußpunkt L des Lotes von P auf g. Die Berechnung des Lotfußpunkts L erfolgt mithilfe einer senkrecht zu g verlaufenden Lotebene e.

1. *Konstruktion der Lotebene e*	$e: \vec{u} \cdot (\vec{x} - \vec{p}) = 0$ ▪ Aufpunkt: zu spiegelnder Punkt P ▪ Normalenvektor: Richtungsvektor $\vec{u}$ von g
2. *Berechnung des Lotfußpunkts L* L ist Schnittpunkt der Lotgeraden l und der Ebene e.	Mit dem Einsetzungsverfahren berechnet man den Parameterwert λ und damit die Koordinaten des Lotfußpunkts L.
3. *Berechnung des Spiegelpunkts P'*	Ortsvektor von P': $\vec{p}' = 2\vec{l} - \vec{p}$

Beispiel (Spiegelpunkt eines Punktes bzgl. einer Geraden berechnen)

Gesucht ist der Spiegelpunkt von $P(1|4|3)$ bezüglich der Geraden

$$g: \vec{x} = \begin{pmatrix} 1 \\ 0 \\ 1 \end{pmatrix} + \lambda \cdot \begin{pmatrix} 1 \\ 1 \\ 1 \end{pmatrix}.$$

1. *Lotebene* $e: \begin{pmatrix} 1 \\ 1 \\ 1 \end{pmatrix} \cdot \left[\vec{x} - \begin{pmatrix} 1 \\ 4 \\ 3 \end{pmatrix} \right] = \begin{pmatrix} 1 \\ 1 \\ 1 \end{pmatrix} \cdot \vec{x} - 8 = 0$

2. *Lotfußpunkt L*: Einsetzen der rechten Seite von g statt $\vec{x}$ in die Gleichung von e

$$\begin{pmatrix} 1 \\ 1 \\ 1 \end{pmatrix} \cdot \left[\begin{pmatrix} 1 \\ 0 \\ 1 \end{pmatrix} + \lambda \cdot \begin{pmatrix} 1 \\ 1 \\ 1 \end{pmatrix} \right] - 8 = 0 \Leftrightarrow 2 + 3\lambda - 8 = 0 \Leftrightarrow \lambda = 2$$

Setzt man diesen Wert in die Gleichung der Geraden g ein, so ergibt sich als Lotfußpunkt $L(3|2|3)$.

3. *Spiegelpunkt P'*: Aus $\vec{p}' = 2\vec{l} - \vec{p} = 2 \cdot \begin{pmatrix} 3 \\ 2 \\ 3 \end{pmatrix} - \begin{pmatrix} 1 \\ 4 \\ 3 \end{pmatrix} = \begin{pmatrix} 5 \\ 0 \\ 3 \end{pmatrix}$ folgt $P'(5|0|3)$.

Aufgaben

13. Spiegeln Sie den Punkt $P(2|-4|4)$ an der Geraden $g: \vec{x} = \begin{pmatrix} 0 \\ -5 \\ 4 \end{pmatrix} + \lambda \cdot \begin{pmatrix} 0 \\ 1 \\ 0 \end{pmatrix}$.

14. Berechnen Sie für $P(7|1|-10)$ und $g: \vec{x} = \begin{pmatrix} 3 \\ 1 \\ -2 \end{pmatrix} + \lambda \cdot \begin{pmatrix} 1 \\ 1 \\ -4 \end{pmatrix}$ die Länge des Lotes von P auf g sowie den Spiegelpunkt P' von P bezüglich g.

15. Gegeben sind die Punkte $A(-4|4|2)$, $B(1|-1|0)$ und $C(5|1|2)$.

    Durch die Punkte A und C verläuft die Gerade g. Spiegelt man den Punkt B an der Geraden g, so erhält man den Punkt D.

    a) Bestimmen Sie den Spiegelpunkt D.

    b) Berechnen Sie den Flächeninhalt des Vierecks $ABCD$.

16. Betrachtet wird die Spiegelung eines Punktes an einer Koordinatenachse.

    a) Spiegeln Sie den Punkt $P(1|2|3)$ nach dem Lotfußpunktverfahren an der x_1-Achse.

    Vergleichen Sie die Koordinaten von P mit denen des Spiegelpunkts P'.

    Was fällt Ihnen dabei auf? Versuchen Sie eine Regel zu formulieren.

    b) Bestimmen Sie ohne Rechnung den Spiegelpunkt von $Q(3|-1|4)$

    – an der x_2-Achse,

    – an der x_3-Achse.

17. Gegeben sind die Punkte $A(6|-1|2)$, $B(3|0|4)$ und $C(8|6|5)$.

    a) Zeigen Sie, dass das Dreieck ABC gleichschenklig mit der Basis $\overline{AB}$ ist.

    b) Berechnen Sie die Innenwinkel des Dreiecks ABC.

    c) Berechnen Sie den Spiegelpunkt D des Punktes C an der Geraden durch die Punkte A und B.

    Begründen Sie, dass es sich bei dem entstehenden Viereck $ADBC$ um eine Raute handelt.

    Verdeutlichen Sie Ihre Vorgehensweise durch eine Skizze.

    d) Weisen Sie rechnerisch nach, dass die Diagonalen in der Raute $ADBC$ aufeinander senkrecht stehen.

    e) Berechnen Sie den Flächeninhalt der Raute $ADBC$.

5.5.4 Symmetrieebene zweier Punkte

Gegeben sind die Punkte A und B, gesucht ist die Symmetrieebene von A und B.

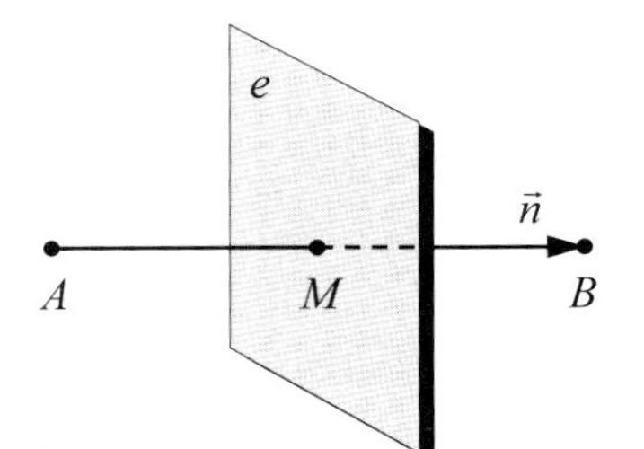

1. Der Mittelpunkt M der Strecke $\overline{AB}$ besitzt den Ortsvektor $\vec{m} = \frac{1}{2} \cdot (\vec{a} + \vec{b})$.
2. Ein Normalenvektor von e ist $\vec{n} = \overrightarrow{AB} = \vec{b} - \vec{a}$.
3. Eine Gleichung der gesuchten Symmetrieebene ist damit $e: \vec{n} \cdot (\vec{x} - \vec{m}) = 0$.

Beispiel (Symmetrieebene zweier Punkte bestimmen)

Wir bestimmen die Symmetrieebene der Punkte $A(1|-1|2)$ und $B(3|5|4)$.

1. *Mittelpunkt der Strecke* $\overline{AB}$	$\vec{m} = \frac{1}{2} \cdot (\vec{a} + \vec{b}) = \frac{1}{2} \cdot \left[\begin{pmatrix} 1 \\ -1 \\ 2 \end{pmatrix} + \begin{pmatrix} 3 \\ 5 \\ 4 \end{pmatrix} \right] = \begin{pmatrix} 2 \\ 2 \\ 3 \end{pmatrix}$
2. *Normalenvektor von e*	$\vec{b} - \vec{a} = \begin{pmatrix} 3 \\ 5 \\ 4 \end{pmatrix} - \begin{pmatrix} 1 \\ -1 \\ 2 \end{pmatrix} = \begin{pmatrix} 2 \\ 6 \\ 2 \end{pmatrix}$; wähle $\vec{n} = \begin{pmatrix} 1 \\ 3 \\ 1 \end{pmatrix}$
3. *Gleichung der Symmetrieebene*	$e: \begin{pmatrix} 1 \\ 3 \\ 1 \end{pmatrix} \cdot \left[\vec{x} - \begin{pmatrix} 2 \\ 2 \\ 3 \end{pmatrix} \right] = \begin{pmatrix} 1 \\ 3 \\ 1 \end{pmatrix} \cdot \vec{x} - 11 = 0$

Aufgaben

18. Berechnen Sie eine Koordinatengleichung der Symmetrieebene der beiden Punkte $R(1|-4|0)$ und $S(3|-8|4)$.

19. Bestimmen Sie eine Gleichung der Symmetrieebene der Punkte $P(3|5|4)$ und $Q(1|-1|0)$.

20. Gegeben sind die Punkte $A(2|3|1)$, $B(2|9|4)$ und $C(8|5|2)$.
    Untersuchen Sie, ob die Punkte A und B symmetrisch bezüglich der Ebene e liegen, die durch $g: \vec{x} = \begin{pmatrix} 3 \\ 5 \\ 2 \end{pmatrix} + \lambda \cdot \begin{pmatrix} 0 \\ 1 \\ -2 \end{pmatrix}$ und den Punkt C festgelegt wird.

Die e- und die ln-Funktion

6.1 Wachstum und Zerfall, Exponentialfunktionen, Logarithmus

6.1.1 Wachstums- und Zerfallsprozesse

Lineare Wachstums- und Zerfallsprozesse

In einer Schule mit 500 Schülern breitet sich ein Gerücht aus. Zum Beginn ist es nur 4 Schülern bekannt, am folgenden Tag wissen schon 7 Schüler Bescheid.

Nimmt man an, dass pro Tag jeweils 3 Schüler zusätzlich eingeweiht werden, so lässt sich die Anzahl der Informierten in einer Tabelle und einem Koordinatensystem darstellen.

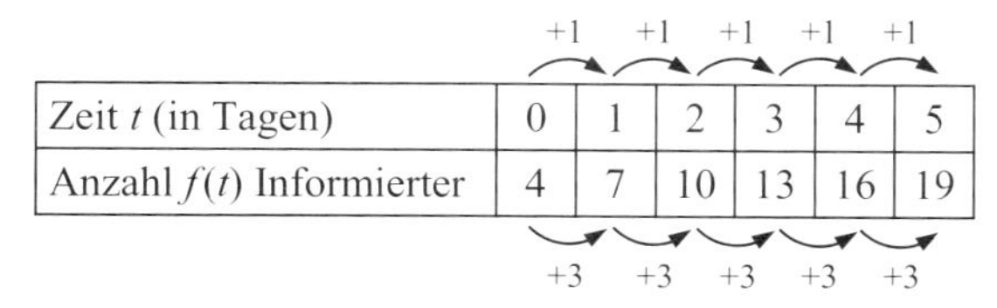

Zeit t (in Tagen)	0	1	2	3	4	5
Anzahl $f(t)$ Informierter	4	7	10	13	16	19

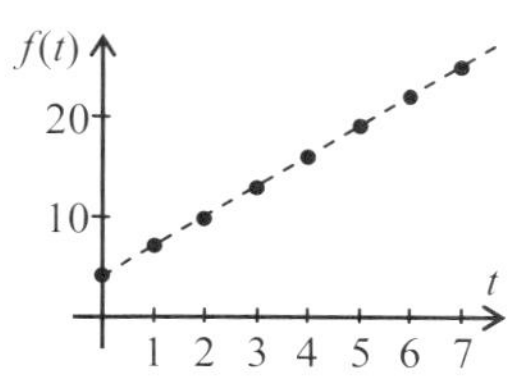

Die Datenpunkte liegen auf dem Graphen einer linearen Funktion mit der Gleichung $f(t) = 4 + t \cdot 3$ oder, in gewohnter Form geschrieben, $f(t) = 3t + 4$.

Man spricht bei positiver Steigung daher auch von **linearem Wachstum**.
Diese Art des Wachstums kann dadurch beschrieben werden, dass in jeder Zeiteinheit jeweils der gleiche Wachstumssummand 3 addiert wird:

$$f(t+1) = f(t) + 3 \quad \text{oder} \quad f(t+1) - f(t) = 3.$$

Die vorliegende Modellbildung sollte jedoch im Hinblick auf ihre Realitätsnähe kritisch hinterfragt werden. Folgende Einwände scheinen angebracht zu sein:

- Die Annahme, dass pro Tag immer nur drei weitere Schüler von dem Gerücht erfahren, ist nicht sehr realistisch. Je mehr Schüler das Gerücht kennen, desto mehr erzählen es weiter.
- Nach 10 Tagen wären nur 34 Schüler informiert. In der Zwischenzeit ist aber wohl schon ein neues Gerücht entstanden.

Lineare Wachstums- und Zerfallsprozesse

Nimmt eine Größe in gleichen Zeiträumen jeweils um den gleichen Betrag zu bzw. ab, so spricht man von einem **linearen Wachstums-** bzw. **Zerfallsprozess**. Solche Prozesse werden durch lineare Funktionen beschrieben:

$$f: D \to \mathbb{R}, t \mapsto m \cdot t + n \quad \text{mit } m \in \mathbb{R}^* \text{ und } n \in \mathbb{R}.$$

Dabei ist n der **Anfangsbestand** zur Zeit $t = 0$.

Für $m > 0$ handelt es sich um Wachstum, für $m < 0$ um Zerfall. **Die Änderung pro Zeiteinheit beträgt** $f(t+1) - f(t) = m$.

Exponentielle Wachstums- und Zerfallsprozesse

Wir betrachten noch einmal die gleiche Situation, dass in einer Schule mit 500 Schülern ein Gerücht anfangs 4 Schülern bekannt ist, am folgenden Tag aber schon 7 Schüler Bescheid wissen.

Wir gehen nun aber davon aus, dass jeden Tag 3 von 4 der Informierten das Gerücht an einen noch Unwissenden weitererzählen. Zu jeder Anzahl informierter Personen kommen im Laufe eines Tages 75 % neue dazu. Die Gesamtanzahl am Ende eines Tages entspricht damit 175 % der Anzahl am Anfang des Tages.

Die Anzahl der Informierten kann auch in diesem Fall in einer Tabelle und einem Koordinatensystem dargestellt werden.

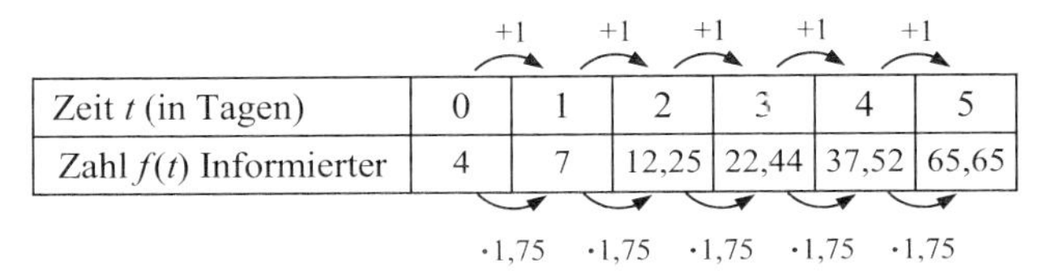

Zeit t (in Tagen)	0	1	2	3	4	5
Zahl $f(t)$ Informierter	4	7	12,25	22,44	37,52	65,65

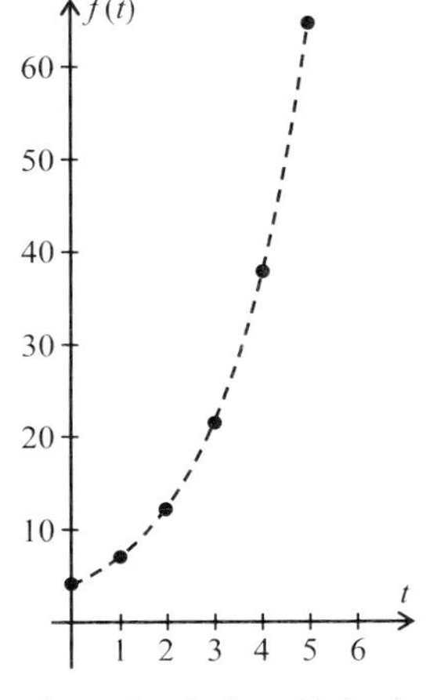

Alle Datenpunkte liegen auf dem Graphen einer Exponentialfunktion mit der Gleichung

$$f(t) = 4 \cdot 1{,}75^t.$$

Die Basis der Potenz in dem Beispiel ist $b = 1{,}75 > 1$. Es handelt sich also um einen **exponentiellen Wachstumsprozess**.

Diese Art des Wachstums lässt sich dadurch beschreiben, dass in jeder Zeiteinheit jeweils mit dem gleichen **Wachstumsfaktor** (hier 1,75) multipliziert wird:

$$f(t+1) = 1{,}75 \cdot f(t) \quad \text{oder} \quad \frac{f(t+1)}{f(t)} = \frac{4 \cdot 1{,}75^{(t+1)}}{4 \cdot 4{,}75^t} = 1{,}75.$$

Diese Modellbildung beschreibt die anfänglich schnelle Ausbreitung eines Gerüchts realistischer als der lineare Ansatz. Dennoch lassen sich auch hierbei Einwände formulieren:

- Die Anzahl der Informierten ist meist keine natürliche Zahl.
- Bereits nach 9 Tagen ist die Schülerzahl der Schule überschritten.

Exponentielle Zerfallsprozesse kommen in der Natur, z.B. bei der Verwesung abgestorbener Lebewesen, beim Abbau von Pflanzenschutzmitteln, beim Abbau von Medikamenten und Alkohol im Blut sowie beim Zerfall radioaktiver Elemente vor.

So ist z.B. beim großen Unfall 1986 im Kernkraftwerk von Tschernobyl – neben vielen anderen Kernspaltungsprodukten – radioaktives Jod 131 in die Atmosphäre geschleudert und vom Wind über große Teile Europas getragen worden. Dies führte zu gefährlichen radioaktiven Niederschlägen (Fallout).

Bei radioaktivem Jod 131 zerfallen pro Tag 8 % der vorhandenen Kerne. In einem Experiment sind zum Beginn $5 \cdot 10^{11}$ radioaktive Kerne vorhanden.

Der Anfangsbestand ist $a = 5 \cdot 10^{11}$. Der Faktor $b = 0{,}92$ ist in diesem Fall kleiner als 1 (**Zerfallsfaktor**), denn 100 % Anfangsbestand minus 8 % Verlust ergibt 92 %.

Die **Bestandsfunktion** lautet damit: $f(t) = 5 \cdot 10^{11} \cdot 0{,}92^{t}$.

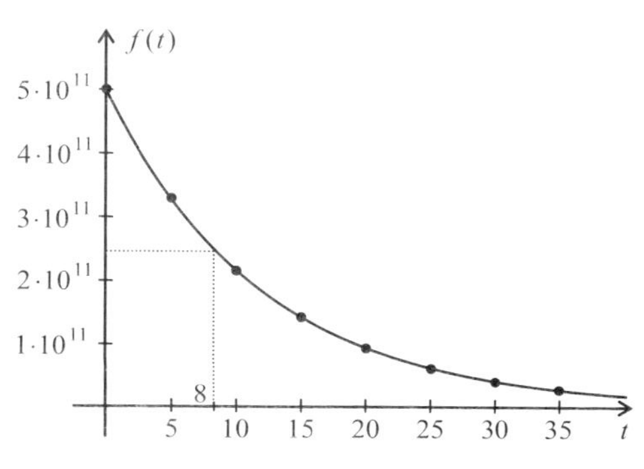

Bei diesem Zerfallsprozess gehört zu jedem Zeitpunkt eine bestimmte Anzahl von Atomkernen und wir können davon ausgehen, dass die Anzahl der Kerne kontinuierlich abnimmt.

Somit ist es gerechtfertigt, die Punkte zu einer Kurve zu verbinden.

Am Graphen erkennt man, dass bei Jod 131 die Zahl der vorhandenen radioaktiven Kerne innerhalb von etwa 8 Tagen jeweils auf die Hälfte zurückgeht.

Exponentielle Wachstums- und Zerfallsprozesse

Nimmt eine Größe in gleichen Zeiträumen jeweils um den gleichen Faktor zu bzw. ab, so spricht man von einem **exponentiellen Wachstums-** bzw. **Zerfallsprozess**. Solche Prozesse werden beschrieben durch Funktionen der Form

$$f: D \to \mathbb{R}, t \mapsto a \cdot b^{t} \quad \text{mit } a \in \mathbb{R}^{+} \text{ und } b \in \mathbb{R}^{+} \setminus \{1\}.$$

Dabei ist a der **Anfangsbestand** zur Zeit $t = 0$.

Für $b > 1$ handelt es sich um Wachstum. f heißt dann **Wachstumsfunktion**.
Für $0 < b < 1$ handelt es sich um Zerfall. f heißt dann **Zerfallsfunktion**.

Die Änderung pro Zeiteinheit wird beschrieben durch den **Wachstums-** bzw. **Zerfallsfaktor** $\dfrac{f(t+1)}{f(t)} = \dfrac{a \cdot b^{(t+1)}}{a \cdot b^{t}} = b$.

Aufgaben

1. Welche Art des Wachstums- bzw. Zerfalls liegt jeweils vor?
   Geben Sie die entsprechende Wachstums- bzw. Zerfallsfunktion an.
   a) Ein Bestand zählt zum Beobachtungsbeginn 12 Einheiten und erhöht sich pro Stunde um 5 Einheiten.
   b) Ein Bestand verringert sich von anfangs 200 Elementen täglich um 25%.
   c) Ein Bestand verdreifacht sich stündlich. Anfangs liegen 250 Einheiten vor.
   d) Ein Bestand besteht zum Beginn der Beobachtung aus 1500 Einheiten. Er verringert sich pro Woche um 250 Einheiten.

2. Ein Baggersee zur Kiesgewinnung ist anfangs 700 m² groß und wächst jede Woche um 500 m².
Eine Algenart bedeckt zu Beginn der Baggerarbeiten 3 m² Wasserfläche; die mit Algen bedeckte Fläche wächst jede Woche um 80 %.
   a) Begründen Sie, dass die zugrunde liegenden Wachstumsprozesse durch die folgenden Funktionen beschrieben werden (t = Maßzahl der Zeit in Wochen).
   $S: t \mapsto 700 + 500 \cdot t$ (in m²)
   $A: t \mapsto 3 \cdot 1{,}8^t$ (in m²)
   Um welche Art von Wachstum handelt es sich jeweils?
   b) Lesen Sie den Schnittpunkt der Graphen näherungsweise aus dem Diagramm ab.
   Welche Bedeutung besitzt er im Sachzusammenhang?

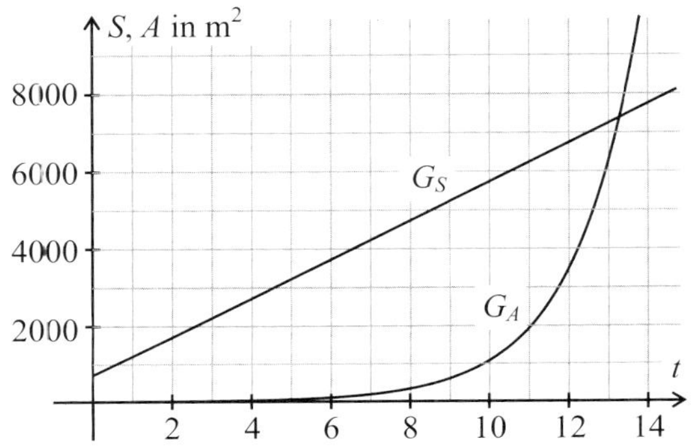

3. Der Wert eines Farbkopierers betrug bei der Anschaffung 10 000 EUR. Jeden Monat verliert das Gerät 8,2 % an Wert.

   a) Stellen Sie den momentanen Wert $K(t)$ anhand einer Wertetabelle in den ersten vier Monaten dar.
   b) Begründen Sie, dass eine passende Zerfallsfunktion gegeben ist durch:
   $$K(t) = 10000\,€ \cdot 0{,}918^t$$
   (t = Maßzahl der Zeit in Monaten).
   c) Nach wie vielen Monaten sollte der Eigentümer verkaufen, wenn er wenigstens den vierten Teil des Anschaffungspreises wieder herausbekommen möchte?
   Beantworten Sie die Frage mithilfe des Graphen.
   Bestätigen Sie Ihr abgelesenes Ergebnis mithilfe der Zerfallsfunktion aus Teil b.

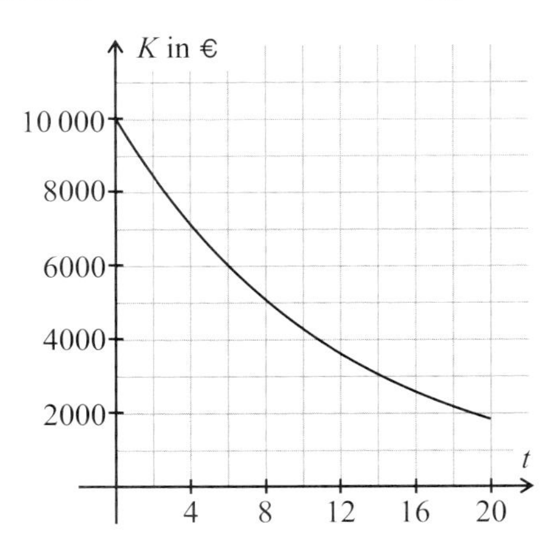

6.1.2 Potenzen mit reellen Exponenten und Potenzgesetze

Wir werden in den nächsten Abschnitten Funktionen der Form $x \mapsto b^x$ betrachten. Dabei wäre es wünschenswert, wenn wir für die Variable x als Definitionsmenge wie üblich die Menge $\mathbb{R}$ wählen könnten[(1)]. Es bleibt zu klären, ob sich der Potenzbegriff so erweitern lässt, dass im Exponenten auch irrationale Zahlen zugelassen werden können.

Wir wollen dies am Beispiel der Potenz $5^{\sqrt{3}}$ untersuchen. Die irrationale Zahl $\sqrt{3}$ kann mithilfe einer Intervallschachtelung durch rationale Zahlen angenähert werden. Wir verwenden diese Intervallschachtelung für $\sqrt{3}$ zur Berechnung von Näherungswerten für $5^{\sqrt{3}}$.

	Intervallschachtelung für $\sqrt{3}$	Intervallschachtelung für $5^{\sqrt{3}}$
n	$[p_n ; q_n]$	$[5^{p_n} ; 5^{q_n}]$
1	$[1 ; 2]$	$[5 ; 25]$
2	$[1,7 ; 1,8]$	$[15,4258\ldots ; 18,1194\ldots]$
3	$[1,73 ; 1,74]$	$[16,1889\ldots ; 16,4515\ldots]$
4	$[1,732 ; 1,733]$	$[16,2411\ldots ; 16,2672\ldots]$
5	$[1,7320 ; 1,7321]$	$[16,2411\ldots ; 16,2437\ldots]$
...	...	...

Für $n = 5$ erhalten wir: $5^{\sqrt{3}} \approx 16,24$.

Auf den Nachweis, dass die so berechneten Intervalle für $5^{\sqrt{3}}$ tatsächlich eine Intervallschachtelung bilden, verzichten wir hier.

Potenzen mit irrationalen Exponenten

Ist $b \in \mathbb{R}^+$ und x eine irrationale Zahl, dann gibt es genau eine reelle Zahl b^x. Die Zahl b^x kann man mithilfe einer Intervallschachtelung darstellen. Dabei kann man eine Intervallschachtelung für die irrationale Zahl x verwenden.

Mit der Erklärung des Potenzbegriffs für irrationale Exponenten sind Potenzen b^x für alle reellen Exponenten definiert. Damit ist es möglich, Funktionen der Form $x \mapsto b^x$ über der Definitionsmenge $D_{\max} = \mathbb{R}$ zu betrachten.

Da die Variable x im Exponenten steht, spricht man von einer **Exponentialfunktion zur Basis *b***.

---

(1) Die Zerfallskurve auf Seite 127 enthält auch Punkte, deren Abszisse eine irrationale Zahl ist, z.B. $t = \sqrt{3}$. Die dazugehörige Ordinate wird ebenfalls als Funktionswert $f(\sqrt{3})$ der Zerfallsfunktion angesehen.
Es ist $f(\sqrt{3}) = 5 \cdot 10^{11} \cdot 0,92^{\sqrt{3}}$, wobei $0,92^{\sqrt{3}}$ eine Potenz mit irrationalem Exponenten ist.

Der Taschenrechner verfügt über eine Potenzierungstaste $\boxed{y^x}$.

Beispiel (Potenzen mit dem Taschenrechner berechnen)

Wir berechnen $5^{\sqrt{3}}$ mit dem Taschenrechner.

Mögliche Tastenfolge (je nach Modell): $\boxed{5}$ $\boxed{y^x}$ $\boxed{3}$ $\boxed{\sqrt{x}}$ $\boxed{=}$

Anzeige: 16,242451 ; Ergebnis: $5^{\sqrt{3}} \approx 16{,}242451$

Die Potenzgesetze, die von Potenzen mit rationalen Exponenten bereits bekannt sind, gelten in unveränderter Form auch für reelle Exponenten. Sie sind nachfolgend in einer Übersicht aufgelistet.

Potenzgesetze

Für alle $a, b \in \mathbb{R}^+$ und $x, y \in \mathbb{R}$ gilt:

(P1) $a^x \cdot a^y = a^{x+y}$ **(Erstes Potenzgesetz)**
In Worten:
Potenzen mit gleicher Basis werden multipliziert, indem man die gemeinsame Basis mit der Summe der Exponenten potenziert.

(P2) $a^x : a^y = a^{x-y}$ **(Zweites Potenzgesetz)**
In Worten:
Potenzen mit gleicher Basis werden dividiert, indem man die gemeinsame Basis mit der Differenz der Exponenten potenziert.

(P3) $a^x \cdot b^x = (a \cdot b)^x$ **(Drittes Potenzgesetz)**
In Worten:
Potenzen mit gleichem Exponenten werden multipliziert, indem man das Produkt der Basen mit dem gemeinsamen Exponenten potenziert.

(P4) $a^x : b^x = (a : b)^x$ **(Viertes Potenzgesetz)**
In Worten:
Potenzen mit gleichem Exponenten werden dividiert, indem man den Quotienten der Basen mit dem gemeinsamen Exponenten potenziert.

(P5) $(a^x)^y = a^{x \cdot y}$ **(Fünftes Potenzgesetz)**
In Worten:
Potenzen werden potenziert, indem man die Basis mit dem Produkt der Exponenten potenziert.

Aufgaben

Zum selbstständigen Wiederholen und Einüben der Potenzgesetze befinden sich im Anhang A4 Übungsaufgaben, bei denen die Lösungen zur Kontrolle angegeben sind.

6.1.3 Exponentialfunktionen

Definition und Eigenschaften

Für praktische Anwendungen, wie z.B. bei Wachstumsvorgängen, ist es nützlich, anstelle von $x \mapsto b^x$ Funktionen der allgemeinen Form

$$f: \mathbb{R} \to \mathbb{R}, x \mapsto a \cdot b^x \text{ mit } b \in \mathbb{R}^+ \setminus \{1\} \text{ und } a \in \mathbb{R}^*$$

über der Definitionsmenge $D = \mathbb{R}$ zu betrachten. Die Funktionswerte von f entstehen aus den Funktionswerten der Exponentialfunktion $x \mapsto b^x$ durch Multiplikation mit dem Faktor a.

Exponentialfunktion

Seien $b \in \mathbb{R}^+ \setminus \{1\}$ und $a \in \mathbb{R}^*$.

Eine Funktion der Form $\boldsymbol{f: \mathbb{R} \to \mathbb{R}, x \mapsto a \cdot b^x}$ heißt **Exponentialfunktion**.

Die nachstehende Tabelle zeigt die wichtigsten Eigenschaften der Exponentialfunktionen $f: \mathbb{R} \to \mathbb{R}, x \mapsto a \cdot b^x$ für den Fall $a > 0$.

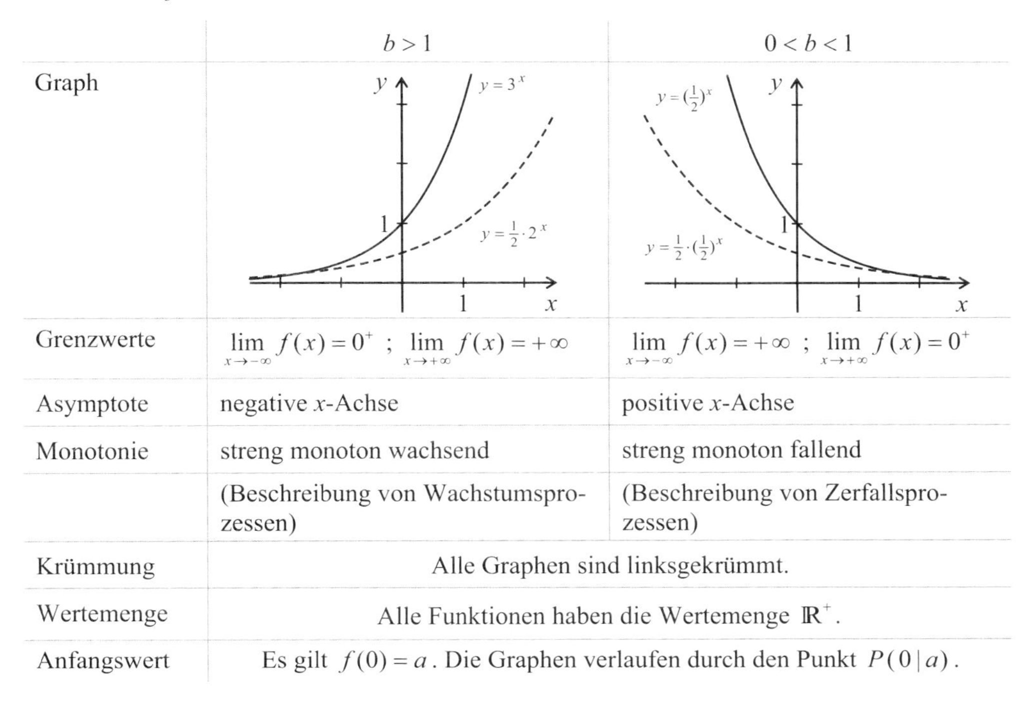

	$b > 1$	$0 < b < 1$
Graph		
Grenzwerte	$\lim\limits_{x \to -\infty} f(x) = 0^+$; $\lim\limits_{x \to +\infty} f(x) = +\infty$	$\lim\limits_{x \to -\infty} f(x) = +\infty$; $\lim\limits_{x \to +\infty} f(x) = 0^+$
Asymptote	negative x-Achse	positive x-Achse
Monotonie	streng monoton wachsend	streng monoton fallend
	(Beschreibung von Wachstumsprozessen)	(Beschreibung von Zerfallsprozessen)
Krümmung	Alle Graphen sind linksgekrümmt.	
Wertemenge	Alle Funktionen haben die Wertemenge $\mathbb{R}^+$.	
Anfangswert	Es gilt $f(0) = a$. Die Graphen verlaufen durch den Punkt $P(0 \mid a)$.	

Im Fall $a < 0$ sind die Graphen zusätzlich an der x-Achse gespiegelt.

Alle Exponentialfunktionen $f: \mathbb{R} \to \mathbb{R}, x \mapsto a \cdot b^x$ besitzen die für exponentielle Wachstums- und Zerfallsprozesse charakteristische Eigenschaft:

$$\frac{f(x+1)}{f(x)} = b \quad \text{oder} \quad f(x+1) = b \cdot f(x).$$

Bestimmung von Exponentialfunktionen

Funktionen des Typs $f: x \mapsto a \cdot b^x$ finden bei der Beschreibung von Wachstums- und Zerfallsprozessen Anwendung. Eine Funktion des Typs $f: x \mapsto a \cdot b^x$ ist eindeutig durch zwei Punkte ihres Graphen festgelegt. Die Punkte ergeben sich in Anwendungssituationen aus dem Sachzusammenhang.

Rechnerisch am einfachsten ist die Bestimmung der Parameter a und b, wenn der Anfangsbestand gegeben ist.

Beispiel (Bestimmen einer Exponentialfunktion: mit Anfangswert)

Gesucht ist die Exponentialfunktion, deren Graph durch die Punkte $P(0\,|\,2)$ und $Q(\frac{3}{2}\,|\,16)$ verläuft.

Ansatz für die gesuchte Exponentialfunktion: $f(x) = a \cdot b^x$

Eine Punktprobe für den Anfangspunkt $P(0\,|\,2)$ liefert direkt schon den Wert des Parameters a:

$$2 = a \cdot b^0 \Leftrightarrow 2 = a \cdot 1 \Leftrightarrow a = 2.$$

Die anschließende Punktprobe für den Punkt $Q(\frac{3}{2}\,|\,16)$ ergibt:

$$16 = 2 \cdot b^{\frac{3}{2}} \Leftrightarrow 8 = b^{\frac{3}{2}} \Leftrightarrow 8^{\frac{2}{3}} = b \Leftrightarrow \sqrt[3]{8^2} = b \Leftrightarrow \sqrt[3]{64} = b \Leftrightarrow b = 4.$$

Ergebnis: Eine Gleichung der gesuchten Exponentialfunktion ist $f(x) = 2 \cdot 4^x$.

Rechnerisch etwas schwieriger gestaltet sich die Bestimmung einer Exponentialfunktion, wenn keiner der beiden gegebenen Punkte zum Anfangswert gehört.

Beispiel (Bestimmen einer Exponentialfunktion: ohne Anfangswert)

Gesucht ist die Exponentialfunktion, deren Graph durch die Punkte $P(1\,|\,3)$ und $Q(-1\,|\,\frac{1}{12})$ verläuft.

Ansatz für die gesuchte Exponentialfunktion: $f(x) = a \cdot b^x$

$$\begin{array}{ll} \text{Punktprobe für } P(1\,|\,3): & \left\{ \begin{array}{lr} 3 = ab^1 = ab & \text{(I)} \\ \frac{1}{12} = ab^{-1} & \text{(II)} \end{array} \right. \\ \text{Punktprobe für } Q(-1\,|\,\frac{1}{12}): & \end{array}$$

Eine Division der Gleichung (I) durch die Gleichung (II) ergibt:

$$\frac{3}{\frac{1}{12}} = \frac{a \cdot b}{a \cdot b^{-1}} \Leftrightarrow 36 = b^2 \Leftrightarrow b^2 = 36 \Leftrightarrow b = 6 \quad (\text{da } b > 0).$$

Eingesetzt in die Gleichung (I) ergibt:

$$a = \frac{3}{b} = \frac{3}{6} = \frac{1}{2} = 0{,}5.$$

Ergebnis: Eine Gleichung der gesuchten Exponentialfunktion ist $f(x) = 0{,}5 \cdot 6^x$.

Aufgaben

4. Bestimmen Sie die Funktion des Typs $f: x \mapsto a \cdot b^x$ mit den Eigenschaften:
   a) $f(0)=100$ und $f(1)=75$ b) $f(0)=5$ und $f(3)=15$

5. Bestimmen Sie die Funktion des Typs $f: x \mapsto a \cdot b^x$ mit den Eigenschaften:
   a) $f(1)=12$ und $f(3)=27$ b) $f(-2)=75$ und $f(1)=\frac{3}{5}$
   c) $f(2)=-18$ und $f(-1)=-\frac{2}{3}$ d) $f(2)=864$ und $f(5)=1493$

6. Bestimmen Sie zu den Graphen passende Funktionsterme.

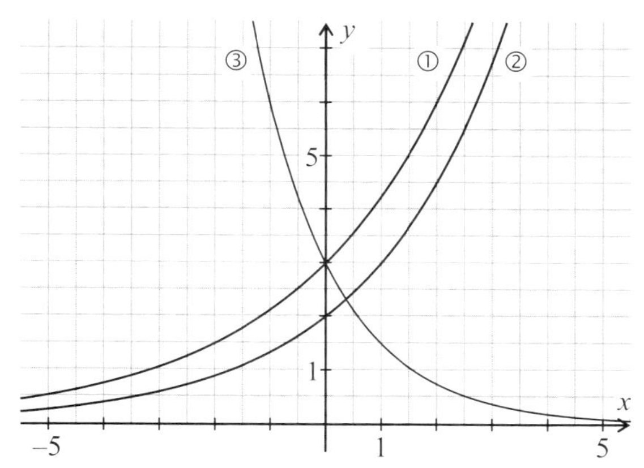

7. Ein Land verzeichnet in den Jahren 1995 bis 2015 die folgende Bevölkerungsentwicklung:

Jahr	Bevölkerung
1995	1 356 000
2000	1 572 000
2005	1 822 000
2010	2 113 000
2015	2 449 000

   a) Untersuchen Sie, ob exponentielles Wachstum vorliegt.
   Anleitung: Stellen Sie zunächst eine Funktionsgleichung $f(t)=a \cdot b^t$ mithilfe zweier, möglichst weit „auseinander liegender" Wertepaare auf.
   Überprüfen Sie dann, ob die übrigen Wertepaare die Funktionsgleichung (näherungsweise) erfüllen.
   b) Um wie viel Prozent wächst die Bevölkerung jährlich?
   c) Mit welcher Einwohnerzahl ist bei gleich bleibendem Wachstum in den Jahren 2020 und 2025 zu rechnen?

6.2 Die e-Funktion

6.2.1 Differenzierbarkeit der Exponentialfunktionen $x \mapsto b^x$

Anschauliche Begründung der Differenzierbarkeit

Die Graphen der Exponentialfunktionen $x \mapsto b^x$ zur Basis b verlaufen an jeder Stelle glatt (ohne Knick).

Dies ist bereits ein deutlicher anschaulicher Hinweis für die Differenzierbarkeit dieser Funktionen.

Erhärtet wird diese Vermutung, wenn man sich den Funktionsgraphen unter einem Funktionenmikroskop betrachtet: Bei Vergrößerung sieht man, dass sich der Graph an jeder Stelle immer besser an die entsprechende Tangente annähert.

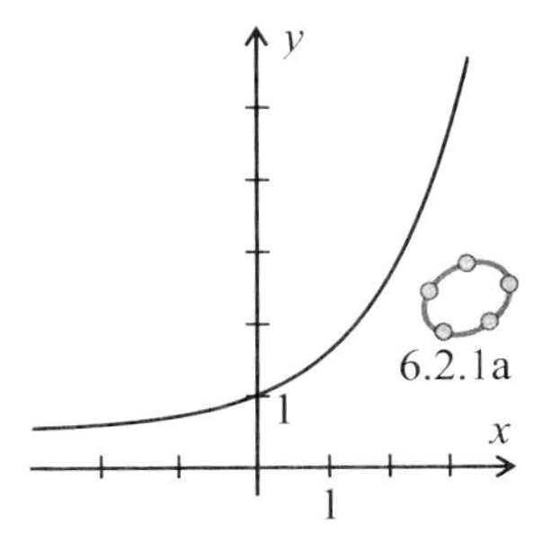

6.2.1a

Differenzenquotient der Funktion $x \mapsto b^x$

Zur Bestimmung der Ableitung der Exponentialfunktion $f: x \mapsto b^x$ zur Basis b betrachtet man den Differenzenquotienten:

$$\frac{f(x+h)-f(x)}{h} = \frac{b^{x+h}-b^x}{h}.$$

Dieser Differenzenquotient lässt sich im Hinblick auf eine anstehende Grenzwertbildung noch weiter umformen:

$$\frac{f(x+h)-f(x)}{h} = \frac{b^{x+h}-b^x}{h} = \frac{b^x \cdot b^h - b^x}{h} = b^x \cdot \frac{b^h - 1}{h} = b^x \cdot \frac{b^{0+h}-b^0}{h}.$$

Unterstellt man gemäß der anschaulichen Vorbetrachtung die Differenzierbarkeit der Exponentialfunktion, so existieren die nachstehenden Grenzwerte und es ergibt sich für die Ableitung der Funktion f an einer Stelle x:

$$f'(x) = \lim_{h\to 0}\left(b^x \cdot \frac{b^{0+h}-b^0}{h}\right) = \underbrace{b^x}_{=f(x)} \cdot \underbrace{\lim_{h\to 0}\left(\frac{b^{0+h}-b^0}{h}\right)}_{=f'(0)} = f(x)\cdot f'(0) = f'(0)\cdot f(x).$$

Die Frage nach der Ableitung der Funktion $f: x \mapsto b^x$ ist damit noch nicht vollständig geklärt. Das obige Zwischenergebnis kann aber schon in zweierlei Hinsicht interpretiert werden:

- Kennt man die Ableitung der Funktion f an der Stelle 0, so ist auch die Ableitung von f an jeder anderen Stelle x bekannt.
- Die Ableitungsfunktion der Funktion f ist wieder eine Exponentialfunktion (um den Faktor $f'(0)$ gestreckt).

Zur endgültigen Bestimmung der Ableitung der Exponentialfunktion $f: x \mapsto b^x$ muss noch der Wert von $f'(0)$ berechnet werden.

Näherungswerte für $f'(0)$

Näherungswerte für die Ableitung $f'(0)$ der Exponentialfunktionen zur Basis b lassen sich mithilfe digitaler Funktionenplotter gewinnen. Man kann dabei die Eigenschaft differenzierbarer Funktionen ausnutzen, dass die Ableitung an einer Stelle mit der Steigung der zugehörigen Tangente übereinstimmt.

Die Tangentensteigung kann an der im Plotter angezeigten Tangentengleichung abgelesen werden.

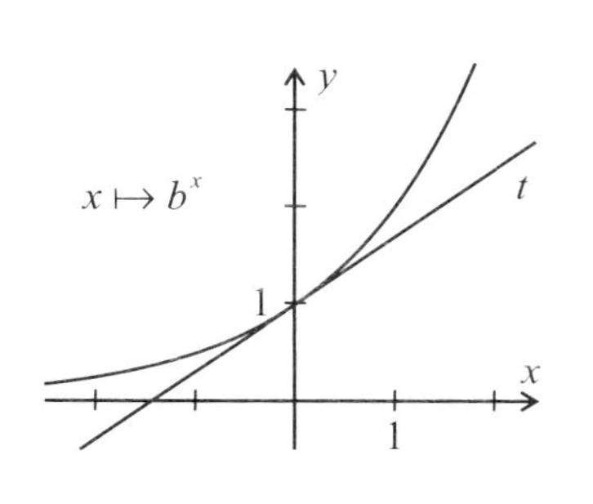

Basis b	Ableitung $f'(0)$
0,25	−1,383
0,5	−0,693
2	0,693
2,5	0,916
2,7	0,993
3	1,099
4	1,386

6.2.1b

Die Ableitung $f'(x) = f'(0) \cdot f(x)$ der Exponentialfunktionen zur Basis b wird für diejenige Basis b besonders einfach, für die $f'(0) = 1$ gilt.
Durch Probieren mithilfe eines Funktionenplotters findet man den Wert $b \approx 2{,}7$. Diese Vermutung soll nachfolgend durch eine rechnerische Betrachtung bestätigt werden.

Die Euler'sche Zahl e

Für die gesuchte Basis b soll $f'(0) = \lim\limits_{h \to 0} \left(\dfrac{b^{0+h} - b^0}{h} \right) = 1$ gelten.

Zur Bestimmung der Basis b kann man eine Plausibilitätsbetrachtung anstellen. Für sehr kleine Werte von h gilt dann näherungsweise:

$$\frac{b^h - 1}{h} \approx 1 \;\Leftrightarrow\; b^h - 1 \approx h \;\Leftrightarrow\; b^h \approx 1 + h \;\Leftrightarrow\; b \approx (1+h)^{\frac{1}{h}}.$$

Für die gesuchte Basis ergibt sich somit: $b = \lim\limits_{h \to 0} (1+h)^{\frac{1}{h}}$.

Die Berechnung dieses Grenzwerts fällt leichter, wenn statt eines Grenzwerts gegen 0 ein Grenzwert gegen $+\infty$ auftreten würde. Dies kann man durch folgende Ersetzungen erreichen:

- Ersetze h durch $\frac{1}{n}$ (und damit dann auch $\frac{1}{h}$ durch n).
- Bilde statt $h \to 0$ den Grenzwert $n \to +\infty$.

In dieser Schreibweise ergibt sich damit: $b = \lim\limits_{n \to +\infty} \left(1 + \frac{1}{n}\right)^n$.

Wir bestimmen Werte des Terms $\left(1 + \frac{1}{n}\right)^n$ für immer größere Werte von n:

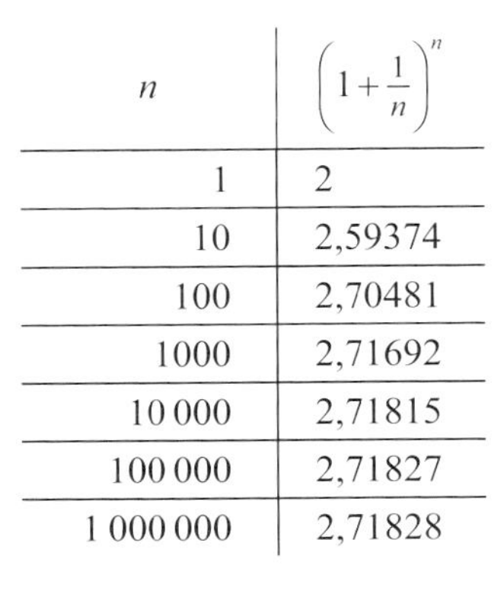

n	$\left(1+\frac{1}{n}\right)^n$
1	2
10	2,59374
100	2,70481
1000	2,71692
10 000	2,71815
100 000	2,71827
1 000 000	2,71828

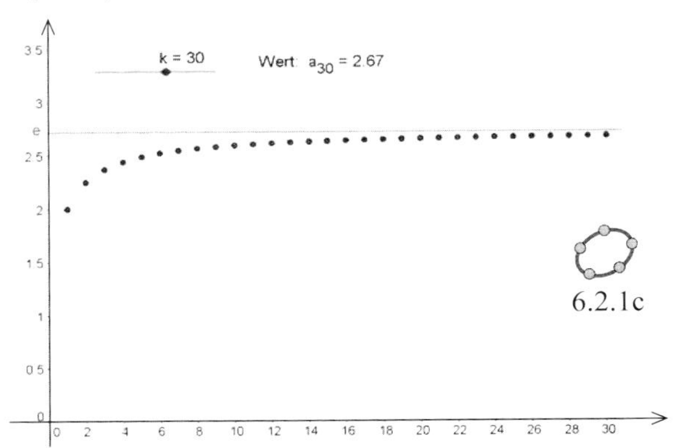

6.2.1c

Der Term $\left(1 + \frac{1}{n}\right)^n$ hat für $n \to +\infty$ offenbar den Grenzwert $\lim\limits_{n \to +\infty} \left(1 + \frac{1}{n}\right)^n \approx 2{,}71828$.

Der Nachweis, dass dieser Grenzwert tatsächlich existiert, ist mathematisch sehr anspruchsvoll und kann hier nicht wiedergegeben werden. Er wurde erstmalig von dem schweizer Mathematiker **Leonhard Euler** (1707-1783) durchgeführt. Zu seinen Ehren wird dieser Grenzwert nach ihm benannt.

Euler'sche Zahl e

Der Grenzwert $\mathrm{e} = \lim\limits_{n \to +\infty} \left(1 + \frac{1}{n}\right)^n$ heißt **Euler'sche Zahl.**

e ist eine irrationale Zahl, für die näherungsweise $\mathrm{e} \approx 2{,}7182$ gilt.

Die Zahl e ist – wie die Kreiszahl π – eine der wichtigsten Konstanten in der Mathematik. Sie ist eine irrationale Zahl, also nicht durch einen Bruch darstellbar, und lässt sich in der Dezimalschreibweise nur näherungsweise angeben.

Mithilfe einer vom verwendeten Modell abhängigen Taste , z.B. $\boxed{\mathrm{e}^x}$ [1], liefert der Taschenrechner einen gerundeten Wert für die Zahl e.

Der von uns gewählte Zugang zur Zahl e enthält streng mathematisch gesehen einige wesentliche Vereinfachungen:

- Die Differenzierbarkeit der Exponentialfunktion $x \mapsto b^x$ wurde nicht exakt nachgewiesen, sondern der Anschauung entnommen.
- Die Umformung des Grenzwerts $\lim\limits_{h \to 0} \left(\frac{b^h - 1}{h}\right)$ wurde nur näherungsweise durchgeführt.
- Die Irrationalität der Zahl e wurde nicht bewiesen.

[1] Bei vielen Taschenrechnern ist die Taste $\boxed{\mathrm{e}^x}$ die Inverstaste zu $\boxed{\ln}$.

Historischer Rückblick

Leonhard Euler

Leonhard Euler

(* 15. April 1707 in Riehen (Schweiz); † 18. September 1783 in St. Petersburg) ist einer der bedeutendsten Mathematiker aller Zeiten.
Leonhard Euler wurde als ältester Sohn des Pfarrers Paul Euler geboren. Er besuchte das Gymnasium in Basel und nahm gleichzeitig Privatunterricht beim Mathematiker Johannes Burckhardt.
Ab 1720 studierte er an der Universität Basel und hörte hier Vorlesungen von Johann Bernoulli.

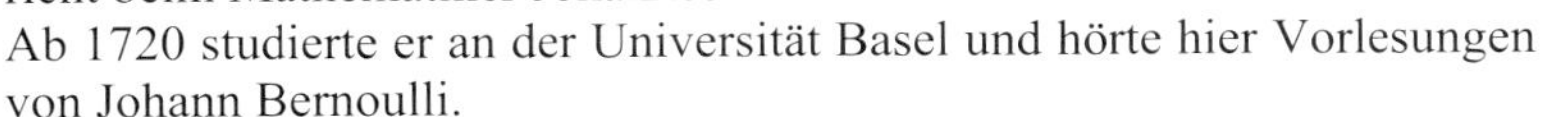

- 1723 erlangte er durch einen Vergleich der Newton'schen und Kartesischen Philosophie in lateinischer Sprache die Magisterwürde. Seinen Plan, auch Theologie zu studieren, gab er 1725 auf.
- Am 17. Mai 1727 berief ihn Daniel Bernoulli an die Universität St. Petersburg. Hier traf er auf den Mathematiker Christian Goldbach.
- 1730 erhielt Euler die Professur für Physik und trat schließlich 1733 die Nachfolge von Daniel Bernoulli als Professor für Mathematik an. Er bekam in den folgenden Jahren immer stärkere Probleme mit seinem Augenlicht und war ab 1740 halbseitig blind.
- 1741 wurde er von Friedrich dem Großen an die Berliner Akademie berufen. Euler korrespondierte und verglich seine Theorien weiterhin mit Christian Goldbach. Nach 25 Jahren in Berlin kehrte er 1766 zurück nach St. Petersburg.
- 1771 erblindete er vollständig. Dennoch entstand fast die Hälfte seines Lebenswerks in der zweiten Petersburger Zeit.

Aufgaben

1. Berechnen Sie folgende Zahlen mithilfe des Taschenrechners auf drei Stellen nach dem Komma genau.

   a) e b) e^2 c) $\frac{1}{e}$ d) $\frac{1}{e^2}$

   e) $\sqrt{e}$ f) $\frac{1}{\sqrt{e}}$ g) $\sqrt[3]{e^2}$ h) $0{,}5\cdot\sqrt[3]{e^2}$

   i) $1-e^2$ j) $e^{-3}+1$

2. Für eine Exponentialfunktion mit $f(x)=b^x$ gilt $f'(0)=1{,}5$.

   a) Wie entsteht der Graph der Ableitungsfunktion f' aus dem Graphen der Funktion f?

   b) Bestimmen Sie (mithilfe eines digitalen Hilfsmittels) näherungsweise die Basis b der betrachteten Exponentialfunktion.

   c) Geben Sie einen Funktionsterm für die Ableitungsfunktion f' an

6.2.2 Die natürliche Exponentialfunktion $x \mapsto e^x$

Definition der e-Funktion

Wir betrachten im Folgenden meistens nur noch die spezielle Exponentialfunktion, welche die Euler'sche Zahl e zur Basis hat.

e-Funktion

Die Exponentialfunktion $f: \mathbb{R} \to \mathbb{R}, x \mapsto e^x$ heißt **natürliche Exponentialfunktion**[1] oder auch kurz **e-Funktion**.

Potenzgesetze

Für die e-Funktion gelten wie für jede Exponentialfunktion die bereits erwähnten Potenzgesetze. Das erste Gesetz wird auch als Funktionalgleichung der e-Funktion bezeichnet.

Potenzgesetze für die e-Funktion

Für alle $x, y \in \mathbb{R}$ und alle $r \in \mathbb{R}$ gilt:

(P1) $e^x \cdot e^y = e^{x+y}$ **(Funktionalgleichung der e-Funktion)**[2]

(P2) $e^x : e^y = e^{x-y}$

(P5) $(e^x)^y = e^{x \cdot y}$

Aufgaben

3. Vereinfachen Sie mithilfe der Potenzgesetze.
   a) $e^x \cdot e^{3x}$ b) $e^x \cdot e^{-x}$ c) $(e^{3x})^2$ d) $e^{2x} \cdot (-2e^{-x})$
   e) $\frac{e^{4x}}{e^{3x}}$ f) $e^x : e^{-2x}$ g) $\left(\frac{1}{e^x}\right)^2$ h) $\frac{e^x \cdot e^{-2x}}{e^{-x}}$

4. Formen Sie die Terme in die Potenzschreibweise um.
   a) $\sqrt{e^{3x}}$ b) $\frac{1}{\sqrt{e^{3x}}}$ c) $\sqrt[3]{e^{2x}}$ d) $\frac{e^x}{\sqrt{e^x}}$

5. Multiplizieren Sie aus.
   a) $(e^x - 1)^2$ b) $(e^{-x} - 2) \cdot (e^{-x} + 2)$ c) $(e^x + 1) \cdot (e^x - 3)$

6. Faktorisieren Sie die Terme.
   a) $(e^x)^2 - 5e^x$ b) $e^{2x} + 3e^x$ c) $(e^x)^2 - 6e^x + 9$
   d) $(e^{-x})^2 - e^{-x} - 2$ e) $e^{2x} + 4e^x + 4$ f) $e^{-2x} - e^{-x} - 6$

---

(1) Das Adjektiv „natürlich" leitet sich von der Eigenschaft der e-Funktion ab, kontinuierliche oder, wie man auch sagt, natürliche Wachstumsprozesse zu beschreiben.

(2) Die Funktionalgleichung wird in anderer Schreibweise auf Seite 141 noch einmal betrachtet.

6.2.3 Eigenschaften der e-Funktion

Ableitung der e-Funktion

Bei der e-Funktion stimmt die Ableitung an jeder Stelle mit dem Funktionsterm überein. Diese Eigenschaft überträgt sich auf alle höheren Ableitungen.

Ableitung der e-Funktion

Die e-Funktion $f: \mathbb{R} \to \mathbb{R}, x \mapsto \mathrm{e}^x$ ist an jeder Stelle $x \in \mathbb{R}$ differenzierbar und es gilt:

$$f'(x) = (\mathrm{e}^x)' = \mathrm{e}^x = f(x).$$

Die e-Funktion stimmt mit allen ihren Ableitungen überein:

$$\mathrm{e}^x = (\mathrm{e}^x)' = (\mathrm{e}^x)'' = (\mathrm{e}^x)''' = \ldots$$

Mit der Kenntnis der Ableitung der e-Funktion lassen sich durch Anwendung der Faktor-, Summen-, Produkt- und Kettenregel ((FR), (SR), (PR), (KR)) auch zusammengesetzte Funktionen differenzieren.

Beispiel (Ableitungen von e-Funktionstermen)

a) $$(\mathrm{e}^{-2x})' \underbrace{=}_{\text{(KR)}} \mathrm{e}^{-2x} \cdot (-2) = -2\mathrm{e}^{-2x}$$

Beim Anwenden der Kettenregel ist die innere Ableitung (-2) des Exponenten zu beachten.

b) $$\left(\frac{1}{\sqrt{\mathrm{e}^{3x}}}\right)' = \left((\mathrm{e}^{3x})^{-\frac{1}{2}}\right)' = \left(\mathrm{e}^{-\frac{3}{2}x}\right)'$$

$$\underbrace{=}_{\text{(KR)}} \mathrm{e}^{-\frac{3}{2}x} \cdot \left(-\frac{3}{2}\right) = -\frac{3}{2} \cdot \mathrm{e}^{-\frac{3}{2}x} = -\frac{3}{2} \cdot \frac{1}{\sqrt{\mathrm{e}^{3x}}}$$

Vor dem Ableiten ist der Übergang zur Potenzschreibweise empfehlenswert.

c) $$(\mathrm{e}^{-x} - 2\mathrm{e}^{3x})' \underbrace{=}_{\text{(FR), (SR)}} (\mathrm{e}^{-x})' - 2 \cdot (\mathrm{e}^{3x})'$$

$$\underbrace{=}_{\text{(KR)}} \mathrm{e}^{-x} \cdot (-1) - 2\mathrm{e}^{3x} \cdot 3$$

$$= -\mathrm{e}^{-x} - 6\mathrm{e}^{3x}$$

Die Ableitungsregeln werden hier kombiniert angewendet.

d) $$(x^2 \cdot \mathrm{e}^{-2x})' \underbrace{=}_{\text{(PR)}} (x^2)' \cdot \mathrm{e}^{-2x} + x^2 \cdot (\mathrm{e}^{-2x})'$$

$$\underbrace{=}_{\text{(KR)}} 2x \cdot \mathrm{e}^{-2x} + x^2 \cdot \mathrm{e}^{-2x} \cdot (-2)$$

$$= 2x \cdot \mathrm{e}^{-2x} - 2x^2 \cdot \mathrm{e}^{-2x}$$

Bei der Kombination der e-Funktion mit der Quadratfunktion ist die Produktregel anzuwenden.

e) $$\left(\frac{\mathrm{e}^{-x} - 2}{3}\right)' = \left(\frac{1}{3}\mathrm{e}^{-x} - \frac{2}{3}\right)' \underbrace{=}_{\text{(FR), (SR)}} \frac{1}{3} \cdot (\mathrm{e}^{-x})' - 0$$

$$\underbrace{=}_{\text{(KR)}} \frac{1}{3} \cdot \mathrm{e}^{-x} \cdot (-1) = -\frac{1}{3}\mathrm{e}^{-x}$$

Hier ist es günstig, den Term vor dem Ableiten umzuformen.

Aufgaben

7. Berechnen Sie die erste und die zweite Ableitung.
   a) $f(x)=1-e^x$ b) $f(x)=2e^x+5$ c) $f(x)=-2e^x+x^2$
   d) $f(x)=\frac{e^x}{3}-\frac{1}{2}\pi^2$ e) $f(x)=\frac{e^x+1}{2}$ f) $f(x)=2\cdot(e^x-\frac{1}{x})$

8. Berechnen Sie die erste und die zweite Ableitung.
   a) $f(x)=e^{3x}$ b) $f(x)=e^{\frac{1}{4}x}$ c) $f(x)=e^{-x}$
   d) $f(x)=e^{-4x}$ e) $f(x)=e^{-x+1}$ f) $f(x)=e^{\frac{x}{2}}$

9. Leiten Sie den Funktionsterm ab.
   a) $f(x)=\sqrt{e^x}$ b) $f(x)=\frac{1}{\sqrt{e^x}}$ c) $f(x)=\sqrt{3e^x}$

10. Bilden Sie die erste Ableitung.
    a) $f(x)=2x\cdot e^x$ b) $f(x)=(3-x)\cdot e^x$ c) $f(x)=(2x-1)\cdot e^{-x}$

11. Berechnen Sie die erste Ableitung.
    a) $f(x)=e^x+2$ b) $f(x)=e^{-x+5}$ c) $f(x)=2e^x-2$
    d) $f(x)=e^{-x^2}$ e) $f(x)=(e^{-x})^2$

12. Suchen Sie den Fehler in den Rechnungen. Korrigieren Sie den Fehler.
    a) $(2x^2-e^{-x})'=2\cdot 2x-e^{-x}=4x-e^{-x}$
    b) $[(1-x)\cdot e^{-x}]'=-x\cdot e^{-x}+(1-x)\cdot e^{-x}\cdot(-1)=-x\cdot e^{-x}+e^{-x}+x\cdot e^{-x}=e^{-x}$
    c) $[(e^x-1)^2]'=[(e^x)^2-2e^x+1)]'=2e^x-2e^x+0=0$

13. Leiten Sie ab.
    a) $f(x)=e^{1,5x}$ b) $f(x)=a\cdot e^x$ c) $f(x)=x\cdot e^x$
    d) $f(x)=e^x+e^{-x}+x^e$ e) $f(x)=\frac{e^{3x}-e^{-3x}}{3}$ f) $f(x)=(3x-1)\cdot e^x$
    g) $f(x)=(a-x)\cdot e^{-x}$ h) $f(x)=x^2\cdot e^{-x}$ i) $f(x)=e^{-3x}\cdot\cos(x)$

14. Vermischte Ableitungsübungen
    a) $f(x)=e^{2x}$ b) $f(x)=x^4\cdot e^{-3x}$ c) $f(x)=(1-e^{-x})^2$
    d) $f(x)=e^{x^2-3x+7}$ e) $f(x)=e^{2x}\cdot\sqrt{x}$ f) $f(x)=e^{\sin(x)}$
    g) $f(x)=2\cdot e^{0,5x}$ h) $f(x)=\sqrt{1+e^{2x}}$ i) $f(x)=x^2\cdot e^{(x^2)}$

Graph und Eigenschaften des Graphen der e-Funktion

① *Graph*

Die e-Funktion ist eine spezielle Exponentialfunktion. Ihr Graph hat somit den für Exponentialfunktionen typischen Verlauf.
Charakteristische Punkte des Graphen sind die Punkte $P(0\,|\,1))$ und $Q(1\,|\,\mathrm{e})$.

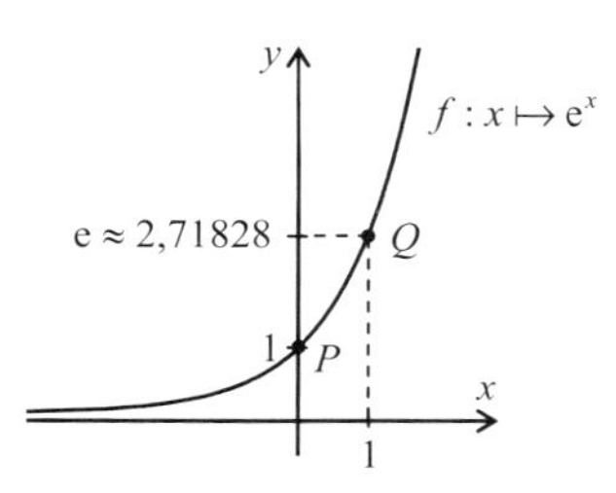

② *Nullstellen*

Die e-Funktion hat keine Nullstellen.
Diese Eigenschaft überträgt sich auch auf alle ihre Ableitungen.
Diese Eigenschaft wird später bei der Untersuchung zusammengesetzter Funktionen von Bedeutung sein.

Für alle $x \in \mathbb{R}$ gilt:
$f(x) = \mathrm{e}^x > 0$.

③ *Monotonie*

Die e-Funktion ist in der gesamten Definitionsmenge $\mathbb{R}$ streng monoton wachsend.

Für alle $x \in \mathbb{R}$ gilt:
$f'(x) = \mathrm{e}^x > 0$.

④ *Krümmung*

Der Graph der e-Funktion ist in der gesamten Definitionsmenge $\mathbb{R}$ linksgekrümmt.

Für alle $x \in \mathbb{R}$ gilt:
$f''(x) = \mathrm{e}^x > 0$.

⑤ *Grenzwerte und Wertemenge*

Die e-Funktion hat die Wertemenge $\mathbb{R}^+$.
Die x-Achse ist Asymptote für $x \to -\infty$.
Für $x \to +\infty$ wachsen die Funktionswerte über alle Grenzen.

Es gilt:
$\lim\limits_{x \to -\infty} f(x) = 0^+$
$\lim\limits_{x \to +\infty} f(x) = +\infty$

Funktionalgleichung der e-Funktion

Eine wichtige Regel für das Rechnen mit e-Funktionstermen ist das erste Potenzgesetz, das wir bereits in folgender Form benutzt haben:

$$\mathrm{e}^{x_1 + x_2} = \mathrm{e}^{x_1} \cdot \mathrm{e}^{x_2} \text{ für alle } x_1, x_2 \in \mathbb{R}.$$

Als Funktionsterme der e-Funktion $f: x \mapsto \mathrm{e}^x$ interpretiert, bedeutet dies:

$$f(x_1 + x_2) = f(x_1) \cdot f(x_2) \text{ für alle } x_1, x_2 \in \mathbb{R}.$$

Die e-Funktion macht Summen zu Produkten. Diese funktionale Eigenschaft der e-Funktion trägt einen eigenen Namen.

Funktionalgleichung der e-Funktion

Für die e-Funktion $f: \mathbb{R} \to \mathbb{R}, x \mapsto \mathrm{e}^x$ gilt die **Funktionalgleichung**

$$f(x_1 + x_2) = f(x_1) \cdot f(x_2) \text{ für alle } x_1, x_2 \in \mathbb{R}.$$

Aufgaben

15. Die Abbildung zeigt den Graphen der e-Funktion $f: \mathbb{R} \to \mathbb{R}, x \mapsto e^x$.
Begründen Sie die Richtigkeit der folgenden Aussagen über die e-Funktion.

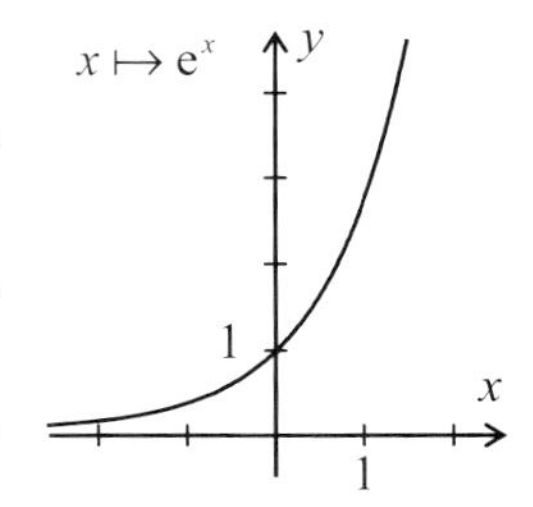

① Die e-Funktion besitzt keine Nullstelle.

② Der Graph der e-Funktion besitzt keine einfache Symmetrie.

③ Der Graph der e-Funktion besitzt keine lokalen Extrempunkte.

④ Der Graph der e-Funktion besitzt keine Wendepunkte.

Argumentieren Sie verbal mithilfe der auf der vorangehenden Seite dargestellten Eigenschaften des Graphen der e-Funktion.

16. Die Abbildung zeigt den Graphen der e-Funktion $f: \mathbb{R} \to \mathbb{R}, x \mapsto e^x$.

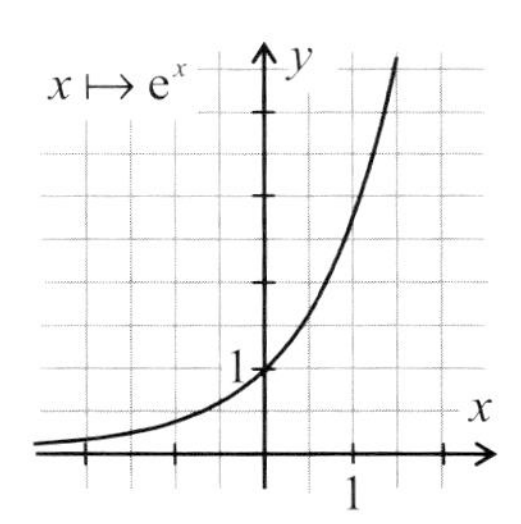

Auf dem Graphen G_f gibt es einen Punkt P, für den die zugehörige Tangente an G_f durch den Ursprung verläuft.

a) Versuchen Sie den Punkt anhand der Abbildung zu finden.

b) Bestätigen Sie Ihre Vermutung durch eine Rechnung und geben Sie eine Gleichung der Tangente an.

17. Die Abbildung zeigt den Graphen der Funktion $f: \mathbb{R} \to \mathbb{R}, x \mapsto e^{-x}$.

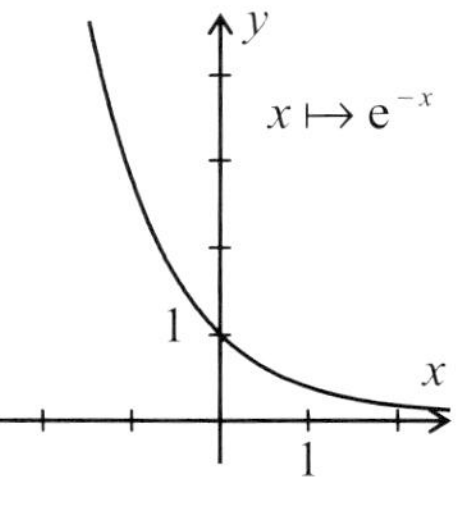

a) Begründen Sie rechnerisch das Monotonie- und das Krümmungsverhalten.

b) Geben Sie mit Begründung die Grenzwerte für $x \to \pm\infty$ an.

c) Wie entsteht der Graph dieser Funktion aus dem Graphen der e-Funktion?

d) Welche Wertemenge besitzt die Funktion?

18.* Begründen Sie, weshalb der Graph der e-Funktion $f: \mathbb{R} \to \mathbb{R}, x \mapsto e^x$ vollständig oberhalb der ersten Winkelhalbierenden verläuft.

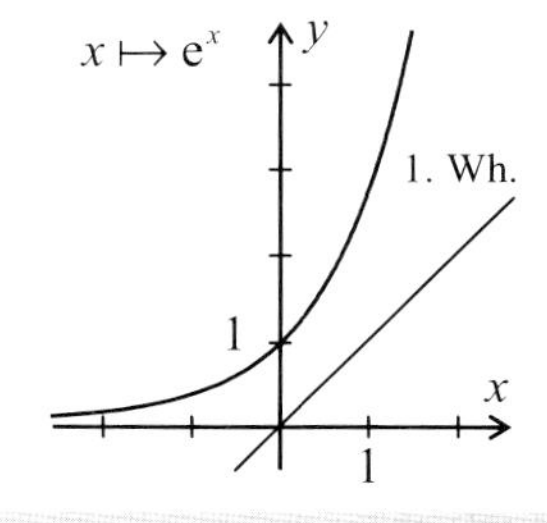

6.2.4 Parallelverschiebung und Streckung des Graphen der e-Funktion (LK)

Wie bei der Sinusfunktion betrachten wir im Zusammenhang mit der e-Funktion Graphen, die durch Parallelverschiebungen, Streckungen und Spiegelungen an den Koordinatenachsen aus dem Graphen der e-Funktion entstehen.

Wir untersuchen, welchen Einfluss die Parameter a, b, c und d auf den Verlauf des Graphen der **allgemeinen e-Funktion** besitzen:

$$f(x) = a \cdot e^{b \cdot (x-c)} + d \text{ mit } a, b, c, d \in \mathbb{R} \text{ und } a, c \neq 0.$$

Wir untersuchen die Bedeutung der Parameter zunächst einzeln.

Bedeutung der Parameter

① Parameter $d \rightarrow$ *Verschiebung in y-Richtung*

Wir betrachten die Graphen von Funktionen der Form $f(x) = e^x + d$ mit $d \neq 0$.

Wie bei der Sinusfunktion bewirkt der Parameter d eine Verschiebung des Graphen in y-Richtung:

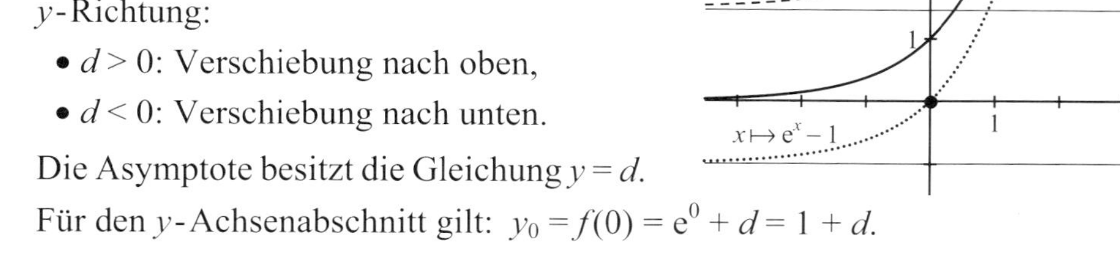

- $d > 0$: Verschiebung nach oben,
- $d < 0$: Verschiebung nach unten.

Die Asymptote besitzt die Gleichung $y = d$.

Für den y-Achsenabschnitt gilt: $y_0 = f(0) = e^0 + d = 1 + d$.

② Parameter $a \rightarrow$ *Streckung in y-Richtung*

Wir betrachten die Graphen von Funktionen der Form $f(x) = a \cdot e^x$ mit $a \neq 0$.

Aus der Abbildung ist zu erkennen, dass der Parameter a die Steigung des Graphen beeinflusst:

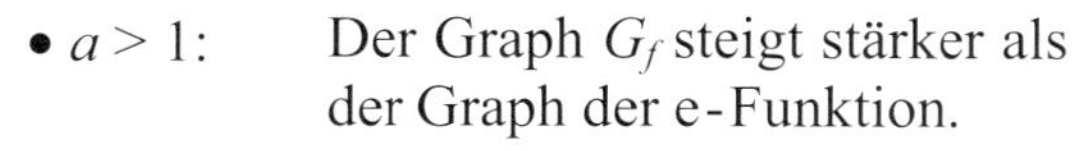

- $a > 1$: Der Graph G_f steigt stärker als der Graph der e-Funktion.
- $0 < a < 1$: Der Graph G_f steigt langsamer als der Graph der e-Funktion.

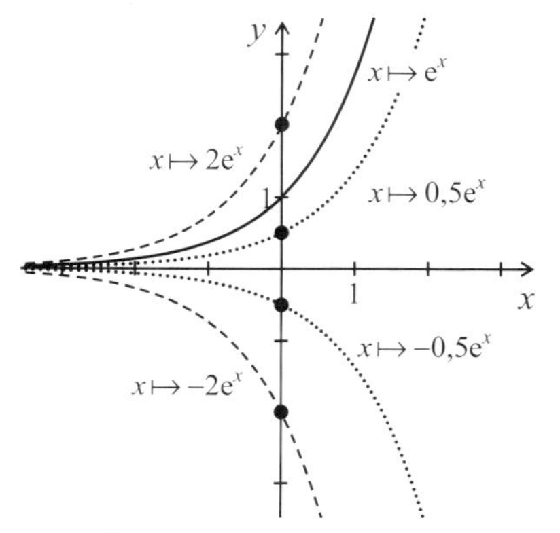

Eine Änderung des Vorzeichens von a führt zu einer Spiegelung des Graphen an der x-Achse.

Bezüglich des Vorzeichens von a ergibt sich folgende Unterscheidung:

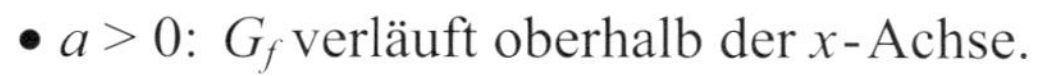

- $a > 0$: G_f verläuft oberhalb der x-Achse.
- $a > 0$: G_f verläuft unterhalb der x-Achse.

In allen Fällen ergibt sich als Asymptote die (negative) x-Achse.

Für den y-Achsenabschnitt gilt: $y_0 = f(0) = a \cdot e^0 = a \cdot 1 = a$.

③ Parameter $c \to$ *Verschiebung in x-Richtung*

Wir betrachten die Graphen von Funktionen der Form $f(x) = e^{x-c}$ mit $c \neq 0$.

Wie bei der Sinusfunktion bewirkt der Parameter c eine Verschiebung des Graphen in x-Richtung:

- $c > 0$: Verschiebung nach rechts,
- $c < 0$: Verschiebung nach links.

In allen Fällen ergibt sich als Asymptote die (negative) x-Achse.

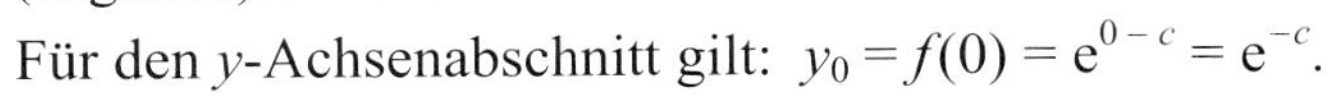

Für den y-Achsenabschnitt gilt: $y_0 = f(0) = e^{0-c} = e^{-c}$.

Man kann den Funktionsterm mithilfe der Potenzgesetze auch wie folgt umformen:

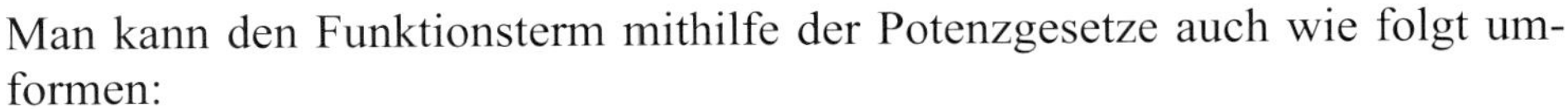

$$f(x) = e^{x-c} = e^x \cdot e^{-c} = \underbrace{e^{-c}}_{=a} \cdot e^x = a \cdot e^x .$$

Die Verschiebung in x-Richtung kann also auch als Streckung in y-Richtung interpretiert werden. Die Steigung des Graphen an einer Stelle ändert sich.

④ Parameter $b \to$ *Streckung in x-Richtung*

Wir betrachten die Graphen von Funktionen der Form $f(x) = e^{b \cdot x}$ mit $b \neq 0$.

Aus der Abbildung ist zu erkennen, dass der Parameter b die Steigung des Graphen beeinflusst:

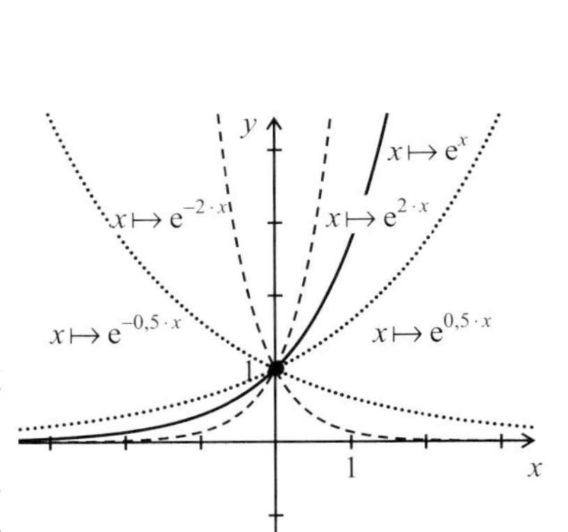

Der Graph zu $x \mapsto e^{-b \cdot x}$ entsteht aus dem Graphen zu $x \mapsto e^{b \cdot x}$ durch eine Spiegelung an der y-Achse.

- $b > 1$: Der Graph G_f ist in x-Richtung um den Faktor $\frac{1}{b}$ gedehnt.

  Er verläuft verglichen mit dem Graphen der e-Funktion schneller gegen Unendlich bzw. gegen die Asymptote.

- $0 < b < 1$: Der Graph G_f ist in x-Richtung um den Faktor $\frac{1}{b}$ gestaucht

  Er verläuft verglichen mit dem Graphen der e-Funktion langsamer gegen Unendlich bzw. die Asymptote.

Bezüglich des Vorzeichens von b ergibt sich folgende Unterscheidung:

- $b > 0$: G_f streng monoton wachsend, die (negative) x-Achse ist Asymptote.
- $b < 0$: G_f streng monoton fallend, die (positive) x-Achse ist Asymptote.

Für den y-Achsenabschnitt gilt in allen Fällen: $y_0 = f(0) = e^{b \cdot 0} = e^0 = 1$.

Kombination der Parameter

Wie bei der Sinusfunktion lassen sich auch bei der e-Funktion die Transformationen miteinander kombinieren. Wir untersuchen dies anhand dreier Beispiele. Die Bilderfolge zeigt jeweils, wie der Graph G_f schrittweise aus dem Graphen der e-Funktion entsteht.

❶ Wir betrachten die Funktion mit der Gleichung $f(x) = 2 \cdot e^{-x} - 1$.

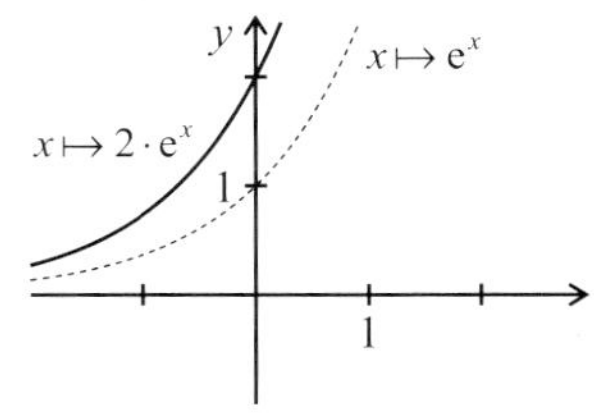

$a = 2$: Streckung um Faktor 2 in y-Richtung

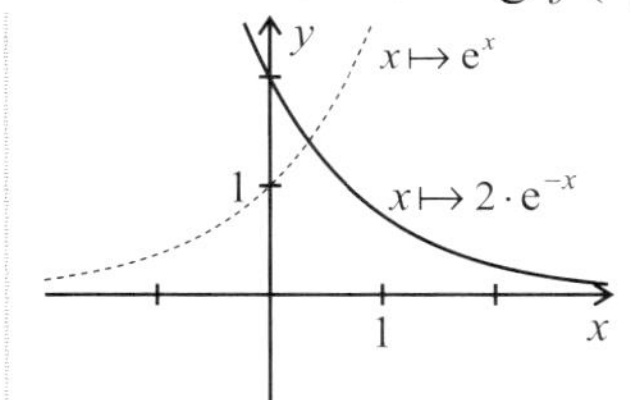

$b = -1$: Spiegelung an der y-Achse

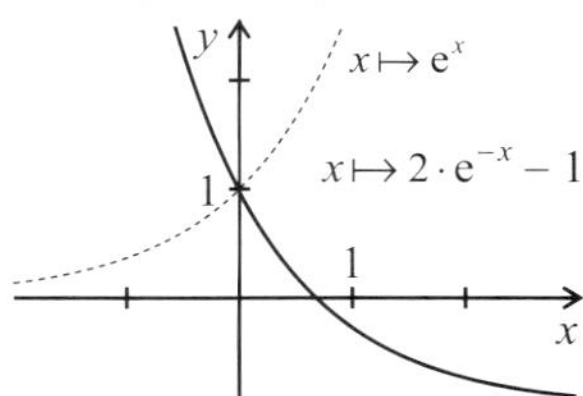

$d = -1$: Verschiebung um 1 nach unten

Grenzwerte: $\lim\limits_{x \to -\infty} f(x) = +\infty$, $\lim\limits_{x \to +\infty} f(x) = -1^+$, y-Achsenabschnitt: $f(0) = 2 - 1 = 1$

❷ Wir betrachten die Funktion mit der Gleichung $f(x) = 3 \cdot e^{x-2} + 1$.

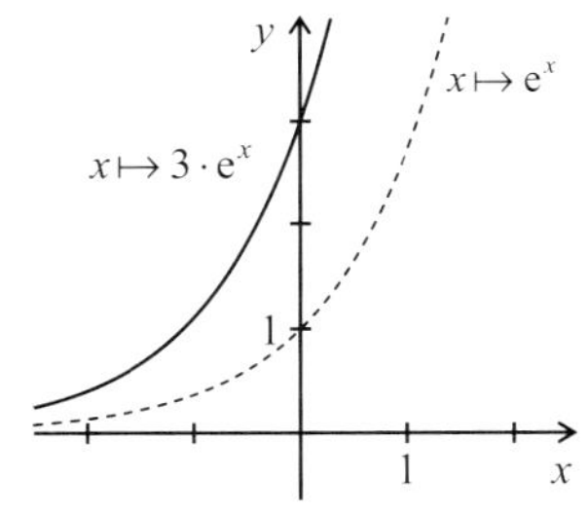

$a = 3$: Streckung um Faktor 3 in y-Richtung

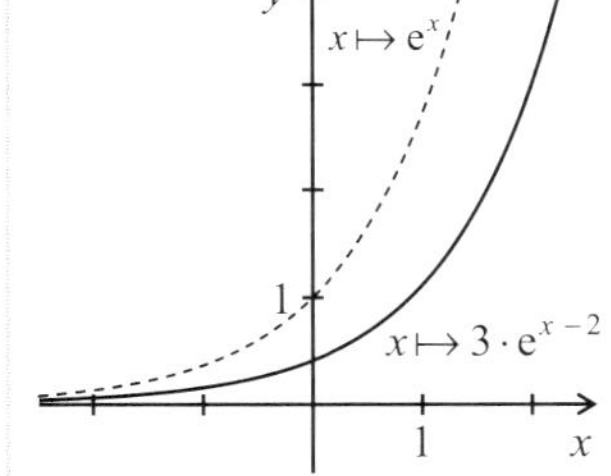

$c = 2$: Verschiebung um 2 nach rechts

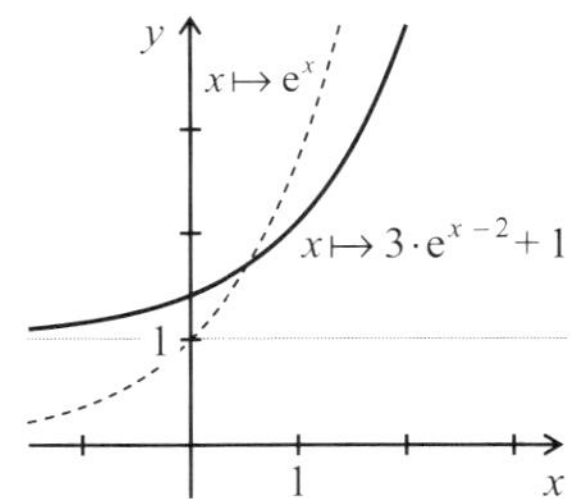

$d = 1$: Verschiebung um 1 nach oben

Grenzwerte: $\lim\limits_{x \to -\infty} f(x) = 1^+$, $\lim\limits_{x \to +\infty} f(x) = +\infty$, y-Achsenabschnitt: $f(0) = 3e^{-2} + 1$

❸ Wir betrachten die Funktion mit der Gleichung $f(x) = -e^{-(x+1)}$

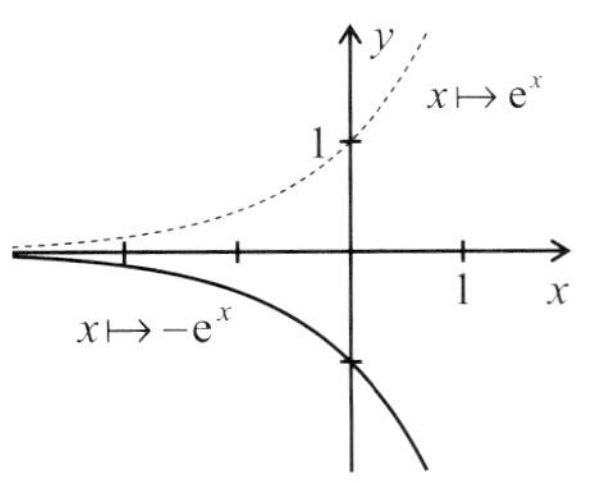

$a = -1$: Spiegelung an der x-Achse

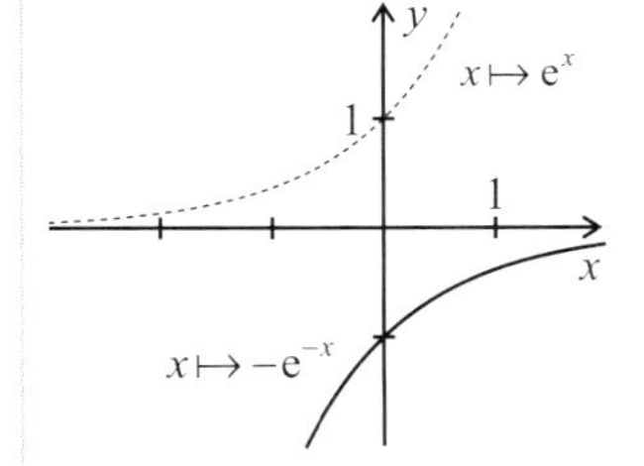

$b = -1$: Spiegelung an der y-Achse

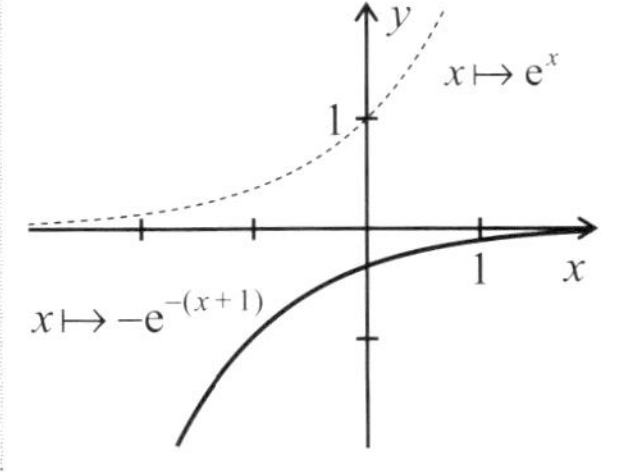

$c = -1$: Verschiebung um 1 nach links

Grenzwerte: $\lim\limits_{x \to -\infty} f(x) = -\infty$, $\lim\limits_{x \to +\infty} f(x) = 0^-$, y-Achsenabschnitt: $f(0) = -e^{-1}$

Aufgaben

19. Ordnen Sie den Graphen die richtige Funktionsgleichung aus der angegebenen Liste zu. Begründen Sie Ihre Zuordnung mit möglichst vielen Argumenten.

a)

b)
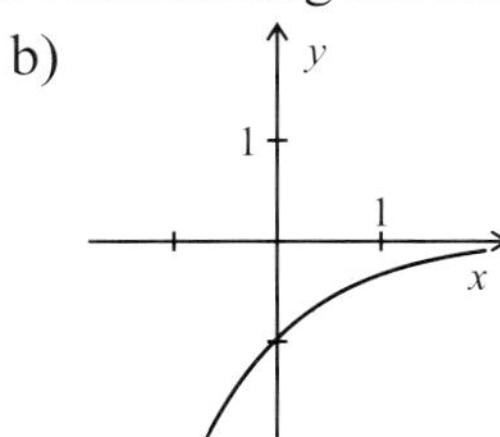

c)
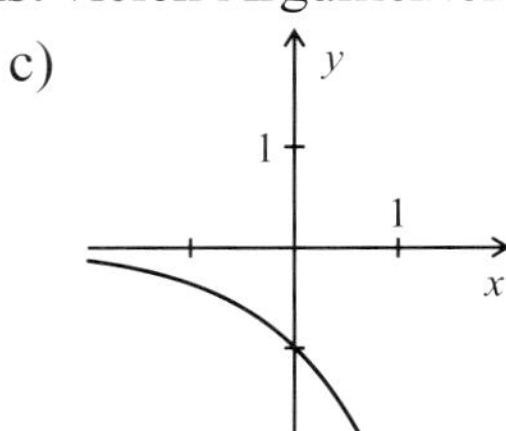

d)

e)
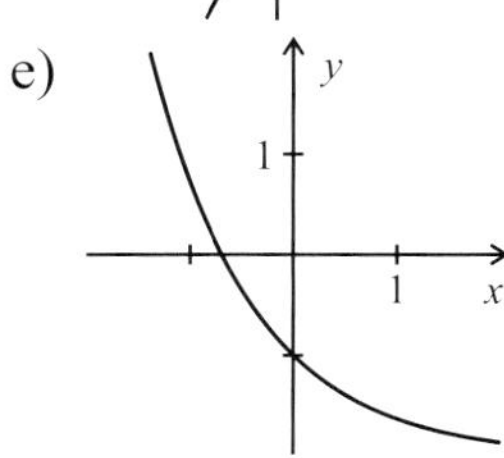

f)
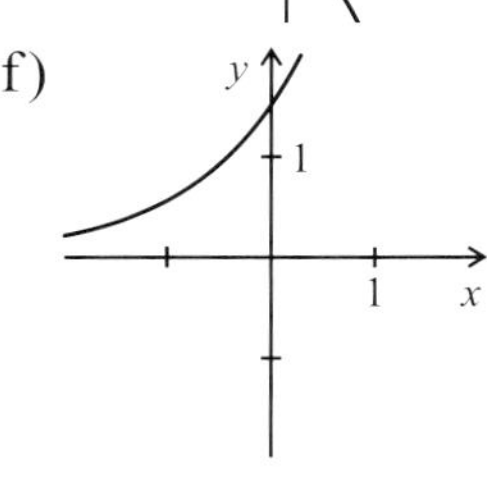

Liste mit Funktionsgleichungen: ① $y = \mathrm{e}^{-x}$ ② $y = -\mathrm{e}^{x}$ ③ $y = 1 - \mathrm{e}^{x}$

④ $y = -\mathrm{e}^{-x}$ ⑤ $y = 1{,}5\mathrm{e}^{x}$ ⑥ $y = \mathrm{e}^{-x} - 2$

20. Beschreiben Sie, durch welche Transformationen die Graphen der Funktionen aus dem Graphen der e-Funktion hervorgehen.
Geben Sie den y-Achsenabschnitt, die Grenzwerte für $x \to \pm\infty$ sowie das Monotonieverhalten an.

a) $f(x) = 2\mathrm{e}^{x+1} - 1$ b) $f(x) = 3\mathrm{e}^{x-2} - 1$ c) $f(x) = 0{,}5\mathrm{e}^{-2x} + 1$

21. Zeichnen Sie den Graphen der Funktion f.
Geben Sie an, durch welche Transformationen der Graph aus dem Graphen der e-Funktion hervorgeht.

a) $f(x) = \frac{1}{2}\mathrm{e}^{x} - 1$ b) $g(x) = 2\mathrm{e}^{-0{,}5\cdot(x-1)}$ c) $h(x) = -\mathrm{e}^{-x} - 1$

22. Bestimmen Sie aus der Abbildung eine Funktionsgleichung der dargestellten allgemeinen e-Funktion der Form $f(x) = a\mathrm{e}^{x-c} + d$.

a)

b)
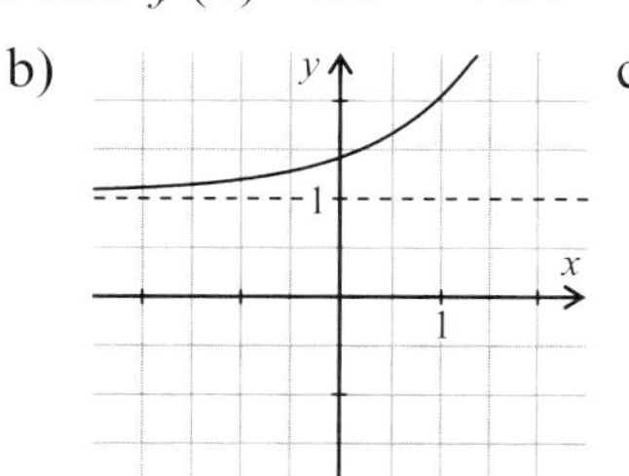

c)
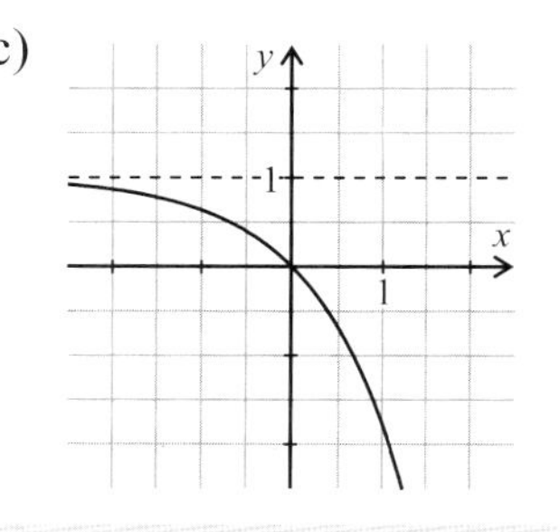

6.2.5 Integrale im Zusammenhang mit der e-Funktion

Die e-Funktion stimmt mit allen ihren Ableitungen überein. Aus der Sichtweise der Integralrechnung ist sie damit auch eine Stammfunktion zu sich selbst.
Es ist in vielen Fällen leicht möglich, Stammfunktionsterme zu Funktionen zu finden, die Terme mit e^x enthalten. Wir betrachten hierzu den Fall der Verkettung der e-Funktion mit der linearen Funktion $x \mapsto ax+b$ mit $a \neq 0$.

Gesucht ist eine Stammfunktion zur Funktion mit der Gleichung $f(x)=e^{ax+b}$. Bei der Suche nach einer Stammfunktion ist die Kettenregel im Auge zu behalten. Der Ansatz $F(x)=\frac{1}{a}\cdot e^{ax+b}$ berücksichtigt durch den Korrekturfaktor $\frac{1}{a}$ die innere Ableitung a der linearen Funktion.

Dieser Ansatz lässt sich durch Ableiten verifizieren:

$$F'(x)=\left(\frac{1}{a}\cdot e^{ax+b}\right)'=\frac{1}{a}\cdot\left(e^{ax+b}\right)'=\frac{1}{a}\cdot e^{ax+b}\cdot a=e^{ax+b}.$$

Stammfunktionen zu Funktionen $f(x)=e^{ax+b}$

Für alle $a\neq 0$ ist $F(x)=\frac{1}{a}\cdot e^{ax+b}$ eine Stammfunktion zu $f(x)=e^{ax+b}$.

Beispiel (Stammfunktionen bestimmen)

Funktion	Stammfunktion
a) $f(x)=e^{-3x}$	$F(x)=e^{-3x}\cdot\left(-\frac{1}{3}\right)=-\frac{1}{3}\cdot e^{-3x}$
b) $f(x)=e^{1-2x}$	$F(x)=e^{1-2x}\cdot\left(-\frac{1}{2}\right)=-\frac{1}{2}\cdot e^{1-2x}$
c) $f(x)=2\cdot e^{5x+1}$	$F(x)=2\cdot e^{5x+1}\cdot\frac{1}{5}=\frac{2}{5}\cdot e^{5x+1}$
d) $f(x)=\frac{2}{(e^x)^2}=2\cdot e^{-2x}$	$F(x)=(2\cdot e^{-2x})\cdot\left(-\frac{1}{2}\right)=-e^{-2x}=-\frac{1}{e^{2x}}$

Beispiel (Anwendung bei Flächenberechnung)

Gegeben ist die Funktion mit der Gleichung

$$f(x)=-e^{-2x}+1.$$

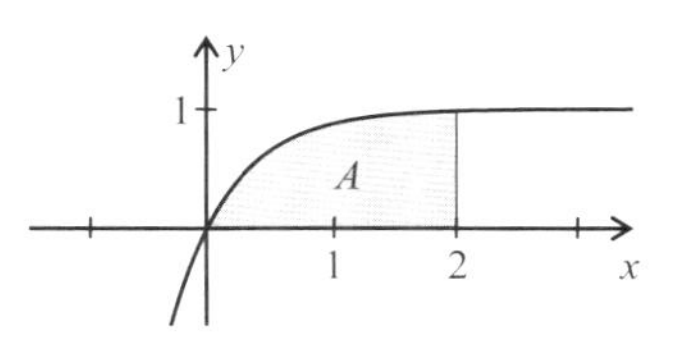

Eine Stammfunktion zu f ist

$$F(x)=-e^{-2x}\cdot\left(-\frac{1}{2}\right)+x=\frac{1}{2}\cdot e^{-2x}+x.$$

Die in der Abbildung gekennzeichnete Fläche hat das Maß

$$\mu(A)=\int_0^2 f(x)dx=\left[F(x)\right]_0^2=\left(\frac{1}{2}\cdot e^{-2\cdot 2}+2\right)-\left(\frac{1}{2}\cdot e^0+0\right)=\frac{1}{2}\cdot e^{-4}+\frac{3}{2}\approx 1{,}509.$$

Aufgaben

23. Geben Sie eine Stammfunktion zu f an.

a) $f: x \mapsto 1+3e^{x}$ b) $f: x \mapsto \frac{1}{2e^{x}}$ c) $f: x \mapsto e^{3-x}$

d) $f: x \mapsto e^{2x+1}$ e) $f: x \mapsto -e^{1-x}$ f) $f: x \mapsto 1-e^{2-x}$

24. Ermitteln Sie eine Stammfunktion.

a) $f: x \mapsto 4+3\cdot e^{-x}$ b) $f: x \mapsto e^{x}+e^{-x}$ c) $f: x \mapsto x^{2}+e^{-2x}$

d) $f: x \mapsto \frac{2}{e^{x}}$ e) $f: x \mapsto \frac{1-e^{x}}{e^{x}}$

25. Berechnen Sie das bestimmte Integral.

a) $\int_{-1}^{1} e^{-x}\,dx$ b) $\int_{-1}^{2} (1-e^{-x})\,dx$ c) $\int_{2}^{1} 3e^{2x}\,dx$

d) $\int_{0}^{1} \sqrt[3]{e^{x}}\,dx$ e) $\int_{2}^{1} (e^{x}+e^{-x})\,dx$ f) $\int_{2}^{0} (e^{x}+e^{3x+1})\,dx$

g) $\int_{0}^{1} (1-e^{x})^{2}\,dx$ h) $\int_{0}^{1} (e^{x}-e^{-x})^{2}\,dx$ i) $\int_{2}^{1} (x^{2}+e^{-x})\,dx$

26. Berechnen Sie für die Funktion f das Maß der gekennzeichneten Fläche.

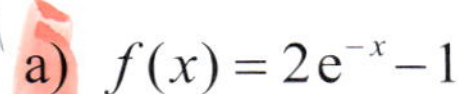
a) $f(x)=2e^{-x}-1$

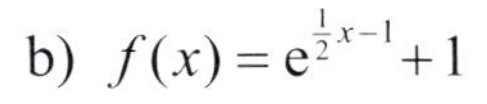
b) $f(x)=e^{\frac{1}{2}x-1}+1$

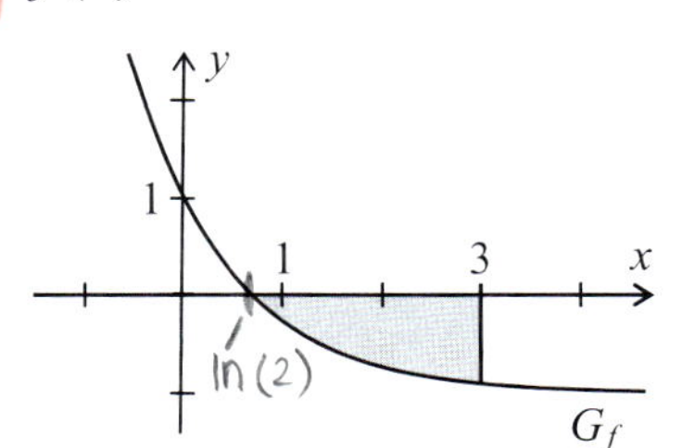

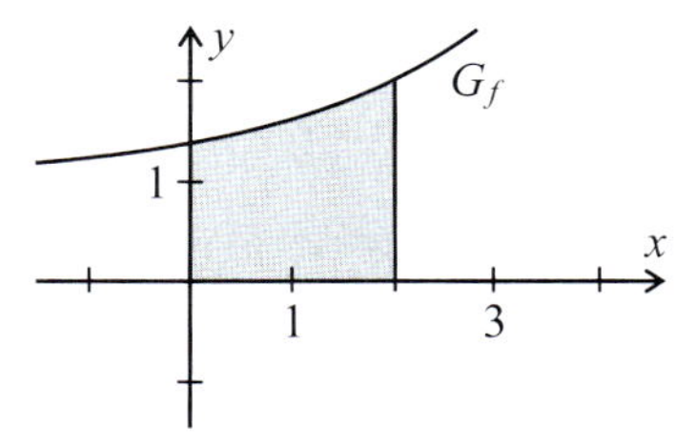

27. Berechnen Sie das Maß der gekennzeichneten Fläche.

a)

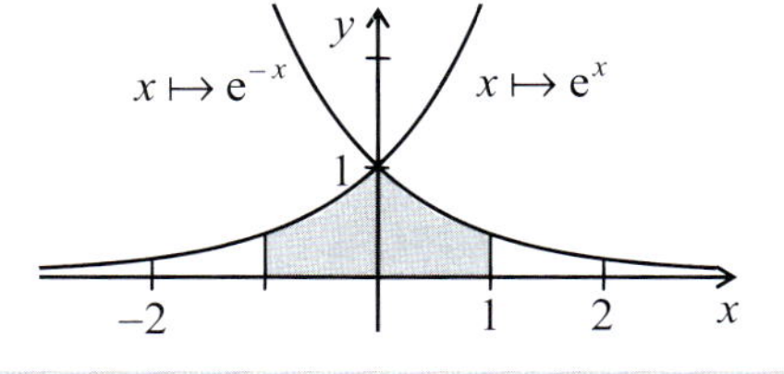

b)

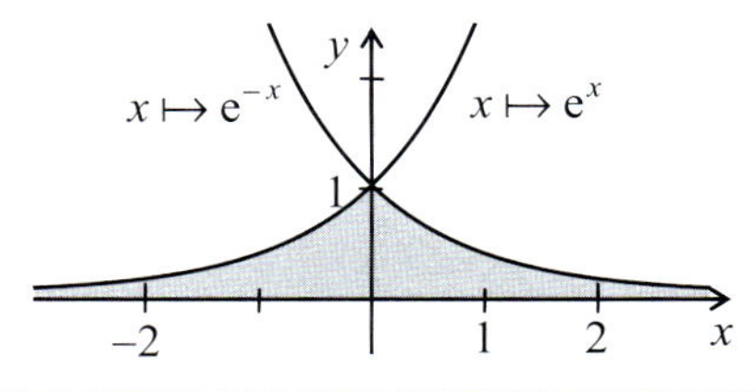

6.3 Die natürliche Logarithmusfunktion

6.3.1 Die ln-Funktion

Die e-Funktion $f\colon \mathbb{R} \to \mathbb{R},\, x \mapsto e^x$ ist streng monoton wachsend und somit in der Wertemenge $\mathbb{R}^+$ umkehrbar. Die Umkehrfunktion zur e-Funktion ist eine Logarithmusfunktion. Sie trägt einen besonderen Namen.

ln-Funktion

Die Umkehrfunktion $\mathbf{ln\colon \mathbb{R}^+ \to \mathbb{R},\, x \mapsto ln(x)}$ zur e-Funktion heißt **natürliche Logarithmusfunktion** (kurz **ln-Funktion**).

Aufgrund dieser Definition gilt:

$$y = e^x \iff \ln(y) = x.$$

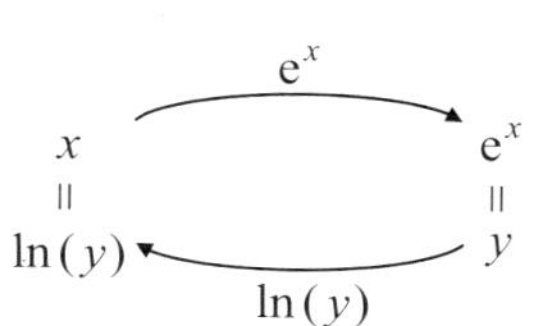

Die Funktionswerte der ln-Funktion nennt man **natürliche Logarithmen** oder **Logarithmen zur Basis e**.

Näherungswerte für natürliche Logarithmen lassen sich mit einem Taschenrechner über die LN Taste bestimmen.

Wegen der Umkehreigenschaft von e- und ln-Funktion können wir den Graphen der ln-Funktion aus dem Graphen der e-Funktion konstruieren. Hierzu müssen wir eine Spiegelung an der 1. Winkelhalbierenden durchführen.

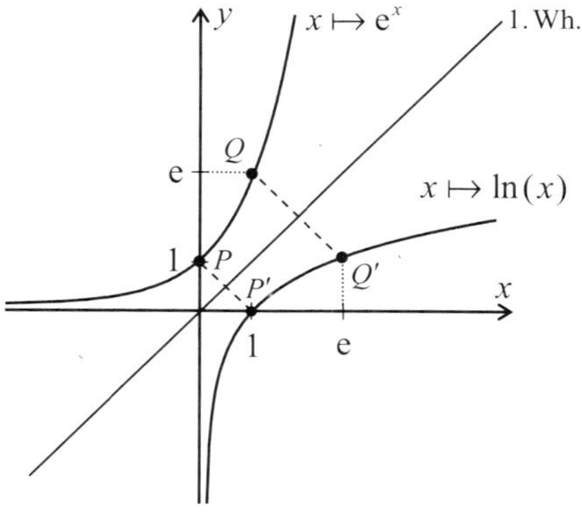

Der Punkt $P(0\,|\,1)$ wird dabei auf $P'(1\,|\,0)$, der Punkt $Q(1\,|\,e)$ auf $Q'(e\,|\,1)$ gespiegelt.

Insbesondere gilt daher:

$$\ln(1) = 0 \text{ und } \ln(e) = 1.$$

Da die e- und die ln-Funktion Umkehrfunktionen zueinander sind, gelten für ihre Verkettungen folgende Zusammenhänge:

- $\ln(e^x) = x$ für alle $x \in \mathbb{R}$,
- $e^{\ln(x)} = x$ für alle $x \in \mathbb{R}^+$.

Aufgaben

1. Berechnen Sie die Logarithmen ohne Taschenrechner.
   a) $\ln(e)$ b) $\ln(e^2)$ c) $\ln(e^{-3})$ d) $\ln(\frac{1}{e})$ e) $\ln(\sqrt{e})$

2. Vereinfachen Sie.
   a) $e^{\ln(3)}$ b) $e^{-\ln(5)}$ c) $e^{2\cdot\ln(3)}$ d) $e^{0,5\cdot\ln(25)}$ e) $e^{0,5\cdot\ln(3)}$

6.3.2 Differenzierbarkeit und Ableitung der ln-Funktion

Differenzierbarkeit

Die e-Funktion ist in ihrer gesamten Definitionsmenge differenzierbar. Anschaulich wird dies dadurch sichtbar, dass der Graph glatt verläuft, also weder einen Knick noch eine Spitze aufweist.

Da der Graph der ln-Funktion aus dem Graphen der e-Funktion durch eine Spiegelung an der ersten Winkelhalbierenden entsteht, bleibt die Eigenschaft der Knickfreiheit dabei erhalten.

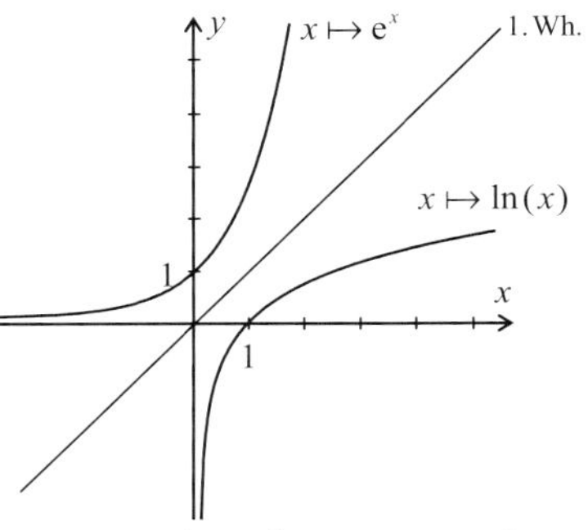

Wir können also aufgrund dieser anschaulichen Argumentation davon ausgehen, dass auch die ln-Funktion in ihrer Definitionsmenge differenzierbar ist.

Ableitungsterm

Ein Term für die Ableitung der ln-Funktion ergibt sich aus der Kenntnis der Ableitung der e-Funktion. Da die e-Funktion und die ln-Funktion Umkehrfunktionen zueinander sind, gilt $e^{\ln(x)} = x$ für alle $x \in \mathbb{R}^+$.

Durch Ableiten auf beiden Seiten und Anwenden der Kettenregel ergibt sich:

$$e^{\ln(x)} = x \quad | \text{ auf beiden Seiten ableiten}$$

$$\Leftrightarrow \quad (e^{\ln(x)})' = 1 \quad | \text{ Kettenregel anwenden}$$

$$\Leftrightarrow \quad e^{\ln(x)} \cdot \ln'(x) = 1 \quad | \text{ innere Ableitung } \ln'(x) \text{ beachten}$$

$$\Leftrightarrow \quad x \cdot \ln'(x) = 1 \quad | \text{ nach } \ln'(x) \text{ auflösen}$$

$$\Leftrightarrow \quad \ln'(x) = \frac{1}{x}$$

Ableitung der ln-Funktion

Die ln-Funktion $\ln: \mathbb{R}^+ \to \mathbb{R}, x \mapsto \ln(x)$ ist an jeder Stelle $x \in \mathbb{R}^+$ differenzierbar und es gilt: $\ln'(x) = \frac{1}{x}$.

Beim Ableiten von ln-Funktionen mit linear verketteten Argumenten muss die Argumentfunktion[1] beachtet und die Kettenregel angewendet werden.

Beispiel (Kettenregel bei ln-Funktionstermen anwenden)

$$[\ln(2x+1)]' \underset{(KR)}{=} \frac{1}{2x+1} \cdot 2 = \frac{2}{2x+1}$$

Es wird der Kehrwert des Arguments gebildet. Dabei ist die innere Ableitung 2 zu beachten.

[1] Bei $x \mapsto \ln(2x+1)$ ist $2x+1$ das Argument der ln-Funktion bzw. $x \mapsto 2x+1$ ist die Argumentfunktion.

Stammfunktion zur Kehrwertfunktion

Die Ableitung der ln-Funktion führt zur Kehrwertfunktion. Diese Eigenschaft lässt sich auch aus der Sicht der Kehrwertfunktion deuten. Zur Kehrwertfunktion konnten wir bisher keine integralfreie Stammfunktion angeben. Diese Lücke wird jetzt durch die ln-Funktion geschlossen.

Stammfunktion zur Kehrwertfunktion

Die ln-Funktion $\ln: \mathbb{R}^+ \to \mathbb{R}, x \mapsto \ln(x)$ ist über der Definitionsmenge $\mathbb{R}^+$ eine Stammfunktion zur Kehrwertfunktion $f: \mathbb{R}^+ \to \mathbb{R}, x \mapsto \frac{1}{x}$.

Aufgaben

3. Leiten Sie ab.
   a) $f: x \mapsto 2 \cdot \ln(x)$ b) $f: x \mapsto \ln(2+x)$
   c) $f: x \mapsto 3 \cdot \ln(x+1)$ d) $f: x \mapsto -2 \cdot \ln(x+3)$

4. Berechnen Sie die erste Ableitung.
   a) $f: x \mapsto \ln(2 \cdot x)$ b) $f: x \mapsto \ln(3x+1)$
   c) $f: x \mapsto \ln(1-x)$ d) $f: x \mapsto \ln(3-2x)$

5. Leiten Sie ab.
   a) $f(x) = 1 + \ln(x)$ b) $f(x) = 2x + \ln(x)$
   c) $f(x) = x + \ln(2x)$ d) $f(x) = x^2 + \ln(3x)$

6. Wie groß ist der Steigungswinkel der Tangente an den Graphen der ln-Funktion in den angegebenen Punkten?
   a) $P(1|?)$ b) $Q(2|?)$ c) $R(1{,}5|?)$

7. In welchem Punkt hat der Graph der ln-Funktion eine Tangente, die parallel zur ersten Winkelhalbierenden ist?

8. Für welchen Punkt des Graphen der ln-Funktion geht die Tangente durch den Punkt $P(0|1)$?

9. Geben Sie zu den folgenden Funktionen einen Stammfunktionsterm an.
   a) $f: x \mapsto \frac{2}{x}$ für $x > 0$ b) $f: x \mapsto -\frac{3}{x}$ für $x > 0$
   c) $f: x \mapsto -3 \cdot \frac{1}{x} + 1$ für $x > 0$ d) $f: x \mapsto \frac{2}{x-1}$ für $x > 1$

6.3.3 Graph und Eigenschaften des Graphen der ln-Funktion

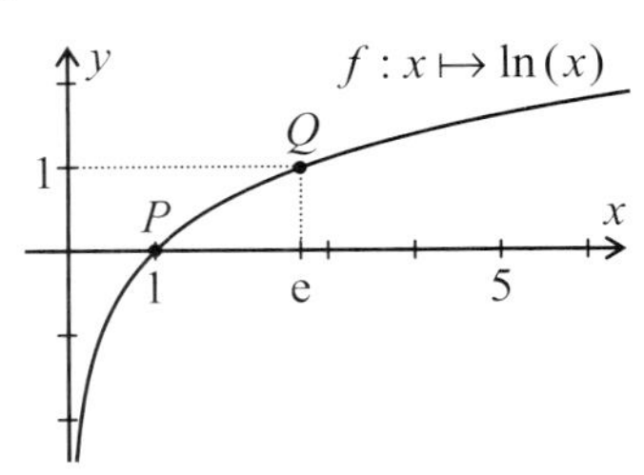

① *Graph*
Die ln-Funktion ist eine spezielle Logarithmusfunktion. Ihr Graph hat somit den für Logarithmusfunktionen typischen Verlauf.
Charakteristische Punkte des Graphen sind die Punkte $P(1|0)$ und $Q(\mathrm{e}|1)$.

② *Monotonie*
Die ln-Funktion ist in der gesamten Definitionsmenge $\mathbb{R}^+$ streng monoton wachsend.

Für alle $x \in \mathbb{R}^+$ gilt:
$f'(x) = \frac{1}{x} > 0$.

③ *Krümmung*
Der Graph der ln-Funktion ist in der gesamten Definitionsmenge $\mathbb{R}^+$ rechtsgekrümmt.

Für alle $x \in \mathbb{R}^+$ gilt:
$f''(x) = -\frac{1}{x^2} < 0$.

④ *Nullstellen*
Wir wissen bereits, dass die ln-Funktion die Nullstelle 1 besitzt. Sie ist als differenzierbare Funktion auch stetig. Wegen der strengen Monotonie ist somit 1 die einzige Nullstelle.

Für $f(x) = \ln(x)$ gilt:
$f(x) = 0 \Leftrightarrow x = 1$.

⑤ *Grenzwerte und Wertemenge*
Die ln-Funktion übernimmt als Umkehrfunktion die Definitionsmenge $\mathbb{R}$ der e-Funktion als Wertemenge. Da die ln-Funktion in $\mathbb{R}^+$ differenzierbar (und damit stetig) sowie streng monoton wachsend ist, ergeben sich die nebenstehenden Grenzwerte an den Rändern der Definitionsmenge.

Es gilt:
$\lim\limits_{x \to 0^+} \ln(x) = -\infty$
$\lim\limits_{x \to +\infty} \ln(x) = +\infty$

Aufgaben

10. Begründen Sie die Richtigkeit der Aussagen über die ln-Funktion. Argumentieren Sie verbal mithilfe der Eigenschaften des Graphen der ln-Funktion.
    ① Der Graph der ln-Funktion besitzt keine einfache Symmetrie.
    ② Der Graph der ln-Funktion besitzt keine lokalen Extrempunkte.
    ③ Der Graph der ln-Funktion besitzt keine Wendepunkte.

11. Welcher Punkt des Graphen der ln-Funktion hat von der Geraden g mit der Gleichung $y = 0{,}5\,x + 5$ den kleinsten Abstand?

6.3.4 Darstellung der ln-Funktion als Integralfunktion

Für die Kehrwertfunktion $f: \mathbb{R}^+ \to \mathbb{R}, x \mapsto \frac{1}{x}$ konnten wir eine Stammfunktion bisher nur in der Integralform angeben:

$$F: \mathbb{R}^+ \to \mathbb{R}, x \mapsto \int_1^x \frac{1}{t} dt.$$

Für die Ableitung der ln-Funktion hatten wir $\ln'(x) = \frac{1}{x}$ gefunden. Dies bedeutet aber, dass die ln-Funktion eine Stammfunktion zur Kehrwertfunktion ist.
Da sich Stammfunktionen von über einem Intervall definierten Funktionen nur um eine additive Konstante unterscheiden, gibt es eine Zahl $c \in \mathbb{R}$, sodass gilt:

$$\ln(x) = \int_1^x \frac{1}{t} dt + c \text{ für alle } x \in \mathbb{R}^+.$$

Die Konstante c lässt sich bestimmen, indem man speziell $x = 1$ wählt:

$$\ln(1) = \int_1^1 \frac{1}{t} dt + c \Leftrightarrow 0 = 0 + c \Leftrightarrow c = 0.$$

Damit ergibt sich für die ln-Funktion folgende Integraldarstellung:

Integraldarstellung der ln-Funktion
Für die ln-Funktion $\ln: \mathbb{R}^+ \to \mathbb{R}, x \mapsto \ln(x)$ gilt:

$$\ln(x) = \int_1^x \frac{1}{t} dt \;.$$

Dieser Sachverhalt lässt sich anschaulich deuten.

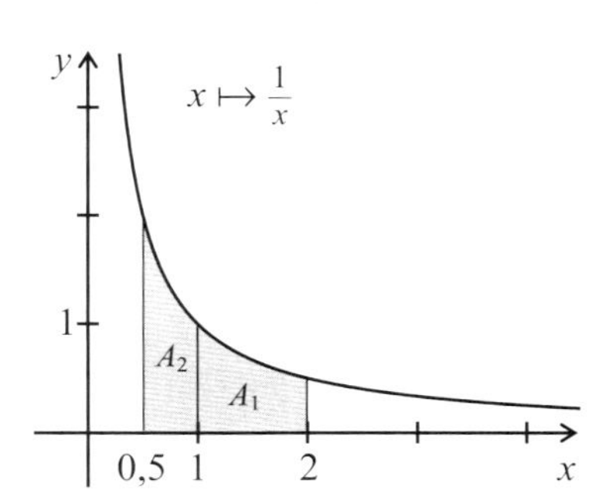

- $\mu(A_1) = \int_1^2 \frac{1}{t} dt = \ln(2) - \underbrace{\ln(1)}_{=0} = \ln(2)$

  $\ln(2)$ gibt den Inhalt der Fläche zwischen der Kehrwertfunktion und dem Intervall [1 ; 2] an.

- $\mu(A_2) = \int_{0,5}^1 \frac{1}{t} dt = \underbrace{\ln(1)}_{=0} - \ln(0,5) = -\ln(0,5)$

Dabei ist zu beachten: $\ln(0,5) = \ln(2^{-1}) = -\ln(2) < 0$.

Aufgabe

12. Gegeben ist die Kehrwertfunktion $f: \mathbb{R}^* \to \mathbb{R}, x \mapsto \frac{1}{x}$.
    a) Weshalb kann die ln-Funktion keine Stammfunktion der Funktion f sein?
    b) Begründen Sie, dass f Stammfunktionen besitzt.

6.3.5 Parallelverschiebung und Streckung des Graphen der ln-Funktion (LK) (GK – Pflichtbereich 3)

Wie im Fall der e-Funktion betrachten wir auch bei der ln-Funktion Parallelverschiebungen, Streckungen und Spiegelungen des Graphen.

Wir untersuchen, welchen Einfluss die Parameter a, b, c und d auf den Verlauf des Graphen der **allgemeinen ln-Funktion** besitzen:

$$f(x) = a \cdot \ln(b \cdot (x-c)) + d \text{ mit } a, b, c, d \in \mathbb{R} \text{ und } a, c \neq 0.$$

Wie bei der e-Funktion untersuchen wir die Bedeutung der einzelnen Parameter zunächst einzeln.

Bedeutung der Parameter

① Parameter $d \rightarrow$ *Verschiebung in y-Richtung*

Wir betrachten die Graphen von Funktionen der Form $f(x) = \ln(x) + d$ mit $d \neq 0$.

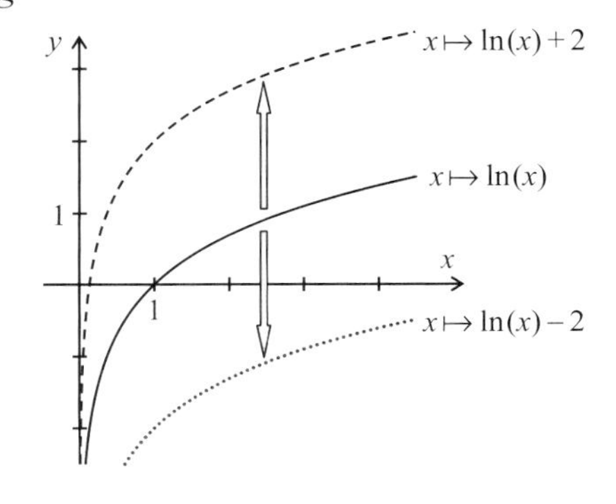

Wie im Fall der e-Funktion ergibt sich eine Verschiebung des Graphen in y-Richtung:

- $d > 0$: Verschiebung nach oben,
- $d < 0$: Verschiebung nach unten.

Die Definitionsmenge und die Form des Graphen bleiben unverändert.

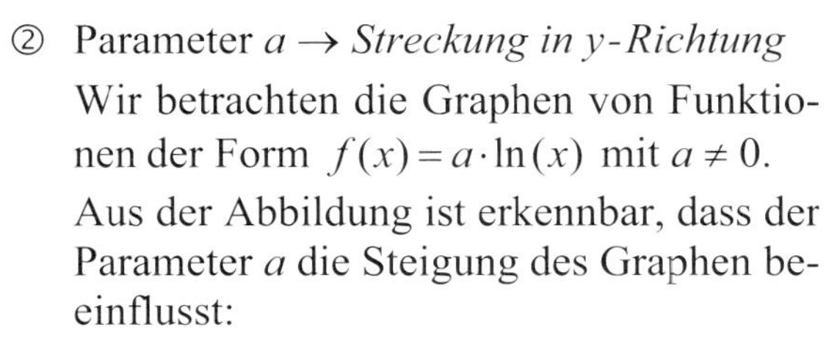

② Parameter $a \rightarrow$ *Streckung in y-Richtung*

Wir betrachten die Graphen von Funktionen der Form $f(x) = a \cdot \ln(x)$ mit $a \neq 0$.

Aus der Abbildung ist erkennbar, dass der Parameter a die Steigung des Graphen beeinflusst:

- $a > 1$: Der Graph G_f steigt stärker als der Graph der ln-Funktion.
- $0 < a < 1$: Der Graph G_f steigt langsamer im Vergleich zum Graphen der ln-Funktion.

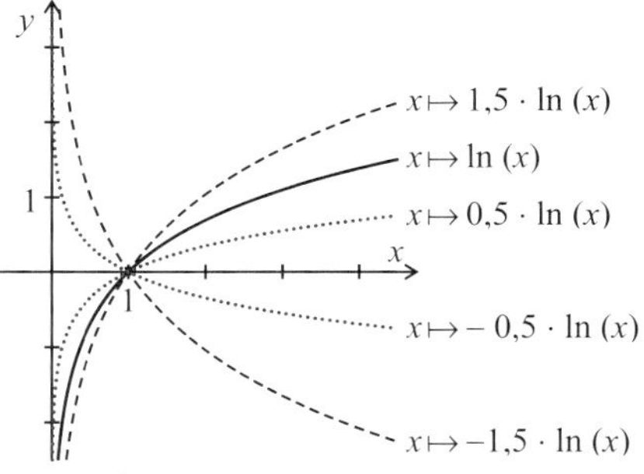

Eine Änderung des Vorzeichens von a führt zu einer Spiegelung des Graphen an der x-Achse.

Bezüglich des Vorzeichens von a ergibt sich folgende Unterscheidung:

- $a > 0$: Die negative y-Achse ist Asymptote.
- $a < 0$: G_f ist an der x-Achse gespiegelt, die positive y-Achse ist Asymptote.

Die Definitionsmenge bleibt unverändert. Alle Funktionen besitzen unverändert die Nullstelle 1.

③ Parameter $c \rightarrow$ *Verschiebung in x-Richtung*

Wir betrachten die Graphen von Funktionen der Form $f(x) = \ln(x - c)$ mit $c \neq 0$.

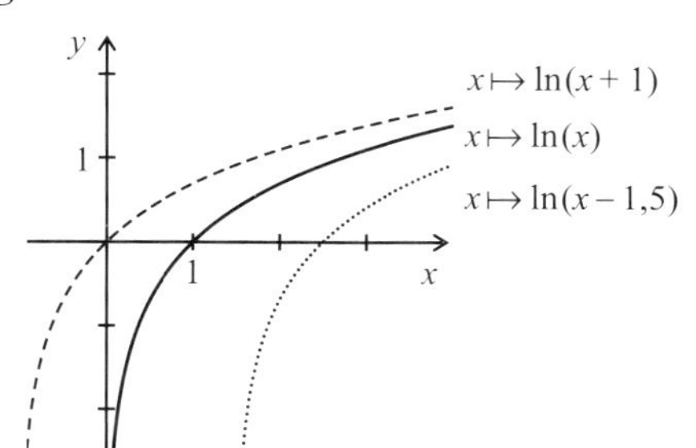

Wie im Fall der Sinusfunktion bewirkt der Parameter c die Verschiebung des Graphen in x-Richtung:

- $c > 0$: Verschiebung nach rechts,
- $c < 0$: Verschiebung nach links.

Die Definitionsmenge sowie auch die Lage der Nullstelle ändern sich.

④ Parameter $b \rightarrow$ *Streckung in x-Richtung*

Wir betrachten die Graphen von Funktionen der Form $f(x) = \ln(b \cdot x)$ mit $b \neq 0$.

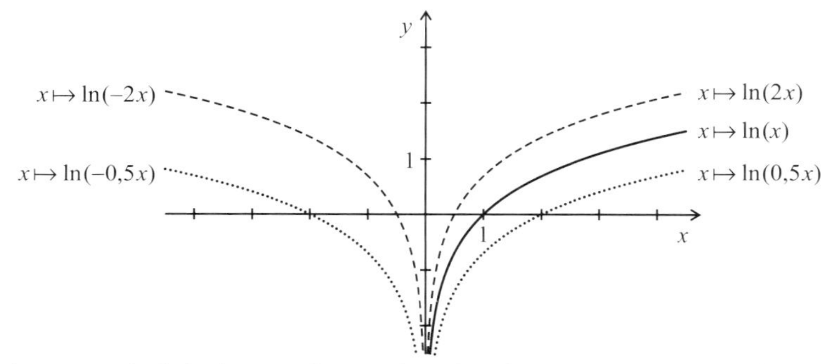

Der Graph zu $x \mapsto \ln(-b \cdot x)$ entsteht aus dem Graphen zu $x \mapsto \ln(b \cdot x)$ durch eine Spiegelung an der y-Achse.

Aus der Abbildung ist zu erkennen, dass der Parameter b auch hier die Steigung des Graphen beeinflusst:

- $b > 1$: Der Graph G_f ist in x-Richtung um den Faktor $\frac{1}{b}$ gestaucht.
  Er verläuft im Vergleich zum Graphen der ln-Funktion schneller gegen Unendlich bzw. gegen die Asymptote.
- $0 < b < 1$: Der Graph G_f ist in x-Richtung um den Faktor $\frac{1}{b}$ gedehnt.
  Er verläuft verglichen mit dem Graphen der ln-Funktion langsamer gegen Unendlich bzw. die Asymptote.

Bezüglich des Vorzeichens von b ergibt sich folgende Unterscheidung:

- $b > 0$: f ist streng monoton wachsend mit der Definitionsmenge $D = \mathbb{R}^+$.
- $b < 0$: f ist streng monoton fallend mit der Definitionsmenge $D = \mathbb{R}^-$.

Die Lage der Nullstelle ändert sich.

Eine Streckung in x-Richtung bei der ln-Funktion kann auch als eine Verschiebung in y-Richtung interpretiert werden.[1]

[1] Hintergrund hierfür ist eine Rechenregel für Logarithmen: $\ln(x \cdot y) = \ln(x) + \ln(y)$. Sie folgt aus dem 1. Potenzgesetz und wird als Funktionalgleichung der ln-Funktion oder als 1. Logarithmengesetz bezeichnet.

Kombination der Parameter

Wie bei der e-Funktion lassen sich auch bei der ln-Funktion die einzelnen Transformationen miteinander kombinieren. Wir untersuchen dies anhand dreier Beispiele. Die Bilderfolge zeigt jeweils, wie der Graph G_f schrittweise aus dem Graphen der ln-Funktion entsteht.

❶ Wir betrachten die Funktion mit der Gleichung $f(x) = 1{,}5 \cdot \ln(x+1) + 1$.

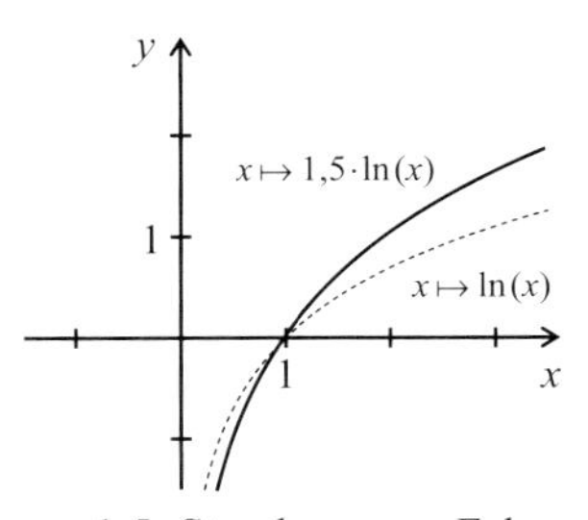

$a = 1{,}5$: Streckung um Faktor 1,5 in y-Richtung

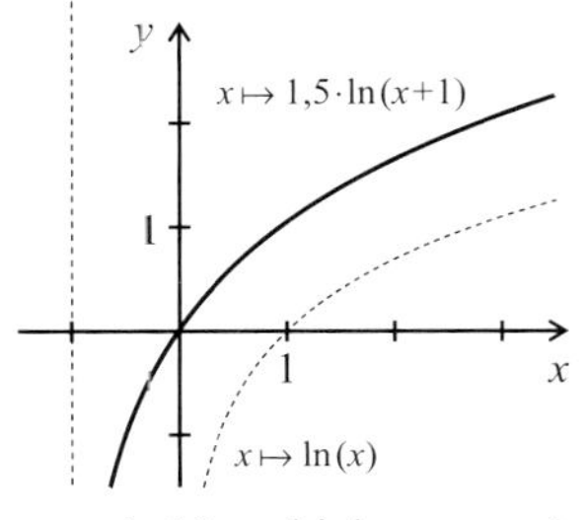

$c = -1$: Verschiebung um 1 nach links

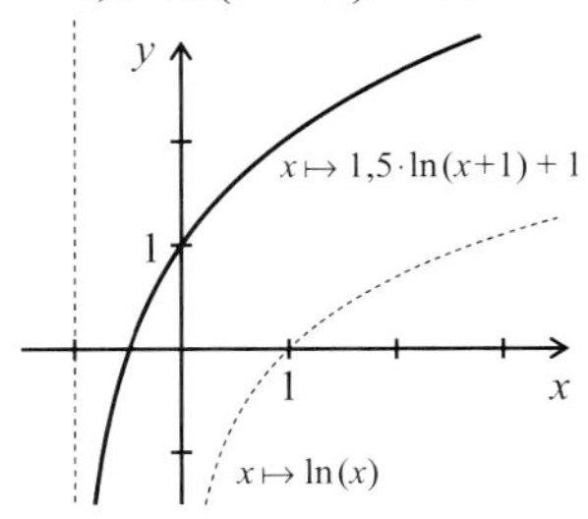

$d = 1$: Verschiebung um 1 nach oben

Grenzwerte: $\lim\limits_{x \to -1^+} f(x) = -\infty$, $\lim\limits_{x \to +\infty} f(x) = +\infty$, y-Achsenabschnitt: $f(0) = 1$

❷ Wir betrachten die Funktion mit der Gleichung $f(x) = 0{,}5 \cdot \ln(x-2) + 1$.

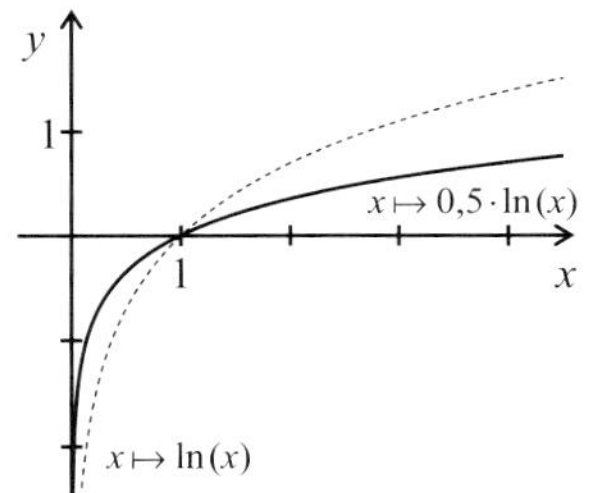

$a = 0{,}5$: Streckung um Faktor 0,5 in y-Richtung

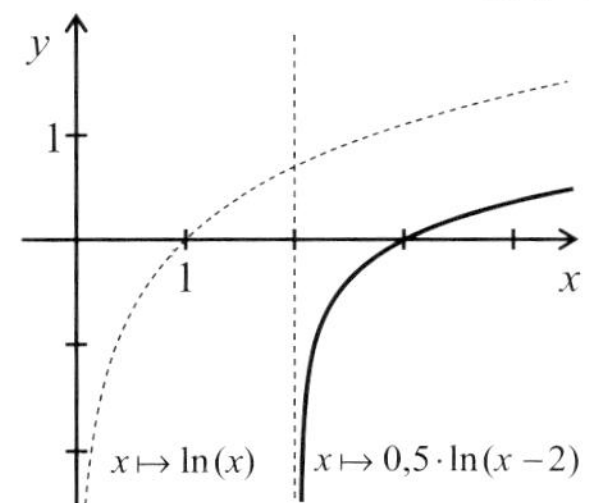

$c = 2$: Verschiebung um 2 nach rechts

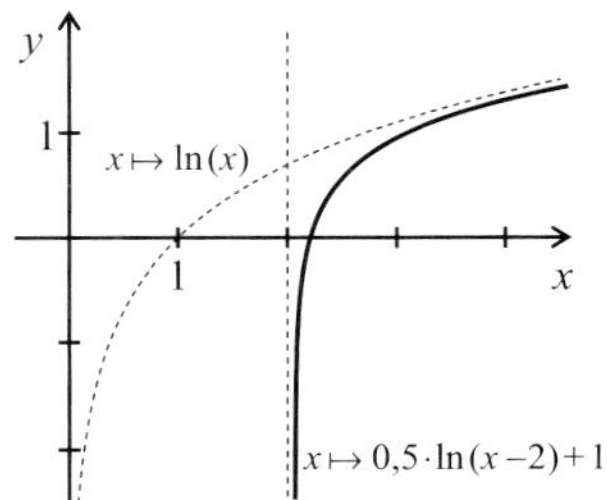

$d = 1$: Verschiebung um 1 nach oben

Grenzwerte: $\lim\limits_{x \to 2^+} f(x) = -\infty$, $\lim\limits_{x \to +\infty} f(x) = +\infty$, y-Achsenabschnitt: $0 \notin D_{\max}$

❸ Wir betrachten die Funktion mit der Gleichung $f(x) = -\ln(-x) - 1$.

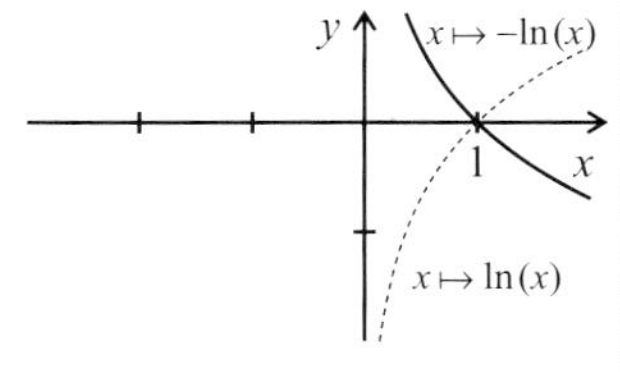

$a = -1$: Spiegelung an der x-Achse

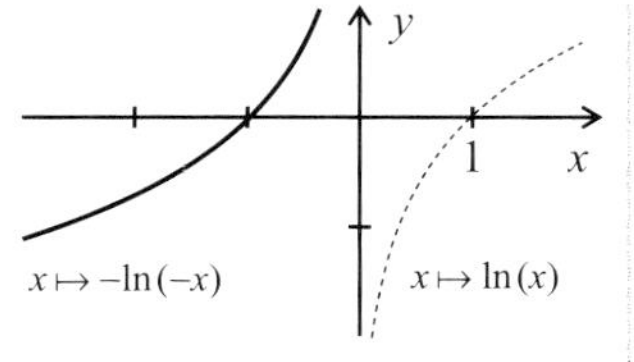

$b = -1$: Spiegelung an der y-Achse

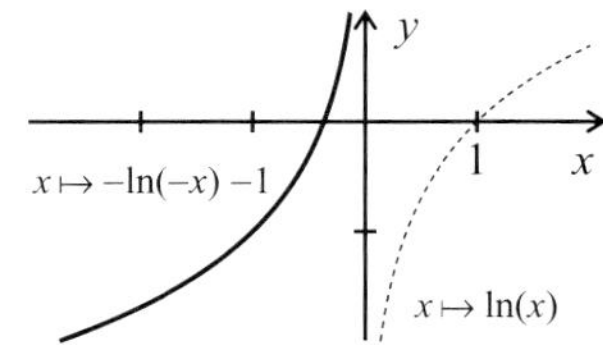

$d = -1$: Verschiebung um 1 nach unten

Grenzwerte: $\lim\limits_{x \to -\infty} f(x) = -\infty$, $\lim\limits_{x \to 0^-} f(x) = +\infty$, y-Achsenabschnitt: $0 \notin D_{\max}$

Aufgaben

13. Ordnen Sie den Graphen die richtige Funktionsgleichung aus der angegebenen Liste zu. Begründen Sie Ihre Zuordnung mit möglichst vielen Argumenten.

a) 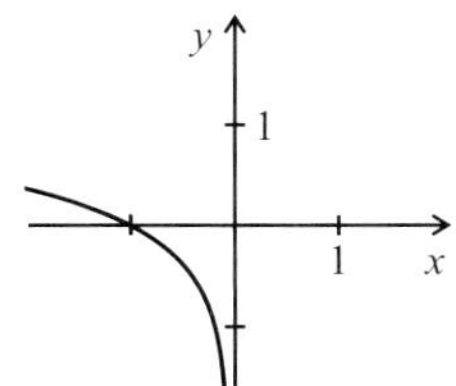
b) 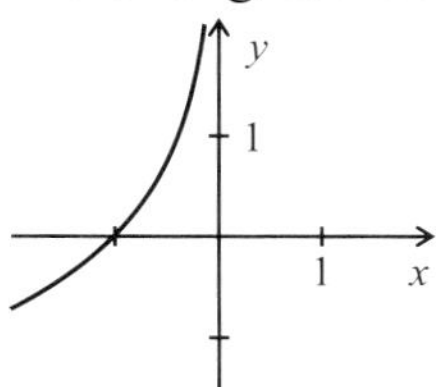
c) 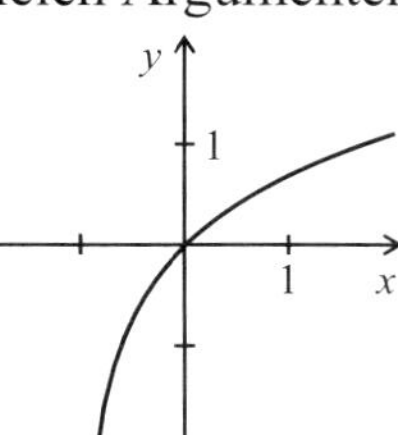

d) 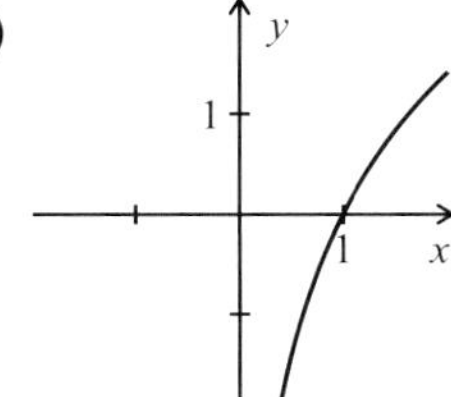
e) 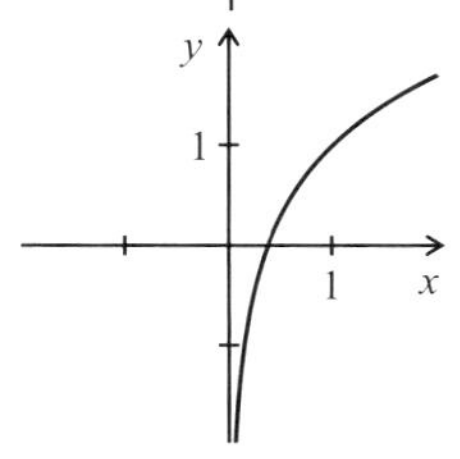
f) 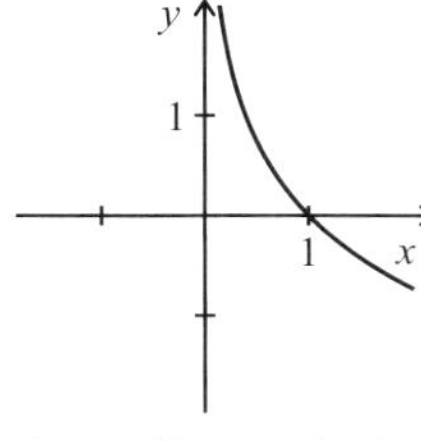

Funktionsgleichungen: ① $y = \ln(-x)$ ② $y = -\ln(x)$ ③ $y = \ln(x) + 1$
④ $y = -\ln(-x)$ ⑤ $y = 2\ln(x)$ ⑥ $y = \ln(x+1)$

14. Beschreiben Sie, durch welche Transformationen die Graphen der Funktionen aus dem Graphen der ln-Funktion hervorgehen.
Geben Sie die maximale Definitionsmenge $D_{\max}$, den y-Achsenabschnitt, die Grenzwerte für $x \to \pm\infty$ sowie das Monotonieverhalten an.

a) $f(x) = 2\ln(x+1) - 1$ b) $f(x) = 3\ln(x-2) - 1$ c) $f(x) = 0{,}5\ln(-2x) + 1$

15. Zeichnen Sie den Graphen der Funktion f.
Geben Sie an, durch welche Transformationen der Graph aus dem Graphen der ln-Funktion hervorgeht.

a) $f(x) = \frac{1}{2}\ln(x) - 1$ b) $g(x) = 2\ln(x-1)$ c) $h(x) = -\ln(-x) - 1$

16. Bestimmen Sie aus der Abbildung eine Funktionsgleichung der dargestellten allgemeinen ln-Funktion.

a) 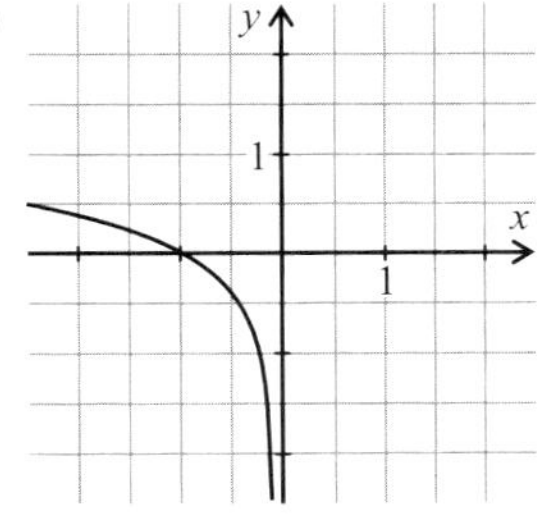
b) 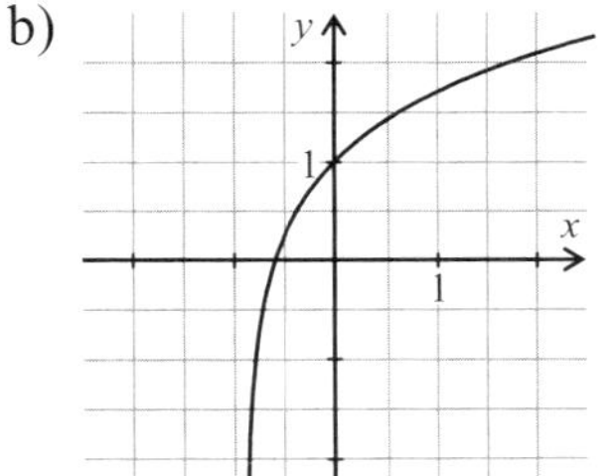
c) 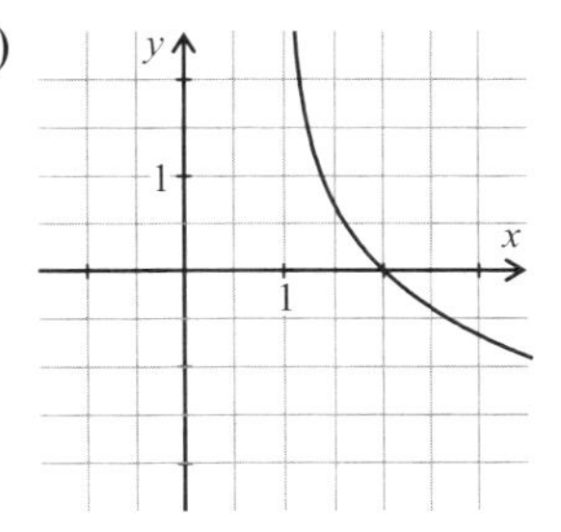

6.4 Exponentialgleichungen

6.4.1 Rechenregel für den Logarithmus

Wie für jede Exponentialfunktion gelten auch für die e-Funktion die Potenzgesetze. Diese Gesetze lassen sich auf die ln-Funktion übertragen.

Zum Lösen von Exponentialgleichungen benötigen wir im Folgenden auch die Übertragung des 5. Potenzgesetzes.

Das fünfte Potenzgesetz besagt:

$$(e^y)^r \underbrace{=}_{(P5)} e^{r \cdot y} \text{ für alle } r, y \in \mathbb{R}.$$

Äquivalente Umformung
$e^y = x \Leftrightarrow y = \ln(x)$
mit $y \in \mathbb{R}$ und $x \in \mathbb{R}^+$

Anwenden der ln-Funktion auf beiden Seiten ergibt:

$$\ln((e^y)^r) = \ln(e^{r \cdot y}) = r \cdot y.$$

Setzt man hierbei $e^y = x \Leftrightarrow y = \ln(x)$, so ergibt sich:

$$\ln(x^r) = r \cdot \ln(x).$$

Diese Rechenregel bezeichnet man auch als das 3. Logarithmengesetz[1].

3. Logarithmengesetz (L3)

Für alle $r \in \mathbb{R}$ und $x \in \mathbb{R}^+$ gilt: $\ln(x^r) = r \cdot \ln(x)$.

Aufgaben

1. Formen Sie mithilfe des 3. Logarithmengesetzes um.
   a) $\ln(2^8)$ b) $\ln(144)$ c) $\ln(a^{-3})$ d) $\ln(\frac{1}{a^2})$

2. Fassen Sie zu einem Logarithmus zusammen.
   a) $10 \cdot \ln(2)$ b) $\frac{1}{2} \cdot \ln(169)$ c) $3 \cdot \ln(a)$ d) $x \cdot \ln(a)$

3. Berechnen Sie die Logarithmen ohne Taschenrechner.
   a) $\ln(e)$ b) $\ln(e^2)$ c) $\ln(e^{-3})$ d) $\ln(\frac{1}{e})$
   e) $\ln(\sqrt{e})$ f) $\ln(\sqrt[3]{e^2})$ g) $\ln(\frac{1}{\sqrt{e}})$ h) $\ln(\frac{1}{e^3})$

4. Begründen Sie, dass folgende Umformungen richtig sind. Welches Gesetz wurde dabei angewendet?
   a) $\ln(49) = 2 \cdot \ln(7)$ b) $\ln(243) = 5 \cdot \ln(3)$ c) $\ln(0{,}5) = -\ln(2)$

[1] Aus den Potenzgesetzen lassen sich noch zwei weitere Logarithmengesetze folgern. Sie werden am Ende des Buches im Wahlteil W1 behandelt.

6.4.2 Exponentialgleichungen zur Basis e

Eine Gleichung, bei der die Lösungsvariable mindestens einmal im Exponenten vorkommt, bezeichnet man als **Exponentialgleichung**.

Der Grundtyp $e^x = d$

In vielen Anwendungssituationen treten Gleichungen vom Grundtyp $e^x = d$ auf, bei denen die Lösungsvariable x im Exponenten steht. Gleichungen dieses Typs sind nur für $d > 0$ lösbar, da die Exponentialfunktion die Wertemenge $\mathbb{R}^+$ hat. Man erhält die Lösung durch Logarithmieren beider Seiten der Gleichung.

$$\begin{aligned} & e^x = d \\ \overset{\ln}{\Leftrightarrow} \quad & \ln(e^x) = \ln(d) \\ \Leftrightarrow \quad & x \cdot \ln(e) = \ln(d) \\ \Leftrightarrow \quad & x = \ln(d) \end{aligned}$$

Exponentialgleichungen vom Typ $a \cdot e^{kx+c} = d$

Exponentialgleichungen dieser Art stellen eine Verallgemeinerung des Grundtyps dar. Nach dem Logarithmieren bleibt eine lineare Gleichung, die sich dann mithilfe der bekannten Regeln lösen lässt.

Beispiel (Lösen einer allgemeinen Exponentialgleichung)

Wir lösen die Gleichung $2 \cdot e^{3x+1} = 50$ durch Logarithmieren auf beiden Seiten.

$$\begin{aligned} & 2 \cdot e^{3x+1} = 50 && |:2 \\ \Leftrightarrow \quad & e^{3x+1} = 25 && \text{(Beide Seiten logarithmieren)} \\ \Leftrightarrow \quad & 3x + 1 = \ln(25) && |-1 \\ \Leftrightarrow \quad & 3x = \ln(25) - 1 && |:3 \\ \Leftrightarrow \quad & x = \tfrac{1}{3} \cdot (\ln(25) - 1) \approx 0{,}740 && L = \left\{\tfrac{1}{3} \cdot (\ln(25) - 1)\right\} \end{aligned}$$

Aufgaben

5. Lösen Sie - soweit wie möglich - die Exponentialgleichungen.

   a) $e^x = 31$ b) $e^x = \frac{1}{3}$ c) $e^x = 0$ d) $e^x = -1$

6. Lösen Sie die Exponentialgleichungen.
   Geben Sie für die Lösung auch einen Näherungswert an.

   a) $e^{2x} = 13$ b) $e^x - 1 = 9{,}02$ c) $e^{2x+1} = 7$ d) $\frac{1}{4} \cdot e^{x+2} = 250$

   e) $5 \cdot e^{-x} = 15$ f) $e^{-0{,}5u} = 0{,}6$ g) $2e^{-x} = -4$ h) $2e^{-x} - 2 = 0$

7. Für den Luftdruck p in der Höhe x gilt näherungsweise die Formel:
   $p(x) = p_0 \cdot e^{-0{,}137 \cdot x}$ (x: Höhe in km über Meeresspiegel, p_0: Luftdruck auf Meeresniveau).
   In welcher Höhe über Meeresspiegel hat der Luftdruck um 50% abgenommen?

Exponentialgleichungen vom Typ $a \cdot e^{2kx} + b \cdot e^{kx} = d$

Kommt in einer Exponentialgleichung nur eine Basis vor, die aber mit unterschiedlichen Exponenten auftritt, kann man eine **Substitution** (Ersetzung) durchführen. Man ersetzt dabei die Basis mit dem Exponenten durch eine neue Variable. So erhält man eine Gleichung ohne die Lösungsvariable im Exponenten.

Wir betrachten den Fall, dass auf diese Art eine quadratische Gleichung entsteht, die sich dann mit den uns bekannten Methoden lösen lässt. Hierbei wird sich das Verfahren des Faktorisierens erneut als sehr günstig erweisen. Nach dem Lösen der quadratischen Gleichung müssen wir zurücksubstituieren.

Beispiel (Lösen einer Exponentialgleichung durch Substitution)

Wir lösen die Gleichung $e^{2x} - 5e^x = -4$.

$$
\begin{array}{lrcll}
 & e^{2x} - 5e^x & = & -4 & \text{(Als Quadrat schreiben)} \\
\Leftrightarrow & (e^x)^2 - 5e^x & = & -4 & \text{(Substitution: } e^x = z\text{)} \\
\Leftrightarrow & z^2 - 5z & = & -4 & |+4 \text{ (0 auf der rechten Seite)} \\
\Leftrightarrow & z^2 - 5z + 4 & = & 0 & \text{(Faktorisieren)} \\
\Leftrightarrow & (z-4)\cdot(z-1) & = & 0 & \\
\Leftrightarrow & z = 4 & \vee & z = 1 & \text{(Rücksubstitution)} \\
\Leftrightarrow & e^x = 4 & \vee & e^x = 1 & \text{(Beide Seiten logarithmieren)} \\
\Leftrightarrow & x = \ln(4) & \vee & x = \ln(1) = 0 & \text{Lösungsmenge: } L = \{\ln(4); 0\}
\end{array}
$$

Beispiel (Lösen einer Exponentialgleichung durch Substitution)

Wir lösen die Gleichung $2e^{6x} - 4e^{3x} = 16$.

$$
\begin{array}{lrcll}
 & 2e^{6x} - 4e^{3x} & = & 16 & |:2 \\
\Leftrightarrow & (e^{3x})^2 - 2e^{3x} & = & 8 & \text{(Substitution: } e^{3x} = z\text{)} \\
\Leftrightarrow & z^2 - 2z & = & 8 & |-8 \text{ (0 auf der rechten Seite)} \\
\Leftrightarrow & z^2 - 2z - 8 & = & 0 & \text{(Faktorisieren)} \\
\Leftrightarrow & (z-4)\cdot(z+2) & = & 0 & \\
\Leftrightarrow & z = 4 & \vee & z = -2 & \text{(Rücksubstitution)} \\
\Leftrightarrow & e^{3x} = 4 & \vee & \underbrace{e^{3x} = -2}_{\text{unerfüllbar}} & \text{(Beide Seiten logarithmieren)} \\
\Leftrightarrow & 3x & = & \ln(4) & \\
\Leftrightarrow & x & = & \frac{1}{3}\ln(4) & \text{Lösungsmenge: } L = \{\tfrac{1}{3}\ln(4)\}
\end{array}
$$

Aufgabe

8. Lösen Sie die Exponentialgleichungen.
   a) $e^{2x} - 6e^x = -8$ b) $e^{2x} - 2e^x = 15$ c) $4e^{10x} - 8e^{5x} = 0$ d) $2e^{4x} - 8e^{2x} = -6$

6.4.3 Exponentialgleichungen zur Basis *b* (LK)

Bei Exponentialgleichungen der Form $2^x = 11$ tritt eine von e verschiedene Basis auf. Die Lösung kann mit dem Logarithmus zur Basis 2 in der Form $x = \log_2(11)$ angegeben werden. Ungünstig ist dabei allerdings, dass wir mit dem Taschenrechner keinen Näherungswert unmittelbar berechnen können.

Bei Beachtung des 3. Logarithmengesetzes kann diese Gleichung aber auch unter Verwendung des natürlichen Logarithmus berechnet werden (Taste ln [1] beim Taschenrechner).

Beispiel (Grundform einer Exponentialgleichung)

Wir lösen die Gleichung $2^x = 11$ durch Logarithmieren auf beiden Seiten.

$$2^x = 11 \overset{\ln}{\Leftrightarrow} \ln(2^x) = \ln(11) \quad \text{(3. Logarithmengesetz anwenden)}$$

$$\Leftrightarrow x \cdot \ln(2) = \ln(11) \quad |:\ln(2)$$

$$\Leftrightarrow x = \frac{\ln(11)}{\ln(2)} \quad \text{(Näherungswert mit TR berechnen)}$$

$$\Leftrightarrow x \approx 3{,}46$$

Die beschriebene Vorgehensweise greift auch in dem schwierigeren Fall, bei dem auf beiden Seiten der Gleichung Potenzen mit unterschiedlichen Basen auftreten.

Beispiel (Exponentialgleichung mit unterschiedlichen Basen)

Wir betrachten die Gleichung $3^{x-1} = 4^x$.

$$3^{x-1} = 4^x \overset{\ln}{\Leftrightarrow} \ln(3^{x-1}) = \ln(4^x) \quad \text{(3.Logarithmengesetz anwenden)}$$

$$\Leftrightarrow (x-1) \cdot \ln(3) = x \cdot \ln(4) \quad (x\text{-Terme sortieren})$$

$$\Leftrightarrow x \cdot \ln(3) - x \cdot \ln(4) = \ln(3) \quad (x \text{ ausklammern})$$

$$\Leftrightarrow x \cdot \big(\ln(3) - \ln(4)\big) = \ln(3) \quad |:\big(\ln(3)-\ln(4)\big)$$

$$\Leftrightarrow x = \frac{\ln(3)}{\ln(3) - \ln(4)} \quad \text{(Näherungsw. mit TR berechnen)}$$

$$\Leftrightarrow x \approx -3{,}82$$

Treten auf beiden Seiten der Gleichung nur Potenzen mit gleichen Basen auf, so kann man auf das Logarithmieren verzichten.

Beispiel (Lösen durch Exponentenvergleich)

Wir betrachten die Gleichung $2^{3x-1} = 2^{x+2}$.

$$2^{3x-1} = 2^{x+2} \overset{\text{Exponentenvergleich}}{\Leftrightarrow} 3x - 1 = x + 2 \quad \text{(Sortieren und zusammenfassen)}$$

$$\Leftrightarrow 2x = 3 \quad |:2$$

$$\Leftrightarrow x = 1{,}5$$

[1] An sich ist es gleichgültig, mit welcher Basis logarithmiert wird. Die Taste log des Taschenrechners für den Zehnerlogarithmus ist ebenso verwendbar.

Aufgaben

9. Lösen Sie die Exponentialgleichungen.
   a) $5^x = 17$ b) $9^x = 2$ c) $13^x = 1$

10. Überlegen Sie zuerst, ob die Exponentialgleichungen erfüllbar sind. Berechnen Sie gegebenenfalls die Lösung.
    a) $17^x = 3$ b) $7^x = 1$ c) $4^x = 0$
    d) $7^x = 7$ e) $3^x = -2$ f) $8^x = \frac{1}{3}$

11. Lösen Sie die Exponentialgleichungen.
    a) $3 \cdot 13^x = 9$ b) $4 \cdot 0{,}5^x = 12$ c) $5^{4x} = 9$

12. Lösen Sie die Exponentialgleichungen.
    a) $4^x = 5^x$ b) $3^x - 2^x = 0$ c) $3^{5x-1} = 8^{2x}$

13. Lösen Sie die Exponentialgleichungen ohne Logarithmieren.
    a) $5^{2x} = 5^{x-2}$ b) $3^{x+5} = 3^{2x}$ c) $7^{-x-2} - 7^x = 0$

14. Lösen Sie die Gleichungen ohne Verwendung eines Taschenrechners.
    a) $2^x \cdot 2^{x-1} = 64$ b) $5^x \cdot 5^{2x} = 125$ c) $2^x \cdot 4^x - 64 = 0$

15. Entscheiden Sie, welche der folgenden Umformungen richtig oder falsch sind. Korrigieren Sie gegebenenfalls die Fehler.
    a) $4 \cdot 5^x = 500 \Leftrightarrow 5^x = 125 \Leftrightarrow x = 3$
    b) $2 \cdot 3^x = 36 \Leftrightarrow 6^x = 36 \Leftrightarrow x = 2$
    c) $4 \cdot 2^x - 3 = 5 \Leftrightarrow 4 \cdot 2^x = 8 \Leftrightarrow 8^x = 8 \Leftrightarrow x = 1$

16. Ein Kapital $K = 500$ wird gemäß der Gleichung $K(t) = 500 \cdot 1{,}03^t$ verzinst. (K in Euro, t in Jahren)
    a) Wie groß ist das Kapital nach 5 Jahren?
    b) Nach welcher Zeit ist das Kapital auf 1500 Euro angewachsen?

17. Herr Schmidt möchte abnehmen. Er möchte sein Körpergewicht jede Woche um 1% verringern. Zum Beginn der Diät wiegt er 95 kg.
    a) Stellen Sie die Abnahmefunktion (Zerfallsfunktion) auf.
    b) Welches Gewicht müsste die Waage nach 6 Wochen anzeigen?
    c) Wie lange würde es dauern, bis Herr Schmidt 10 kg abgenommen hat?

6.5 Zusammengesetzte Funktionen unter Einbeziehung der e-Funktion

6.5.1 Summen und Produkte mit ganzrationalen Funktionen

Nullstellenberechnung

Für die e-Funktion gilt $e^x > 0$ für alle $x \in \mathbb{R}$. Ihr Graph verläuft vollständig oberhalb der x-Achse. Es gibt insbesondere keine Nullstellen.

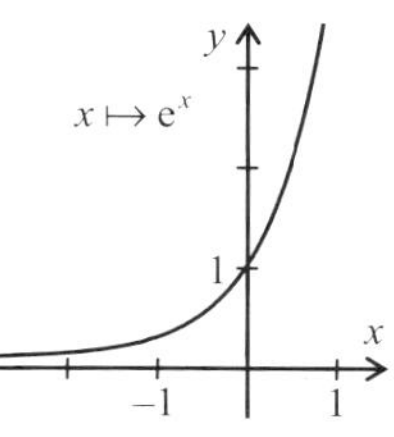

Diese Eigenschaft der e-Funktion ist bedeutsam bei der Nullstellenberechnung zusammengesetzter Funktionen.
Das nachstehende Beispiel zeigt drei typische Fälle.

Beispiel (Nullstellen im Zusammenhang mit e-Funktionen berechnen)

a) Betrachtet wird $f(x) = x \cdot e^{-x} + e^{-x}$.

Nullstellenberechnung

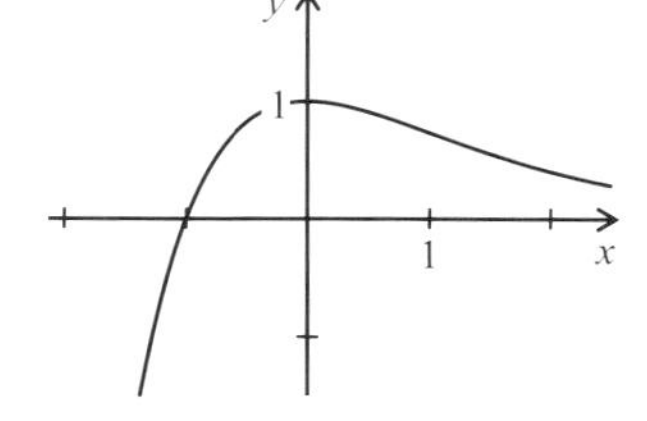

$$\begin{aligned} f(x) = 0 &\Leftrightarrow x \cdot e^{-x} + e^{-x} = 0 \qquad \text{(ausklammern)} \\ &\Leftrightarrow (x+1) \cdot e^{-x} = 0 \\ &\Leftrightarrow x+1 = 0 \vee \underbrace{e^{-x} = 0}_{\text{unerfüllbar}} \\ &\Leftrightarrow x = -1 \end{aligned}$$

Es liegt eine Nullstelle mit Vorzeichenwechsel vor.

b) Betrachtet wird $f(x) = x^2 \cdot e^x - 2x \cdot e^x + e^x$.

Nullstellenberechnung

$$\begin{aligned} f(x) = 0 &\Leftrightarrow x^2 \cdot e^x - 2x \cdot e^x + e^x \qquad \text{(ausklammern)} \\ &\Leftrightarrow (x^2 - 2x + 1) \cdot e^x \qquad \text{(2.bin. Formel)} \\ &\Leftrightarrow (x-1)^2 \cdot e^x \\ &\Leftrightarrow x - 1 = 0 \vee \underbrace{e^x = 0}_{\text{unerfüllbar}} \\ &\Leftrightarrow x = 1 \end{aligned}$$

Es liegt eine Nullstelle ohne Vorzeichenwechsel vor.

c) Betrachtet wird $f(x) = e^{2x} - 2e^x$.

Nullstellenberechnung

$$\begin{aligned} f(x) = 0 &\Leftrightarrow e^{2x} - 2e^x = 0 \qquad \text{(ausklammern)} \\ &\Leftrightarrow (e^x)^2 - 2e^x = 0 \\ &\Leftrightarrow (e^x - 2) \cdot e^x = 0 \\ &\Leftrightarrow e^x = 2 \vee \underbrace{e^x = 0}_{\text{unerfüllbar}} \\ &\Leftrightarrow x = \ln(2) \end{aligned}$$

Es liegt eine Nullstelle mit Vorzeichenwechsel vor.

Aufgaben

1. Bestimmen Sie die Nullstellen der Funktionen und geben Sie dabei auch die Vielfachheit an.

   a) $f: x \mapsto x^2 \cdot e^{-x}$ b) $f: x \mapsto (x+3) \cdot e^{x}$ c) $f: x \mapsto (x+2) \cdot e^{-x}$

   d) $f: x \mapsto (x^2-1) \cdot e^{-x}$ e) $f: x \mapsto (x+4)^2 \cdot e^{-x}$ f) $f: x \mapsto (x^2+2) \cdot e^{x}$

2. Berechnen Sie die Nullstellen der Funktionen.

   a) $f: x \mapsto x \cdot e^{-x} - e^{-x}$ b) $f: x \mapsto 3e^{x} - x \cdot e^{x}$ c) $f: x \mapsto x^2 \cdot e^{-x} - 9 \cdot e^{-x}$

3. Geben Sie die Nullstellen der Funktionen samt ihren Vielfachheiten an. Ordnen Sie den Funktionen mit diesen Informationen den richtigen Graphen zu.

   a) $f_1: \mathbb{R} \to \mathbb{R}, x \mapsto (x+1) \cdot e^{-x}$ b) $f_2: \mathbb{R} \to \mathbb{R}, x \mapsto (x^2-1) \cdot e^{x}$

   c) $f_3: \mathbb{R} \to \mathbb{R}, x \mapsto (x-1) \cdot e^{x}$ d) $f_4: \mathbb{R} \to \mathbb{R}, x \mapsto (x-1)^2 \cdot e^{-x}$

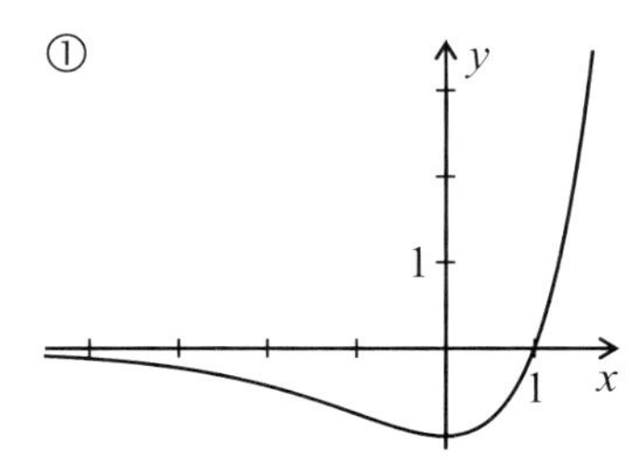

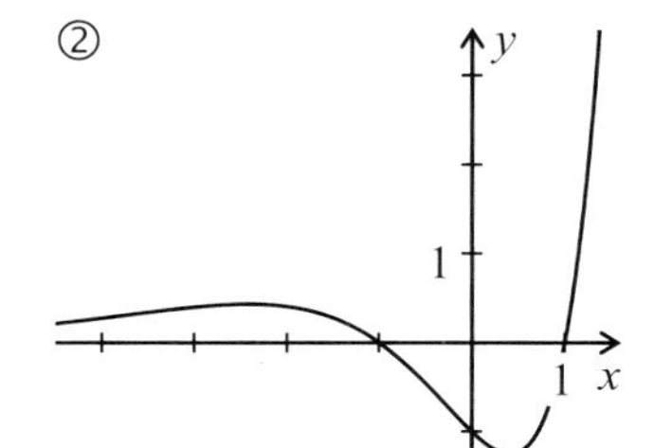

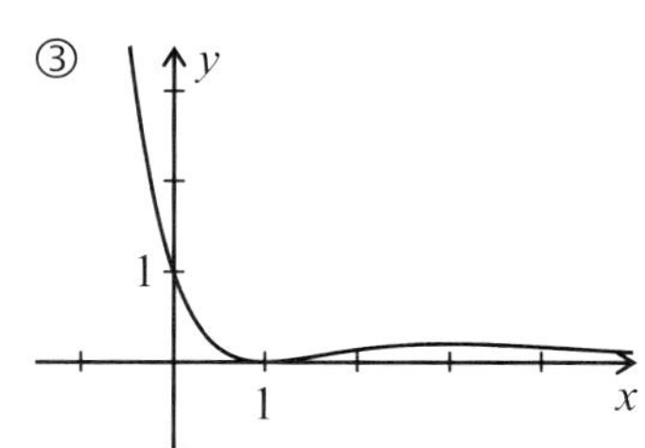

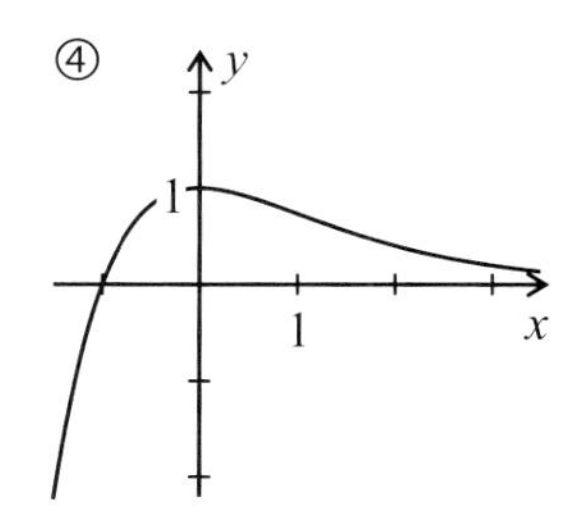

4. Bestimmen Sie die Nullstellen der Funktionen.

   a) $f: x \mapsto -x^2 \cdot e^{x} + 4 \cdot e^{x}$ b) $f: x \mapsto x^2 \cdot e^{2x} + 4x \cdot e^{2x} + 4 \cdot e^{2x}$

   c) $f: x \mapsto -x^2 \cdot e^{-x} - e^{-x}$ d) $f: x \mapsto x^2 \cdot e^{-3x} - x \cdot e^{-3x} - 6 \cdot e^{-3x}$

5. Berechnen Sie die Nullstellen der Funktionen.

   a) $f: x \mapsto e^{2x} - 3 \cdot e^{x}$ b) $f: x \mapsto e^{3x} - e^{2x}$ c) $f: x \mapsto e^{2x} + \frac{1}{2}e^{x}$

   d) $f: x \mapsto e^{2x} - 2 \cdot e^{x} + 1$ e) $f: x \mapsto e^{2x} - 16$ f) $f: x \mapsto e^{2x} - 3 \cdot e^{x} + 2$

Grenzwertverhalten für $x \to \pm\infty$

Bei der Untersuchung zusammengesetzter Funktionen der Form $x \mapsto x^n \cdot e^x$ oder $x \mapsto x^n \cdot e^{-x}$ mit $n \in \mathbb{N}^*$ ist das Grenzwertverhalten für $x \to \pm\infty$ zu bestimmen. Die Grenzwertregel wird nachstehend nur anschaulich erläutert.

- *Grenzwertverhalten von* $x \mapsto x^n \cdot e^x$

  Die Abbildung zeigt die Graphen zu den Exponenten $n = 1$, $n = 2$ und $n = 3$.

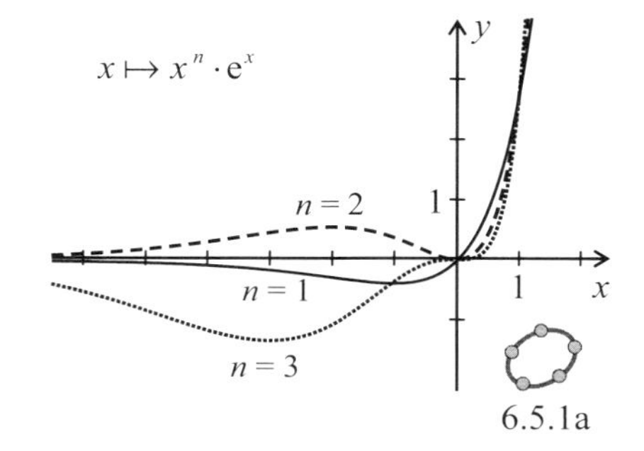

6.5.1a

  – $x \to +\infty$: $\lim\limits_{x\to+\infty}(\underbrace{x^n}_{\to +\infty} \cdot \underbrace{e^x}_{\to +\infty}) = +\infty$

  Beide Faktoren stimmen im Grenzwertverhalten überein.

  – $x \to -\infty$:

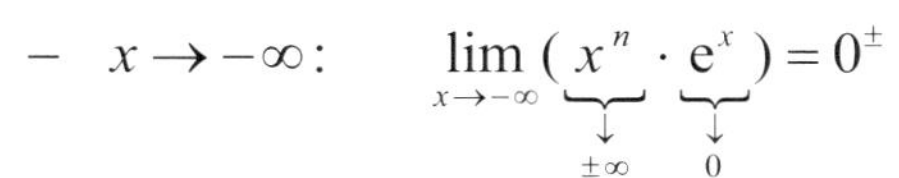

$$\lim\limits_{x\to-\infty}(\underbrace{x^n}_{\to \pm\infty} \cdot \underbrace{e^x}_{\to 0}) = 0^{\pm}$$

  Beide Faktoren konkurrieren bezüglich des Grenzwertverhaltens miteinander. Der e-Funktionsterm dominiert den Potenzfunktionsterm.
  Der Exponent der Potenzfunktion entscheidet, ob sich 0^+ oder 0^- ergibt.

- *Grenzwertverhalten von* $x \mapsto x^n \cdot e^{-x} = x^n \cdot \frac{1}{e^x}$

  Die Abbildung zeigt die Graphen zu den Exponenten $n = 1$, $n = 2$ und $n = 3$.

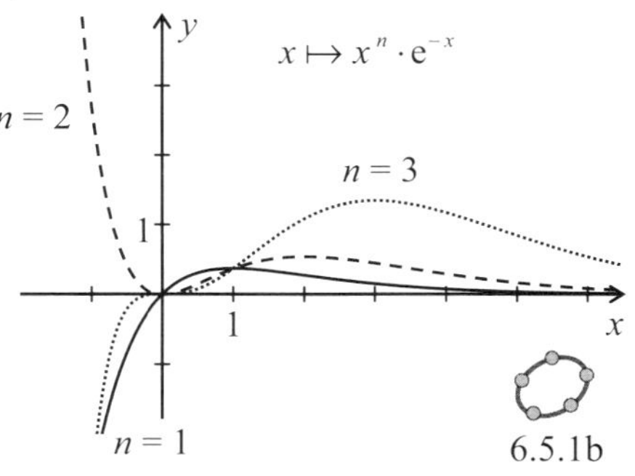

6.5.1b

  – $x \to +\infty$: $\lim\limits_{x\to+\infty}(\underbrace{x^n}_{\to +\infty} \cdot \underbrace{e^{-x}}_{\to 0^+}) = 0^+$

  Beide Faktoren stehen in Konkurrenz. Der e-Funktionsterm dominiert den Potenzfunktionsterm.

  – $x \to -\infty$: $\lim\limits_{x\to-\infty}(\underbrace{x^n}_{\to \pm\infty} \cdot \underbrace{e^{-x}}_{\to +\infty}) = \pm\infty$

  Beide Faktoren stimmen (eventuell bis auf das Vorzeichen) bezüglich ihres Grenzwertverhaltens überein.
  Der Exponent der Potenzfunktion entscheidet, ob sich $+\infty$ oder $-\infty$ ergibt.

Bei den betrachteten Grenzwerten konkurrieren eine e-Funktion und eine Potenzfunktion miteinander. Die e-Funktion dominiert dabei jeweils und bestimmt das Grenzwertverhalten. Allgemein lässt sich folgende Regel formulieren.

Prioritätsregel für das Grenzwertverhalten

Die e-Funktion dominiert bezüglich des Grenzwertverhaltens für $x \to \pm\infty$ jede Potenzfunktion.

Die Prioritätsregel lässt sich durch die gleiche Argumentation auch auf Funktionen der Form $x \mapsto e^{kx}$ und $x \mapsto e^{-kx}$ mit $k > 0$ verallgemeinern.

Beispiel (Grenzwerte bei e-Funktionen berechnen)

a) $\lim\limits_{x\to+\infty}(x^2\cdot e^x)=\lim\limits_{x\to+\infty}(\underbrace{x^2}_{\downarrow\,+\infty}\cdot\underbrace{e^x}_{\downarrow\,+\infty})=+\infty$ — Beide Faktoren stimmen im Grenzwertverhalten überein.

b) $\lim\limits_{x\to-\infty}(x^5\cdot e^x)=\lim\limits_{x\to-\infty}(\underbrace{x^5}_{\downarrow\,-\infty}\cdot\underbrace{e^x}_{\downarrow\,0^+})=0^-$ — Die e-Funktion dominiert.

c) $\lim\limits_{x\to+\infty}\left(\frac{x}{e^x}\right)=\lim\limits_{x\to+\infty}\left(x\cdot\frac{1}{e^x}\right)=\lim\limits_{x\to+\infty}(\underbrace{x}_{\downarrow\,+\infty}\cdot\underbrace{e^{-x}}_{\downarrow\,0^+})=0^+$ — Die e-Funktion dominiert.

d) $\lim\limits_{x\to+\infty}\left(\frac{e^x}{x^4}\right)=\lim\limits_{x\to+\infty}(\underbrace{e^x}_{\downarrow\,+\infty}\cdot\underbrace{\frac{1}{x^4}}_{\downarrow\,0^+})=+\infty$ — Die e-Funktion dominiert.

e) $\lim\limits_{x\to-\infty}\left(\frac{e^{-2x}}{x^3}\right)=\lim\limits_{x\to-\infty}(\underbrace{e^{-2x}}_{\downarrow\,+\infty}\cdot\underbrace{\frac{1}{x^3}}_{\downarrow\,0^-})=-\infty$ — Die e-Funktion dominiert. Die Potenzfunktion bestimmt das Vorzeichen.

Aufgaben

6. Berechnen Sie die Grenzwerte.

a) $\lim\limits_{x\to+\infty}(x^2\cdot e^x)$ b) $\lim\limits_{x\to-\infty}(x^3\cdot e^{-x})$ c) $\lim\limits_{x\to+\infty}(x\cdot e^{-x})$

d) $\lim\limits_{x\to-\infty}(x^4\cdot e^x)$ e) $\lim\limits_{x\to+\infty}(x^2\cdot e^{-x})$ f) $\lim\limits_{x\to-\infty}(x^4\cdot e^{-x})$

7. Berechnen Sie die Grenzwerte.

a) $\lim\limits_{x\to+\infty}(-x^2\cdot e^{3x})$ b) $\lim\limits_{x\to-\infty}(3x^3\cdot e^{3x})$ c) $\lim\limits_{x\to+\infty}(-2x\cdot e^{-1{,}5x})$

d) $\lim\limits_{x\to-\infty}(1-x^2\cdot e^x)$ e) $\lim\limits_{x\to+\infty}(x\cdot e^{-x}+2)$ f) $\lim\limits_{x\to-\infty}(x^4\cdot e^x-x)$

8. Berechnen Sie die Grenzwerte.

a) $\lim\limits_{x\to+\infty}(x^3\cdot e^{-x})$ b) $\lim\limits_{x\to-\infty}(x\cdot e^{-x})$ c) $\lim\limits_{x\to-\infty}(-x^5\cdot e^{-x})$

d) $\lim\limits_{x\to+\infty}\left(\frac{x^4}{e^x}\right)$ e) $\lim\limits_{x\to+\infty}\left(\frac{e^x}{x^3}\right)$ f) $\lim\limits_{x\to-\infty}\left(\frac{x^3}{e^x}\right)$

g) $\lim\limits_{x\to-\infty}\left(\frac{-e^x}{x}\right)$ h) $\lim\limits_{x\to+\infty}\left(\frac{-x^4}{2e^x}\right)$ i) $\lim\limits_{x\to+\infty}\left(\frac{3e^{-x}}{x^2}\right)$

9. Begründen Sie anhand des y-Achsenabschnitts, der Nullstelle und des Grenzwertverhaltens den dargestellten Verlauf der Graphen.

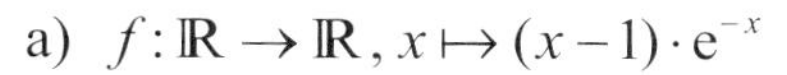
a) $f: \mathbb{R} \to \mathbb{R}, x \mapsto (x-1) \cdot e^{-x}$

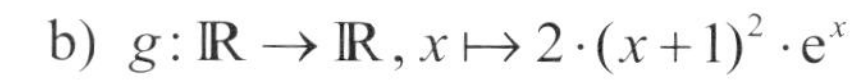
b) $g: \mathbb{R} \to \mathbb{R}, x \mapsto 2 \cdot (x+1)^2 \cdot e^{x}$

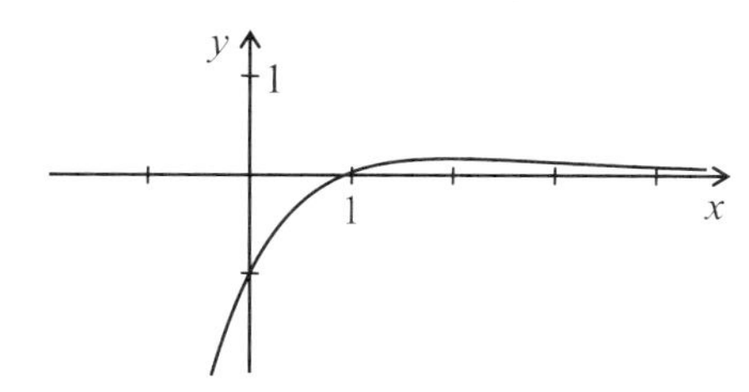

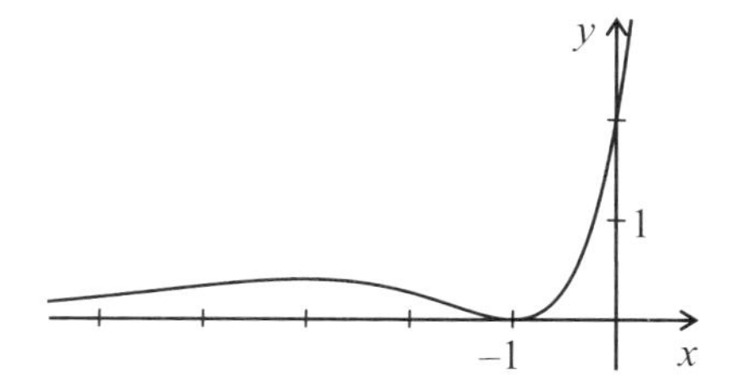

10. Bestimmen Sie die Nullstellen und das Grenzwertverhalten der Funktionen. Skizzieren Sie mit diesen Angaben den Graphen der Funktion.

a) $f_1: \mathbb{R} \to \mathbb{R}, x \mapsto x \cdot e^{-x}$

b) $f_2: \mathbb{R} \to \mathbb{R}, x \mapsto (x+1) \cdot e^{x}$

c) $f_3: \mathbb{R} \to \mathbb{R}, x \mapsto x^2 \cdot e^{-x}$

d) $f_4: \mathbb{R} \to \mathbb{R}, x \mapsto (x+1)^2 \cdot e^{x}$

11. Die Abbildungen zeigen Graphen von Funktionen, die als Produkt einer ganzrationalen Funktion mit einer e-Funktion gebildet sind.

- Ordnen Sie den Graphen die richtige Funktionsgleichung aus der angegebenen Liste zu.
- Bestätigen Sie Ihre Auswahl durch eine rechnerische Überprüfung der Nullstellen und des Grenzwertverhaltens.

a)

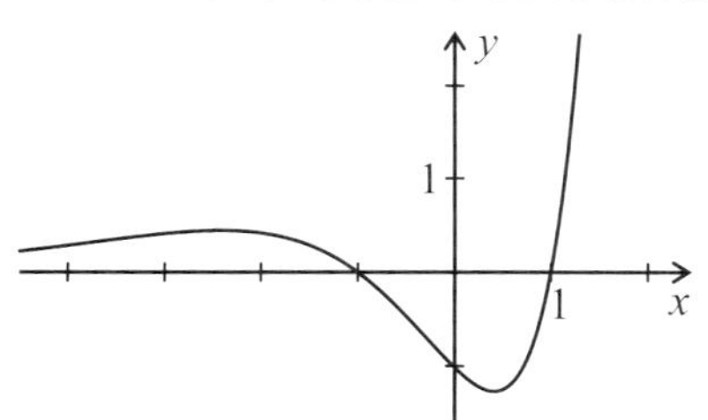

b)

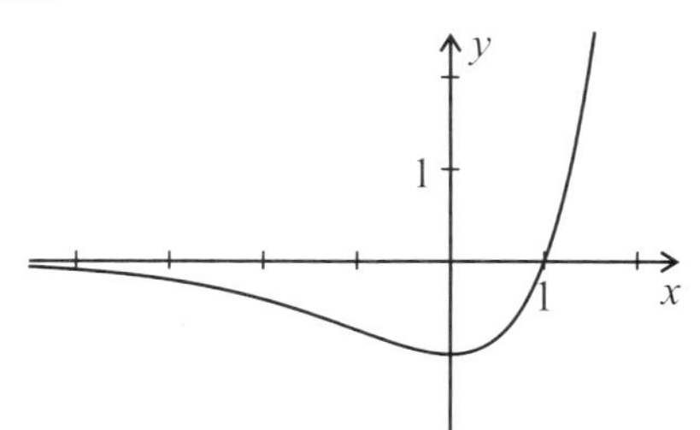

c)

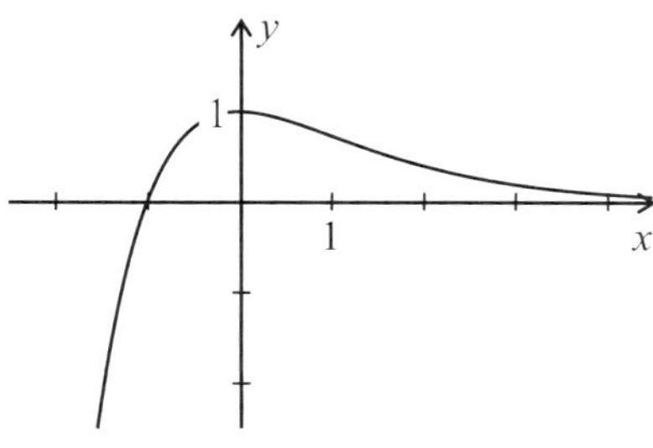

d)

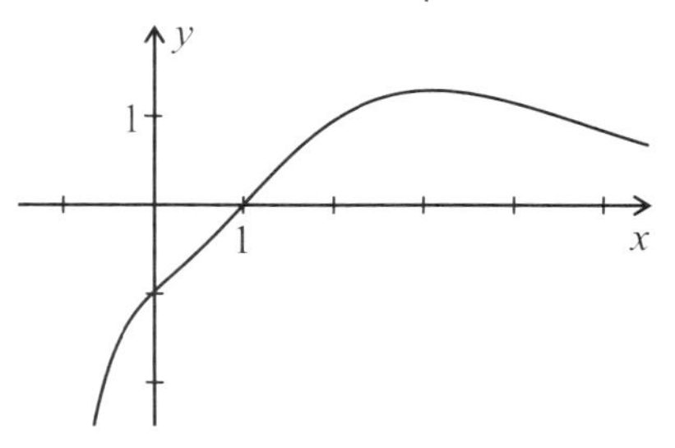

Liste der Funktionsgleichungen

① $y = (x-1) \cdot e^{x}$ ② $y = (x^3-1) \cdot e^{-x}$ ③ $y = (x+1)^2 \cdot e^{x}$ ④ $y = (x+1) \cdot e^{x}$

⑤ $y = (x^2-1) \cdot e^{x}$ ⑥ $y = (x+1) \cdot e^{-x}$ ⑦ $y = (x^2-1) \cdot e^{-x}$ ⑧ $y = (x-1) \cdot e^{-x}$

Extrempunktbestimmung und Monotonie

Ein wesentlicher Baustein einer Funktionsuntersuchung ist die Bestimmung der Extrempunkte und der Monotonieintervalle.

Das Beispiel zeigt die schon von den ganzrationalen Funktionen bekannte Vorgehensweise. Dabei werden zur Extremwertentscheidung beide Kriterien angesprochen.

Beispiel (Extrempunkte und Monotonie bestimmen)

Wir bestimmen die Extrempunkte der Funktion

$$f: x \mapsto -x \cdot e^{-x}$$

mithilfe beider Extremstellenkriterien.

- *Ableitungen*

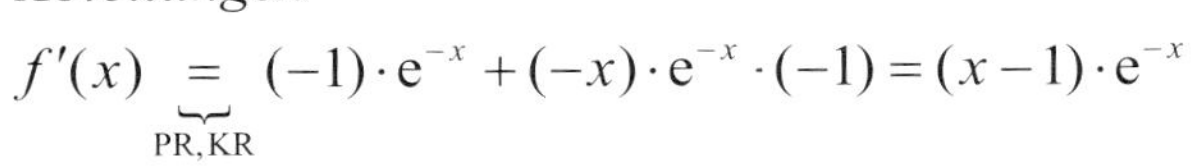

$$f'(x) \underbrace{=}_{\text{PR, KR}} (-1) \cdot e^{-x} + (-x) \cdot e^{-x} \cdot (-1) = (x-1) \cdot e^{-x}$$

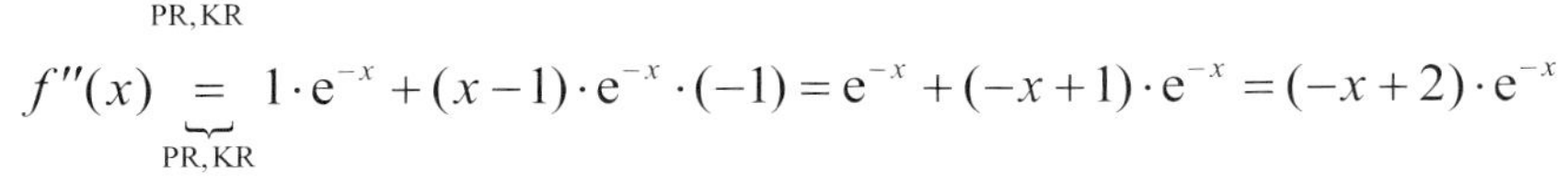

$$f''(x) \underbrace{=}_{\text{PR, KR}} 1 \cdot e^{-x} + (x-1) \cdot e^{-x} \cdot (-1) = e^{-x} + (-x+1) \cdot e^{-x} = (-x+2) \cdot e^{-x}$$

- *Notwendige Bedingung* (Nullstellen von f')

$$f'(x) = 0 \Leftrightarrow (x-1) \cdot e^{-x} = 0$$
$$\Leftrightarrow x - 1 = 0 \vee \underbrace{e^{-x} = 0}_{\text{unerfüllbar}}$$
$$\Leftrightarrow x = 1$$

- *Hinreichende Bedingung* (Extremwertentscheidung)

Erstes Kriterium

Vorzeichentabelle für $f'(x)$

x	$-\infty$	0		1		$+\infty$
$f'(x)$			$-$	0 mit VzW TP	$+$	

Testwert: $f'(0) = -1 < 0$

Zweites Kriterium

$f''(1) = e^{-1} > 0$, also ist 1 lokale Minimumstelle.

- *Angabe des Extrempunkts*

Mit $f(1) = -e^{-1} = -\frac{1}{e} \approx -0{,}37$ ergibt sich der Tiefpunkt $T(1 \mid -0{,}37)$.

- *Angabe der Monotonieintervalle*

Aus der Vorzeichentabelle für $f'(x)$ lassen sich die Monotonieintervalle ablesen.

– f ist in $]-\infty; 1]$ streng monoton fallend.

– f ist in $[1; +\infty[$ streng monoton wachsend.

Wendepunktbestimmung und Krümmung

Ein weiterer Baustein einer Funktionsuntersuchung ist die Bestimmung der Wendepunkte und der Krümmungsintervalle. Das Beispiel zeigt eine mögliche Vorgehensweise unter Verwendung des ersten Kriteriums.

Beispiel (Wendepunkte und Krümmung bestimmen)

Wir bestimmen die Wendepunkte und die Krümmungsintervalle der Funktion

$$f: x \mapsto \tfrac{1}{8} \cdot (x^4 - 4x + 2) \cdot e^x.$$

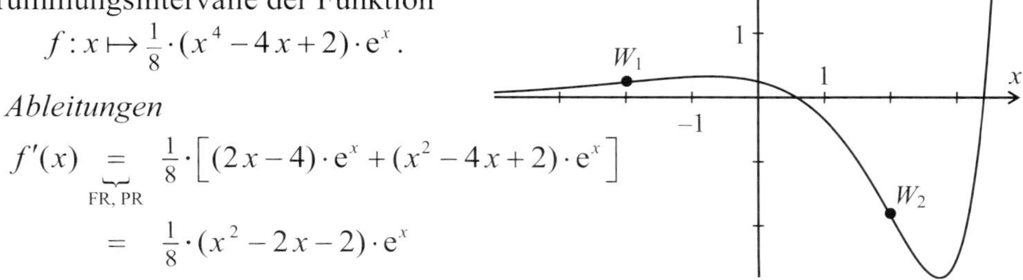

- *Ableitungen*

$$f'(x) \underbrace{=}_{\text{FR, PR}} \tfrac{1}{8} \cdot \left[(2x-4) \cdot e^x + (x^2 - 4x + 2) \cdot e^x\right]$$

$$= \tfrac{1}{8} \cdot (x^2 - 2x - 2) \cdot e^x$$

$$f''(x) \underbrace{=}_{\text{FR, PR}} \tfrac{1}{8} \cdot \left[(2x-2) \cdot e^x + (x^2 - 2x - 2) \cdot e^x\right]$$

$$= \tfrac{1}{8} \cdot (x^2 - 4) \cdot e^x = \tfrac{1}{8} \cdot (x+2) \cdot (x-2) \cdot e^x$$

- *Notwendige Bedingung* (Nullstellen von f'')

$$f''(x) = 0 \iff \tfrac{1}{8} \cdot (x+2) \cdot (x-2) \cdot e^x = 0$$

$$\iff x = -2 \vee x = 2 \vee \underbrace{e^x = 0}_{\text{unerfüllbar}}$$

$$\iff x = -2 \vee x = 2 \quad \text{(beide mit VzW)}$$

- *Hinreichende Bedingung* (Wendestellenentscheidung)

Vorzeichentabelle für $f''(x)$

x	$-\infty$		-2	0	2		$+\infty$
$f''(x)$		+	0 mit VzW WP	−	0 mit VzW WP	+	

Testwert: $f''(0) = -0{,}5 < 0$

Da bei den Nullstellen von f'' jeweils ein Vorzeichenwechsel vorliegt, weiß man bereits, dass es sich um Wendestellen handelt.
Die Vorzeichentabelle liefert zusätzlich Informationen zu den Krümmungsintervallen.

- *Angabe der Wendepunkte*

Mit $f(-2) = \tfrac{1}{8} \cdot 14 \cdot e^{-2} = \frac{7}{4 \cdot e^2} \approx 0{,}24$ und $f(2) = \tfrac{1}{8} \cdot (-2) \cdot e^2 = -\frac{e^2}{4} \approx -1{,}85$ ergeben sich die Wendepunkte $W_1(-2 \mid 0{,}24)$ und $W_2(2 \mid -1{,}85)$.

- *Angabe der Krümmungsintervalle*

Aus der Vorzeichentabelle für $f''(x)$ sind die Krümmungsintervalle ablesbar.

– G_f ist in $]-\infty; -2]$ und in $[2; +\infty[$ linksgekrümmt.

– G_f ist in $[-2; 2]$ rechtsgekrümmt.

Aufgaben

12. Betrachtet wird die aus e-Funktionstermen zusammengesetzte Funktion:

$$g: \mathbb{R} \to \mathbb{R}, x \mapsto \frac{1}{2} \cdot (e^x - e^{-x}).$$

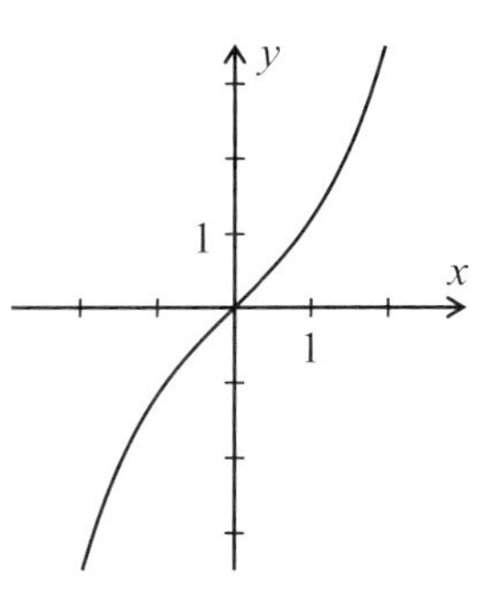

Die Abbildung zeigt den Graphen der Funktion g. Er ist dem Graphen der Potenzfunktion dritten Grades $x \mapsto x^3$ ähnlich.

Für die Funktion g wird auch die Bezeichnung *Sinus Hyperbolicus* verwendet.

a) Zeigen Sie, dass für die Ableitungen von g gilt:

- $g'(x) = \frac{1}{2} \cdot (e^x + e^{-x})$
- $g''(x) = \frac{1}{2} \cdot (e^x - e^{-x}) = g(x)$

b) Untersuchen Sie die Funktion g auf Nullstellen, Symmetrie, Monotonie und Extrema, Krümmung und Wendepunkte sowie Grenzwertverhalten.

13. Betrachtet werden Funktionen, die als Produkt einer ganzrationalen Funktion und einer e-Funktion zusammengesetzt sind.
- Bestimmen Sie die Nullstellen, den Schnittpunkt mit der y-Achse und die Grenzwerte für $x \to \pm\infty$. Skizzieren Sie mit diesen Informationen den Graphen der Funktion.
- Bestätigen Sie rechnerisch die Koordinaten der nachfolgend angegebenen Extrem- und Wendepunkte.

a) $f(x) = 2 \cdot x \cdot e^{-x}$; $H(1 \mid \frac{2}{e})$; $W(2 \mid \frac{4}{e^2})$

b) $f(x) = -2 \cdot (x-1) \cdot e^x$; $H(0 \mid 2)$; $W(-1 \mid \frac{4}{e})$

c) $f(x) = x^2 \cdot e^{-x}$; $T(0 \mid 0)$; $H(2 \mid \frac{4}{e^2})$

14. Bestimmen Sie die Nullstellen und die Grenzwerte für $x \to \pm\infty$. Skizzieren Sie mit diesen Informationen den Graphen der Funktion.
Bestimmen Sie zur Kontrolle die exakte Lage der Extremstellen.

a) $f(x) = \frac{1}{4}x^2 \cdot e^{-x}$ b) $f(x) = 2 \cdot (x^2 - 1) \cdot e^x$

15. Die Abbildung zeigt den Graphen der Funktion f mit der Gleichung

$$f(x) = 2 \cdot (x+1) \cdot e^{-x}.$$

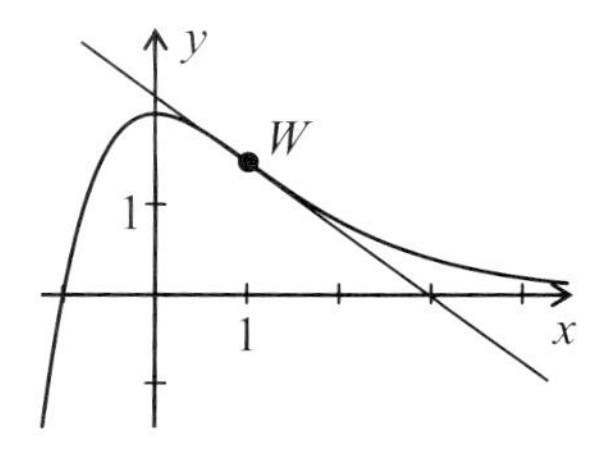

Die Tangente im Wendepunkt bildet mit den Koordinatenachsen ein Dreieck.
Berechnen Sie den Flächeninhalt des Dreiecks.

6.5.2 Verkettungen mit ganzrationalen Funktionen

Grenzwertverhalten bei verketteten e-Funktionen

Wir untersuchen für $x \to \pm\infty$ das Grenzwertverhalten verketteter Funktionen der Form $f(x) = e^{g(x)}$. Hierbei ist die innere Funktion g eine ganzrationale Funktion vom Grad kleiner gleich 3.

Beispiel (Grenzwerte bei verketteten e-Funktionen bestimmen)

a) $f(x) = e^{-2x+1}$ mit innerer Funktion $g(x) = -2x+1$

Das Grenzwertverhalten der inneren Funktion g überträgt sich auf die verkettete Funktion f.

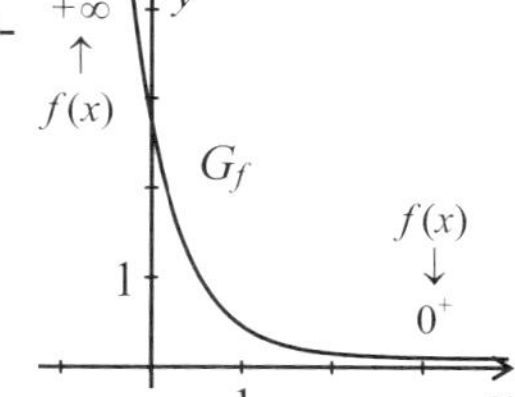

- $x \to -\infty$: $g(x) \to +\infty$ und damit $f(x) = e^{\underbrace{-2x+1}_{+\infty}} \to +\infty$
- $x \to +\infty$: $g(x) \to -\infty$ und damit $f(x) = e^{\underbrace{-2x+1}_{-\infty}} \to 0^+$

b) $f(x) = e^{-x^2+1,25}$ mit innerer Funktion $g(x) = -x^2 + 1,25$

Das Grenzwertverhalten der inneren Funktion g überträgt sich auf die verkettete Funktion f.

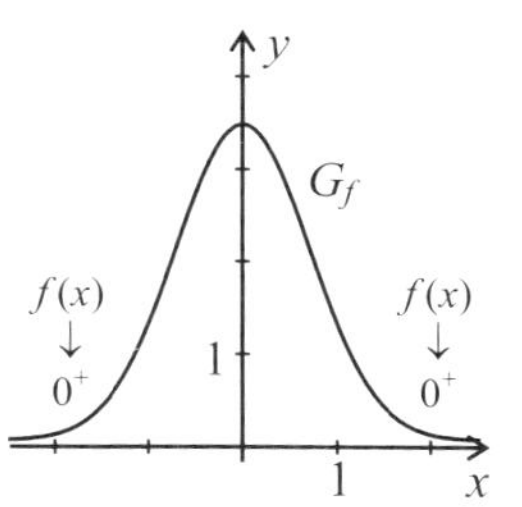

- $x \to -\infty$: $g(x) \to -\infty$ und damit $f(x) = e^{\underbrace{-x^2+1,25}_{-\infty}} \to 0^+$
- $x \to +\infty$: $g(x) \to -\infty$ und damit $f(x) = e^{\underbrace{-x^2+1,25}_{-\infty}} \to 0^+$

Aufgaben

16. Bestimmen Sie die Grenzwerte. Geben Sie eine Begründung an.

a) $\lim\limits_{x \to -\infty} e^{x-5}$ b) $\lim\limits_{x \to +\infty} e^{-x+3}$ c) $\lim\limits_{x \to -\infty} e^{-3x+1}$ d) $\lim\limits_{x \to +\infty} e^{0,5 \cdot x+1}$

e) $\lim\limits_{x \to -\infty} e^{-x^2}$ f) $\lim\limits_{x \to +\infty} e^{2x^2-1}$ g) $\lim\limits_{x \to -\infty} e^{1-2x^2}$ h) $\lim\limits_{x \to -\infty} e^{-x^2+2}$

17. Berechnen Sie die Grenzwerte.

a) $\lim\limits_{x \to -\infty} [(x-1) \cdot e^{-x+2}]$ b) $\lim\limits_{x \to +\infty} [(x^2+1) \cdot e^{-2x+3}]$ c) $\lim\limits_{x \to -\infty} [(x^2-3) \cdot e^{-2x+1}]$

d) $\lim\limits_{x \to +\infty} [(x+1) \cdot e^{-x^2+2}]$ e) $\lim\limits_{x \to -\infty} [(1-x) \cdot e^{x^2-4}]$ f) $\lim\limits_{x \to -\infty} [(1-x^3) \cdot e^{-x^3+1}]$

18. Bestimmen Sie die Grenzwerte.

a) $\lim\limits_{x \to -\infty} [(x+1) \cdot e^{x-5} + 3]$ b) $\lim\limits_{x \to +\infty} [(x^2-3) \cdot e^{-2x-3} - 1]$

c) $\lim\limits_{x \to -\infty} [(x-3) \cdot e^{-x^2+5} - 1]$ d) $\lim\limits_{x \to +\infty} [(9-x^2) \cdot e^{x^2+1} + 1]$

Extrempunktbestimmung und Monotonie

Die Bestimmung von Extrempunkten erfolgt auch bei verketteten e-Funktionen mithilfe der bekannten Verfahren. Wir erläutern dies anhand eines Beispiels.

Beispiel (Extrempunkte und Monotonie bestimmen)

Wir bestimmen die Extrempunkte von

$f: x \mapsto -2x \cdot e^{-\frac{1}{2}x^2}$ mit $D_{\max} = \mathbb{R}$

mithilfe beider Extremstellenkriterien.

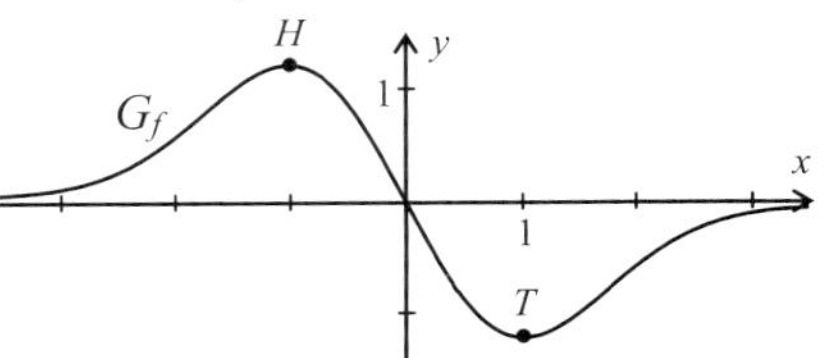

- *Ableitungen*

$$f'(x) \underbrace{=}_{\text{PR, KR}} -2 \cdot (1 \cdot e^{-\frac{1}{2}x^2} + x \cdot e^{-\frac{1}{2}x^2} \cdot (-x)) = -2 \cdot (1 - x^2) \cdot e^{-\frac{1}{2}x^2} = 2 \cdot (x^2 - 1) \cdot e^{-\frac{1}{2}x^2}$$

$$f''(x) \underbrace{=}_{\text{PR, KR}} -2 \cdot (-2x \cdot e^{-\frac{1}{2}x^2} + (1 - x^2) \cdot e^{-\frac{1}{2}x^2} \cdot (-x)) = -2 \cdot (-3x + x^2) \cdot e^{-\frac{1}{2}x^2}$$

$$= 2x \cdot (3 - x^2) \cdot e^{-\frac{1}{2}x^2}$$

- *Notwendige Bedingung* (Nullstellen von f')

$$f'(x) = 0 \Leftrightarrow (x^2 - 1) \cdot e^{-\frac{1}{2}x^2} = 0$$

$$\Leftrightarrow x^2 - 1 = 0 \vee \underbrace{e^{-\frac{1}{2}x^2} = 0}_{\text{unerfüllbar}}$$

$$\Leftrightarrow x = -1 \quad \vee \quad x = 1$$

- *Hinreichende Bedingung* (Extremwertentscheidung)

Erstes Kriterium

Vorzeichentabelle für $f'(x)$

x	$-\infty$		-1	0	1		$+\infty$
$f'(x)$		+	0 mit VzW HP	−	0 mit VzW TP	+	

Testwert: $f'(0) = -2 < 0$

Zweites Kriterium

$f''(-1) = -4e^{-\frac{1}{2}} < 0$,
also ist -1 lokale Maximumstelle.

$f''(1) = 4e^{-\frac{1}{2}} > 0$,
also ist 1 lokale Minimumstelle.

- *Angabe der Extrempunkte*

Mit $f(-1) = 2e^{-\frac{1}{2}} \approx 1{,}21$ ergibt sich der Hochpunkt $H(-1 \mid 2e^{-\frac{1}{2}})$.

Mit $f(1) = 2e^{-\frac{1}{2}} \approx -1{,}21$ ergibt sich der Tiefpunkt $T(1 \mid -2e^{-\frac{1}{2}})$.

- *Angabe der Monotonieintervalle*

Aus der Vorzeichentabelle für $f'(x)$ sind die Monotonieintervalle ablesbar.

f ist in $[-1; 1]$ streng monoton fallend.

f ist in $]-\infty; -1]$ und in $[1; +\infty[$ streng monoton wachsend.

Wendepunktbestimmung und Krümmung

Das folgende Beispiel zeigt eine mögliche Vorgehensweise zur Bestimmung der Wendepunkte und Krümmungsintervalle unter Verwendung des ersten Kriteriums.

Beispiel (Wendepunkte und Krümmungsintervalle bestimmen)

Wir bestimmen die Wendepunkte und die Krümmungsintervalle der Funktion

$f: x \mapsto (\frac{1}{2}x^2 - x) \cdot e^{0,5 \cdot x}$.

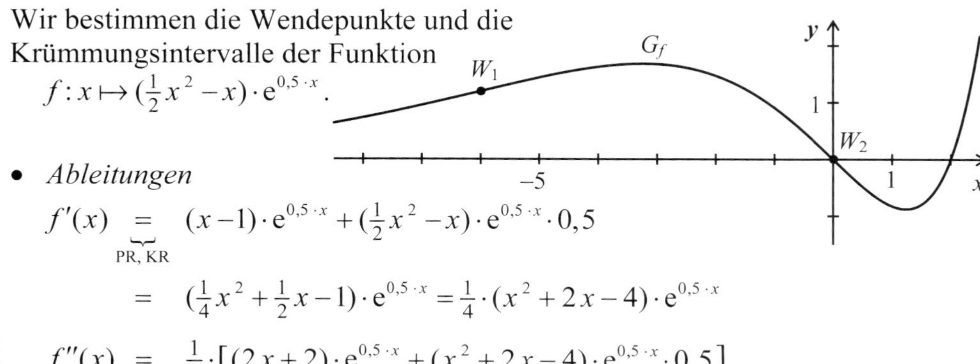

- *Ableitungen*

$$f'(x) \underset{\text{PR, KR}}{=} (x-1) \cdot e^{0,5 \cdot x} + (\tfrac{1}{2}x^2 - x) \cdot e^{0,5 \cdot x} \cdot 0,5$$

$$= (\tfrac{1}{4}x^2 + \tfrac{1}{2}x - 1) \cdot e^{0,5 \cdot x} = \tfrac{1}{4} \cdot (x^2 + 2x - 4) \cdot e^{0,5 \cdot x}$$

$$f''(x) \underset{\text{PR, KR}}{=} \tfrac{1}{4} \cdot [(2x+2) \cdot e^{0,5 \cdot x} + (x^2 + 2x - 4) \cdot e^{0,5 \cdot x} \cdot 0,5]$$

$$= \tfrac{1}{4} \cdot (\tfrac{1}{2}x^2 + 3x) \cdot e^{0,5 \cdot x} = \tfrac{1}{8}x \cdot (x+6) \cdot e^{0,5 \cdot x}$$

- *Notwendige Bedingung* (Nullstellen von f'')

$$f''(x) = 0 \Leftrightarrow \tfrac{1}{8} \cdot x \cdot (x+6) \cdot e^{0,5 \cdot x} = 0$$

$$\Leftrightarrow x = 0 \vee x = -6 \vee \underbrace{e^{0,5 \cdot x} = 0}_{\text{unerfüllbar}}$$

$$\Leftrightarrow x = 0 \vee x = -6 \quad \text{(beide mit VzW)}$$

- *Hinreichende Bedingung* (Wendestellen)

Erstes Kriterium

Vorzeichentabelle für $f''(x)$

x	$-\infty$		-6		0	1	$+\infty$
$f''(x)$		$+$	0 mit VzW WP	$-$	0 mit VzW WP	$+$	

Testwert: $f''(1) = \frac{7}{8}e^{0,5} > 0$

Da bei den Nullstellen von f'' jeweils ein Vorzeichenwechsel vorliegt, weiß man bereits, dass es sich um Wendestellen handelt.

Die Vorzeichentabelle liefert zusätzlich Informationen zu den Krümmungsintervallen.

- *Angabe der Wendepunkte*

Mit $f(-6) = 24 \cdot e^{-3} \approx 1,19$ und $f(0) = 0$ ergeben sich die beiden Wendepunkte $W_1(-6\,|\,1,19)$ und $W_2(0\,|\,0)$.

- *Angabe der Krümmungsintervalle*

Aus der Vorzeichentabelle für $f''(x)$ sind die Krümmungsintervalle ablesbar.

– G_f ist in $]-\infty; -6]$ und in $[0; +\infty[$ linksgekrümmt.

– G_f ist in $[-6; 0]$ rechtsgekrümmt.

Aufgaben

19. Bestimmen Sie die Nullstellen der Funktionen und geben Sie die zugehörige Vielfachheit an.

a) $f: x \mapsto (x^2 - 2x) \cdot e^{-x^2}$ b) $f: x \mapsto 3 \cdot (x^2 - 2x + 1) \cdot e^{x^2+1}$

c) $f: x \mapsto (x^2 - x + 6) \cdot e^{2x-1}$ d) $f: x \mapsto (2x^2 + \frac{1}{2}) \cdot e^{x^2+x}$

e) $f: x \mapsto (x^2 - 5) \cdot e^{1-x^2}$ f) $f: x \mapsto (x^2 + x - 12) \cdot e^{x^3-x^2}$

20. Berechnen Sie die erste Ableitung und faktorisieren Sie den Ableitungsterm so weit wie möglich.

a) $f: x \mapsto (x^2 - 2x) \cdot e^{-x^2}$ b) $f: x \mapsto 3 \cdot (x^2 - 2x + 1) \cdot e^{x^2+1}$

c) $f: x \mapsto (x^2 - x + 6) \cdot e^{2x-1}$ d) $f: x \mapsto (2x^2 + \frac{1}{2}) \cdot e^{x^2+x}$

21. Bestimmen Sie die Grenzwerte.

a) $\lim\limits_{x \to -\infty} (-x \cdot e^{-3x+1})$ b) $\lim\limits_{x \to +\infty} ((x^2+1) \cdot e^{-x+1})$

c) $\lim\limits_{x \to -\infty} (-2x \cdot e^{-\frac{1}{2}x^2+1})$ d) $\lim\limits_{x \to +\infty} ((1-x^2) \cdot e^{x^2-1})$

22. Betrachtet wird die Funktion f mit

$$f(x) = (x^2 - 4) \cdot e^{-\frac{1}{5}x^2}.$$

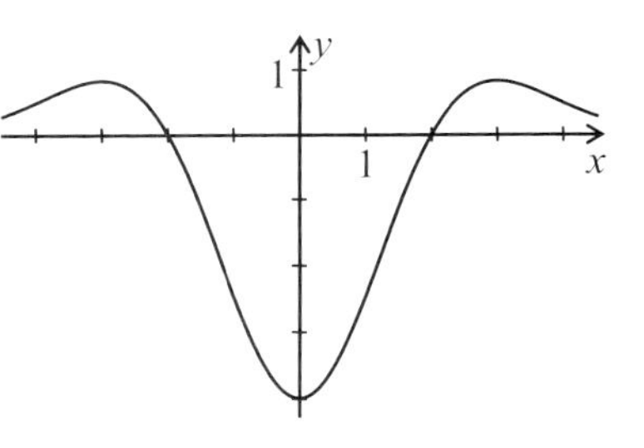

a) Lesen Sie aus der Abbildung die Nullstellen ab. Bestätigen Sie diese rechnerisch.

b) Bestätigen Sie die Lage der Extrempunkte durch eine Rechnung:
Hochpunkte: $H_1(-3 \mid 5e^{-1{,}8})$; $H_2(3 \mid 5e^{-1{,}8})$
Tiefpunkt: $T(0 \mid -4)$

23. Betrachtet wird die Funktion f mit

$$f(x) = 5 \cdot (2x^2 - 4x + 1) \cdot e^{-2x+1}.$$

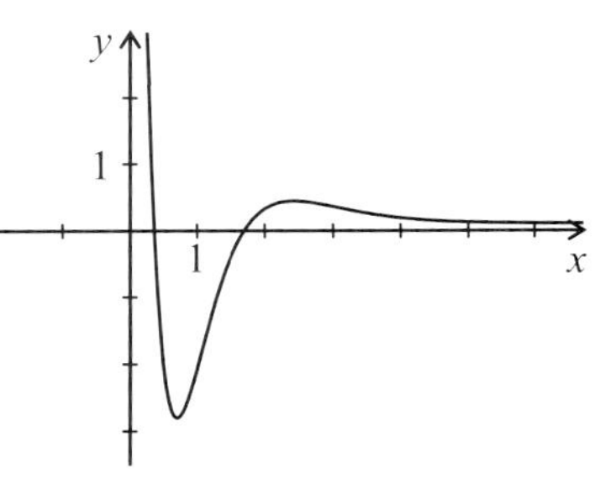

a) Bestimmen Sie durch Rechnung die Nullstellen.

b) Begründen Sie für $x \to \pm\infty$ das Grenzwertverhalten von f.

c) Bestätigen Sie die Lage der Wendepunkte durch eine Rechnung:

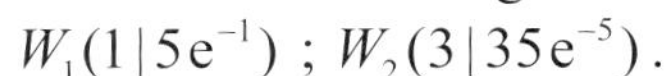
$W_1(1 \mid 5e^{-1})$; $W_2(3 \mid 35e^{-5})$.

6.5.3 Asymptoten und Polstellen bei e-Funktionen

Asymptoten bei e-Funktionen

Bei mit e-Funktionen zusammengesetzten Funktionen kann bezüglich der Grenzwertbildung für $x \to +\infty$ ein asymptotisches Verhalten auftreten. Bei den Beispielen ist auch eine mögliche Interpretation in einem Sachzusammenhang angegeben.

Bestandsfunktion: $f(x) = \dfrac{3{,}5 \cdot e^x}{e^x + 5}$

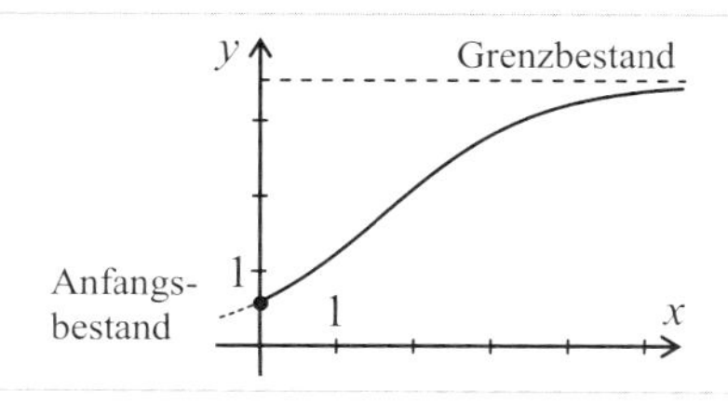

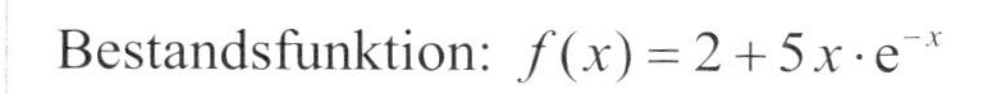

Bestandsfunktion: $f(x) = 2 + 5x \cdot e^{-x}$

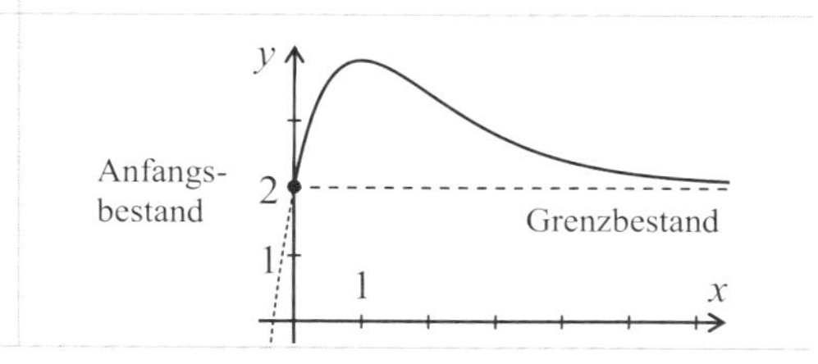

- *Anfangsbestand*

$f(0) = \dfrac{3{,}5 \cdot e^0}{e^0 + 5} = \dfrac{3{,}5}{6} \approx 0{,}58$

$f(0) = 2 + 5 \cdot 0 \cdot e^0 = 2$

- *Begründung des Grenzwertverhaltens für $x \to +\infty$*

$$\lim_{x\to+\infty} f(x) = \lim_{x\to+\infty} \frac{3{,}5 \cdot e^x}{e^x + 5} \underset{\text{Polynomdivision}}{=} \lim_{x\to+\infty} \left(3{,}5 - \underbrace{\frac{17{,}5}{e^x + 5}}_{\to\, 0^+}\right) = 3{,}5^-$$

$$\lim_{x\to+\infty} f(x) = \lim_{x\to+\infty} (2 + \underbrace{\underbrace{5x}_{\to +\infty} \cdot \underbrace{e^{-x}}_{\to 0^+}}_{\to\, 0^+ \text{ e-Funktion dominiert}}) = 2^+$$

- *Gleichung der Asymptote*

$f_A(x) = 3{,}5$

$f_A(x) = 2$

- *Art der Annäherung an die Asymptote*

Der Graph nähert sich für $x \to +\infty$ von unten an die Asymptote an.

Begründung: $\dfrac{17{,}5}{e^x + 5} > 0$ für alle $x > 0$ und somit ist $3{,}5 - \dfrac{17{,}5}{e^x + 5} < 3{,}5$.

Der Graph nähert sich für $x \to +\infty$ von oben an die Asymptote an.

Begründung: $5x \cdot e^{-x} > 0$ für alle $x > 0$ und somit ist $2 + 5x \cdot e^{-x} > 2$.

- *Interpretation in einem Sachzusammenhang*

Die Bestandsfunktion f wächst vom Anfangswert 0,58 an und nähert sich auf lange Sicht immer mehr einem Grenzbestand von 3,5.

Die Bestandsfunktion f wächst vom Anfangswert 2 an und fällt auf lange Sicht wieder auf diesen Wert zurück.

Aufgaben

24. Berechnen Sie den Grenzwert der Funktion für $x \to +\infty$. Entscheiden Sie, ob sich der Graph der zugehörigen Asymptote von oben oder unten nähert.

a) $f(x) = 1 - 2x \cdot e^{-x}$ b) $f(x) = 3 + 2 \cdot e^{-x}$

c) $f(x) = \dfrac{e^x}{e^x + 1}$ d) $f(x) = \dfrac{2}{1 - e^{-x}}$

25. Ordnen Sie den Funktionsgleichungen den richtigen Graphen zu. Argumentieren Sie mithilfe des y-Achsenabschnitts und des Grenzwerts für $x \to +\infty$.

a) $f(x) = 1 + e^{-x}$ b) $f(x) = 2 - e^{-x}$

c) $f(x) = 2 \cdot (x - 2) \cdot e^{-x} + 2$ d) 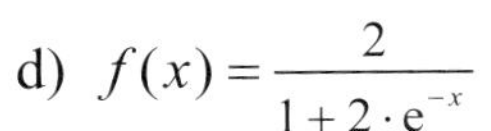

$f(x) = \dfrac{2}{1 + 2 \cdot e^{-x}}$

①
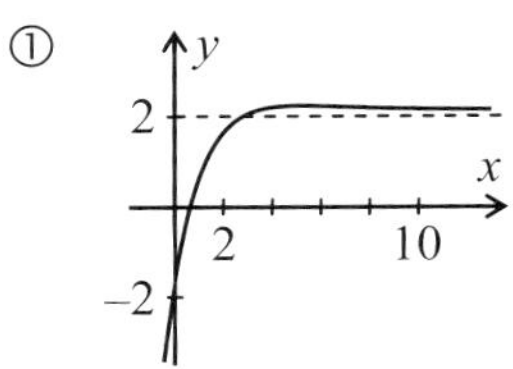

②
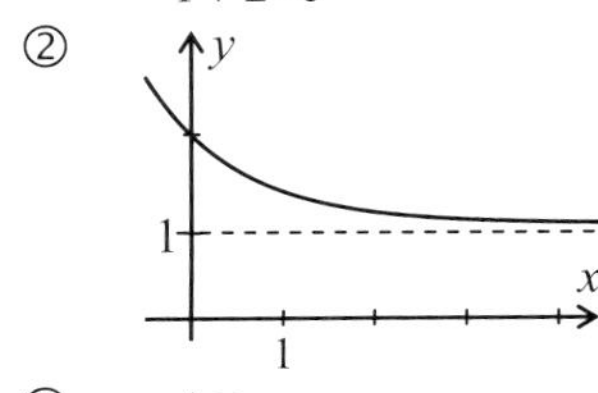

③
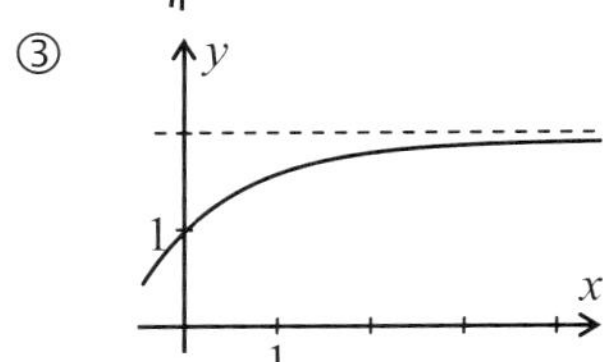

④
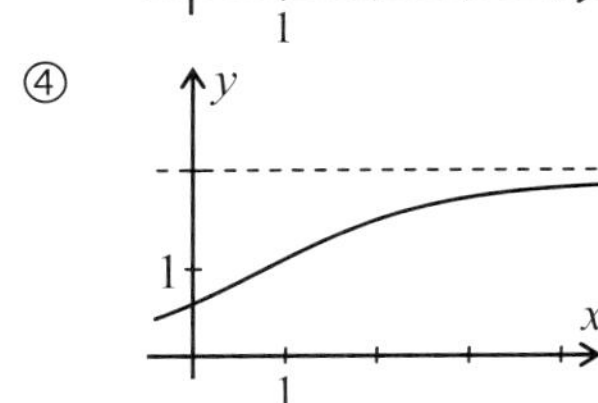

26. Eine Bestandsfunktion besitzt die Gleichung

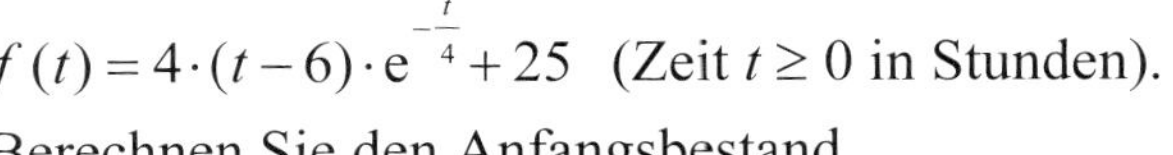

$f(t) = 4 \cdot (t - 6) \cdot e^{-\frac{t}{4}} + 25$ (Zeit $t \geq 0$ in Stunden).

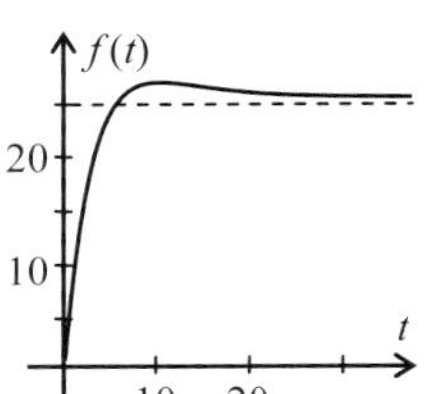

a) Berechnen Sie den Anfangsbestand.
b) Erläutern Sie anhand des Graphen die zeitliche Entwicklung des Bestandes.
c) Bestimmen Sie den Grenzwert für $t \to +\infty$.
Interpretieren Sie das Ergebnis in dem gegebenen Zusammenhang.

27. Eine Bestandsfunktion besitzt die Gleichung
$f(t) = \dfrac{30}{1 + 9 \cdot e^{-t}}$ (Zeit $t \geq 0$ in Stunden).

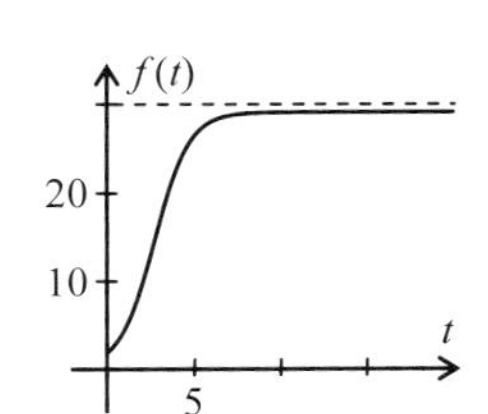

a) Begründen Sie, dass für $f(t)$ auch gilt: $f(t) = 30 \cdot \dfrac{e^t}{e^t + 9}$.
b) Berechnen Sie den Anfangsbestand.
c) Erläutern Sie anhand des Graphen die zeitliche Entwicklung des Bestandes.
d) Berechnen Sie den Bestand nach sehr langer Zeit.

Polstellen im Zusammenhang mit e-Funktionen (LK)

Wir betrachten Funktionen, die als Quotient einer e-Funktion und einer ganzrationalen Funktion entstehen.

Die Abbildung zeigt als Beispiel den Graphen zur Funktion

$$f: D_{\max} \to \mathbb{R}, x \mapsto \frac{1}{8} \cdot \frac{e^x}{x-2} .$$

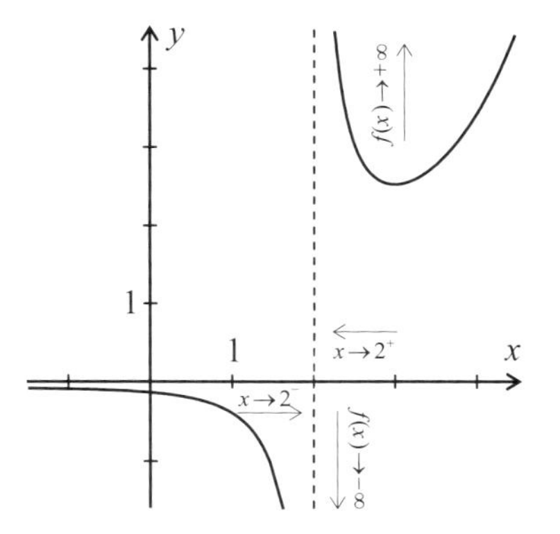

Bei der Bildung des Quotienten ist darauf zu achten, dass im Nenner des Bruchs immer ein von null verschiedener Wert stehen muss. Dies ist für die Stelle 2 nicht der Fall.

Es gilt somit: $D_{\max} = \mathbb{R} \setminus \{2\}$.

Die Stelle 2 wird als **Definitionslücke** bezeichnet.

Wie im Fall der Kehrwertfunktion lässt sich der gegebene Graph nicht in einem Zuge zeichnen. Dafür ist die Definitionslücke an der Stelle 2 verantwortlich.

Am Graphen kann man erkennen:		Grenzwertschreibweise
• Bei Annäherung an die Lücke 2 von links fallen die Funktionswerte nach $-\infty$.	$x \to 2^-$ $f(x) \to -\infty$	$\lim\limits_{x \to 2^-} f(x) = -\infty$
• Bei Annäherung an die Lücke 2 von rechts steigen die Funktionswerte nach $+\infty$.	$x \to 2^+$ $f(x) \to +\infty$	$\lim\limits_{x \to 2^+} f(x) = +\infty$

In der Nähe der Stelle $x_0 = 2$ streben die Funktionswerte $f(x)$ gegen $-\infty$ oder $+\infty$. Man bezeichnet die Stelle $x_0 = 2$ als **Polstelle** oder **Unendlichkeitsstelle**. Anschaulich bedeutet dies, dass sich der Graph von f immer mehr der Parallelen zur y-Achse mit der Gleichung $x = 2$ annähert. Man bezeichnet diese Parallele zur y-Achse in diesem Zusammenhang auch als **Polgerade**.

Es ergibt sich jeweils keine reelle Zahl als Grenzwert. Es liegt kein Grenzwert im eigentlichen Sinn vor. Ein solches Grenzwertverhalten ist charakteristisch für Quotienten von Funktionen. Man spricht von **uneigentlichen Grenzwerten**.

Allgemein definiert man:

Polstelle

Es sei $f: D \to \mathbb{R}$ eine Funktion und x_0 eine Definitionslücke. Gilt für die einseitigen Grenzwerte

$$\lim_{x \to x_0^-} f(x) = \pm\infty \text{ und } \lim_{x \to x_0^+} f(x) = \pm\infty ,$$

so heißt die Definitionslücke x_0 **Polstelle** oder **Unendlichkeitsstelle**.

Die Parallele zur y-Achse mit der Gleichung $x = x_0$ heißt **Polgerade** oder **senkrechte Asymptote**.

Beispiel (Grenzwerte an Polstelle angeben)

Betrachtet wird die Funktion

$$f: D_{max} \to \mathbb{R}, x \mapsto \frac{1}{2} \cdot \frac{(x-1,5) \cdot e^{0,5 \cdot x}}{(x-2)^2}.$$

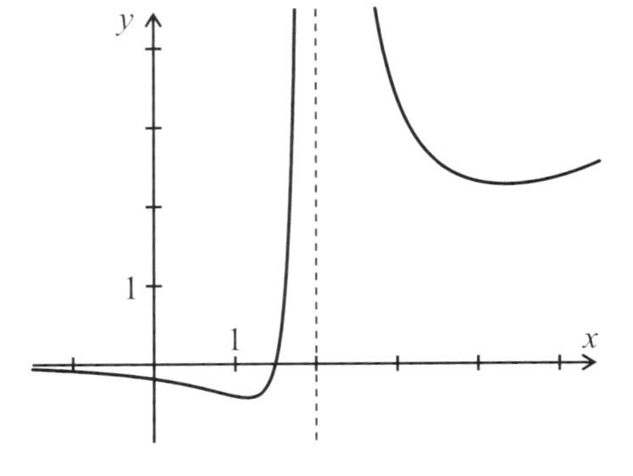

Die Stelle $x_0 = 2$ ist doppelte Nullstelle des Nennerpolynoms. Man spricht hierbei von einer Polstelle ohne Vorzeichenwechsel.

Es gilt: $D_{max} = \mathbb{R} \setminus \{2\}$.

Für die zugehörigen Grenzwerte gilt:

$\lim\limits_{x \to 2^-} f(x) = +\infty$ und $\lim\limits_{x \to 2^+} f(x) = +\infty$.

Für die Grenzwerte für $x \to \pm\infty$ gilt: $\lim\limits_{x \to -\infty} f(x) = 0^-$ (negative x-Achse Asymptote)

$\lim\limits_{x \to +\infty} f(x) = +\infty$.

Am Funktionsterm lässt sich außerdem unmittelbar ablesen, dass 1,5 einfache Nullstelle ist.

Aufgabe

28. Ordnen Sie den Funktionsgleichungen den richtigen Graphen zu.
Notieren Sie zur Begründung die folgenden Eigenschaften:
    - die maximale Definitionsmenge und den möglichen y-Achsenabschnitt,
    - die Grenzwerte für $x \to \pm\infty$,
    - die Polstelle und die einseitigen Grenzwerte an der Polstelle,
    - eine Gleichung für jede auftretende Asymptote.

a) $f(x) = \frac{1}{20} \cdot \frac{e^x}{x-2}$ b) $f(x) = -\frac{1}{4} \cdot \frac{e^{-x}}{x^2}$ c) $f(x) = \frac{3}{2} \cdot \frac{e^{x-1}}{x}$ d) $f(x) = \frac{e^{-x}}{(x-1)^2}$

①
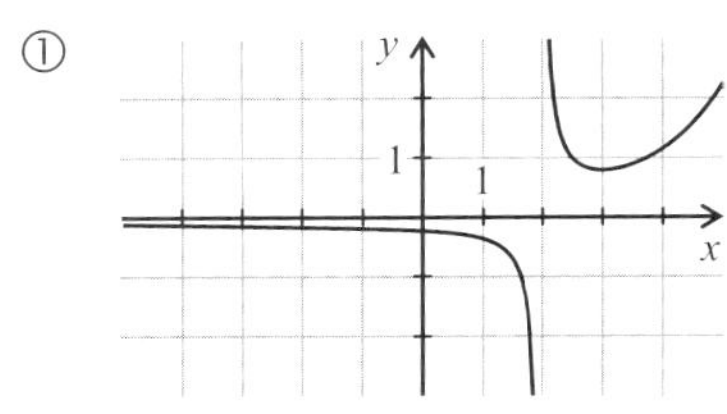

②
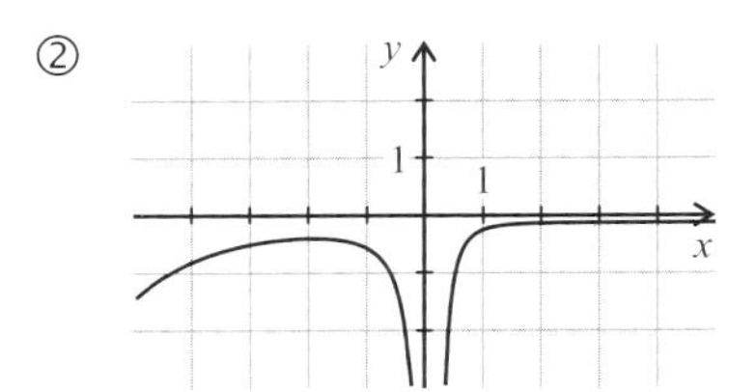

③
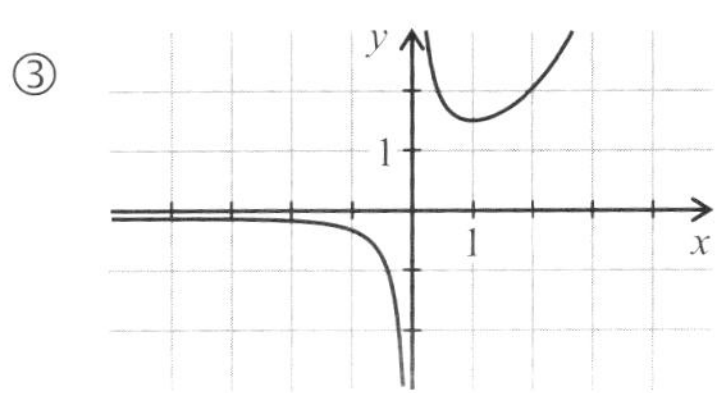

④
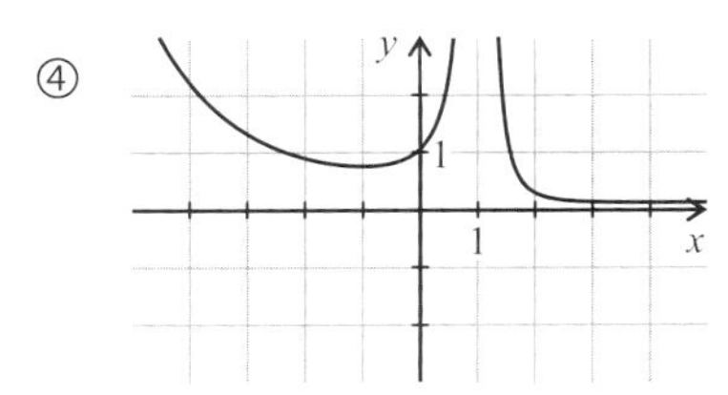

Abituraufgabenteile

A1. Nach Einnahme eines Medikamentes wird dessen Konzentration im Blut des Patienten gemessen. Für die ersten 8 Stunden beschreibt die Funktion f mit der Gleichung

$$f(t) = 10t \cdot e^{-0,5t}$$

die im Blut vorhandene Menge des Medikamentes in Milligramm pro Liter in Abhängigkeit von der Zeit t.

a) Zeigen Sie, dass für die erste Ableitung die Gleichung gilt:

$$f'(t) = (10 - 5t) \cdot e^{-0,5t}.$$

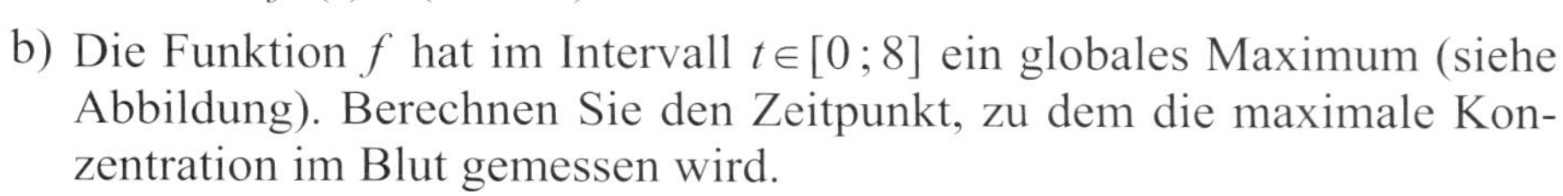

b) Die Funktion f hat im Intervall $t \in [0\,;8]$ ein globales Maximum (siehe Abbildung). Berechnen Sie den Zeitpunkt, zu dem die maximale Konzentration im Blut gemessen wird.

(Musteraufgabe zum landesübergreifenden Abitur 2014, Aufgabenpool 2 Analysis, Aufg. Ü2/2)

A2. Gegeben ist die Funktion f durch

$$f(x) = e - e^{-x} \quad (x \in \mathrm{IR}).$$

a) Berechnen Sie den Inhalt A_1 des Flächenstücks, das G_f mit den Koordinatenachsen umschließt.

b) G_f umschließt mit der y-Achse und der waagerechten Asymptote ein ins Unendliche reichendes Flächenstück mit dem Inhalt A_2. Prüfen Sie nach, ob $A_1 = A_2$ gilt.

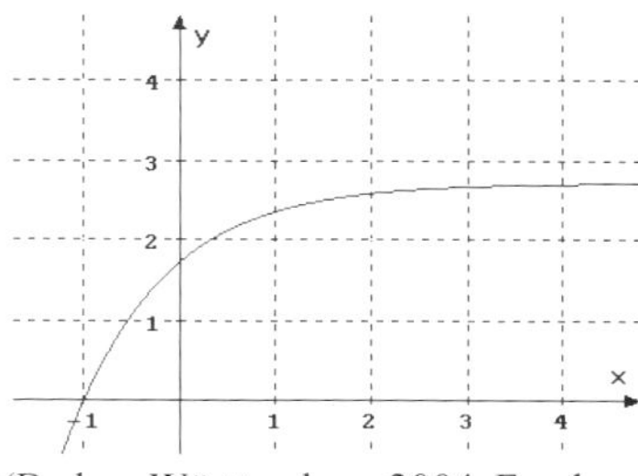

(Baden-Württemberg 2004, Fundus Pflichtteil Nr. 22)

A3. Gegeben sind die Funktionen f und g durch

$$f(x) = 8x \cdot e^{-x} \quad \text{und} \quad g(x) = 4x^2 \cdot e^{-x}.$$

Ihre Graphen sind in der Skizze rechts dargestellt.

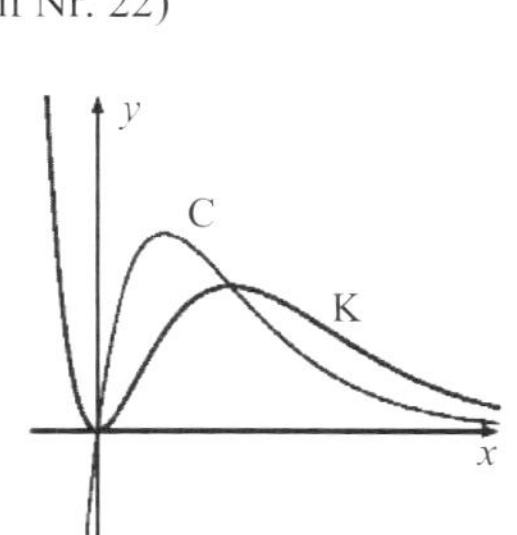

a) Begründen Sie, dass C der Graph von f und K der Graph von g ist.
Berechnen Sie die Schnittpunkte von C und K.

b) Die Gerade $x = 1$ schneidet K in P und C in Q.

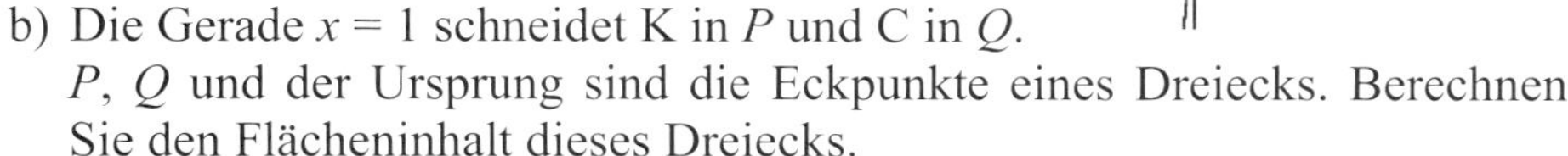

P, Q und der Ursprung sind die Eckpunkte eines Dreiecks. Berechnen Sie den Flächeninhalt dieses Dreiecks.

c) Bestimmen Sie die Koordinaten des Hochpunkts von K.
Geben Sie ohne weitere Rechnung an, für welche Werte von a die Gleichung $g(x) = a$ keine, eine bzw. mehrere Lösungen hat.

d) Es gibt Stammfunktionen F von f und G von g, sodass $F(x) - G(x) = g(x)$ ist. Berechnen Sie die Fläche, die von C und K eingeschlossen wird.

(Baden-Württemberg, Musteraufgabe zur Abiturprüfung ab 2019, Analysis D, Aufgabe 2)

6.5.4 Untersuchungen von Funktionenscharen mit e-Funktionen

Bei der Untersuchung von Funktionenscharen, die zusammen mit einer e-Funktion aufgebaut sind, stehen dieselben Fragestellungen im Vordergrund, die auch schon im Rahmen von ganzrationalen Funktionen auftraten. Nachfolgend sollen einige dieser Fragestellungen beispielhaft dargestellt werden.

Bestimmung eines Parameters aus einer vorgegebenen Eigenschaft

Vielfach besteht eine Aufgabenstellung darin, anhand einer vorgegebenen Bedingung eine bestimmte Funktion aus allen Funktionen einer Schar auszuwählen.

Beispiel (Parameter bestimmen)

Gegeben ist die Funktionenschar $f_a\colon \mathbb{R} \to \mathbb{R}, x \mapsto a\cdot(ax+1)\cdot e^{-ax}$ *mit* $a \in \mathbb{R}^*$. *Der Parameter a soll so bestimmt werden, dass der zugehörige Funktionsgraph an der Stelle 1 einen Wendepunkt besitzt.*

Für die Ableitungen ergibt sich unter Beachtung der Produktregel:

$$f_a'(x) = a\cdot[a\cdot e^{-ax} + (ax+1)\cdot e^{-ax}\cdot(-a)] = a^2\cdot[1-(ax+1)]\cdot e^{-ax} = -a^3\cdot x\cdot e^{-ax}$$

$$f_a''(x) = -a^3\cdot[1\cdot e^{-ax} + x\cdot e^{-ax}\cdot(-a)] = -a^3\cdot[1-ax]\cdot e^{-ax} = a^3\cdot(ax-1)\cdot e^{-ax}$$

Notwendige Bedingung für die Existenz eines Wendepunkts:

$$f_a''(x) = 0 \Leftrightarrow \underbrace{a^3}_{\neq 0}\cdot(ax-1)\cdot\underbrace{e^{-ax}}_{>0} = 0 \Leftrightarrow ax = 1 \Leftrightarrow x = \frac{1}{a}$$

Da dies eine Nullstelle mit Vorzeichenwechsel ist, liegt eine Wendestelle vor.

Die Wendestelle ist 1, also ergibt sich die Bedingung: $\frac{1}{a} = 1 \Leftrightarrow a = 1$.

Die gesuchte Funktion ist: $f_1\colon \mathbb{R} \to \mathbb{R}, x \mapsto (x+1)\cdot e^{-x}$.

Gemeinsame Punkte aller Kurven einer Schar

Eine typische Fragestellung im Zusammenhang mit einer Kurvenschar besteht in der Prüfung, ob alle Kurven der Schar einen gemeinsamen Punkt haben.

Beispiel (Auf gemeinsame Punkte untersuchen)

Gegeben ist die Funktionenschar $f_a\colon \mathbb{R}^+ \to \mathbb{R}, x \mapsto e^{ax^2-1}$ *mit* $a \in \mathbb{R}^*$.

Es soll nachgewiesen werden, dass je zwei verschiedene Funktionsgraphen der Schar f_a *stets einen Punkt gemeinsam haben.*

Für $a_1 \neq a_2$ machen wir den Ansatz:

$$\begin{aligned} f_{a_1}(x) = f_{a_2}(x) &\Leftrightarrow e^{a_1x^2-1} = e^{a_2x^2-1} \qquad \text{(Beide Seiten logarithmieren)}\\ &\Leftrightarrow a_1\cdot x^2 - 1 = a_2\cdot x^2 - 1\\ &\Leftrightarrow \underbrace{(a_1-a_2)}_{\neq 0 \text{ nach Vor.}}\cdot x^2 = 0 \Leftrightarrow \underbrace{x=0}_{\text{unabhängig von } a_1 \text{ und } a_2} \end{aligned}$$

Wegen $f_a(0) = e^{-1}$ ist $P(0\,|\,e^{-1})$ gemeinsamer Punkt aller Graphen der Schar.

Berechnung einer Ortslinie (LK)

Eine weitere oft gestellte Aufgabe besteht in der Berechnung einer Gleichung der Ortslinie, auf der bestimmte Punkte der einzelnen Scharfunktionen liegen.

Beispiel (Gleichung einer Ortslinie berechnen)

Gegeben ist die Funktionenschar $f_k: \mathbb{R} \to \mathbb{R}, x \mapsto e^{(4 \cdot x - k \cdot x^2)}$ *mit* $k \in \mathbb{R}^*$.

Gesucht ist eine Gleichung der Ortslinie der lokalen Extrempunkte der Schar.

Für die erste Ableitung ergibt sich mithilfe der Kettenregel:

$$f_k'(x) = e^{(4 \cdot x - k \cdot x^2)} \cdot (4 - 2 \cdot k \cdot x) = 2 \cdot (2 - k \cdot x) \cdot e^{(4 \cdot x - k \cdot x^2)}.$$

Notwendige Bedingung für die Existenz lokaler Extrema:

$$f_k'(x) = 0 \iff 2 \cdot (2 - k \cdot x) \cdot e^{(4 \cdot x - k \cdot x^2)} = 0 \iff 2 - k x = 0 \iff x = \tfrac{2}{k} \neq 0$$

Nach k aufgelöst: $k = \frac{2}{x}$. In die Funktionsgleichung von f_k eingesetzt, ergibt:

$$y = e^{(4x - \frac{2}{x} \cdot x^2)} = e^{2x}.$$

Die Gleichung der Ortslinie, auf der alle Extrempunkte der Graphen der Schar liegen, lautet damit $y = e^{2x}$.

Es ist zu beachten, dass auf die Betrachtung einer hinreichenden Bedingung an dieser Stelle verzichtet werden kann. Auf der berechneten Ortslinie liegen alle Punkte des Graphen mit einer waagerechten Tangente. Darunter sind sicher auch die lokalen Extrempunkte.

Abituraufgabenteile

Bestimmung einer Scharfunktion mithilfe einer vorgegebenen Eigenschaft

A1. Gegeben ist $f_t: D_{\max} \to \mathbb{R}, x \mapsto 4 \cdot (t \cdot e^x - 1) \cdot e^{-2x}$ mit $t \in \mathbb{R}^+$.

Bestimmen Sie diejenige Funktion dieser Schar, deren Schaubild an der Stelle $x = \ln(2)$ eine waagerechte Tangente besitzt.

(Saarland Gymnasium 1994, LK Haupttermin, A1 Teil 1.1)

A2. Gegeben ist $f_a: D_{\max} \to \mathbb{R}, x \mapsto 2ax \cdot e^{-x^2}$ mit $a \in \mathbb{R}^*$.

Bestimmen Sie die Funktion der Schar f_a, deren Graph im Schnittpunkt mit der x-Achse eine Tangente mit dem Steigungswinkel 45° hat.

(Saarland Gymnasium 2010, EK Haupttermin, A1 Teil 1.4)

Gemeinsame Punkte aller Schargraphen

A3. Gegeben ist die Funktionenschar $f_k: \mathbb{R} \to \mathbb{R}, x \mapsto e^{4 \cdot x - k \cdot x^2}$ mit $k \in \mathbb{R}$.

Zeigen Sie, dass alle Graphen der Schar genau einen Punkt gemeinsam haben, und geben Sie die Koordinaten dieses Punktes an.

(Saarland Gymnasium 2007 LK Nachtermin, A1 Teil 1.1)

A4. Gegeben ist die Funktionenschar $f_a: \mathbb{R} \rightarrow \mathbb{R},\ x \mapsto 2ax \cdot e^{2-ax^2}$ mit $a \in \mathbb{R}^+$.

Zeigen Sie, dass zwei verschiedene Funktionen der Schar jeweils genau drei Schnittstellen besitzen, und geben Sie diese an.
(Saarland Gymnasium 2010, EK Nachtermin, A1 Teil 1.6)

Ortslinien

A5. Gegeben ist die Funktionenschar $f_t: \mathbb{R} \rightarrow \mathbb{R},\ x \mapsto 4 \cdot (t \cdot e^x - 1) \cdot e^{-2x}$ mit $t > 0$.

Bestimmen Sie eine Gleichung der Kurve, auf der alle Extrempunkte der Schar liegen.
(Saarland Gymnasium 1994, LK Haupttermin, A1 Teil 1.4)

A6. Gegeben ist die Funktionenschar $f_a: \mathbb{R} \rightarrow \mathbb{R},\ x \mapsto \frac{1}{a} \cdot (x+a) \cdot e^{a-x}$ mit $a \in \mathbb{R}^*$.

Bestimmen Sie eine Gleichung der Kurve, auf der alle Wendepunkte der Schar liegen.
(Saarland Gymnasium 2007, LK Haupttermin, A1 Teil 1.4)

Grenzwerte einer Scharfunktion

A7. Gegeben ist die Funktionenschar $f_a: \mathbb{R} \rightarrow \mathbb{R},\ x \mapsto 2ax \cdot e^{2-ax^2}$ mit $a \in \mathbb{R}^+$.

Berechnen Sie die Grenzwerte für $x \rightarrow -\infty$ und $x \rightarrow +\infty$.
(Saarland Gymnasium 2010, EK Nachtermin, A1 Teil 1.1)

A8. Gegeben ist die Funktionenschar $f_a: \mathbb{R} \rightarrow \mathbb{R},\ x \mapsto \frac{1}{a} \cdot (x+a) \cdot e^{a-x}$ mit $a \in \mathbb{R}^*$.

Geben Sie in Abhängigkeit von a die Grenzwerte der Funktionen der Schar für $x \rightarrow \pm\infty$ an.
(Saarland Gymnasium 2007, LK Nachtermin, A1 Teil 1.5)

Extrempunkte einer Scharfunktion

A9. Gegeben ist die Funktionenschar $f_a: \mathbb{R} \rightarrow \mathbb{R},\ x \mapsto \frac{1}{a} \cdot (x+a) \cdot e^{a-x}$ mit $a \in \mathbb{R}^*$.

Bestimmen Sie für die Funktionen der Schar in Abhängigkeit von a die Koordinaten und die Art der Extrempunkte.
(Saarland Gymnasium 2007, LK Haupttermin, A1 Teil 1.3)

A10. Gegeben ist die Funktionenschar $f_a: \mathbb{R} \rightarrow \mathbb{R},\ x \mapsto x \cdot e^{0{,}5 \cdot (1-ax^2)}$ mit $a \in \mathbb{R}^+$.

Ermitteln Sie für eine beliebige Funktion f_a der Schar die Extrempunkte und weisen Sie die Art der Extrema nach.
(Saarland Gymnasium 2003, LK Nachtermin, A1 Teil 1.4.1)

Wendepunkte einer Scharfunktion

A11. Gegeben ist die Funktionenschar $f_a: \mathbb{R} \to \mathbb{R},\ x \mapsto a \cdot (ax+1) \cdot \mathrm{e}^{-ax}$ mit $a > 0$.

Ermitteln Sie für eine beliebige Funktion f_a der Schar den Wendepunkt.

(Saarland Gymnasium 2001, LK Haupttermin, A1 Teil 1.5)

A12. Gegeben ist die Funktionenschar $f_a: D_{\max} \to \mathbb{R},\ x \mapsto ax \cdot \mathrm{e}^{-\frac{x}{a}}$ mit $a \in \mathbb{R}^+$.

Untersuchen Sie die Schar auf Wendepunkte.

(Saarland Gymnasium 1998, LK Haupttermin, A1 Teil 1.4)

Weitere Fragestellungen

A13. Gegeben ist die Funktionenschar $f_a: \mathbb{R} \to \mathbb{R},\ x \mapsto \mathrm{e}^{2x} - 4a \cdot \mathrm{e}^x + 3a^2$ mit dem Parameter $a \in \mathbb{R}$.

Zeigen Sie: Für positive Werte von a ist der Abstand der beiden Nullstellen einer Funktion f_a unabhängig von a.

(Saarland Gymnasium 1999, LK Haupttermin, A1 Teil 1.4)

A14. Gegeben ist die Funktionenschar $f_k: \mathbb{R} \to \mathbb{R},\ x \mapsto \mathrm{e}^{4 \cdot x - k \cdot x^2}$ mit $k \in \mathbb{R}$.

Zeigen Sie, dass für alle Funktionen der Schar mit $k \neq 0$ und alle $x \in \mathbb{R}$ gilt:

$$f_k\left(\tfrac{2}{k} - x\right) = f_k\left(\tfrac{2}{k} + x\right).$$

Interpretieren Sie diese Aussage hinsichtlich des Graphenverlaufs.

(Saarland Gymnasium 2007, LK Nachtermin, A1 Teil 1.4)

A15. Gegeben ist die Funktionenschar $f_{a,b}: \mathbb{R} \to \mathbb{R},\ x \mapsto a \cdot (1-x) \cdot \mathrm{e}^{b \cdot (1-x)}$ mit Parametern $a, b \in \mathbb{R}$.

Bestimmen Sie die Funktion der Schar, deren Graph im Punkt $P(3 \mid -\frac{6}{\mathrm{e}})$ eine horizontale Tangente besitzt.

(Saarland Gymnasium 1996, LK Haupttermin, A1 Teil 1.1)

A16. Gegeben ist $f_t: D_{\max} \to \mathbb{R},\ x \mapsto 4 \cdot (t \cdot \mathrm{e}^x - 1) \cdot \mathrm{e}^{-2x}$ mit $t \in \mathbb{R}^+$.

Zeigen Sie, dass alle Extrempunkte der Schar auf der Ortslinie mit der Gleichung $y = 4 \cdot \mathrm{e}^{-2x}$ liegen.

(Saarland Gymnasium 1994, LK Haupttermin, A1 Teil 1.4)

A17. Gegeben ist $f_a: \mathbb{R} \to \mathbb{R},\ x \mapsto \mathrm{e}^{2x} - 4a \cdot \mathrm{e}^x + 3a^2$ mit $a \in \mathbb{R}$.

Untersuchen Sie, ob es ein $a \in \mathbb{R}$ so gibt, dass f_a genau eine Nullstelle hat.

(Saarland Gymnasium 1999, LK Haupttermin, A1 Teil 1.6)

Die ln-Funktion

W 1.1 Definition und Eigenschaften

W 1.1.1 Definition und Graph der ln-Funktion

Die e-Funktion $f: \mathbb{R} \to \mathbb{R}, x \mapsto e^x$ ist aus Abschnitt 6.2 bekannt. Sie ist streng monoton wachsend und somit in der Wertemenge $\mathbb{R}^+$ umkehrbar. Ihre Umkehrfunktion heißt ln-Funktion.

ln-Funktion
Die Umkehrfunktion $\mathbf{ln}: \mathbb{R}^+ \to \mathbb{R}, x \mapsto \ln(x)$ zur e-Funktion heißt **natürliche Logarithmusfunktion** (kurz **ln-Funktion**).

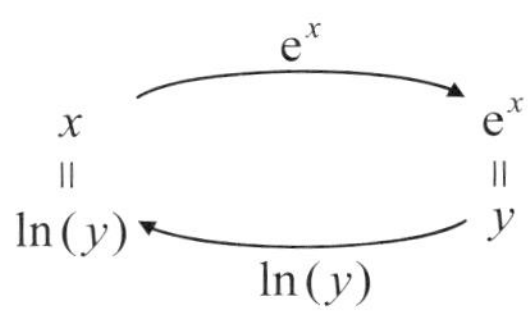

Aufgrund dieser Definition gilt:

$$y = e^x \iff \ln(y) = x.$$

Näherungswerte für natürliche Logarithmen lassen sich mit einem Taschenrechner über die LN Taste bestimmen.

Wegen der Umkehreigenschaft von e- und ln-Funktion können wir den Graphen der ln-Funktion aus dem Graphen der e-Funktion konstruieren. Hierzu müssen wir eine Spiegelung an der 1. Winkelhalbierenden durchführen.

Der Punkt $P(0|1)$ wird dabei auf $P'(1|0)$, der Punkt $Q(1|e)$ auf $Q'(e|1)$ gespiegelt.

Insbesondere gilt daher:

$$\ln(1) = 0 \text{ und } \ln(e) = 1.$$

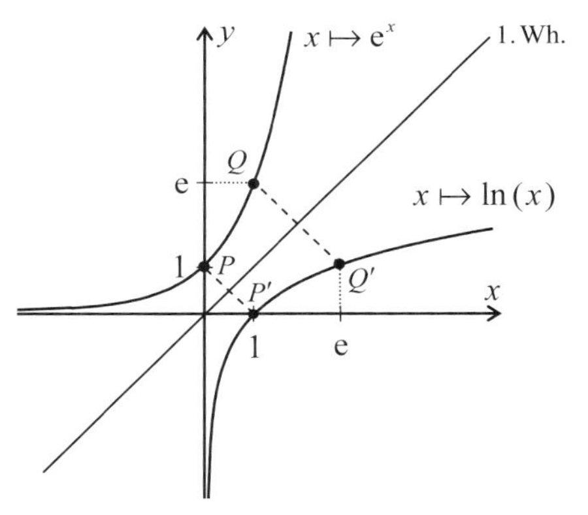

Dies bedeutet, dass die ln-Funktion die Nullstelle 1 besitzt.

Da die e- und die ln-Funktion Umkehrfunktionen zueinander sind, gelten für ihre Verkettungen folgende Zusammenhänge:

- $\ln(e^x) = x$ für alle $x \in \mathbb{R}$,
- $e^{\ln(x)} = x$ für alle $x \in \mathbb{R}^+$.

Für die ln-Funktion gelten zentrale Rechenregeln. Im Folgenden sollen diese Regeln aus der Funktionalgleichung der e-Funktion übertragen werden.

W 1.1.2 Funktionalgleichung und Logarithmengesetze

Eine zentrale Eigenschaft der e-Funktion ist die Funktionalgleichung (1. Potenzgesetz). Dieses Gesetz lässt sich auf die ln-Funktion übertragen.

Funktionalgleichung der ln-Funktion (1. Logarithmengesetz)

Nach dem ersten Potenzgesetz gilt:

$$e^{y_1} \cdot e^{y_2} = e^{y_1 + y_2} \text{ für alle } y_1, y_2 \in \mathbb{R}.$$

Durch Logarithmieren auf beiden Seiten folgt:

$$\ln(e^{y_1} \cdot e^{y_2}) = \ln(e^{y_1 + y_2}) = y_1 + y_2.$$

In äquivalenter Schreibweise bedeutet dies:

$$\ln(x_1 \cdot x_2) = \ln(x_1) + \ln(x_2).$$

Äquivalente Umformungen

$e^{y_1} = x_1 \Leftrightarrow y_1 = \ln(x_1)$

$e^{y_2} = x_2 \Leftrightarrow y_2 = \ln(x_2)$

mit $y_1, y_2 \in \mathbb{R}$ und $x_1, x_2 \in \mathbb{R}^+$

Funktionalgleichung der ln-Funktion (1. Logarithmengesetz)

Für die ln-Funktion $f: \mathbb{R}^+ \to \mathbb{R}, x \mapsto \ln(x)$ gilt die Funktionalgleichung

$$\ln(x_1 \cdot x_2) = \ln(x_1) + \ln(x_2) \text{ für alle } x_1, x_2 \in \mathbb{R}^+.$$

Die Funktionalgleichung erweist sich als Schlüssel für weitere Eigenschaften.

2. Logarithmengesetz

Schreibt man x für x_1 und $\frac{1}{x}$ für x_2, so ergibt sich:

$$\ln(x) + \ln(\tfrac{1}{x}) = \ln(x \cdot \tfrac{1}{x}) = \ln(1) = 0 \Leftrightarrow \ln(\tfrac{1}{x}) = -\ln(x).$$

Hiermit und mit der Funktionalgleichung ergibt sich:

$$\ln(\tfrac{x_1}{x_2}) = \ln(x_1 \cdot \tfrac{1}{x_2}) = \ln(x_1) + \ln(\tfrac{1}{x_2}) = \ln(x_1) - \ln(x_2).$$

3. Logarithmengesetz

Gemäß der Funktionalgleichung gilt:

$$\ln(x^2) = \ln(x \cdot x) = \ln(x) + \ln(x) = 2 \cdot \ln(x)$$

$$\ln(x^3) = \ln(x^2 \cdot x) = \ln(x^2) + \ln(x) = 2 \cdot \ln(x) + \ln(x) = 3 \cdot \ln(x)$$

Dies lässt sich in gleicher Weise verallgemeinern zu:

$$\ln(x^n) = n \cdot \ln(x) \text{ mit einem Exponenten } n \in \mathbb{N}.$$

Man kann nachweisen, dass dieses Gesetz sogar für beliebige reelle Exponenten gilt.

Logarithmengesetze

Seien $x_1, x_2, x \in \mathbb{R}^+$ und $r \in \mathbb{R}$. Dann gilt:

(L1) $\ln(x_1 \cdot x_2) = \ln(x_1) + \ln(x_2)$

(L2) $\ln(x_1 : x_2) = \ln(x_1) - \ln(x_2)$

(L3) $\ln(x^r) = r \cdot \ln(x)$

Insbesondere gilt für den Logarithmus des Kehrwertes: $\ln(\frac{1}{x}) = -\ln(x)$.

Aufgaben

1. Berechnen Sie die Logarithmen ohne Taschenrechner.
   a) $\ln(e)$ b) $\ln(e^2)$ c) $\ln(e^{-3})$ d) $\ln(\frac{1}{e})$
   e) $\ln(\sqrt{e})$ f) $\ln(\sqrt[3]{e^2})$ g) $\ln(\frac{1}{\sqrt{e}})$ h) $\ln(\frac{1}{e^3})$

2. Vereinfachen Sie ($a > 0$).
   a) $e^{\ln(3)}$ b) $e^{-\ln(5)}$ c) $e^{2\cdot\ln(3)}$ d) $e^{0,5\cdot\ln(25)}$
   e) $e^{0,5\cdot\ln(3)}$ f) $e^{\ln(e)}$ g) $e^{\ln(2)-1}$ h) $e^{0,5\cdot\ln(a)}$
   i) $e^{x\cdot\ln(a)}$ j) $e^{x+\ln(a)}$ k) $e^{x-\ln(a)}$

3. Vereinfachen Sie mithilfe der Logarithmengesetze.
   a) $\ln(3)+3\cdot\ln(2)$ b) $\frac{1}{2}\cdot\ln(9)-\ln(\frac{1}{2})$ c) $\frac{2}{3}\cdot\ln(27)-2\cdot\ln(\sqrt{3})$
   d) $\ln(3x)-\ln(x)$ e) $\ln(\frac{x}{2})-\ln(\sqrt{x})$ f) $2\cdot\ln(\frac{1}{x})-\ln(x^2)$

4. Begründen Sie, dass folgende Umformungen richtig sind. Welche Regeln wurden dabei angewendet?
   a) $\ln(49)=\ln(7)+\ln(7)$ b) $\ln(243)=5\cdot\ln(3)$ c) $\ln(0,5)=-\ln(2)$

5. Welche Fehler wurden bei den folgenden Umformungen gemacht?
   a) $\ln(x^3-5)=3\cdot\ln(x)-\ln(5)$ b) $\ln(1+x^2)=\ln(1)+2\cdot\ln(x)=2\cdot\ln(x)$
   c) $\ln(u+1)=\ln(u)\cdot\ln(1)=\ln(u)$ d) $\ln\left(\frac{x}{y\cdot z^2}\right)=\ln(x)-\ln(y)+2\cdot\ln(z)$

6. Drücken Sie durch einen einzigen Logarithmusterm aus.
   a) $\ln(x)+\ln(x+1)$ b) $\ln(x)-\ln(x+1)$
   c) $3\cdot\ln(x)+2\cdot\ln(x+1)$ d) $2\cdot\ln(x)-\frac{1}{2}\cdot\ln(x^2+1)$
   e) $\ln(x)+2\cdot\ln(x+3)-\frac{1}{4}\cdot\ln(x-1)$ f) $\frac{1}{3}\cdot\ln(x)-2\cdot\ln(x^2+1)-\ln(x)$
   g) $-3\cdot\ln(x)-2\cdot\ln(x+1)$ h) $\ln\left(\frac{x+1}{x+2}\right)+\ln\left(\frac{x+2}{x+3}\right)-\ln\left(\frac{x+1}{x+3}\right)$

7. Begründen Sie, dass im Allgemeinen gilt:
   a) $\ln(a+b)\neq\ln(a)+\ln(b)$ b) $\ln(a-b)\neq\ln(a)-\ln(b)$
   Geben Sie je ein Beispiel für a und b an, für das das Gleichheitszeichen gilt.

8. Formen Sie den Funktionsterm in eine Summe um. (Es gelte stets $a > 0$.)
   a) $f(x)=\ln(a\cdot x)$ b) $f(x)=\ln(\frac{a^2}{x})$ c) $f(x)=\ln\left(\frac{x^2}{x+a}\right)$
   d) $f(x)=\ln(\sqrt{a^2-x^2})$ e) $f(x)=\ln(x^2-a^2)$

W 1.1.3 Differenzierbarkeit und Ableitung der ln-Funktion

Differenzierbarkeit

Die e-Funktion ist in ihrer gesamten Definitionsmenge differenzierbar. Anschaulich wird dies dadurch sichtbar, dass der Graph glatt verläuft, also weder einen Knick noch eine Spitze aufweist.

Da der Graph der ln-Funktion aus dem Graphen der e-Funktion durch eine Spiegelung an der ersten Winkelhalbierenden entsteht, bleibt die Eigenschaft der Knickfreiheit dabei erhalten.

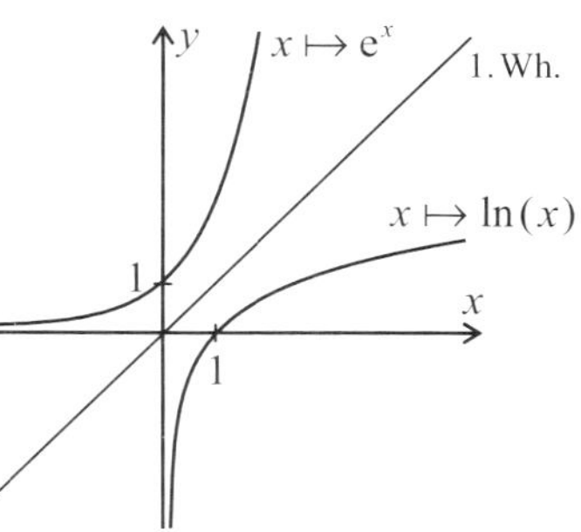

Wir können also aufgrund dieser anschaulichen Argumentation davon ausgehen, dass auch die ln-Funktion in ihrer Definitionsmenge differenzierbar ist.

Ableitungsterm

Ein Term für die Ableitung der ln-Funktion ergibt sich aus der Kenntnis der Ableitung der e-Funktion. Da die e-Funktion und die ln-Funktion Umkehrfunktionen zueinander sind, gilt $e^{\ln(x)} = x$ für alle $x \in \mathbb{R}^+$.

Durch Ableiten auf beiden Seiten und Anwenden der Kettenregel ergibt sich:

$$e^{\ln(x)} = x \quad \text{(Auf beiden Seiten ableiten)}$$

$$\Rightarrow \quad (e^{\ln(x)})' = 1 \quad \text{(Kettenregel anwenden)}$$

$$\Leftrightarrow \quad e^{\ln(x)} \cdot \ln'(x) = 1 \quad \text{(Innere Ableitung } \ln'(x) \text{ beachten)}$$

$$\Leftrightarrow \quad x \cdot \ln'(x) = 1 \quad \text{(Nach } \ln'(x) \text{ auflösen)}$$

$$\Leftrightarrow \quad \ln'(x) = \frac{1}{x}$$

Ableitung der ln-Funktion

Die ln-Funktion $\ln: \mathbb{R}^+ \to \mathbb{R}, x \mapsto \ln(x)$ ist an jeder Stelle $x \in \mathbb{R}^+$ differenzierbar und es gilt:

$$\ln'(x) = \frac{1}{x}.$$

Die Ableitung der ln-Funktion führt zur Kehrwertfunktion. Diese Eigenschaft lässt sich auch aus der Sicht der Kehrwertfunktion deuten. Zur Kehrwertfunktion konnten wir bisher keine integralfreie Stammfunktion angeben. Diese Lücke wird jetzt durch die ln-Funktion geschlossen.

Stammfunktion zur Kehrwertfunktion

Die ln-Funktion $\ln: \mathbb{R}^+ \to \mathbb{R}, x \mapsto \ln(x)$ ist über der Definitionsmenge $\mathbb{R}^+$ eine Stammfunktion zur Kehrwertfunktion $\ln: \mathbb{R}^+ \to \mathbb{R}, x \mapsto \frac{1}{x}$.

Beim Ableiten komplexer ln-Funktionen muss die Argumentfunktion[1] beachtet und die Kettenregel angewendet werden.

Beispiel (Kettenregel bei ln-Funktionstermen anwenden)

a) $[\ln(2x+1)]' \underbrace{=}_{(KR)} \frac{1}{2x+1} \cdot 2 = \frac{2}{2x+1}$

Es wird der Kehrwert des Arguments gebildet. Dabei ist die innere Ableitung 2 zu beachten.

b) $[\ln(2x^2)]' \underbrace{=}_{(KR)} \frac{1}{2x^2} \cdot (4x) = \frac{2}{x}$

Kehrwert bilden und die innere Ableitung ($4x$) beachten.

Im dem nachstehenden Beispiel wird ein Produkt einer Potenzfunktion und der ln-Funktion betrachtet.

Beispiel (Produktregel im Zusammenhang mit der ln-Funktion anwenden)

$$[x^3 \cdot \ln(x)]' \underbrace{=}_{(PR)} 2x^2 \cdot \ln(x) + x^3 \cdot \frac{1}{x}$$

Produktregel anwenden

$$= 2x^2 \cdot \ln(x) + x^2$$

$$= x^2 \cdot (2\ln(x) + 1)$$

Aufgaben

9. Leiten Sie ab.
   a) $f: x \mapsto 2 \cdot \ln(x)$
   b) $f: x \mapsto \ln(x-1)$
   c) $f: x \mapsto \ln(2+x)$
   d) $f: x \mapsto -\ln(x-2)$
   e) $f: x \mapsto 3 \cdot \ln(x+1)$
   f) $f: x \mapsto -2 \cdot \ln(x+3)$

10. Berechnen Sie die erste Ableitung.
    a) $f: x \mapsto \ln(2 \cdot x)$
    b) $f: x \mapsto \ln(3x+1)$
    c) $f: x \mapsto \ln(1-x)$
    d) $f: x \mapsto \ln(3-2x)$

11. Berechnen Sie die erste Ableitung und vergleichen Sie.
    a) $f: x \mapsto \ln(x^2)$
    b) $f: x \mapsto (\ln(x))^2$

12. Leiten Sie ab.
    a) $f(x) = x \cdot \ln(x)$
    b) $f(x) = x^2 \cdot \ln(x)$
    c) $f(x) = x \cdot \ln(x) - x$
    d) $f(x) = x^n \cdot \ln(x)$ mit $n \in \mathbb{N}$, $n > 1$

---

[1] Bei $x \mapsto \ln(2x+1)$ ist $2x+1$ das Argument der ln-Funktion bzw. $x \mapsto 2x+1$ ist die Argumentfunktion.

W 1.1.4 Eigenschaften des Graphen der ln-Funktion

Graph und Eigenschaften des Graphen der ln-Funktion

① *Graph*

Die ln-Funktion ist eine spezielle Logarithmusfunktion. Ihr Graph hat somit den für Logarithmusfunktionen typischen Verlauf.

Charakteristische Punkte des Graphen sind die Punkte $P(1|0)$ und $Q(\mathrm{e}|1)$.

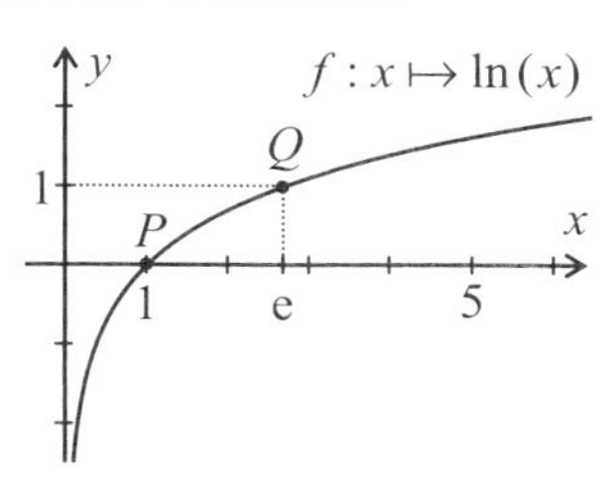

② *Monotonie*

Die ln-Funktion ist in der gesamten Definitionsmenge $\mathbb{R}^+$ streng monoton wachsend.

Für alle $x \in \mathbb{R}^+$ gilt:
$$f'(x) = \frac{1}{x} > 0 .$$

③ *Krümmung*

Der Graph der ln-Funktion ist in der gesamten Definitionsmenge $\mathbb{R}^+$ rechtsgekrümmt.

Für alle $x \in \mathbb{R}^+$ gilt:
$$f''(x) = -\frac{1}{x^2} < 0 .$$

④ *Nullstellen*

Wir wissen bereits, dass die ln-Funktion die Nullstelle 1 besitzt. Sie ist als differenzierbare Funktion auch stetig. Wegen der strengen Monotonie ist somit 1 die einzige Nullstelle.

Für $f(x) = \ln(x)$ gilt:
$$f(x) = 0 \iff x = 1 .$$

⑤ *Grenzwerte und Wertemenge*

Die ln-Funktion übernimmt als Umkehrfunktion die Definitionsmenge $\mathbb{R}$ der e-Funktion als Wertemenge. Da die ln-Funktion in $\mathbb{R}^+$ differenzierbar (und damit stetig) sowie streng monoton wachsend ist, ergeben sich die nebenstehenden Grenzwerte an den Rändern der Definitionsmenge.

Es gilt:
$$\lim_{x \to 0^+} \ln(x) = -\infty$$
$$\lim_{x \to +\infty} \ln(x) = +\infty$$

Graphen von Funktionen der Form $x \mapsto \ln(a \cdot x)$

Nach der Funktionalgleichung der Logarithmusfunktion gilt für positive Werte $a > 0$:
$$\ln(a \cdot x) = \ln(x \cdot a) = \ln(x) + \ln(a) .$$

Dies bedeutet, dass sich für ein positives a der Graph der Funktion $g(x) = \ln(a \cdot x)$ aus dem Graphen der ln-Funktion $f(x) = \ln(x)$ durch eine Verschiebung um $\ln(a)$ in y-Richtung ergibt.

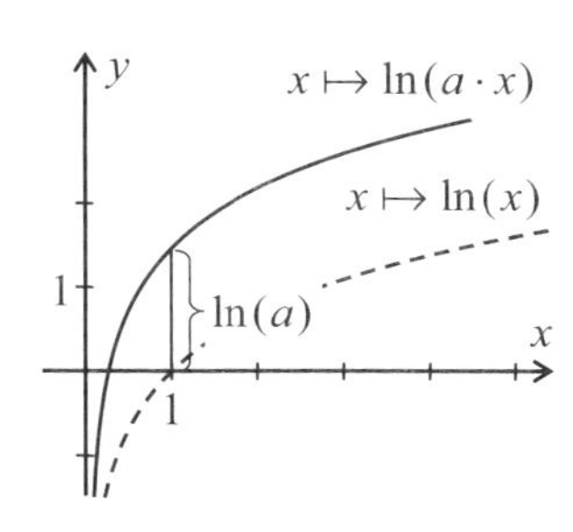

Aufgaben

13. Wie groß ist der Steigungswinkel der Tangente an den Graphen der ln-Funktion in den angegebenen Punkten?
    a) $P(1\,|\,?)$ b) $Q(2\,|\,?)$ c) $R(1{,}5\,|\,?)$

14. In welchem Punkt hat der Graph der ln-Funktion eine Tangente, die parallel zur ersten Winkelhalbierenden ist?

15. Für welchen Punkt des Graphen der ln-Funktion geht die Tangente durch den Punkt $P(0\,|\,1)$?

16. In den Abbildungen ist der Graph einer Funktion g (durchgängige Linie) sowie zum Vergleich der Graph der ln-Funktion (gestrichelt) gezeichnet.
    Wie entsteht der Graph von g aus dem Graphen der ln-Funktion?
    Ordnen Sie den Graphen jeweils die richtige Funktionsgleichung zu und begründen Sie Ihre Entscheidung.

a)
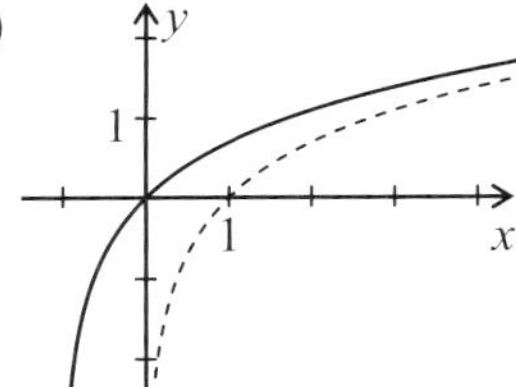

b)
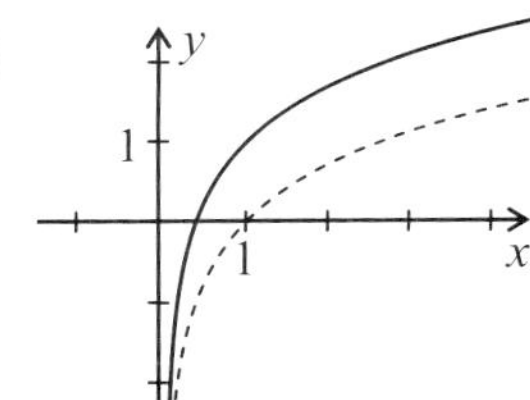

c)
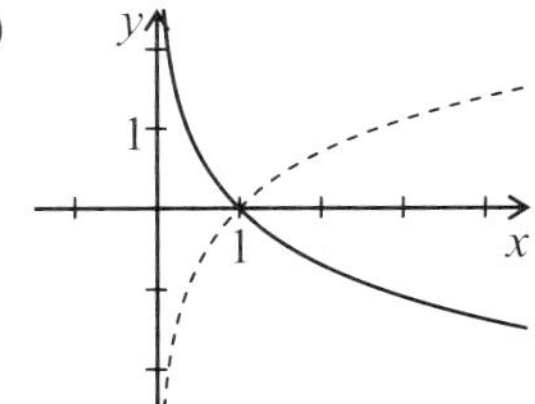

d)
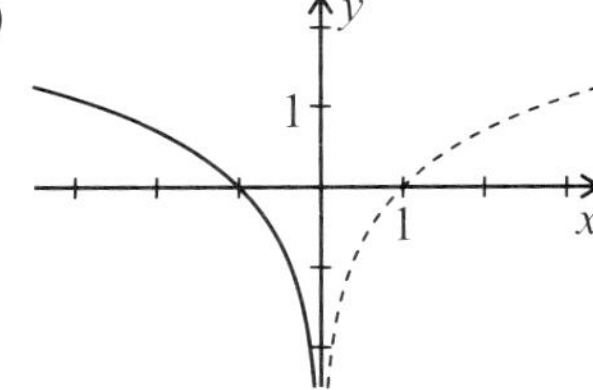

e)
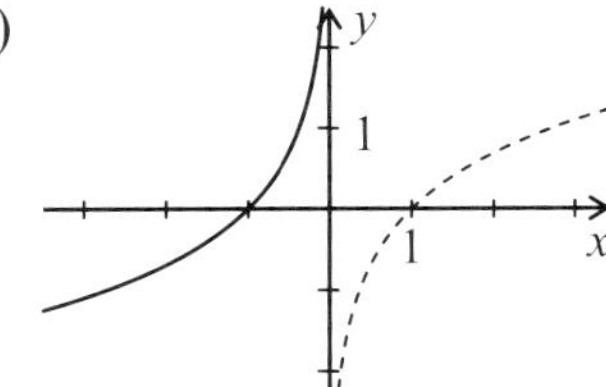

f)
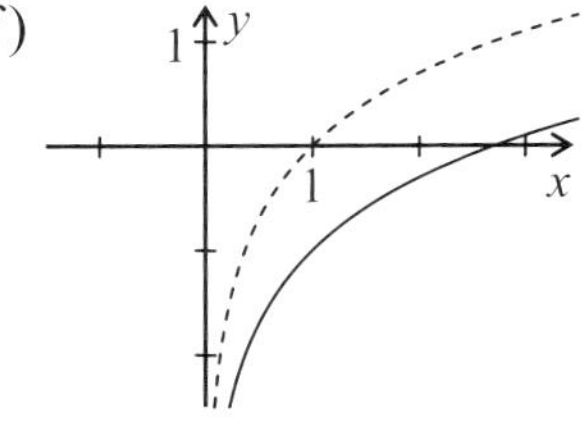

Funktionsgleichungen: $g_1(x) = -\ln(x)$; $g_2(x) = \ln(x+1)$; $g_3(x) = -\ln(-x)$;
$g_4(x) = \ln(\frac{x}{e})$; $g_5(x) = \ln(x)+1$; $g_6(x) = \ln(-x)$

17. Welcher Punkt des Graphen der ln-Funktion hat von der Geraden g mit der Gleichung $y = 0{,}5x + 5$ den kleinsten Abstand?

W 1.2 Zusammengesetzte Funktionen unter Einbeziehung der ln-Funktion

W 1.2.1 Funktion mit Gleichung der Form $f(x) = \ln(x^2)$ (LK)

Wir betrachten die Funktion

$$f: D_{\text{max}} \to \mathbb{R}, x \mapsto \ln(x^2).$$

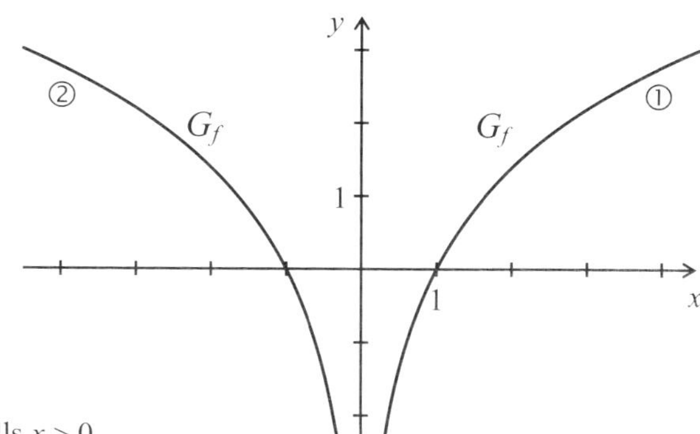

Der Funktionsterm ist an der Stelle 0 nicht definiert.
Es gilt daher: $D_{\text{max}} = \mathbb{R}^*$.

Der Funktionsterm lässt sich unter Verwendung des 3. Logarithmengesetzes umformen:

$$f(x) = 2 \cdot \ln|x| = \begin{cases} 2 \cdot \ln(x), & \text{falls } x > 0 \\ 2 \cdot \ln(-x), & \text{falls } x < 0 \end{cases}.$$

Wie beim Graphen der Kehrwertfunktion ist die Definitionslücke an der Stelle 0 dafür verantwortlich, dass der Graph von f aus zwei Ästen besteht.

- Zum rechten Ast ① gehört die Funktionsgleichung $f(x) = 2 \cdot \ln(x)$.
- Zum linken Ast ② gehört die Funktionsgleichung $f(x) = 2 \cdot \ln(-x)$.
  Er entsteht aus Ast ① durch eine Spiegelung an der y-Achse.

Der Verlauf des Graphen in der Nähe der Definitionslücke 0 lässt sich durch die Angabe der Grenzwerte beschreiben:

$$\lim_{x \to 0^-} f(x) = \lim_{x \to 0^-} \ln(x^2) = -\infty \quad \text{und} \quad \lim_{x \to 0^+} f(x) = \lim_{x \to 0^+} \ln(x^2) = -\infty.$$

Es handelt sich um uneigentliche einseitige Grenzwerte. Die Stelle 0 wird daher auch als **Unendlichkeitsstelle** oder auch als **Polstelle** bezeichnet.

Die Funktionswerte nähern sich für $x \to 0^-$ und auch für $x \to 0^+$ immer mehr der negativen y-Achse. Die y-Achse mit der Gleichung $x = 0$ ist **senkrechte Asymptote** und wird auch als **Polgerade** bezeichnet.

Aufgabe

1. Geben Sie zu den dargestellten Graphen eine Funktionsgleichung an.

a)

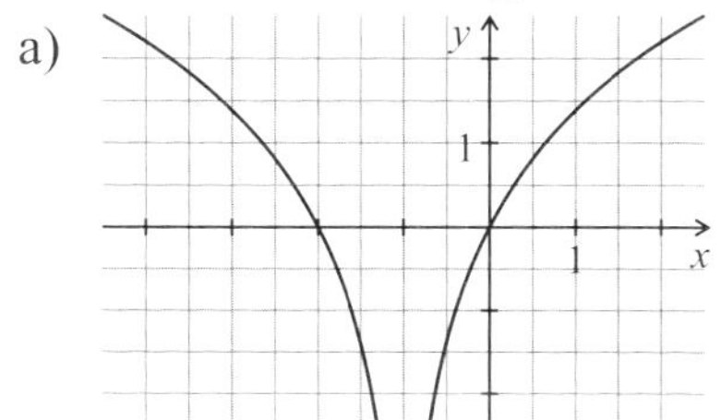

b)

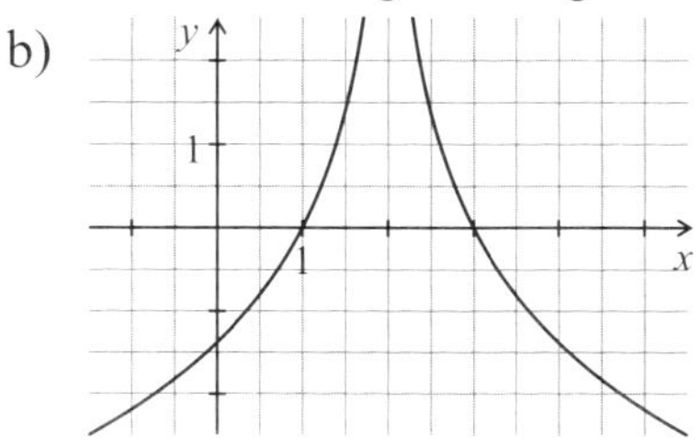

W 1.2.2 Funktion mit Gleichung der Form $f(x) = x^n \cdot \ln(x)$

Wir betrachten die Funktionen $f: \mathbb{R}^+ \to \mathbb{R}, x \mapsto x^n \cdot \ln(x)$ mit $n \in \mathbb{N}$ und $n \leq 4$.

Grenzwertverhalten für $x \to +\infty$ und $x \to 0^+$

Bezüglich des Grenzwertverhaltens sind die Fälle $x \to +\infty$ und $x \to 0^+$ zu untersuchen. Die zugehörige Grenzwertregel wird nur anschaulich erläutert.

Die Abbildung zeigt die Graphen zu den Exponenten $n = 1$, $n = 2$ und $n = 3$.

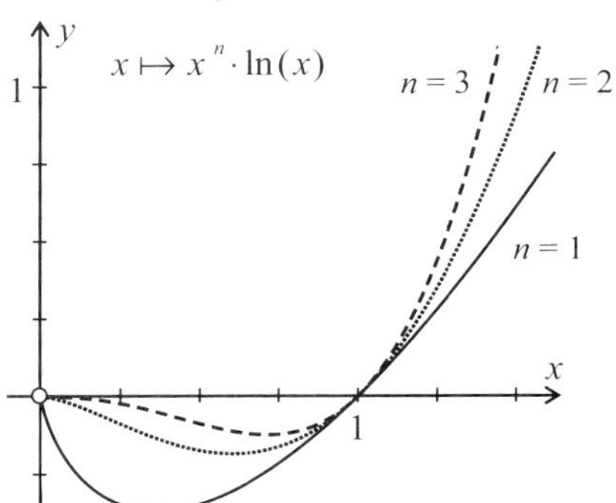

- $x \to +\infty$: $\lim\limits_{x \to +\infty} (\underbrace{x^n}_{\to +\infty} \cdot \underbrace{\ln(x)}_{\to +\infty}) = +\infty$.

  Beide Faktoren stimmen im Grenzwertverhalten überein.

- $x \to 0^+$: $\lim\limits_{x \to 0^+} (\underbrace{x^n}_{\to 0^+} \cdot \underbrace{\ln(x)}_{\to -\infty}) = 0^-$.

  Beide Faktoren konkurrieren bezüglich des Grenzwertverhaltens miteinander.

  Der Potenzfunktionsterm dominiert jeweils den ln-Funktionsterm.
  Das Vorzeichen des ln-Terms bestimmt das Vorzeichen des Grenzwerts.

Bei den Grenzwerten konkurrieren eine Potenzfunktion und eine ln-Funktion miteinander. Die Potenzfunktion dominiert dabei und bestimmt das Grenzwertverhalten. Ähnlich wie bei der e-Funktion lässt sich eine allgemeine Regel formulieren.

Prioritätsregel für das Grenzwertverhalten
Jede Potenzfunktion dominiert bezüglich des Grenzwertverhaltens für $x \to 0^+$ und $x \to +\infty$ die ln-Funktion.

Beispiel (Grenzwerte bei ln-Funktionen berechnen)

a) $\lim\limits_{x \to +\infty} (x^2 \cdot \ln(x)) = \lim\limits_{x \to +\infty} (\underbrace{x^2}_{\to +\infty} \cdot \underbrace{\ln(x)}_{\to +\infty}) = +\infty$ Beide Faktoren stimmen im Grenzwertverhalten überein.

b) $\lim\limits_{x \to 0^+} (x^3 \cdot \ln(x)) = \lim\limits_{x \to 0^+} (\underbrace{x^3}_{\to 0^+} \cdot \underbrace{\ln(x)}_{\to -\infty}) = 0^-$ Die Potenzfunktion dominiert.

Aufgabe

2. Berechnen Sie die Grenzwerte.

   a) $\lim\limits_{x \to +\infty} (x \cdot \ln(x))$ b) $\lim\limits_{x \to 0^+} (x \cdot \ln(x))$ c) $\lim\limits_{x \to 0^-} (x^2 \cdot \ln(x))$

   d) $\lim\limits_{x \to 0^+} (\sqrt{x} \cdot \ln(x))$ e) $\lim\limits_{x \to +\infty} (\sqrt{x} \cdot \ln(x))$ f) $\lim\limits_{x \to +\infty} (x + \ln(x))$

Nullstellen

In den Abbildungen sind die Graphen von Funktionen mit Gleichungen der Form $f_n(x) = x^n \cdot \ln(x)$ für $1 \leq n \leq 4$ dargestellt.

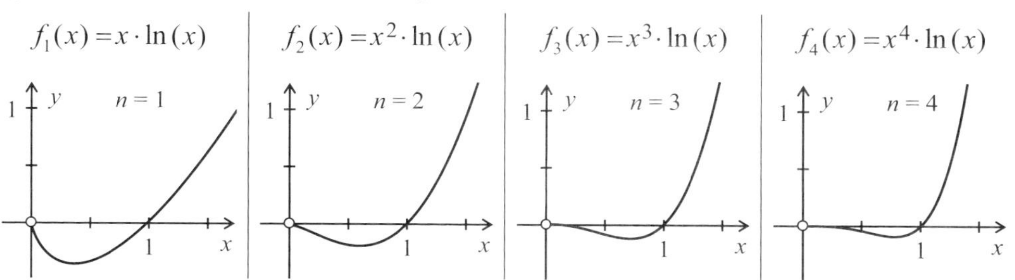

Alle Funktionen besitzen $x = 1$ als einzige Nullstelle, denn bei Beachtung der Definitionsmenge $D_{max} = \mathbb{R}^+$ gilt:

$$f_n(x) = 0 \Leftrightarrow x^n \cdot \ln(x) = 0 \Leftrightarrow x^n = 0 \vee \ln(x) = 0 \Leftrightarrow \underbrace{x = 0}_{\notin D_{\max}} \vee x = 1 .$$

Aus den Abbildungen ist zu erkennen, dass sich in allen Fällen die Funktionswerte für $x \to 0^+$ dem Wert 0 annähern. Dies lässt sich mithilfe der Prioritätsregel für das Grenzwertverhalten von Potenz- und ln-Funktion begründen.

$$\lim_{x \to 0^+} (x^n \cdot \ln(x)) = \lim_{x \to 0^+} (\underbrace{x^n}_{\downarrow \atop 0^+} \cdot \underbrace{\ln(x)}_{\downarrow \atop -\infty}) = 0^- \quad \text{(die ln-Funktion dominiert).}$$

Für die Definitionslücke $x = 0$ ist durch die Festsetzung $f(0) := 0$ eine passende Fortsetzung[(1)] der Funktionswerte gegeben.

Untersuchung auf Extrempunkte

Für die erste Ableitung der Funktionen $x \mapsto x^n \cdot \ln(x)$ ergibt sich:

$$f_n'(x) = n \cdot x^{n-1} \cdot \ln(x) + x^n \cdot \tfrac{1}{x} = n \cdot x^{n-1} \cdot \ln(x) + x^{n-1} = x^{n-1} \cdot (n \cdot \ln(x) + 1) .$$

Damit ergibt sich die folgende Untersuchung auf lokale Extrempunkte.

- *Notwendige Bedingung* (Nullstellen von f_n')

  $f_n'(x) = 0 \Leftrightarrow x^{n-1} \cdot (n \cdot \ln(x) + 1) = 0 \Leftrightarrow x^{n-1} = 0 \vee n \cdot \ln(x) + 1 = 0$

  - Die erste Bedingung ist für $n = 1$ unerfüllbar. Für $n \geq 2$ folgt $x = 0 \notin D_{\max}$.
  - Aus der zweiten Bedingung folgt: $\ln(x) = -\frac{1}{n} \Leftrightarrow x = e^{-\frac{1}{n}}$.

- *Hinreichende Bedingung*

  Für $f_n'(x)$ ergibt sich die Vorzeichentabelle:

  Mit $f_n(e^{-\frac{1}{n}}) = -\frac{1}{n}e^{-1}$ ergibt sich allgemein der Tiefpunkt $T(e^{-\frac{1}{n}} | -\frac{1}{n}e^{-1})$.

x	0		$e^{-\frac{1}{n}}$		1	$+\infty$
$f_n'(x)$		$-$	0 mit VzW TP	$+$		

Testwert: $f_n'(1) = 1 > 0$

(1) Man spricht in solchen Fällen auch von einer **stetigen Fortsetzung**.

Wir wollen das Steigungsverhalten der Graphen bei Annäherung an den linken Rand 0 der Definitionsmenge untersuchen. Aus den Abbildungen am Anfang der letzten Seite ist bereits ersichtlich, dass hierfür der Fall $n = 1$ von den Fällen $n \geq 2$ zu unterscheiden ist.

- $n = 1$: $\lim\limits_{x \to 0^+} f_1'(x) = \lim\limits_{x \to 0^+} (\underbrace{\ln(x)}_{\to -\infty} + 1) = -\infty.$
- $n \geq 2$: $\lim\limits_{x \to 0^+} f_n'(x) = \lim\limits_{x \to 0^+} (\underbrace{x^{n-1}}_{\to 0^+} \cdot \underbrace{(n \cdot \ln(x) + 1)}_{\to -\infty}) = 0^-$ (Potenzfunktion dominiert).

Untersuchung auf Wendepunkte

Für die zweite Ableitung der Funktionen der einzelnen Funktionen ergibt sich:

$$f_1''(x) = \tfrac{1}{x} \;\Big|\; f_2''(x) = 2\ln(x) + 3 \;\Big|\; f_3''(x) = x \cdot (6\ln(x) + 5) \;\Big|\; f_4''(x) = x^2 \cdot (12\ln(x) + 7)$$

Die notwendige Bedingung $f_n''(x) = 0$ führt nur in den Fällen $n \geq 2$ zu genau einer Nullstelle mit Vorzeichenwechsel, also zu einer Wendestelle[1].

Wendepunkte gibt es somit für die Exponenten $n \geq 2$.

Aufgaben

3. Bestätigen Sie für $f_1(x) = x \cdot \ln(x)$ und $f_4(x) = x^4 \cdot \ln(x)$ rechnerisch die im Text angegebenen Gleichungen für die zweite Ableitung.

4. Überprüfen Sie für $f_1(x) = x \cdot \ln(x)$ und $f_3(x) = x^3 \cdot \ln(x)$ die Existenz eines Wendepunkts.
   Bestimmen Sie gegebenenfalls seine Koordinaten.

5. Geben Sie zu den Graphen eine mögliche Funktionsgleichung an.
   Begründen Sie Ihre Angabe.

a)

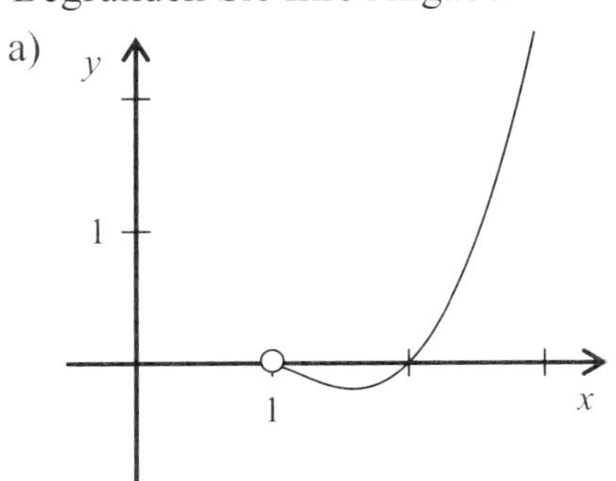

b)

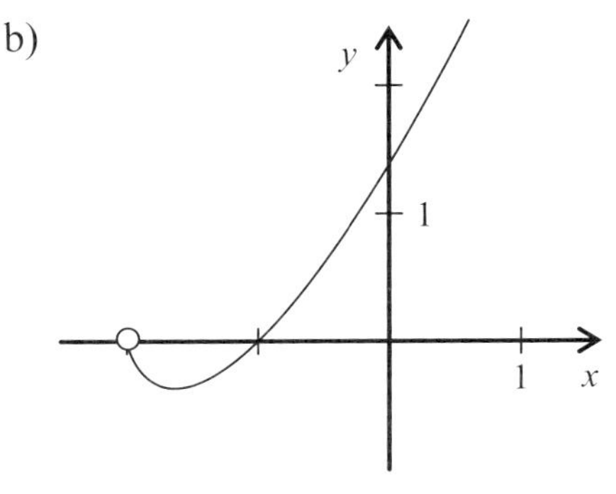

[1] Der Nachweis soll dem Leser als Übungsaufgabe überlassen werden.

W 1.2.3 Verkettungen mit ln-Funktionen

Bestimmung der maximalen Definitionsmenge

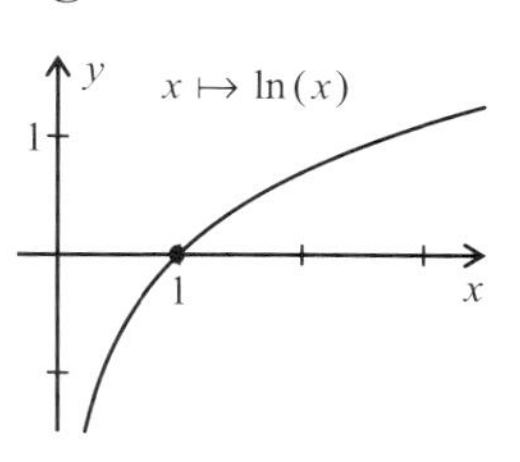

Die ln-Funktion $x \mapsto \ln(x)$ ist definiert für alle $x \in \mathbb{R}^+$.
Diese Eigenschaft überträgt sich auf Funktionen, die aus ln-Funktionen zusammengesetzt sind.

Bei der Bestimmung der Definitionsmenge zusammengesetzter Funktionen der Form $x \mapsto \ln(g(x))$ ist zu beachten, dass $g(x) > 0$ für das Argument der ln-Funktion gelten muss.

Beispiel (D_{max} im Zusammenhang mit ln-Funktionen bestimmen)

Betrachtet wird $f(x) = \ln(1-3x)$.

Bedingung: $1-3x > 0 \Leftrightarrow -3x > -1 \quad |\cdot(-1)$

$\Leftrightarrow 3x < 1 \quad |:3$

$\Leftrightarrow x < \frac{1}{3}$

Definitionsmenge: $D_{max} =]-\infty\,;\frac{1}{3}[$

> **Definitionsmenge von Funktionen der Art $f(x) = \ln(g(x))$**
>
> Bedingung: $g(x) > 0$
>
> Das Argument der Logarithmusfunktion muss positiv sein!

Nullstellenberechnung

Die Stelle 1 mit $\ln(1) = 0$ ist die einzige Nullstelle der ln-Funktion.

Diese Eigenschaft überträgt sich sinngemäß auf Funktionen, die mit ln-Funktionen zusammengesetzt sind.

Die Nullstellen zusammengesetzter Funktionen der Form $x \mapsto \ln(g(x))$ erhält man aus dem Ansatz $g(x) = 1$.

> **Nullstellen von Funktionen der Art $f(x) = \ln(g(x))$**
>
> Bedingung: $g(x) = 1$
>
> Das Argument der Logarithmusfunktion muss den Wert 1 haben!

Beispiel (Nullstellen im Zusammenhang mit ln-Funktionen berechnen)

Betrachtet wird $f(x) = \ln(5-2x)$ mit $D_{max} =]-\infty\,; 2{,}5[$.

Nullstellenberechnung

$f(x) = 0 \Leftrightarrow 5-2x = 1 \Leftrightarrow x = 2$

Es liegt eine Nullstelle mit Vorzeichenwechsel vor.

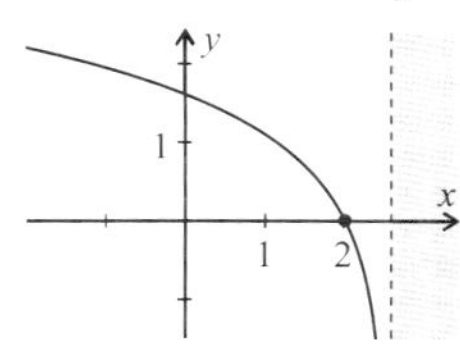

Aufgaben

6. Bestimmen Sie die maximale Definitionsmenge der Funktionen.
   a) $f(x) = \ln(2x+3)$ b) $f(x) = \ln(3-x)$ c) $f(x) = \ln(3-2x)$

7. Berechnen Sie die Nullstellen der Funktionen.
   a) $f: x \mapsto \ln(x+3)$ b) $f: x \mapsto \ln(3-x)$ c) $f: x \mapsto \ln(2x-3)$

Untersuchung auf Extrempunkte

Wir untersuchen die Funktion

$f: D_{\text{max}} \to \mathbb{R}, x \mapsto x - \ln(x+1)$

auf lokale Extrempunkte.

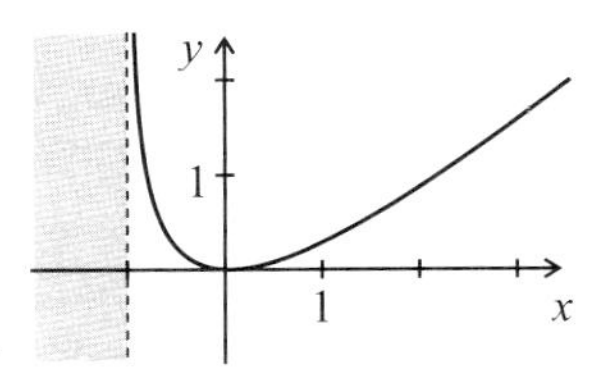

Es gilt: $x + 1 > 0 \Leftrightarrow x > -1$.
Hiermit ergibt sich als Definitionsmenge $D_{\text{max}} =]-1\,;+\infty[$.

- *Erste Ableitung*
  Für die erste Ableitung ergibt sich:
  $f'(x) = 1 - \frac{1}{x+1} = \frac{x+1}{x+1} - \frac{1}{x+1} = \frac{(x+1)-1}{x+1} = \frac{x}{x+1}$.

Damit ergibt sich die folgende Untersuchung auf lokale Extrempunkte.

- *Notwendige Bedingung* (Nullstellen von f')
  $f'(x) = 0 \Leftrightarrow \frac{x}{x+1} = 0 \Leftrightarrow x = 0$ (nur im Zähler kann 0 stehen)

- *Hinreichende Bedingung*
  Für $f'(x)$ ergibt sich die Vorzeichentabelle:
  Mit $f(0) = 0 + \ln(1) = 0$ ergibt sich der Tiefpunkt $T(0|0)$.

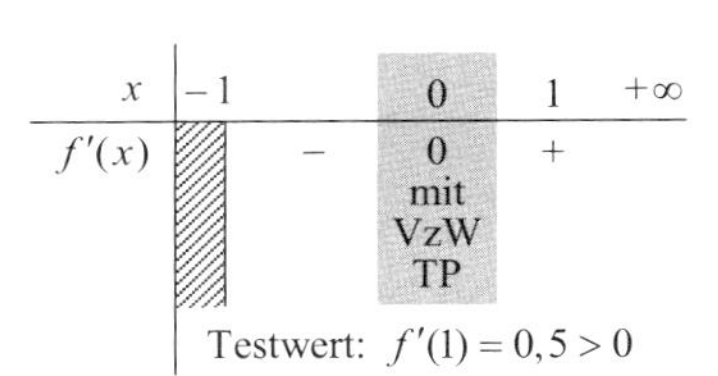

x	-1		0	1	$+\infty$
$f'(x)$		$-$	0 mit VzW TP	$+$	

Testwert: $f'(1) = 0{,}5 > 0$

Untersuchung auf Wendepunkte

Wir untersuchen die Funktion

$f:]-2;+\infty[\to \mathbb{R}, x \mapsto \frac{1}{2}x^2 + \ln(x+2)$

auf Wendepunkte.

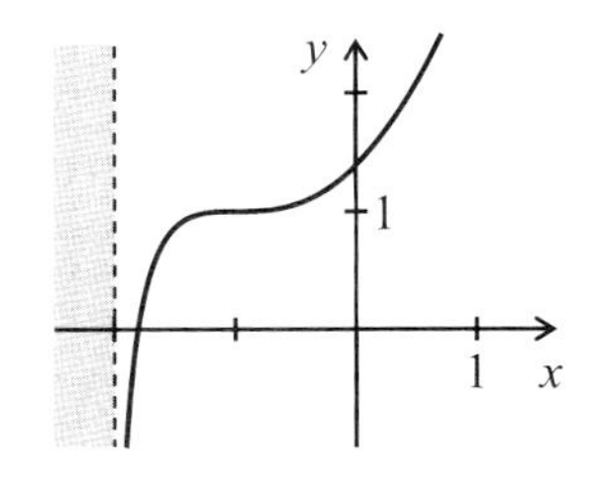

- *Ableitungen*
  - $f'(x) = x + \frac{1}{x+2} = x + (x+2)^{-1}$
  - $f''(x) = 1 + (-1) \cdot (x+2)^{-2} = 1 - \frac{1}{(x+2)^2}$

Damit ergibt sich die folgende Untersuchung auf Wendepunkte.

- *Notwendige Bedingung* (Nullstellen von f'')
  $f''(x) = 0 \Leftrightarrow \frac{1}{(x+2)^2} = 1 \Leftrightarrow (x+2)^2 = 1 \Leftrightarrow x + 2 = -1 \vee x + 2 = 1$
  $\Leftrightarrow \underbrace{x = -3}_{\notin D_{\text{max}}} \vee x = -1$

- *Hinreichende Bedingung*
  Für $f''(x)$ ergibt sich die Vorzeichentabelle:
  Mit $f(-1) = 1 + \ln(1) = 1$ ergibt sich der Wendepunkt $W(-1|1)$.

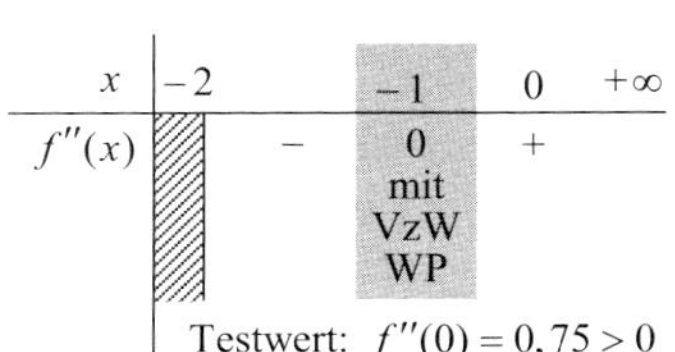

x	-2		-1	0	$+\infty$
$f''(x)$		$-$	0 mit VzW WP	$+$	

Testwert: $f''(0) = 0{,}75 > 0$

Aufgaben

8. Bestimmen Sie die Nullstellen. Beachten Sie dabei D_{max}.
   a) $f(x)=(x^2-2x)\cdot\ln(x+1)$
   b) $f(x)=(x^2+3x)\cdot\ln(x+2)$
   c) $f(x)=(x^3-4x^2)\cdot\ln(x-1)$
   d) $f(x)=(x-1)^2\cdot\ln(x)$
   e) $f(x)=(x^2-1)\cdot\ln(2x+1)$
   f) $f(x)=(x^2+x-6)\cdot\ln(x)$

9. Gegeben ist die Funktion
   $f: D_{max} \to \mathbb{R},\ x \mapsto (x-1)\cdot\ln(x)$.
   Geben Sie D_{max} an.
   Begründen Sie anhand der Nullstelle und des Grenzwertverhaltens den dargestellten Verlauf des Graphen.

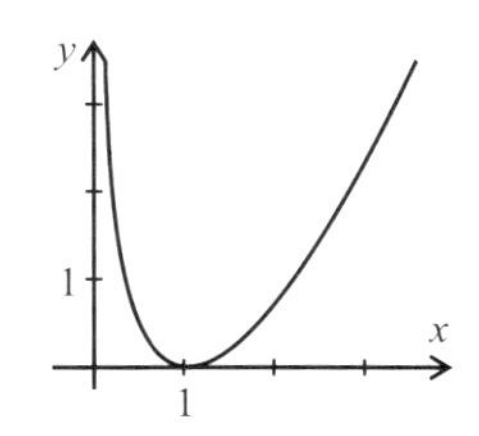

10. Gegeben ist die Funktion $f: D_{max} \to \mathbb{R},\ x \mapsto \ln(x-1)+\frac{1}{2}x^2$.
    Geben Sie D_{max} an und untersuchen Sie die Funktion f auf die Existenz lokaler Extrempunkte.

11. Gegeben ist die Funktion $f: D_{max} \to \mathbb{R},\ x \mapsto \ln(2x-3)-x$.
    Geben Sie D_{max} an und untersuchen Sie die Funktion f auf die Existenz von Wendepunkten.

12. Betrachtet werden Funktionen, die mit ln-Funktionen zusammengesetzt sind. Begründen Sie den dargestellten Verlauf des Graphen.
    - Bestimmen Sie dazu D_{max}, die Nullstellen und die Grenzwerte an den Rändern von D_{max}.
    - Verifizieren Sie die angegebenen Ableitungsterme und bestätigen Sie die Koordinaten der angegebenen Nullstellen, Extrem- und Wendepunkte.

    a) $f(x)=4x^2\cdot\ln(x)$
    $f'(x)=4x\cdot(2\cdot\ln(x)+1)$
    $f''(x)=4\cdot(2\cdot\ln(x)+3)$
    $N(1\,|\,0)$, $T(\mathrm{e}^{-0{,}5}\,|\,-\frac{2}{\mathrm{e}})$, $W(\mathrm{e}^{-1{,}5}\,|\,-\frac{6}{\mathrm{e}^3})$

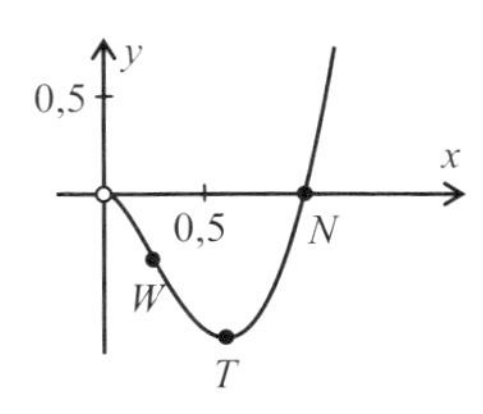

    b) $f(x)=2x\cdot(1-\ln(x))$
    $f'(x)=-2\cdot\ln(x)$, $f''(x)=-2\cdot\frac{1}{x}$
    $N(\mathrm{e}\,|\,0)$, $H(1\,|\,2)$, kein Wendepunkt

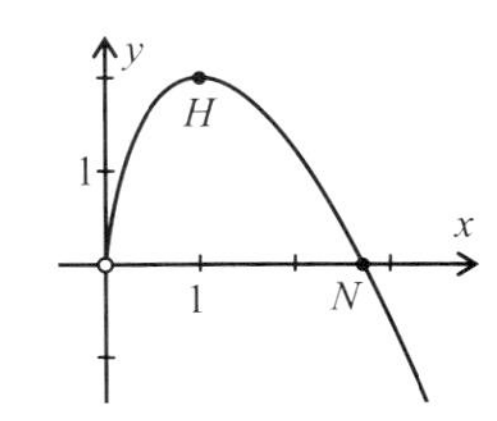

W 1.3 Stammfunktionen und Flächeninhalte

W 1.3.1 Stammfunktion zur ln-Funktion

Bei anwendungsorientierten Fragestellungen können Integrale auch auftreten, die als Integrand die ln-Funktion enthalten. Zur Berechnung derartiger Integrale benötigt man eine Stammfunktion zur ln-Funktion.

Mithilfe einer Integrationsregel, die uns an dieser Stelle allerdings nicht zur Verfügung steht, lässt sich eine Stammfunktion der ln-Funktion bestimmen zu

$$F:\mathbb{R}^+ \to \mathbb{R},\, x \mapsto x \cdot \ln(x) - x \;.$$

Diese Angabe lässt sich durch Ableiten unter Verwendung der Produktregel verifizieren:

$$F'(x) = (1 \cdot \ln(x) + x \cdot \frac{1}{x}) - 1 = (\ln(x) + 1) - 1 = \ln(x)\,.$$

Stammfunktion zur ln-Funktion

Die Funktion $F:\mathbb{R}^+ \to \mathbb{R},\, x \mapsto x \cdot \ln(x) - x$ ist eine Stammfunktion zur natürlichen Logarithmusfunktion $\ln:\mathbb{R}^+ \to \mathbb{R},\, x \mapsto \ln(x)$.

Beispiel (Stammfunktion mit vorgegebener Eigenschaft ermitteln)

Gesucht ist die Stammfunktion zur ln-Funktion, deren Graph die x-Achse an der Stelle 1 schneidet.

Der allgemeine Ansatz für eine Stammfunktion lautet:

$F(x) = x \cdot \ln(x) - x + C$ mit einer Konstanten $C \in \mathbb{R}$.

Die gegebene Bedingung bedeutet, dass der Punkt $P(0 \mid 1)$ zum Graphen der gesuchten Funktion F gehört. Eine Punktprobe für P ergibt:

$$F(1) = 0 \;\Leftrightarrow\; 1 \cdot \ln(1) - 1 + C \;\Leftrightarrow\; 0 - 1 + C = 0 \;\Leftrightarrow\; C = 1\,.$$

Die gesuchte Stammfunktion besitzt daher die Gleichung $F(x) = x \cdot \ln(x) - x + 1$.

Aufgaben

1. Ermitteln Sie eine Stammfunktion.

   a) $f: x \mapsto -2 \cdot \ln(x) + 1$ b) $f: x \mapsto x - \frac{1}{2} \cdot \ln(x)$ c) $f: x \mapsto \sqrt{e^x} + \ln(x)$

2. Berechnen Sie die Integrale.

   a) $\int_1^e (x - \ln(x))\,dx$ b) $\int_{e^2}^{e^3} (1 + \ln(x))\,dx$

W 1.3.2 Stammfunktionen zu Funktionen f mit $f(x)=\frac{g'(x)}{g(x)}$ (LK)

Funktionen dieses Typs sind dadurch gekennzeichnet, dass im Zähler (bis auf einen konstanten Faktor) die Ableitung des Nenners steht.

- Für $g(x)>0$ gilt: $\left(\ln(g(x))\right)'=\frac{1}{g(x)}\cdot g'(x)=\frac{g'(x)}{g(x)}$.
- Für $g(x)<0$ gilt: $\left(\ln(-g(x))\right)'=\frac{1}{-g(x)}\cdot(-g'(x))=\frac{g'(x)}{g(x)}$.

Beide Fälle lassen sich zusammenfassen:

Stammfunktionen zu Funktionen f mit $f(x)=\frac{g'(x)}{g(x)}$

Ist $g: D\to\mathbb{R}$ eine differenzierbare Funktion mit $g(x)\neq 0$ für alle $x\in D$, so ist $F: D\to\mathbb{R},\, x\mapsto \ln|g(x)|$ eine Stammfunktion zu f mit $f(x)=\frac{g'(x)}{g(x)}$.

Beispiel (Stammfunktion ermitteln)

a) $f(x)=\frac{3x^2}{1+x^3}$ Stammfunktion: $F(x)=\ln|1+x^3|$

b) $f(x)=\frac{x}{1+x^2}=\frac{1}{2}\cdot\frac{2x}{1+x^2}$ Stammfunktion: $F(x)=\frac{1}{2}\cdot\ln|1+x^2|=\frac{1}{2}\cdot\ln(1+x^2)$

Aufgaben

3. Ermitteln Sie eine Stammfunktion.

a) $f: x\mapsto\frac{2x}{1+x^2}$ b) $f: x\mapsto\frac{x}{1-x^2}$ c) $f: x\mapsto\frac{e^x}{1+e^x}$

d) $f: x\mapsto\frac{x^3}{1+x^4}$ e) $f: x\mapsto\frac{x+2}{x^2+4x-2}$ f) $f: x\mapsto\frac{1}{x\cdot\ln(x)}$

4. Berechnen Sie das bestimmte Integral.

a) $\int_1^2\frac{-2}{2x-1}dx$ b) $\int_0^1\frac{x}{x^2+1}dx$ c) $\int_0^1\frac{x+1}{x^2+2x+2}dx$

d) $\int_{-1}^0\frac{3x}{x^2+1}dx$ e) $\int_{-1}^0\frac{-e^x}{1+e^x}dx$ f) $\int_0^{\pi/2}\frac{-\cos(x)}{1+\sin(x)}dx$

W 1.3.3 Flächeninhalte im Zusammenhang mit ln-Funktionen

In den folgenden Beispielen werden Flächen- bzw. Volumenberechnungen betrachtet, die zu ln-Funktionen führen.

Beispiel (Flächenmaß bei Kehrwertfunktion berechnen)

Betrachtet wird die Fläche A zwischen dem Graphen der Funktion mit der Gleichung $f(x) = \frac{2}{x}$ sowie der x-Achse über dem Intervall $[-2{,}5\ ;\ -1]$.

Für das zugehörige Flächenmaß gilt:

$$\mu(A) = \left| \int_{-2,5}^{1} \frac{2}{x}\,dx \right| = 2 \cdot \left| \int_{-2,5}^{1} \frac{1}{x}\,dx \right|$$

$$= 2 \cdot \left| \left[\ln|x| \right]_{-2,5}^{-1} \right|$$

$$= 2 \cdot \left| \left[\ln|-1| - \ln|-2{,}5| \right] \right| = 2 \cdot \left| \ln(1) - \ln(2{,}5) \right|$$

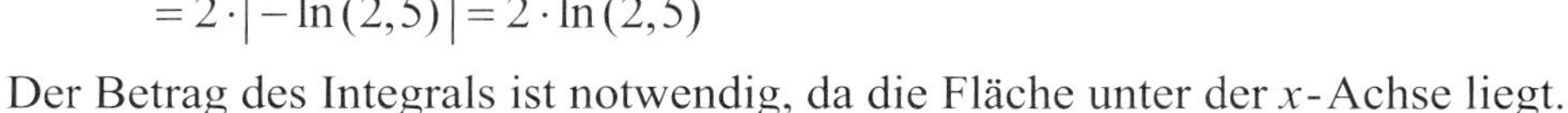

$$= 2 \cdot \left| -\ln(2{,}5) \right| = 2 \cdot \ln(2{,}5)$$

Der Betrag des Integrals ist notwendig, da die Fläche unter der x-Achse liegt.

Beispiel (Flächenmaß berechnen)

Betrachtet wird die Fläche M zwischen dem Graphen der ln-Funktion und der x-Achse über dem Intervall $[1\ ;\ \mathrm{e}]$.

Für das zugehörige Flächenmaß gilt:

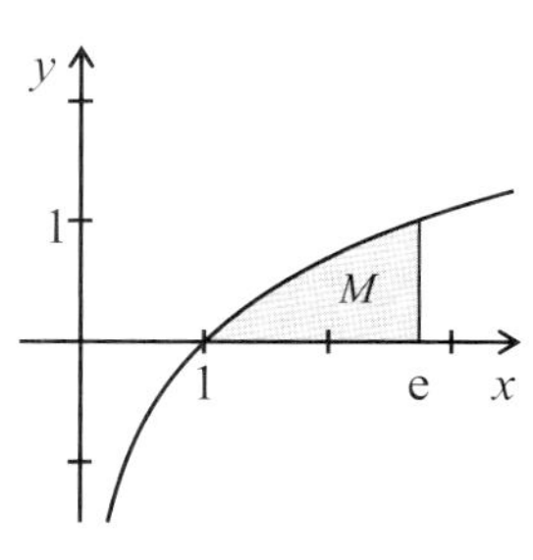

$$\mu(M) = \int_{1}^{\mathrm{e}} \ln(x)\,dx = \left[x \cdot \ln(x) - x \right]_{1}^{\mathrm{e}}$$

$$= (\mathrm{e} \cdot \ln(\mathrm{e}) - \mathrm{e}) - (1 \cdot \ln(1) - 1)$$

$$= (\mathrm{e} - \mathrm{e}) - (0 - 1) = 1.$$

Beispiel (Volumenmaß berechnen) (LK)

Die Fläche, die von dem Graphen der Funktion mit der Gleichung $g(x) = \sqrt{\ln(x)}$ und der x-Achse über dem Intervall $[1\ ;\ 3]$ begrenzt wird, rotiert um die x-Achse.

Für das zugehörige Volumen gilt:

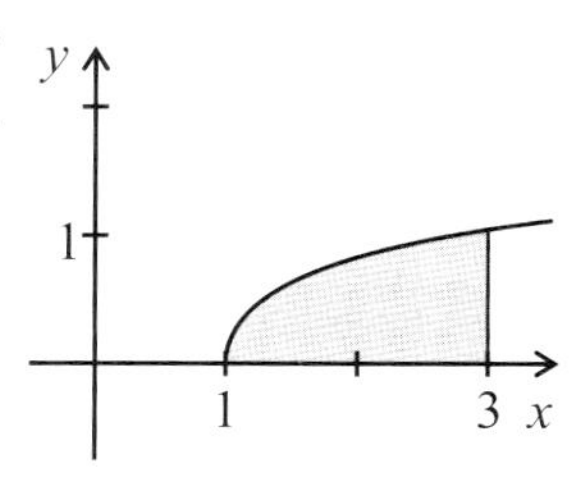

$$V = \pi \cdot \int_{1}^{3} (g(x)^2)\,dx = \pi \cdot \int_{1}^{3} \left(\sqrt{\ln(x)} \right)^2 dx$$

$$= \pi \cdot \left[x \cdot \ln(x) - x \right]_{1}^{3}$$

$$= \pi \cdot [3 \cdot \ln(3) - 3 - (1 \cdot \ln(1) - 1)] = \pi \cdot (3 \cdot \ln(3) - 2).$$

Aufgaben

5. Ermitteln Sie eine Stammfunktion.

   a) $f: x \mapsto -2 \cdot \ln(x) + 1$ b) $f: x \mapsto x - \frac{1}{2} \cdot \ln(x)$ c) $f: x \mapsto \sqrt{e^x} + \ln(x)$

6. Berechnen Sie das Maß der in der Abbildung gekennzeichneten Fläche.

   a) $f(x) = -\frac{1}{x}$ b) $f(x) = -\frac{2}{x}$

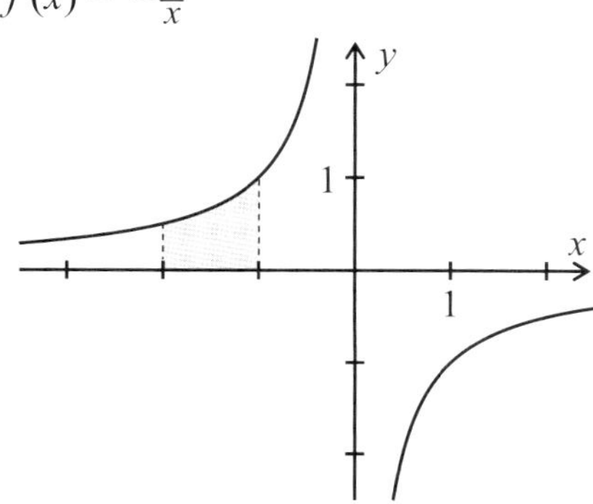

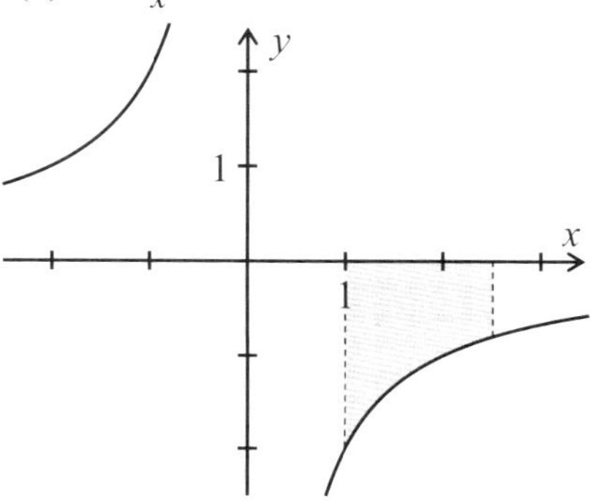

7. Die Abbildung zeigt den Querschnitt einer Staumauer. Die geradlinigen Begrenzungen der Querschnittsfläche bilden die Koordinatenachsen und die Gerade mit der Gleichung $y = 10$. Die krummlinige Begrenzung ist ein Teil des Graphen einer Funktion vom Typ

   $$f(x) = a \cdot \ln(x) + b \quad ; \quad (x \in \mathbb{R}^+, a, b \in \mathbb{R}).$$

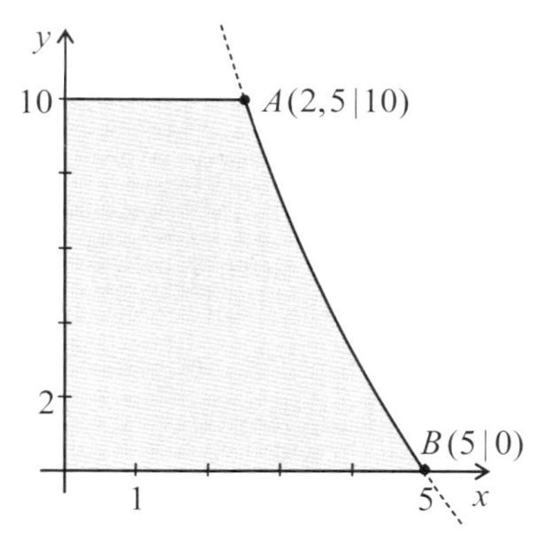

   a) Bestimmen Sie die Konstanten a und b und weisen Sie nach, dass sich die Funktionsgleichung von f angeben lässt in der Form

   $$f(x) = \frac{10}{\ln(2)} \cdot (\ln(5) - \ln(x)).$$

   b) Unter welchen Winkeln ist die krummlinige Begrenzungslinie der Querschnittsfläche oben und unten gegen die Waagerechte geneigt?

   c) Wie breit ist die Querschnittsfläche in halber Höhe?

   d) Welchen Flächeninhalt besitzt die Querschnittsfläche?

8. Knifflige Fälle: Geben Sie zur Funktion f eine Stammfunktion F an.

   a) $f(x) = \frac{\ln(x)}{x \cdot \ln(x) - x}$ b) $f(x) = \frac{\ln(x)}{2\sqrt{x \cdot \ln(x) - x}}$

Vermischte Aufgaben

9. Erstellen Sie eine Skizze des Funktionsgraphen. Bestimmen Sie dazu die Nullstellen sowie die Grenzwerte für $x \to +\infty$ und $x \to 0^+$.

   a) $f: \mathbb{R}^+ \to \mathbb{R}, x \mapsto (2x-5) \cdot \ln(x)$ b) $f: \mathbb{R}^+ \to \mathbb{R}, x \mapsto (x^2-3x) \cdot \ln(x)$

10. Ordnen Sie den Graphen die richtige Funktionsgleichung aus der angegebenen Liste zu. Begründen Sie Ihre Auswahl mit möglichst vielen Argumenten.

a) 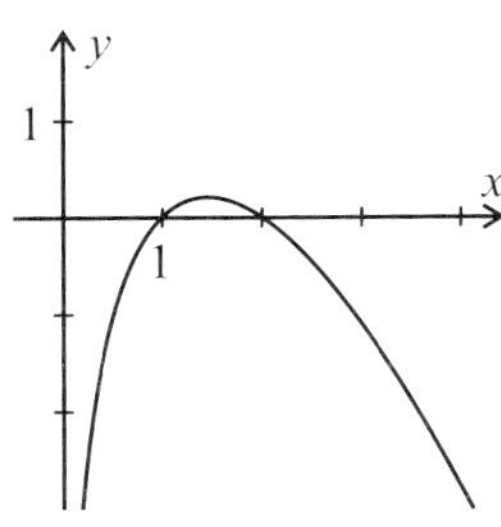

b) 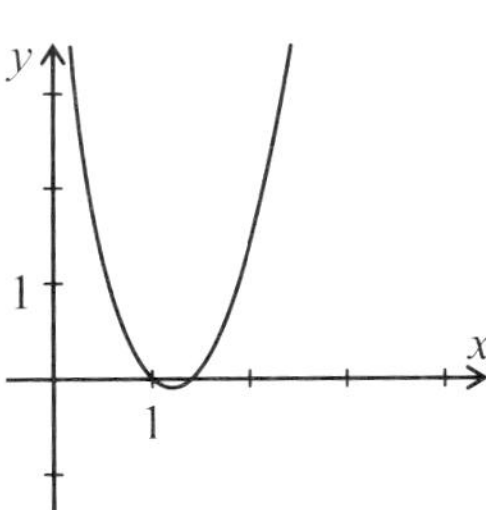

c) 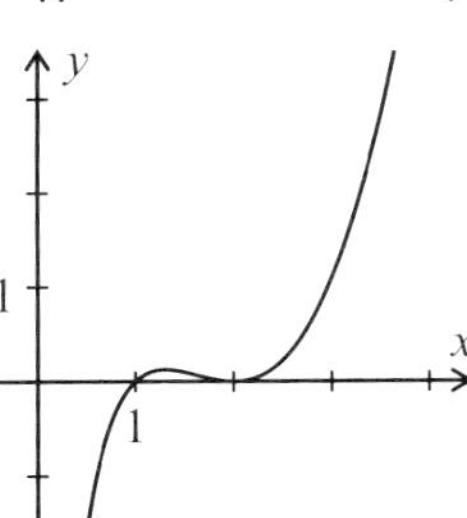

d) 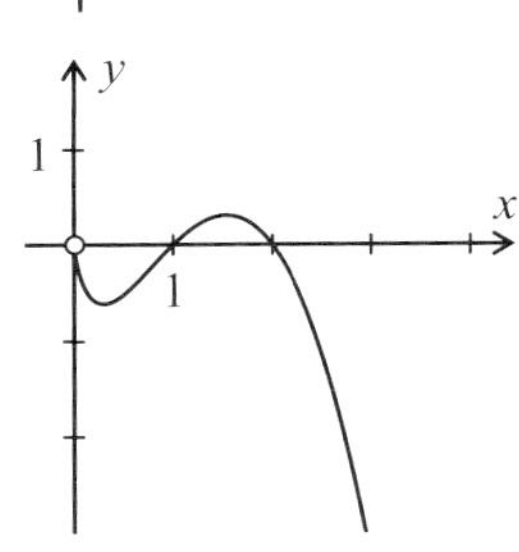

Liste der Funktionsgleichungen

① $y=(x-2)\cdot\ln(x)$ ② $y=(x+2)^2\cdot\ln(x)$ ③ $y=(x-2)^2\cdot\ln(x)$

④ $y=(2x-x^2)\cdot\ln(x)$ ⑤ $y=(x^2-2)\cdot\ln(x)$ ⑥ $y=(2-x)\cdot\ln(x)$

⑦ $y=(x^2+2)\cdot\ln(x)$ ⑧ $y=(x^2-2x)\cdot\ln(x)$

11. Gegeben ist die Funktion mit der Gleichung $f(x)=-2x\cdot\ln(x)$.

    Bestimmen Sie D_{max}, die Nullstellen und die Grenzwerte an den Rändern von D_{max}. Skizzieren Sie mit diesen Informationen den Graphen der Funktion. Bestimmen Sie zur Kontrolle die exakte Lage der Extremstellen.

12. Betrachtet wird die Funktion

    $f: D_{max} \to \mathbb{R}, x \mapsto (\ln(x))^2$.

    Bestätigen Sie rechnerisch den in der Abbildung dargestellten Verlauf des Graphen.
    (D_{max}, Nullstellen, Grenzwerte, Extrempunkte, Wendepunkte, Monotonie- und Krümmungsintervalle)

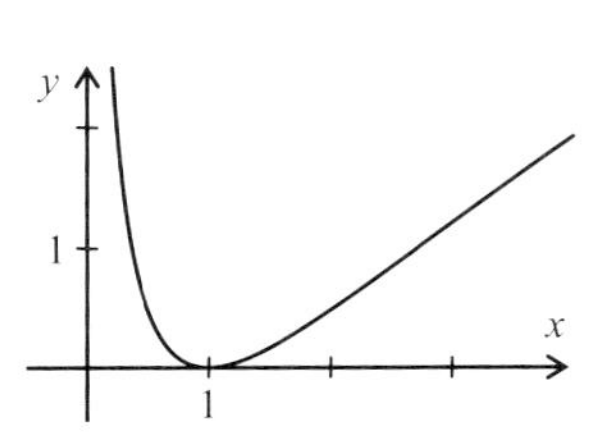

13. Ordnen Sie die Graphen den angegebenen Funktionstermen zu. Bestätigen Sie rechnerisch die zusammen mit den Graphen genannten Eigenschaften.

a) $f(x) = \ln(x) - (\ln(x))^2$ b) $f(x) = (4 - x) \cdot \ln(x)$

c) $f(x) = x \cdot (\ln(x) - 1{,}5)$ d) $f(x) = x \cdot (\ln(x) - 1)^2$

①
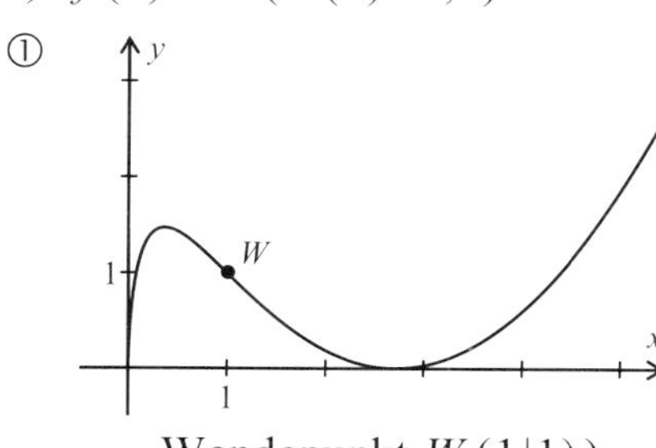

Wendepunkt $W(1|1)$)

②
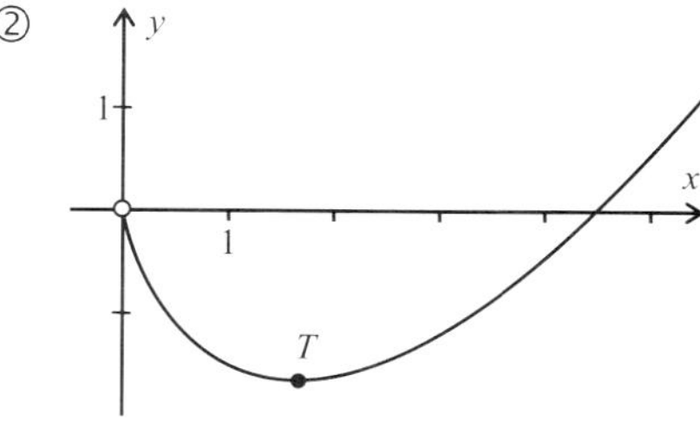

Tiefpunkt $T(\sqrt{e}|-\sqrt{e})$

③
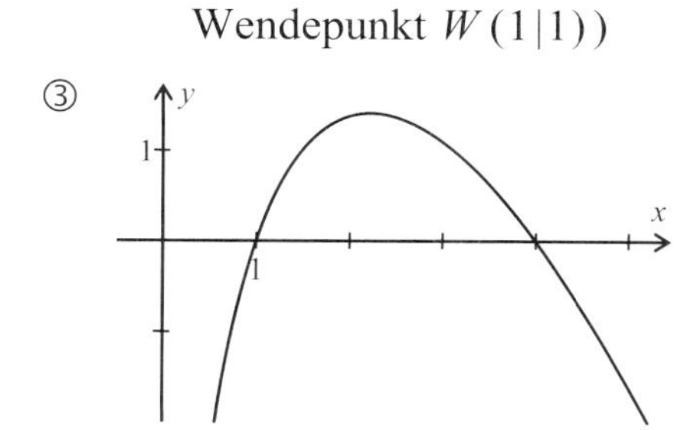

Kein Wendepunkt, Rechtskrümmung

④
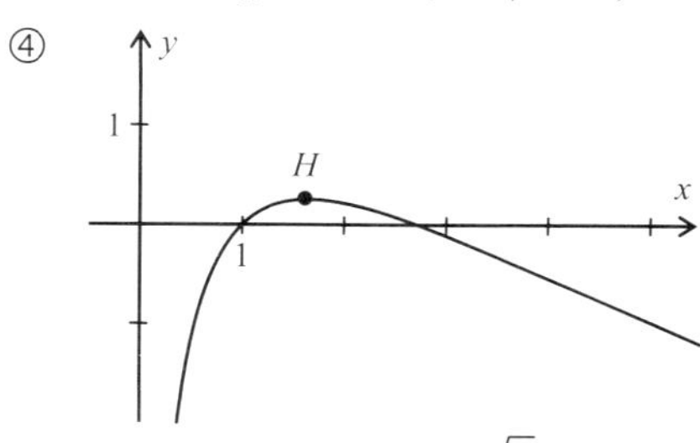

Hochpunkt $H(\sqrt{e}|0{,}25)$

14. Gegeben ist die Funktionenschar $f_a : D_{\max} \to \mathbb{R}$, $x \mapsto x^3 \cdot (\ln(x) - a)$ mit $a \in \mathbb{R}$.

a) Zeigen Sie, dass je zwei verschiedene Kurven der Schar keinen gemeinsamen Punkt besitzen.

b) Bestimmen Sie denjenigen Wert von a, für den der Graph der zugehörigen Funktion an der Nullstelle die Steigung e^2 hat.

15. Gegeben ist die Funktionenschar $f_a : D_{\max} \to \mathbb{R}$, $x \mapsto x \cdot (\ln(x) - a)^2$ mit $a \in \mathbb{R}$.

a) Bestimmen Sie die maximale Definitionsmenge $D_{\max}$ von f_a und geben Sie die Grenzwerte von f_a an den Rändern von $D_{\max}$ an.

b) Untersuchen Sie die Funktionen der Schar f_a auf Nullstellen.

c) Ermitteln Sie die lokalen Extrempunkte der Graphen der Schar f_a und bestimmen Sie die Art dieser Extrempunkte.

d) Die Abbildung rechts zeigt den Graphen einer Funktion der Schar f_a.
Begründen Sie, dass der Graph zu dem Parameterwert $a = 1$ gehört.

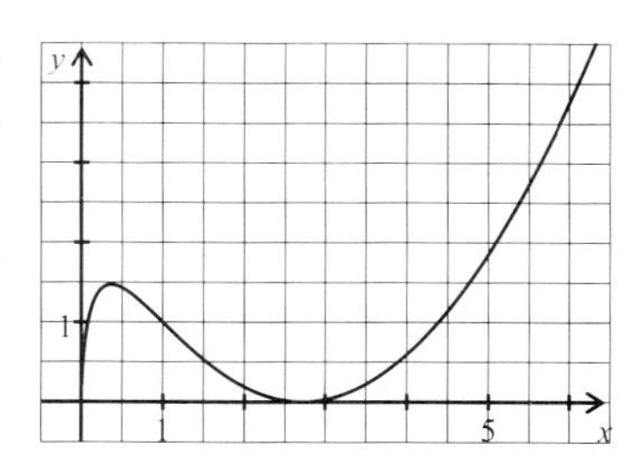

Inhaltsverzeichnis des Anhangs

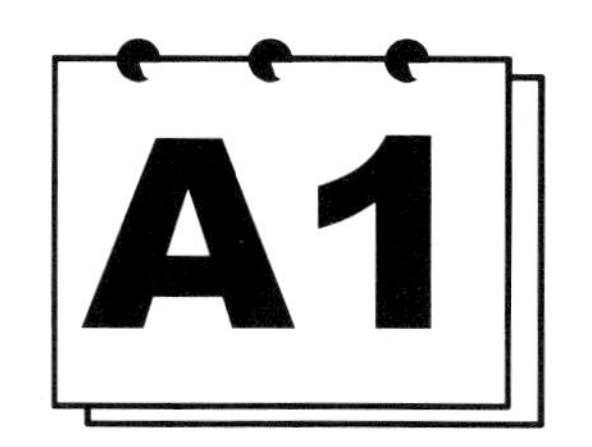

Abituraufgaben G-Kurs

A1. **Methanatom**

Methan CH_4 ist eine Kohlenwasserstoffverbindung. Das Molekül hat die Form eines regulären Tetraeders, in dessen Ecken sich die H-Atome befinden.

Das C-Atom liegt im Punkt *C*, gleich weit von allen H-Atomen entfernt. Der Punkt *C* teilt die Höhen des Tetraeders im Verhältnis 3 : 1.

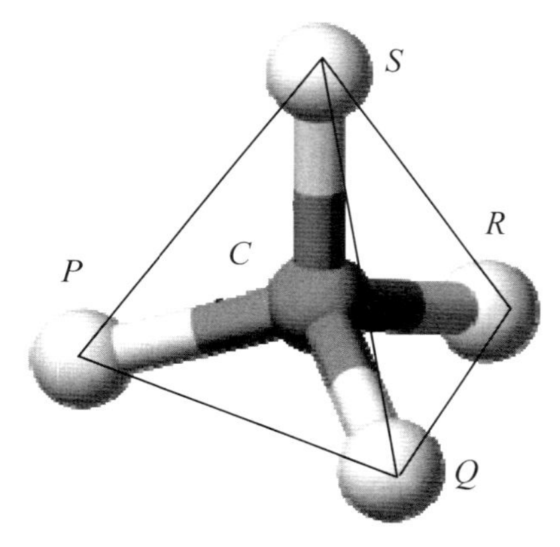

Die Ecken des Tetraeders, d. h. also die Lage der H-Atome, seien gegeben durch die Punkte

$$P(1|0|0),\ Q(0|1|0),\ R(0|0|1) \text{ und } S(1|1|1).$$

1. Die Punkte *P*, *Q* und *S* liegen in einer Ebene *e*. Bestimmen Sie eine Gleichung dieser Ebene in Koordinatenform.
   [Mögliches Ergebnis: $e\colon x_1 + x_2 - x_3 - 1 = 0$]
2. Bestimmen Sie das Volumen des Tetraeders *PQSR*.
3. Der Punkt *T* ist der Fußpunkt des vom Punkt *R* auf die Ebene *e* gefällten Lotes. Berechnen Sie die Koordinaten des Punktes *T*.
4. Berechnen Sie die Koordinaten des C-Atoms.
   [Ergebnis: $C(0{,}5|0{,}5|0{,}5)$]
5. Bestimmen Sie den Winkel α zwischen zwei C-H-Bindungen, also z.B. den Winkel $\sphericalangle PCS$.

(Bayern 2011, FosBos 12, Technik)

A2. **Pyramide am Louvre**

Die große Pyramide des Museums Louvre in Paris ist eine regelmäßige Pyramide mit quadratischer Grundfläche.

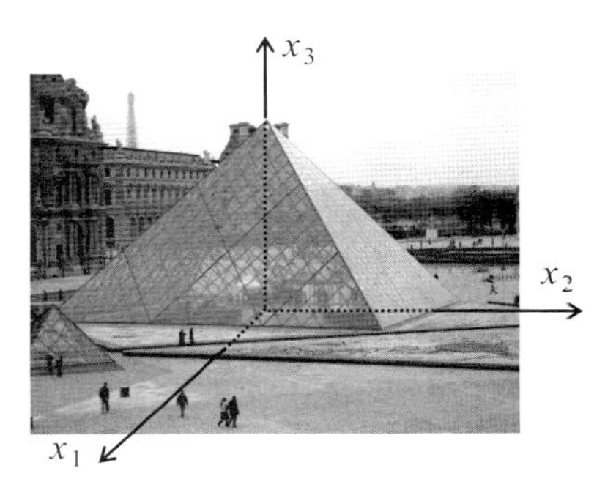

Diese Pyramide sei so in ein rechtwinkliges Koordinatensystem (mit der Längeneinheit 1m) eingebettet, dass die x_3-Achse senkrecht zur Grundfläche durch die Pyramidenspitze und die x_1-Achse sowie die x_2-Achse in der Grundfläche parallel zu den Grundkanten verlaufen (siehe Abbildung).

Damit lassen sich die zwei Ebenen, in denen die auf dem Bild sichtbaren Seitenflächen der Pyramide liegen, in grober Näherung durch folgende Gleichungen darstellen:

$$e_1: \begin{pmatrix} 4 \\ 0 \\ 3 \end{pmatrix} \cdot \vec{x} - 72 = 0 \quad \text{und} \quad e_2: \vec{x} = \begin{pmatrix} 0 \\ 12 \\ 8 \end{pmatrix} + \lambda \cdot \begin{pmatrix} 1 \\ 0 \\ 0 \end{pmatrix} + \mu \cdot \begin{pmatrix} -9 \\ -3 \\ 4 \end{pmatrix}.$$

1. Geben Sie eine Normalengleichung der Grundflächenebene e_0 der Pyramide an.
2. Berechnen Sie eine Gleichung der Geraden g, die die rechte vordere Seitenkante enthält (g ist die Schnittgerade von e_1 und e_2).

   Zur Kontrolle: Eine mögliche Gleichung lautet $g: \vec{x} = \begin{pmatrix} 12 \\ 12 \\ 8 \end{pmatrix} + \nu \cdot \begin{pmatrix} 3 \\ 3 \\ -4 \end{pmatrix}$.
3. Bestimmen Sie den rechten vorderen Eckpunkt A der Grundfläche der Pyramide.
   [Zur Kontrolle: $A(18|18|0)$]
4. Ermitteln Sie die Koordinaten der übrigen drei Grundflächeneckpunkte B, C und D sowie der Pyramidenspitze S.
   [Zur Kontrolle: Die Pyramide ist 24 LE hoch.]
5. Berechnen Sie den Inhalt der Mantelfläche und das Volumen der Pyramide.
6. Berechnen Sie den Winkel zwischen einer Seitenkante und einer anliegenden Grundkante der Pyramide.
7. Welchen Abstand haben die Seitenflächen der Pyramide vom Koordinatenursprung?

8. Senkrecht unterhalb der Spitze S liegt ein Punkt P, der von allen fünf Ecken der Pyramide gleich weit entfernt ist.
   8.1 Bestimmen Sie die Koordinaten dieses Punktes P.
   8.2 Eine der Koordinaten von P ist negativ. Interpretieren Sie dies bezüglich der vorliegenden Situation.

(Saarland 2007, Abendgymnasium/Waldorfschule)

A3. **Tischtennis**

Die Punkte

$$A(0\,|\,91{,}5\,|\,76),\ B(122\,|\,0\,|\,76),\ C \text{ und } D(164{,}4\,|\,310{,}7\,|\,76)$$

sind die Eckpunkte einer Tischtennisplatte mit der Breite $\overline{AB}$ und der Länge $\overline{AD}$.

Die Koordinaten sind in cm angegeben.

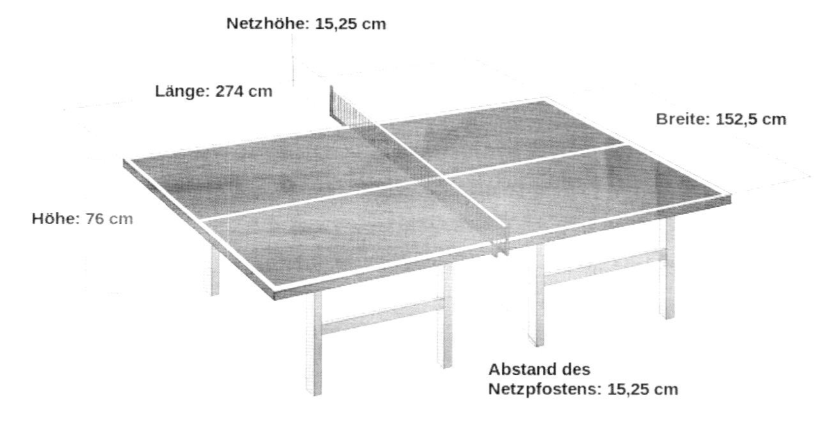

1. Begründen Sie, dass die Platte parallel zur x_1-x_2-Ebene liegt.
   Berechnen Sie die Koordinaten von C.
2. Bestimmen Sie eine Gleichung der Ebene, in der das Netz verläuft.
3. Zeigen Sie: Die obere Netzkante liegt auf der Geraden g mit

$$g: \vec{x} = \begin{pmatrix} 143{,}20 \\ 155{,}35 \\ 91{,}25 \end{pmatrix} + \lambda \cdot \begin{pmatrix} 24{,}4 \\ -18{,}3 \\ 0 \end{pmatrix} \quad \text{mit} \quad \lambda \in \mathbb{R}.$$

4. Die Flugbahn eines Tischtennisballes lässt sich durch die Gerade h mit

$$h: \vec{x} = \begin{pmatrix} 220 \\ 310 \\ 150 \end{pmatrix} + \sigma \cdot \begin{pmatrix} 2 \\ 4 \\ 1 \end{pmatrix} \quad (\sigma \in \mathbb{R})$$

   beschreiben. Prüfen Sie, ob der Ball ins Netz geht.

(Baden-Württemberg 2012, Berufliches Gymnasium, Vektorgeometrie A2)

A4. **Sonnensegel**

Ein dreieckiges Sonnensegel soll eine Terrasse teilweise beschatten (siehe Abbildung).

Das Sonnensegel ist bezüglich des eingezeichneten Koordinatensystems an den folgenden Punkten verankert: $A(0|0|5)$, $B(0|6|2{,}5)$ sowie $C(4|4|1)$ (Angaben in Meter).

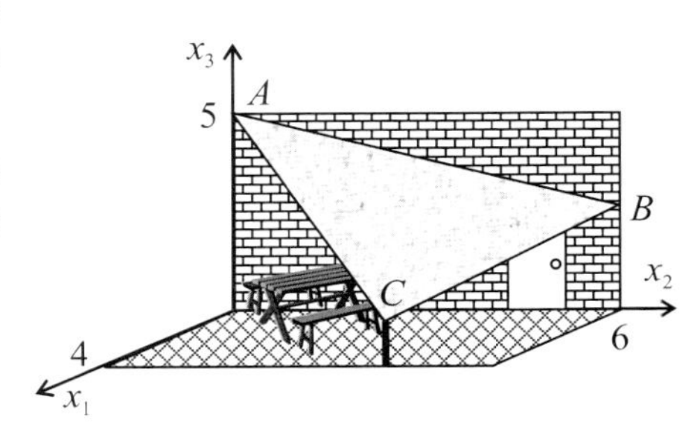

1. Geben Sie jeweils eine Parameter- und eine allgemeine Normalengleichung der abgebildeten Wandebene (e_{Wand}), der Terrassenebene (e_{Terrasse}) und der Sonnensegelebene ($e_{\text{Sonnensegel}}$) an.
2. Der Rand des Sonnensegels ist mit einer Nylonschnur verstärkt. Ermitteln Sie die Länge dieser Schnur.
3. Bestimmen Sie den Inhalt der Fläche des Sonnensegels.
4. Wie groß ist der Winkel, den die beiden Schnurteile $\overline{CA}$ und $\overline{CB}$ im Punkt C bilden?
5. Geben Sie eine Gleichung der Geraden g_{AC} durch die Punkte A und C des Sonnensegels an.
6. Auf der Geraden g_{AC} durch die Punkte A und C wird derjenige Punkt P betrachtet, der von der linken hinteren Terrassenecke (Koordinatenursprung) die geringste Entfernung hat.
   6.1 Bestimmen Sie die Koordinaten von P.
   [Zur Kontrolle: $P\left(\frac{5}{3}\middle|\frac{5}{3}\middle|\frac{10}{3}\right)$]
   6.2 Begründen Sie, dass dieser Punkt P zwischen A und C liegt.
   6.3 Wie groß ist die Entfernung von P zur linken hinteren Terrassenecke?
7. Bestimmen Sie die Koordinaten des Mittelpunktes M der Seite $\overline{BC}$ des Sonnensegels und überprüfen Sie, ob eine 1,80 m große Person an dieser Stelle – ohne sich zu bücken – unter das Sonnensegel treten kann.

(Saarland 2009, Abendgymnasium/Waldorfschule)

Abituraufgaben L-Kurs

A1. **Bergwerk**

Für ein Bergwerk wird in einem mathematischen Modell ein kartesisches Koordinatensystem angelegt, so dass die Erdoberfläche durch die x_1-x_2-Ebene beschrieben wird. Negative x_3-Koordinaten geben die entsprechende Tiefe unter der Erdoberfläche an. Stollen des Bergwerks werden im Modell durch Geradenstücke beschrieben, der Querschnitt bleibt außer Betracht. Für die Einheiten auf den drei Koordinatenachsen gilt jeweils: 1 LE = 1 m.

Der Stollen s_1 wird beschrieben durch die Gleichung

$\vec{x} = \begin{pmatrix} 0 \\ 0 \\ -100 \end{pmatrix} + \lambda \cdot \begin{pmatrix} 12 \\ 12 \\ -1 \end{pmatrix}$ mit reellem Parameter λ, für den gilt $-5 \leq \lambda \leq 50$.

Ein zweiter Stollen s_2 verläuft längs der Geraden mit der Gleichung

$\vec{x} = \begin{pmatrix} -9 \\ 13 \\ -52 \end{pmatrix} + \mu \cdot \begin{pmatrix} 23 \\ 1 \\ -1 \end{pmatrix}$ mit reellem Parameter μ.

1. Berechnen Sie die Länge des Stollens s_1.
2. Prüfen Sie, ob die beiden Stollen zueinander windschief verlaufen.
3. Zeigen Sie, dass die Strecke $\overline{AB}$ mit den Punkten $A(14|14|-53)$ und $B(12|12|-101)$ eine direkte Verbindung zwischen den Stollen s_1 und s_2 herstellt und zu beiden senkrecht verläuft.
4. Der Bau eines Stollens vom Punkt A zum Punkt B aus dem Aufgabenteil 3 wird durch eine harte Gesteinsschicht behindert, die durch die folgende Ebenengleichung beschrieben werden kann:

   $$10x_1 + 10x_2 - x_3 - 337 = 0.$$

   Berechnen Sie, in welcher Tiefe unter der Erdoberfläche das Bohrteam auf diese Gesteinsschicht trifft.

(Bayern 2007, FosBos 12, Technik)

A2. **Reklametafel**

1. Das in der Skizze dargestellte Rechteck stellt eine Reklametafel dar (nicht maßstabgerecht). Der Mittelpunkt M der oberen Rechtecksseite liegt auf der x_3-Achse.

   Die Punkte A, B und M haben folgende Koordinaten:

   $A(30|0|0)$, $B(0|30|0)$ und $M(0|0|100)$.

   Für die Einheiten auf den drei Koordinatenachsen gilt jeweils: 1 LE = 1 dm.

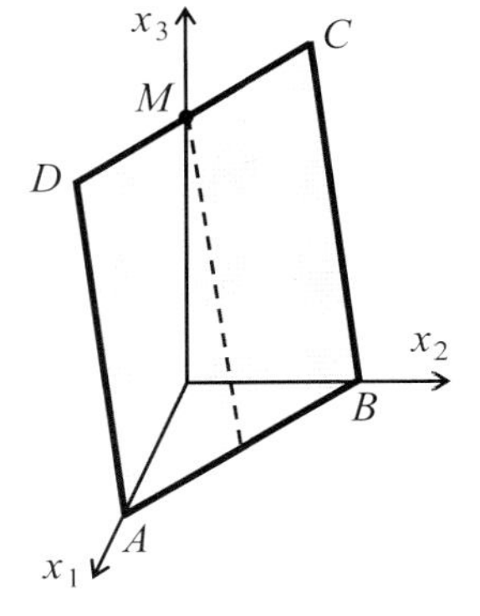

   1.1 Bestimmen Sie die Koordinaten der Punkte C und D.

   1.2 Berechnen Sie die Maßzahl des Flächeninhalts der Reklametafel und geben Sie den Flächeninhalt in m^2 auf zwei Nachkommastellen gerundet an.

   1.3 Die Reklametafel liegt in der Ebene e. Bestimmen Sie je eine Gleichung der Ebene e in Parameter- und in Koordinatenform.
   [Mögliches Teilergebnis: $10x_1 + 10x_2 + 3x_3 - 300 = 0$]

   1.4 Mit einer senkrecht zur Ebene e verlaufenden Halterung wird die Reklametafel im Ursprung O befestigt. Berechnen Sie die Koordinaten des Befestigungspunkts S in der Ebene e und die Länge $\overline{OS}$ der Halterung.

2. Zur Beleuchtung der Reklametafel verwendet man eine Lichtquelle, die auf einer Führungsschiene verschoben werden kann. Dieser Strahler verläuft auf der Geraden

$$g\colon \vec{x} = \begin{pmatrix} 120 \\ -30 \\ -200 \end{pmatrix} + \lambda \cdot \begin{pmatrix} 195 \\ -105 \\ -509 \end{pmatrix} \text{ mit } \lambda \in \mathbb{R}.$$

   2.1 Zeigen Sie, dass der Schnittpunkt der Geraden g mit der Ebene e außerhalb der Reklametafel liegt.

   2.2 Bestimmen Sie eine Gleichung der Menge aller Punkte, die von den vier Ecken der Reklametafel gleich weit entfernt sind.

   2.3 Zeigen Sie, dass auch ein Punkt L der Geraden g zu der in Aufgabenteil 2.2 ermittelten Menge gehört, und berechnen Sie seinen Abstand von einem der vier Eckpunkte A, B, C oder D.

(Bayern 2006, FosBos 12, Technik)

A3. **Dachzimmer**

Abbildung 1 zeigt modellhaft ein Dachzimmer in der Form eines geraden Prismas.
Der Boden und zwei der Seitenwände liegen in den Koordinatenebenen.
Das Rechteck $ABCD$ liegt in einer Ebene e und stellt den geneigten Teil der Deckenfläche dar.

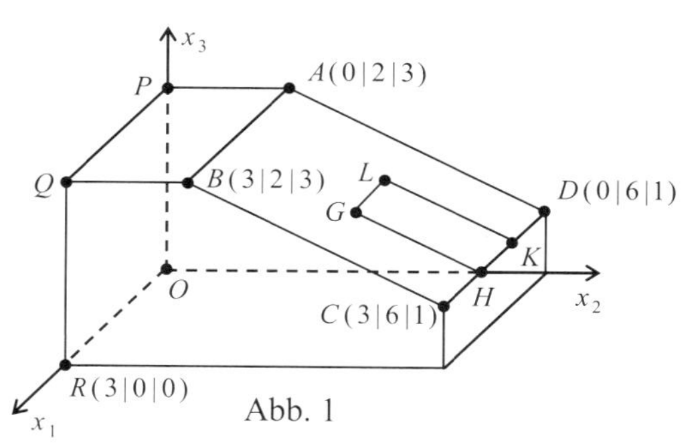

Abb. 1

1. Bestimmen Sie eine Gleichung der Ebene e in Normalenform.
   [Mögliches Ergebnis: $x_2 + 2x_3 - 8 = 0$]

2. Berechnen Sie den Abstand des Punkts R von der Ebene e.

Im Koordinatensystem entspricht eine Längeneinheit 1 m, d.h. das Zimmer ist an seiner höchsten Stelle 3 m hoch.
Das Rechteck $GHKL$ mit $G(2|4|2))$ hat die Breite $|\overline{GL}| = 1$. Es liegt in der Ebene e, die Punkte H und K liegen auf der Geraden CD. Das Rechteck stellt im Modell ein Dachflächenfenster dar; die Breite des Fensterrahmens soll vernachlässigt werden.

3. Geben Sie die Koordinaten der Punkte L, H und K an und bestimmen Sie den Flächeninhalt des Fensters.
   [Zur Kontrolle: $|\overline{GH}| = \sqrt{5}$]

4. Durch das Fenster einfallendes Sonnenlicht wird im Zimmer durch parallele Geraden mit dem Richtungsvektor

$$\vec{v} = \begin{pmatrix} -2 \\ -8 \\ -1 \end{pmatrix}$$

   repräsentiert. Eine dieser Geraden verläuft durch den Punkt G und schneidet die Seitenwand $OPQR$ im Punkt S.
   Berechnen Sie die Koordinaten von S sowie die Größe des Winkels, den diese Gerade mit der Seitenwand $OPQR$ einschließt.

5. Das Fenster ist drehbar um eine Achse, die im Modell durch die Mittelpunkte der Strecken $\overline{GH}$ und $\overline{LK}$ verläuft. Die Unterkante des Fensters schwenkt dabei in das Zimmer; das Drehgelenk erlaubt eine zum Boden senkrechte Stellung der Fensterfläche.
   Bestimmen Sie die Koordinaten des Mittelpunkts M der Strecke $\overline{GH}$ und bestätigen Sie rechnerisch, dass das Fenster bei seiner Drehung den Boden nicht berühren kann. [Teilergebnis: $M(2|5|1{,}5)$]

Abbildung 2 zeigt ein quaderförmiges Möbelstück, das 40 cm hoch ist. Es steht mit seiner Rückseite flächenbündig an der Wand unter dem Fenster. Seine vordere Oberkante liegt im Modell auf der Geraden

$$k: \vec{x} = \begin{pmatrix} 0 \\ 5{,}5 \\ 0{,}4 \end{pmatrix} + \lambda \cdot \begin{pmatrix} 1 \\ 0 \\ 0 \end{pmatrix} \quad \text{mit } \lambda \in \mathbb{R}.$$

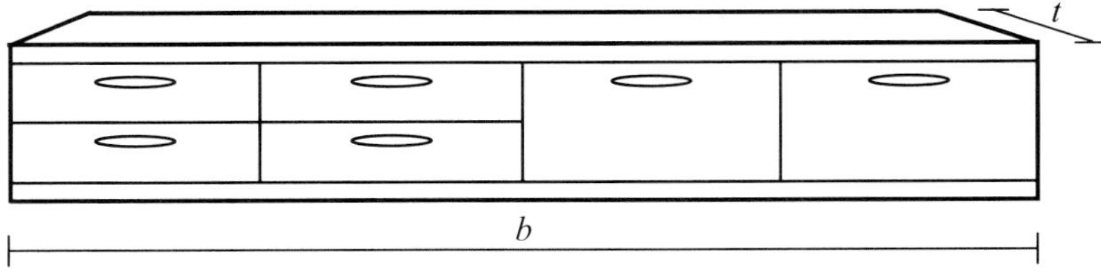

Abb. 2

6. Ermitteln Sie durch eine Messung mit einem Lineal aus der Abbildung 2 die Breite b des Möbelstücks möglichst genau.
   Bestimmen Sie mithilfe der Gleichung der Geraden k die Tiefe t des Möbelstücks und erläutern Sie Ihr Vorgehen.
7. Überprüfen Sie rechnerisch, ob das Fenster bei seiner Drehung am Möbelstück anstoßen kann.

(Bayern 2012, Gymnasium, Geometrie V)

Mit der e- und der ln-Funktion zusammengesetzte Funktionen

A 3.1 Mit der e-Funktion zusammengesetzte Funktionen

In der Praxis treten an vielen Stellen Funktionen auf, die sich als Summe oder Differenz aus e-Funktionen zusammensetzen.

Bereits im 17. Jahrhundert befassten sich mehrere berühmte Wissenschaftler wie Galilei, Huygens, Leibniz und die Gebrüder Bernoulli mit der Frage, welche Kurve eine an ihren Enden aufgehängte Kette unter dem Einfluss der Schwerkraft beschreibt.

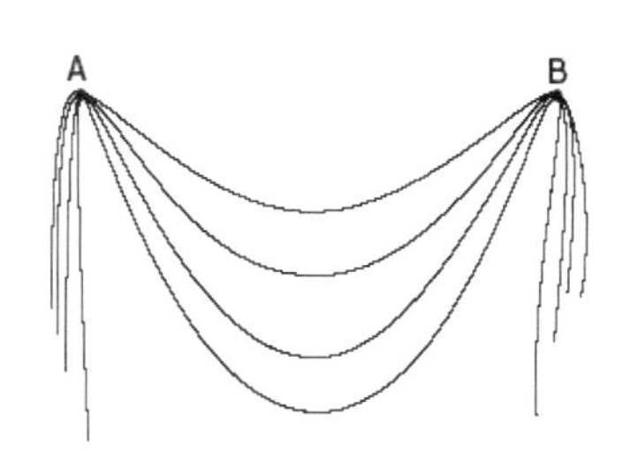

Galilei hatte fälschlich vermutet, dass es sich um eine Parabel handelt. Eine solche liefert zwar eine gute Näherung, aber die exakte Form einer „Kettenlinie“ (Catenaria) wurde erst 1690 von Leibniz angegeben.

Die Kettenlinie kann durch eine Funktion beschrieben werden, welche sich als arithmetisches Mittel der e-Funktion $x \mapsto e^x$ und deren Spiegelung $x \mapsto e^{-x}$ an der y-Achse ergibt:

$$f: \mathbb{R} \to \mathbb{R},\, x \mapsto \frac{1}{2} \cdot (e^x + e^{-x}).$$

Die Abbildung rechts zeigt den Graphen dieser Funktion. Er ist tatsächlich einer Parabel sehr ähnlich.

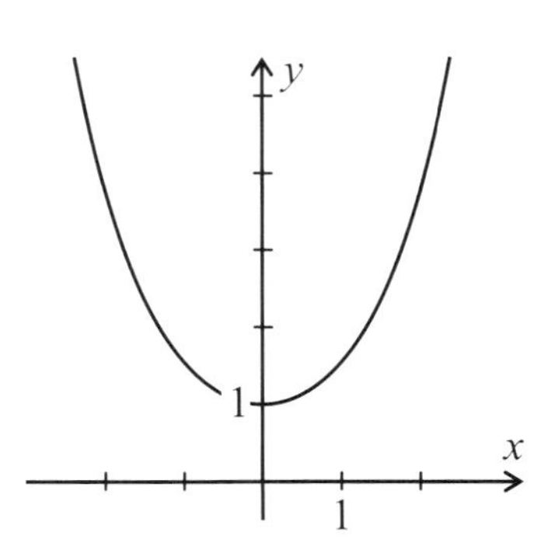

Wir können unsere Kenntnisse der Differenzialrechnung anwenden, um die wichtigsten Eigenschaften dieser Funktion rechnerisch herauszufinden.

Für die Ableitungen der Funktion f ergibt sich:

- $f'(x) = \frac{1}{2}(e^x - e^{-x})$
- $f''(x) = \frac{1}{2}(e^x + e^{-x}) = f(x)$

Die Funktion f reproduziert sich beim zweimaligen Ableiten. Diese Eigenschaft hat (bis auf das Vorzeichen) auch die Kosinusfunktion. Die Funktion f wird daher als *Kosinus Hyperbolicus* bezeichnet.

Analyse zur Funktion $f: \mathbb{R} \to \mathbb{R}, x \mapsto \frac{1}{2} \cdot (e^x + e^{-x})$

❶ Grenzwertverhalten für $x \to \pm\infty$

Es gilt: $\lim\limits_{x \to -\infty} f(x) = \lim\limits_{x \to -\infty} \frac{1}{2} \cdot (\underbrace{e^x}_{\downarrow \, 0^+} + \underbrace{e^{-x}}_{\downarrow \, +\infty}) = +\infty$

$\lim\limits_{x \to +\infty} f(x) = \lim\limits_{x \to +\infty} \frac{1}{2} \cdot (\underbrace{e^x}_{\downarrow \, +\infty} + \underbrace{e^{-x}}_{\downarrow \, 0^+}) = +\infty$

❷ Nullstellen

$f(x) = \frac{1}{2} \cdot (e^x + e^{-x}) > 0$ für alle $x \in \mathbb{R}$.

Die Funktion f besitzt also keine Nullstellen.

❸ Ableitungen

Es gilt: $f'(x) = \frac{1}{2} \cdot (e^x + e^{-x} \cdot (-1)) = \frac{1}{2} \cdot (e^x - e^{-x})$

$f''(x) = \frac{1}{2} \cdot (e^x - e^{-x} \cdot (-1)) = \frac{1}{2} \cdot (e^x + e^{-x})$

❹ Extrempunkte und Monotonie

- *Notwendige Bedingung* (Nullstellen von f')

$$\begin{aligned} f'(x) = 0 \iff \frac{1}{2} \cdot (e^x - e^{-x}) &= 0 \\ \iff e^x &= e^{-x} && | \text{ ln oder Exponentenvergleich} \\ \iff x &= -x \\ \iff 2x &= 0 \\ \iff x &= 0 && \text{(einfach, mit VzW)} \end{aligned}$$

- *Hinreichende Bedingung*

Erstes Kriterium

Vorzeichentabelle für $f'(x)$

x	$-\infty$		0	1	$+\infty$
$f'(x)$		$-$	0 mit VzW TP	$+$	

Testwert: $f'(1) = \frac{1}{2} \cdot (e - e^{-1}) > 0$

Zweites Kriterium

Wegen $f''(0) = 1 > 0$ ist 0 eine Minimumstelle.

- *Angabe des Extrempunkts*
  Wegen $f(0) = 1$ ergibt sich der Tiefpunkt $T(0|1)$.
- *Angabe der Monotonieintervalle* (siehe Vorzeichentabelle für $f'(x)$)
  - f ist in $]-\infty; 0]$ streng monoton fallend.
  - f ist in $[0; +\infty[$ streng monoton wachsend.

❺ **Wendepunkte und Krümmung**

- *Notwendige Bedingung* (Nullstellen von f'')
  Es gilt $f''(x) = \frac{1}{2} \cdot (e^x + e^{-x}) > 0$ für alle $x \in \mathbb{R}$. Es gibt daher insbesondere auch keine Nullstellen von f''.
  Somit hat der Graph auch keine Wendepunkte.
- *Angabe der Krümmung*
  Wegen $f''(x) > 0$ für alle $x \in \mathbb{R}$ ist der Graph von f in der gesamten Definitionsmenge linksgekrümmt.

❻ **Symmetrie**

Es gilt: $f(-x) = \frac{1}{2} \cdot (e^{-x} + e^{-(-x)}) = \frac{1}{2} \cdot (e^{-x} + e^{x}) = f(x)$ für alle $x \in \mathbb{R}$.
Der Graph der Funktion f ist also symmetrisch zur y-Achse.

❼ **Graph**

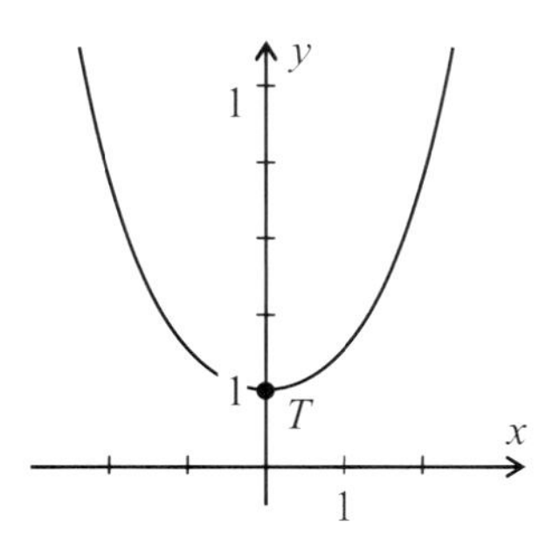

Eine weitere aus zwei e-Funktionen zusammengesetzte Funktion ist

$$g: \mathbb{R} \to \mathbb{R}, x \mapsto \frac{1}{2} \cdot (e^x - e^{-x}).$$

Die Abbildung rechts zeigt den Graphen dieser Funktion. Er ist dem Graphen der Potenzfunktion dritten Grades $x \mapsto x^3$ ähnlich.
Die Funktion g wird auch als *Sinus Hyperbolicus* bezeichnet.

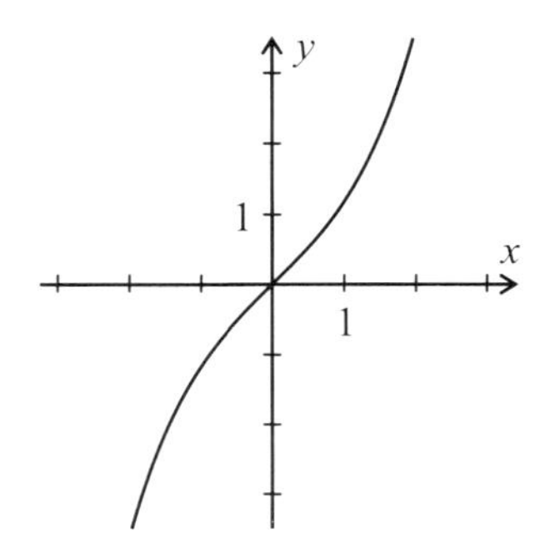

A 3.2 Produkt aus einer ganzrationalen Funktion und einer e-Funktion

Analyse zur Funktion $f: \mathbb{R} \to \mathbb{R}, x \mapsto (x^2 - 2x + 1) \cdot e^{-x}$

❶ Grenzwertverhalten für $x \to \pm\infty$

Es gilt: $\lim\limits_{x \to -\infty} f(x) = \lim\limits_{x \to -\infty} \underbrace{(x^2 - 2x + 1)}_{\downarrow \atop +\infty} \cdot \underbrace{e^{-x}}_{\downarrow \atop +\infty} = +\infty$

$\lim\limits_{x \to +\infty} f(x) = \lim\limits_{x \to +\infty} \underbrace{(x^2 - 2x + 1)}_{\downarrow \atop +\infty} \cdot \underbrace{e^{-x}}_{\downarrow \atop 0^+} = 0^+$ (Die e-Funktion dominiert.)

❷ Nullstellen

Faktorisieren des Funktionsterms: $f(x) = (x^2 - 2x + 1) \cdot e^{-x} = (x-1)^2 \cdot e^{-x}$

1 ist eine doppelte Nullstelle und damit Berührstelle. (Zu beachten: $e^{-x} > 0$)

❸ Ableitungen

$f'(x) = (2x - 2) \cdot e^{-x} + (x^2 - 2x + 1) \cdot e^{-x} \cdot (-1) = (-x^2 + 4x - 3) \cdot e^{-x}$

$f''(x) = (-2x + 4) \cdot e^{-x} + (-x^2 + 4x - 3) \cdot e^{-x} \cdot (-1) = (x^2 - 6x + 7) \cdot e^{-x}$

❹ Extrempunkte und Monotonie

- *Faktorisieren des Ableitungsterms*
  $f'(x) = -(x^2 - 4x + 3) \cdot e^{-x} = -(x-1) \cdot (x-3) \cdot e^{-x}$
- *Notwendige Bedingung* (Nullstellen von f')
  Aus der Faktorisierung lassen sich die Nullstellen von f' direkt ablesen:
  – $x = 1$ einfach (mit Vorzeichenwechsel)
  – $x = 3$ einfach (mit Vorzeichenwechsel)
- *Hinreichende Bedingung*

Erstes Kriterium
Vorzeichentabelle für $f'(x)$

x	$-\infty$	0	1		3		$+\infty$
$f'(x)$		–	0 mit VzW TP	+	0 mit VzW HP	–	

Testwert: $f'(0) = -3 < 0$

Zweites Kriterium
Wegen $f''(1) = 2e^{-1} > 0$ ist 1 eine Minimumstelle.
Wegen $f''(3) = -2e^{-3} < 0$ ist 3 eine Maximumstelle.

- *Angabe der Extrempunkte*
  Mit $f(1) = 0$ und $f(3) = 4e^{-3} \approx 0{,}20$ ergeben sich der Tiefpunkt $T(1\,|\,0)$ und der Hochpunkt $H(3\,|\,4e^{-3})$.
- *Angabe der Monotonieintervalle* (siehe Vorzeichentabelle für $f'(x)$)
  – f ist in $]-\infty; 1]$ und in $[3; +\infty[$ streng monoton fallend.
  – f ist in $[1; 3]$ streng monoton wachsend.

❺ Wendepunkte und Krümmung

- *Notwendige Bedingung* (Nullstellen von f'')

$$
\begin{aligned}
f''(x)=0 \Leftrightarrow\ & x^2-6x+7 = 0 \\
\Leftrightarrow\ & x^2-6x = -7 \\
\Leftrightarrow\ & x^2-6x+3^2 = -7+9 \\
\Leftrightarrow\ & (x-3)^2 = 2 \\
\Leftrightarrow\ & x=3-\sqrt{2} \vee x=3+\sqrt{2} \quad \text{(beide einfach mit VzW)} \\
\Leftrightarrow\ & x\approx 1{,}59 \vee x\approx 5{,}41
\end{aligned}
$$

- *Hinreichende Bedingung*

  Vorzeichentabelle für $f''(x)$

x	$-\infty$	0		$3-\sqrt{2}$		$3+\sqrt{2}$		$+\infty$
$f''(x)$		+		0 mit VzW WP	−	0 mit VzW WP	+	

Testwert: $f''(0)=7>0$

- *Angabe der Wendepunkte*

  Mit $f(3-\sqrt{2})\approx 0{,}07$ und $f(3+\sqrt{2})\approx 0{,}14$ ergeben sich (näherungsweise) die Wendepunkte $W_1(1{,}59\,|\,0{,}07)$ und $W_2(5{,}41\,|\,0{,}14)$.

- *Angabe der Krümmungsintervalle* (siehe Vorzeichentabelle für $f''(x)$)
  - G_f ist in $]-\infty; 3-\sqrt{2}]$ und in $[3+\sqrt{2}; +\infty[$ linksgekrümmt.
  - G_f ist in $[3-\sqrt{2}; 3+\sqrt{2}]$ rechtsgekrümmt.

❻ Symmetrie

Es liegt keine einfache Symmetrie vor.

Begründung: unsymmetrische Lage z. B. der Grenzwerte, der Nullstelle, der Extrem- und Wendepunkte bzgl. des Ursprungs

❼ Graph

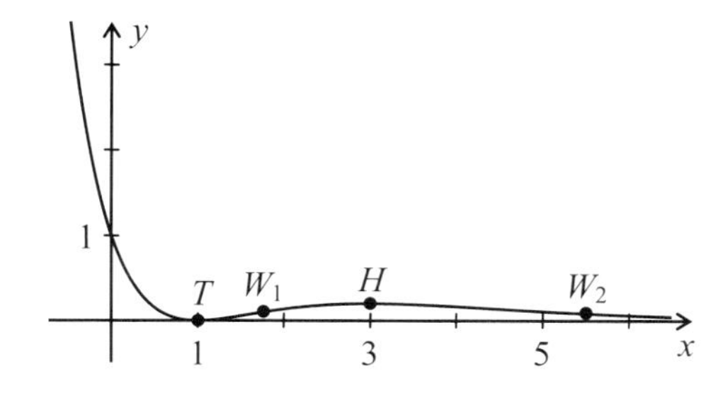

A 3.3 Quotient aus einer e-Funktion und einer ganzrationalen Funktion

Analyse zur Funktion $f: D_{max} \to \mathbb{R}, x \mapsto \frac{e^x}{x}$

❶ Maximale Definitionsmenge

Die Funktion f ist für $x = 0$ nicht definiert, daher gilt $D_{max} = \mathbb{R} \setminus \{0\}$.

❷ Grenzwerte an den Rändern der Definitionsmenge

- in der Nähe der Definitionslücke 0

$$\lim_{x\to 0^-} f(x) = \lim_{x\to 0^-} (\underbrace{e^x}_{\to 1} \cdot \underbrace{\frac{1}{x}}_{\to -\infty}) = -\infty \quad ; \quad \lim_{x\to 0^+} f(x) = \lim_{x\to 0^+} (\underbrace{e^x}_{\to 1} \cdot \underbrace{\frac{1}{x}}_{\to +\infty}) = +\infty$$

0 ist Definitionslücke mit Vorzeichenwechsel.

- für $x \to \pm\infty$

$$\lim_{x\to +\infty} f(x) = \lim_{x\to +\infty} (\underbrace{e^x}_{\to +\infty} \cdot \underbrace{\frac{1}{x}}_{\to 0^+}) = +\infty$$ (Die e-Funktion dominiert.)

$$\lim_{x\to -\infty} f(x) = \lim_{x\to -\infty} (\underbrace{e^x}_{\to 0^+} \cdot \underbrace{\frac{1}{x}}_{\to 0^-}) = 0^-$$ (Das Vorzeichen ist zu beachten.)

❸ Nullstellen

Wegen $e^x > 0$ für alle $x \in D_{max}$ gibt es keine Nullstellen.

❹ Ableitungen

$$f'(x) = \frac{x \cdot e^x - 1 \cdot e^x}{x^2} = \frac{(x-1) \cdot e^x}{x^2}$$

$$f''(x) = \frac{x^2 \cdot [1 \cdot e^x + (x-1) \cdot e^x] - (x-1) \cdot e^x \cdot 2x}{x^4} = \frac{x \cdot [x \cdot e^x] - (x-1) \cdot e^x \cdot 2}{x^3}$$

$$= \frac{(x^2 - 2x + 2) \cdot e^x}{x^3}$$

❺ Extrempunkte und Monotonie

- *Notwendige Bedingung* (Nullstellen von f')
  $f'(x) = 0 \iff x - 1 = 0 \iff x = 1$ einfach (mit Vorzeichenwechsel)
- *Hinreichende Bedingung*

Erstes Kriterium

Vorzeichentabelle für $f'(x)$

x	$-\infty$		0		1	2	$+\infty$
$f'(x)$		$-$	ohne VzW Pol	$-$	0 mit VzW TP	$+$	

Testwert: $f'(2) = \frac{e^2}{4} > 0$

Zweites Kriterium

Wegen $f''(1) = e > 0$ ist 0 eine Minimumstelle.

- *Angabe des Extrempunkts*
  Mit $f(1) = \mathrm{e}$ ergibt sich der Tiefpunkt $T(1 \mid \mathrm{e})$.
- *Angabe der Monotonieintervalle* (siehe Vorzeichentabelle für $f'(x)$)
  – f ist in $]-\infty\,;0[$ und in $]0\,;1]$ streng monoton fallend.
  – f ist in $[1\,;+\infty[$ streng monoton wachsend.

❻ Wendepunkte und Krümmung

- *Notwendige Bedingung* (Nullstellen von f'')

$$
\begin{aligned}
f''(x) = 0 \quad \Leftrightarrow \quad x^2 - 2x + 2 &= 0 \\
\Leftrightarrow \quad x^2 - 2x &= -2 \\
\Leftrightarrow \quad x^2 - 2x + 1^2 &= -2 + 1 \\
\Leftrightarrow \quad (x-1)^2 &= -1 \qquad \text{(unerfüllbar)}
\end{aligned}
$$

  Da f'' keine Nullstellen hat, gibt es keine Wendepunkte.
- *Angabe der Krümmungsintervalle*
  Vorzeichentabelle für $f''(x)$

x	$-\infty$		0		1	$+\infty$
$f''(x)$		$-$	mit VzW Lücke	$+$		
	Testwert: $f''(1) = \mathrm{e} > 0$					

Es ist zu beachten, dass 0 Definitionslücke von f'' mit VzW ist.

Aus der Vorzeichentabelle für $f''(x)$ lesen wir ab:
– G_f ist in $]-\infty\,;0[$ rechtsgekrümmt.
– G_f ist in $]0\,;+\infty[$ linksgekrümmt.

❼ Symmetrie

Es liegt keine einfache Symmetrie vor.

Begründung: unsymmetrische Lage z.B. der Grenzwerte oder des Extrempunkts bzgl. des Ursprungs.

❽ Graph

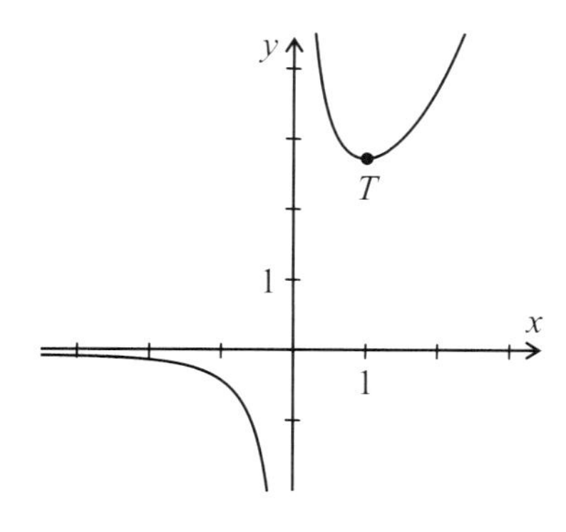

A 3.4 Verkettung einer e-Funktion mit einer ganzrationalen Funktion

Eine wichtige Funktion, die als Verkettung einer e-Funktion mit einer ganzrationalen Funktion aufgebaut ist, ist gegeben durch

$$\varphi(x)=\frac{1}{\sqrt{2\pi}}\cdot e^{-\frac{1}{2}x^2}.$$

Sie wird nach ihrem Entdecker als **Gaußfunktion**, ihr Graph als **Gauß'sche Glockenkurve** bezeichnet und wird später in der Weiterführung der Wahrscheinlichkeitsrechnung eine wichtige Rolle spielen.

Analyse zur Gaußfunktion $\varphi: \mathbb{R}\to\mathbb{R},\ x\mapsto\frac{1}{\sqrt{2\pi}}\cdot e^{-\frac{1}{2}x^2}$

❶ Grenzwerte an den Rändern der Definitionsmenge

Es gilt $\lim\limits_{x\to\pm\infty}\varphi(x)=\lim\limits_{x\to\pm\infty}\Big(\frac{1}{\sqrt{2\pi}}\cdot \underbrace{e^{-\frac{1}{2}x^2}}_{\downarrow\ 0^+}\Big)=0^+$

❷ Nullstellen

Wegen $\varphi(x)=\frac{1}{\sqrt{2\pi}}\cdot e^{-\frac{1}{2}x^2}>0$ für alle $x\in D_{\max}$ gibt es keine Nullstellen.

❸ Ableitungen

$$\varphi'(x)=\frac{1}{\sqrt{2\pi}}\cdot e^{-\frac{1}{2}x^2}\cdot\left(-\frac{1}{2}\cdot 2x\right)=-\frac{1}{\sqrt{2\pi}}\cdot x\cdot e^{-\frac{1}{2}x^2}$$

$$\varphi''(x)=-\frac{1}{\sqrt{2\pi}}\cdot\left(1\cdot e^{-\frac{1}{2}x^2}+x\cdot e^{-\frac{1}{2}x^2}\cdot\left(-\frac{1}{2}\cdot 2x\right)\right)$$

$$=-\frac{1}{\sqrt{2\pi}}\cdot(1-x^2)\cdot e^{-\frac{1}{2}x^2}=\frac{1}{\sqrt{2\pi}}\cdot(x^2-1)\cdot e^{-\frac{1}{2}x^2}$$

❹ Extrempunkte und Monotonie

- *Notwendige Bedingung* (Nullstellen von φ')
  $\varphi'(x)=0 \Leftrightarrow x=0$ einfach (mit Vorzeichenwechsel)
- *Hinreichende Bedingung*

Erstes Kriterium

Vorzeichentabelle für $\varphi'(x)$

x	$-\infty$		0		1	$+\infty$
$\varphi'(x)$		$+$	0 mit VzW HP	$-$		

Testwert: $\varphi'(1)=-\frac{1}{\sqrt{2\pi}}\cdot e^{-\frac{1}{2}}<0$

Zweites Kriterium

Wegen $\varphi''(0)=-\frac{1}{\sqrt{2\pi}}<0$ ist 0 eine Maximumstelle.

- *Angabe des Extrempunkts*
  Mit $\varphi(0)=\frac{1}{\sqrt{2\pi}}\approx 0{,}40$ ergibt sich der Hochpunkt $H(0\,|\,\frac{1}{\sqrt{2\pi}})$.
- *Monotonieintervalle* (siehe Vorzeichentabelle für $\varphi'(x)$)
  – φ ist in $]-\infty:0]$ streng monoton wachsend.
  – φ ist in $[0;+\infty[$ streng monoton fallend.

❺ Wendepunkte und Krümmung

- *Notwendige Bedingung* (Nullstellen von φ'')

  Faktorisieren des Ableitungsterms: $\varphi''(x)=\frac{1}{\sqrt{2\pi}}\cdot(x+1)\cdot(x-1)\cdot e^{-\frac{1}{2}x^2}$

  Aus der Faktorisierung lassen sich die Nullstellen von φ'' direkt ablesen.
  – $x=-1$ einfach (mit Vorzeichenwechsel)
  – $x=1$ einfach (mit Vorzeichenwechsel)
- *Hinreichende Bedingung*
  Vorzeichentabelle für $\varphi''(x)$

x	$-\infty$		-1	0	1		$+\infty$
$\varphi''(x)$		+	0 mit VzW WP	−	0 mit VzW WP	+	

Testwert: $\varphi''(0)=-\frac{1}{\sqrt{2\pi}}<0$

- *Angabe der Wendepunkte*

  Mit $\varphi(-1)=\frac{1}{\sqrt{2\pi}}\cdot e^{-\frac{1}{2}}\approx 0{,}24$ und $\varphi(1)=\frac{1}{\sqrt{2\pi}}\cdot e^{-\frac{1}{2}}\approx 0{,}24$ ergeben sich (näherungsweise) die Wendepunkte $W_1(-1\,|\,0{,}24)$ und $W_2(1\,|\,0{,}24)$.

- *Krümmungsintervalle* (siehe Vorzeichentabelle für $\varphi''(x)$)
  – G_f ist in $]-\infty;-1]$ und in $[1;+\infty[$ linksgekrümmt.
  – G_f ist in $[-1;1]$ rechtsgekrümmt.

❻ Symmetrie

Es gilt $\varphi(-x)=\frac{1}{\sqrt{2\pi}}\cdot e^{-\frac{1}{2}(-x)^2}=\frac{1}{\sqrt{2\pi}}\cdot e^{-\frac{1}{2}x^2}=\varphi(x)$.

Der Graph der Funktion φ ist also symmetrisch zur y-Achse.

❼ Graph

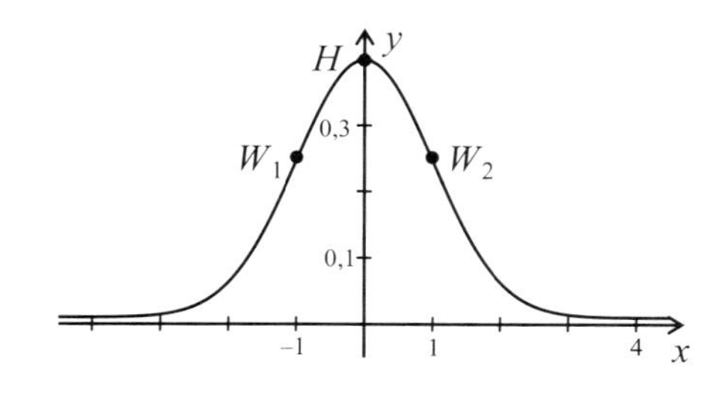

A 3.5 Produkt aus einer ganzrationalen Funktion und einer ln-Funktion

Analyse zur Funktion $f: \mathbb{R}^+ \to \mathbb{R},\ x \mapsto x^3 \cdot (\ln(x) - \frac{4}{3})$

❶ Grenzwerte an den Rändern der Definitionsmenge $\mathbb{R}^+$

Es gilt: $\lim\limits_{x \to 0^+} f(x) = \lim\limits_{x \to -\infty} (\underbrace{x^3}_{\to 0^+} \cdot \underbrace{(\ln(x) - \frac{4}{3})}_{\to -\infty}) = 0^-$ (Die Potenzfu. dominiert.)

$$\lim_{x \to +\infty} f(x) = \lim_{x \to +\infty} (\underbrace{x^3}_{\to +\infty} \cdot \underbrace{(\ln(x) - \frac{4}{3})}_{\to +\infty}) = +\infty$$

❷ Nullstellen

Bei der Berechnung der Nullstellen ist die Definitionsmenge zu beachten.

$$f(x) = 0 \Leftrightarrow x^3 \cdot (\ln(x) - \tfrac{4}{3}) = 0 \Leftrightarrow \underbrace{x = 0}_{\notin D_{max}} \vee \ln(x) = \tfrac{4}{3} \Leftrightarrow x = e^{\frac{4}{3}} \approx 3{,}79$$

❸ Ableitungen

$$f'(x) = 3x^2 \cdot (\ln(x) - \frac{4}{3}) + x^3 \cdot \frac{1}{x} = 3x^2 \cdot \ln(x) - 4x^2 + x^2$$

$$= 3x^2 \cdot \ln(x) - 3x^2 = 3x^2 \cdot (\ln(x) - 1)$$

$$f''(x) = 6x \cdot (\ln(x) - 1) + 3x^2 \cdot \frac{1}{x} = 6x \cdot \ln(x) - 6x + 3x$$

$$= 6x \cdot \ln(x) - 3x = 3x \cdot (2 \cdot \ln(x) - 1)$$

❹ Extrempunkte und Monotonie

- *Notwendige Bedingung* (Nullstellen von f')

  $$f'(x) = 0 \Leftrightarrow 3x^2 \cdot (\ln(x) - 1) = 0 \Leftrightarrow \underbrace{x = 0}_{\notin D_{max}} \vee \ln(x) - 1 = 0$$

  $\Leftrightarrow \ln(x) = 1 \Leftrightarrow x = e$ (einfach, mit Vorzeichenwechsel)

- *Hinreichende Bedingung*

  Erstes Kriterium

  Vorzeichentabelle für $f'(x)$

x	0	1	e	$+\infty$
$f'(x)$	‖	−	0 mit VzW TP	+

  Testwert: $f'(1) = -3 < 0$

  Zweites Kriterium

  Wegen $f''(e) = 3e > 0$ ist e eine Minimumstelle.

- *Angabe des Extrempunkts*

  Mit $f(e) = -\frac{1}{3} \cdot e^3 \approx -6{,}70$ ergibt sich der Tiefpunkt $T(e \,|\, -\frac{1}{3} \cdot e^3)$.

- *Monotonieintervalle* (siehe Vorzeichentabelle für $f'(x)$)
  - f ist in $]0;e]$ streng monoton fallend.
  - f ist in $[e;+\infty[$ streng monoton wachsend.

❺ Wendepunkte und Krümmung

- *Notwendige Bedingung* (Nullstellen von f'')

$$f''(x)=0 \Leftrightarrow 3x\cdot(2\cdot\ln(x)-1)=0 \Leftrightarrow \underbrace{x=0}_{\notin D_{max}} \vee 2\cdot\ln(x)-1=0$$

$$\Leftrightarrow \ln(x)=\frac{1}{2} \Leftrightarrow x=e^{\frac{1}{2}} \Leftrightarrow x=\sqrt{e}\approx 1{,}65 \text{ (mit VzW)}$$

- *Hinreichende Bedingung*
  Vorzeichentabelle für $f''(x)$

x	0	1	$\sqrt{e}$		$+\infty$
$f''(x)$		−	0 mit VzW WP	+	

Testwert: $f''(1)=-3<0$

- *Angabe des Wendepunkts*

Mit $f(\sqrt{e})\approx -\frac{5}{6}e^{\frac{3}{2}}\approx -3{,}73$ ergibt sich der Wendepunkt $W(\sqrt{e}\,|-\frac{5}{6}\cdot e^{\frac{3}{2}})$.

- *Krümmungsintervalle* (siehe Vorzeichentabelle für $f''(x)$)
  - G_f ist in $]0;\sqrt{e}]$ rechtsgekrümmt.
  - G_f ist in $[\sqrt{e};+\infty[$ linksgekrümmt.

❻ Symmetrie

Es liegt keine einfache Symmetrie vor.
Begründung: D_{max} ist nicht symmetrisch zum Ursprung.

❼ Grenzwert von f' für $x \to 0^+$

In diesem Fall ist es interessant zu untersuchen, mit welcher Steigung sich der Funktionsgraph dem linken Rand 0 der Definitionsmenge nähert:

$$\lim_{x\to 0^+} f'(x)=\lim_{x\to 0^+} \underbrace{3x}_{\to 0^+}\cdot\underbrace{(2\cdot\ln(x)-1)}_{\to -\infty}=0^-.$$

(Die Potenzfunktion dominiert; das negative Vorzeichen des ln-Terms ist zu beachten.)

❽ Graph

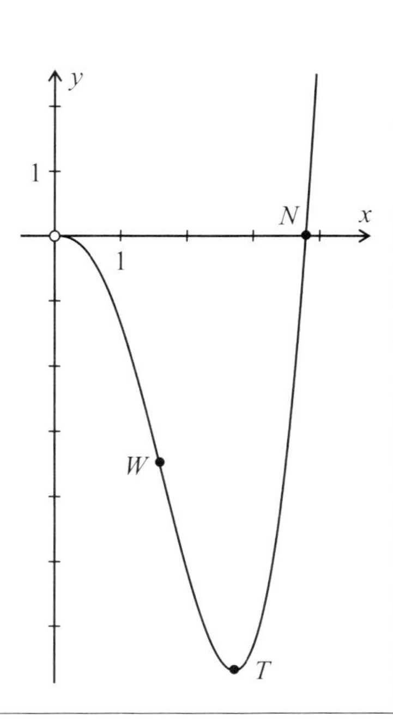

A 3.6 Funktionenschar mit einer e-Funktion

Analyse zur Funktionenschar $f_a: \mathbb{R} \to \mathbb{R}, x \mapsto (\frac{x}{a}+1)\cdot e^{a-x}$ mit $a \in \mathbb{R}^*$

❶ **Grenzwerte an den Rändern der Definitionsmenge**

Der e-Funktionsterm bestimmt den Grenzwert, der Faktor $(\frac{x}{a}+1)$ bestimmt das Vorzeichen. Im Einzelnen ergeben sich die folgenden Grenzwerte.

$$a>0: \quad \lim_{x\to-\infty} f_a(x) = \lim_{x\to-\infty} \underbrace{(\tfrac{x}{a}+1)}_{\to -\infty} \cdot \underbrace{e^{a-x}}_{\to +\infty} = -\infty$$

$$\lim_{x\to+\infty} f_a(x) = \lim_{x\to+\infty} \underbrace{(\tfrac{x}{a}+1)}_{\to +\infty} \cdot \underbrace{e^{a-x}}_{\to 0^+} = 0^+ \qquad \text{(Annäherung von oben)}$$

$$a<0: \quad \lim_{x\to-\infty} f_a(x) = \lim_{x\to-\infty} \underbrace{(\tfrac{x}{a}+1)}_{\to +\infty} \cdot \underbrace{e^{a-x}}_{\to +\infty} = +\infty$$

$$\lim_{x\to+\infty} f_a(x) = \lim_{x\to+\infty} \underbrace{(\tfrac{x}{a}+1)}_{\to -\infty} \cdot \underbrace{e^{a-x}}_{\to 0^+} = 0^- \qquad \text{(Annäherung von unten)}$$

❷ **Nullstellen**

$$f_a(x)=0 \iff (\tfrac{x}{a}+1)\cdot \underbrace{e^{a-x}}_{>0} \iff \tfrac{x}{a}+1=0 \iff \tfrac{x}{a}=-1 \iff x=-a\neq 0$$

Jede Scharfunktion besitzt eine einfache Nullstelle.

❸ **Symmetrie**

Es liegt keine einfache Symmetrie vor.
Begründung: Es gibt jeweils nur eine von null verschiedene Nullstelle.

❹ **Ableitungen**

$$f_a'(x) = \tfrac{1}{a}\cdot e^{a-x} + (\tfrac{x}{a}+1)\cdot e^{c-x}\cdot(-1) = (-\tfrac{x}{a}+\tfrac{1}{a}-1)\cdot e^{a-x}$$
$$= -\tfrac{1}{a}\cdot(x+a-1)\cdot e^{a-x}$$
$$f_a''(x) = -\tfrac{1}{a}\cdot[1\cdot e^{a-x} + (x+a-1)\cdot e^{a-x}\cdot(-1)] = -\tfrac{1}{a}\cdot(-x-a+2)\cdot e^{a-x}$$
$$= \tfrac{1}{a}\cdot(x+a-2)\cdot e^{a-x}$$

❺ **Extrempunkte und Monotonie**

- *Notwendige Bedingung* (Nullstellen von f_a')

$$f_a'(x)=0 \iff \underbrace{-\tfrac{1}{a}}_{\neq 0}\cdot(x+a-1)\cdot\underbrace{e^{a-x}}_{>0} \iff x+a-1=0 \iff x=1-a$$

Es liegt eine einfache Nullstelle mit Vorzeichenwechsel vor.

- *Hinreichende Bedingung*
  Vorzeichentabellen für $f_a'(x)$
  Erstes Kriterium

$a > 0$

x	$-\infty$		$1-a$	1	$+\infty$
$f_a'(x)$		$+$	0 mit VzW HP	$-$	
	Testwert: $f_a'(1) = -e^{a-1} < 0$				

$a < 0$

x	$-\infty$	1		$1-a$		$+\infty$
$f_a'(x)$			$-$	0 mit VzW TP	$+$	
	Testwert: $f_a'(1) = -e^{a-1} < 0$					

Zweites Kriterium

$a > 0$:

$$f_a''(1-a) = \frac{1}{a} \cdot (1-a+a-2) \cdot e^{a-(1-a)}$$
$$= -\frac{1}{a} \cdot e^{2a-1} < 0$$

$1-a$ ist also Maximumstelle.

$a < 0$:

$$f_a''(1-a) = \frac{1}{a} \cdot (1-a+a-2) \cdot e^{a-(1-a)}$$
$$= -\frac{1}{a} \cdot e^{2a-1} > 0$$

$1-a$ ist also Minimumstelle.

- *Angabe der Extrempunkte*
  Mit $f_a(1-a) = \frac{1}{a} \cdot e^{2a-1}$ ergibt sich:

$a > 0$: $H(1-a \,|\, \frac{1}{a} \cdot e^{2a-1})$

$a < 0$: $T(1-a \,|\, \frac{1}{a} \cdot e^{2a-1})$

- *Monotonieintervalle* (siehe Vorzeichentabelle von $f_a'(x)$)

$a > 0$
- f_a ist in $]-\infty; 1-a]$ str. m. w.
- f_a in $[1-a; +\infty[$ str. m. f.

$a < 0$
- f_a ist in $[1-a; +\infty[$ str. m. w.
- f_a ist in $]-\infty; 1-a]$ str. m. f.

❻ Wendepunkte und Krümmung

- *Notwendige Bedingung* (Nullstellen von f_a'')

$$f_a''(x) = 0 \Leftrightarrow \frac{1}{a} \cdot (x+a-2) \cdot \underbrace{e^{a-x}}_{>0} = 0 \Leftrightarrow x+a-2 = 0 \Leftrightarrow x = 2-a$$

Es liegt eine einfache Nullstelle mit Vorzeichenwechsel vor.

- *Hinreichende Bedingung*
  Vorzeichentabellen für $f_a''(x)$

$a > 0$

x	$-\infty$		$2-a$	2	$+\infty$
$f_a''(x)$		$-$	0 mit VzW WP	$+$	
	Testwert: $f_a''(2) = e^{a-2} > 0$				

$a < 0$

x	$-\infty$	2	$2-a$		$+\infty$
$f_a''(x)$		$+$	0 mit VzW WP	$-$	
	Testwert: $f_a''(2) = e^{a-2} > 0$				

- *Angabe der Wendepunkte*

  Mit $f_a(2-a) = \frac{2}{a}e^{2a-2}$ ergibt sich:

$a > 0$	$a < 0$
$W\left(2-a \mid \frac{2}{a}e^{2a-2}\right)$	$W\left(2-a \mid \frac{2}{a}e^{2a-2}\right)$

- *Krümmungsintervalle* (siehe Vorzeichentabelle für $f_a''(x)$)

$a > 0$	$a < 0$
– G_{f_a} ist in $]-\infty; 2-a]$ rechtsgekr.	– G_{f_a} ist in $]-\infty; 2-a]$ linksgekr.
– G_{f_a} ist in $[2-a; +\infty[$ linksgekr.	– G_{f_a} in $[2-a; +\infty[$ rechtsgekr.

❼ Graphen

$a > 0$	$a < 0$

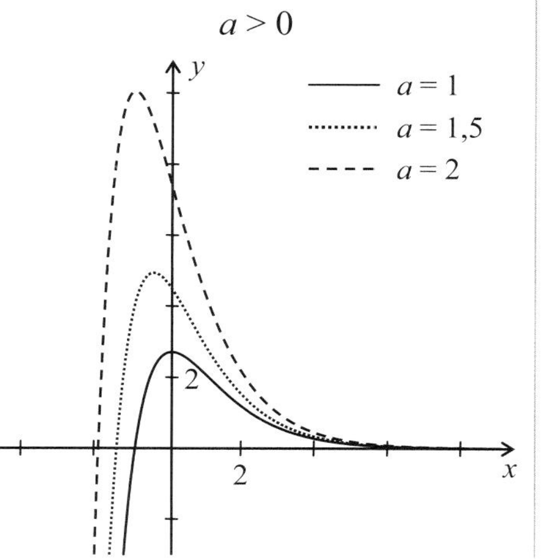

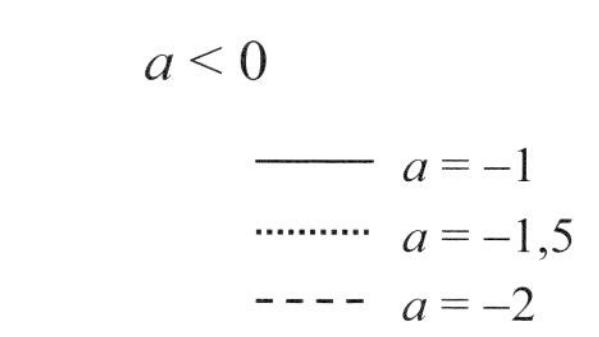

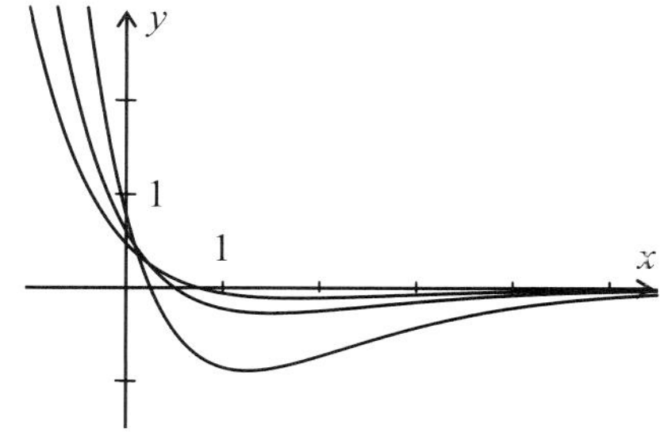

Rechnen mit Potenzen

A 4.1 Potenzen mit natürlichem Exponenten

Produkte aus gleichen Faktoren lassen sich verkürzt mithilfe der Potenzschreibweise angeben.

n-te Potenz einer reellen Zahl

Für eine reelle Zahl $a \in \mathbb{R}$ und $n \in \mathbb{N}^*$ heißt

$$\underbrace{a \cdot a \cdot \cdots \cdot a}_{n \text{ gleiche Faktoren}} = a^n$$

die ***n*-te Potenz** von a.
Die Zahl a bezeichnet man dabei als **Basis**, die Zahl n als **Exponenten** der Potenz.

1. Schreiben Sie die Terme als Potenzen.

   Beispiel: $(-12) \cdot a \cdot a \cdot a \cdot a \cdot a \cdot a = -12a^6$

   a) $9 \cdot y \cdot y$ b) $11 \cdot b \cdot b \cdot b$ c) $(-5) \cdot z \cdot z \cdot z \cdot z \cdot z$
   d) $-2 \cdot a \cdot a$ e) $(-5) \cdot b \cdot b \cdot b \cdot b$ f) $x \cdot x \cdot x \cdot (-1)$

   Ergebnisse: $-5b^4$; $11b^3$; $-2a^2$; $-5z^5$; $9y^2$; $-x^3$

2. Schreiben Sie ohne Klammern.

   Beispiel: $(7x)^2 = 7x \cdot 7x = 49x^2$

   a) $(4y)^2$ b) $(5a)^2$ c) $(2b)^3$ d) $(3c)^3$

   Ergebnisse: $8b^3$; $27c^3$; $16y^2$; $25a^2$

Auch bei Potenzen gelten die Regeln zum Vereinfachen von Produkttermen.

Beispiel (Produktterme mit Potenzen schreiben)

a) $3x \cdot (-5x) = 3 \cdot x \cdot (-5) \cdot x = -(3 \cdot 5) \cdot (x \cdot x) = -15x^2$

b) $5a \cdot (-2a) \cdot (-a) = (5 \cdot 2) \cdot (a \cdot a \cdot a) = 10a^3$

3. Vereinfachen Sie und verwenden Sie die Potenzschreibweise.

   a) $(-x) \cdot 2x$ b) $(-y) \cdot (-10y)$ c) $-17z \cdot (-3z)$
   d) $-(-9a) \cdot (-5a)$ e) $5a \cdot (-2a) \cdot a$ f) $-3 \cdot 2a \cdot (-5a)$
   g) $x \cdot (-2x) \cdot (-11x)$ h) $(-y) \cdot (-2y) \cdot (-3y)$ i) $z \cdot (-5z) \cdot (8z) \cdot (-z)$

   Ergebnisse: $10y^2$; $30a^2$; $-6y^3$; $-45a^2$; $-2x^2$; $51z^2$, $40z^4$; $-10a^3$; $22x^3$

A 4.2 Potenzen mit negativem Exponenten

Potenzen mit negativem Exponenten

Für eine reelle Zahl $a \in \mathbb{R} \setminus \{0\}$ und einen Exponenten $n \in \mathbb{N}^*$ setzt man fest:

$$a^{-n} = \frac{1}{a^n}.$$

Insbesondere gilt dabei: $a^{-1} = \frac{1}{a}$.

Für $a \in \mathbb{R} \setminus \{0\}$ sind Potenzen mit dem Exponenten 0 erklärt: $a^0 = 1$.

Beispiel (Potenzen mit negativem Exponenten)

a) $3^{-4} \underset{\text{negativen Exponenten beseitigen}}{=} \frac{1}{3^4} \underset{\text{Potenzen im Nenner berechnen}}{=} \frac{1}{81}$

b) $(\frac{3}{4})^{-3} \underset{\text{negativen Exponenten beseitigen}}{=} \frac{1}{(\frac{3}{4})^3} \underset{\text{Potenzen im Nenner berechnen}}{=} \frac{1}{\frac{27}{64}} = \frac{64}{27}$

c) $(x-1)^{-2} \underset{\text{negativen Exponenten beseitigen}}{=} \frac{1}{(x-1)^2}$

4. Beseitigen Sie die negativen Exponenten. Notieren Sie die Ergebnisse in der Bruchschreibweise.

a) 4^{-3} b) 10^{-3} c) 17^{-2}
d) $(-2)^{-5}$ e) $(-3)^{-4}$ f) $(-1)^{-7}$
g) $(\frac{1}{2})^{-4}$ h) $(\frac{3}{2})^{-3}$ i) $(-\frac{2}{3})^{-5}$

Ergebnisse: $\frac{8}{27}$; $\frac{1}{81}$; $\frac{1}{289}$; $-\frac{243}{32}$; $\frac{1}{64}$; $-\frac{1}{32}$, 16 ; -1 ; $\frac{1}{1000}$

5. Schreiben Sie die Terme ohne negativen Exponenten. Notieren Sie die Ergebnisse in der Bruchschreibweise.

a) y^{-3} b) $(5x)^{-1}$ c) $(2y)^{-3}$
d) $2 \cdot y^{-3}$ e) $(x+y)^{-3}$ f) $x+y^{-3}$

Ergebnisse: $\frac{1}{y^3}$; $x+\frac{1}{y^3}$; $\frac{1}{5x}$; $\frac{1}{(x+y)^3}$; $\frac{1}{8y^3}$; $\frac{2}{y^3}$

A 4.3 Gebrochenrationale und irrationale Exponenten

In Klassenstufe 9 haben wir festgelegt:

Potenzen mit gebrochenrationalem Exponenten

Seien $a \in \mathbb{R}^+$, $m \in \mathbb{Z}$ und $n \in \mathbb{N}^* \setminus \{1\}$.

Unter $a^{\frac{m}{n}}$ versteht man die n-te Wurzel aus a^m, kurz: $a^{\frac{m}{n}} = \sqrt[n]{a^m}$.

Wenn $m \in \mathbb{Z}^+$, also $\frac{m}{n} > 0$ ist, ist auch $a = 0$ zugelassen, z.B. $0^{\frac{2}{5}} = \sqrt[5]{0^2} = 0$.

Negative Basen sind grundsätzlich für gebrochene Exponenten ausgeschlossen.

Beispiel (Potenzen mit gebrochenrationalem Exponenten)

$8^{\frac{2}{3}} = \sqrt[3]{8^2} = \sqrt[3]{64} = 4$; $4^{-\frac{5}{2}} = \sqrt{4^{-5}} = \sqrt{\frac{1}{1024}} = \frac{1}{32}$

6. Wandeln Sie in die Wurzelschreibweise um und berechnen Sie folgende Potenzen.

   a) $289^{\frac{1}{2}}$ b) $81^{\frac{1}{4}}$ c) $0{,}001^{\frac{1}{3}}$

   d) $49^{\frac{3}{4}}$ e) $343^{\frac{2}{3}}$ f) $25^{\frac{3}{2}}$

   Ergebnisse: 125 ; 0,1 ; 17 ; 49 ; $7 \cdot \sqrt{7}$; 3

7. Schreiben Sie als Potenz.

   a) $\sqrt[5]{8^3}$ b) $\sqrt[n+1]{a^n}$ c) $\sqrt[2n]{y^{-1}}$

   Ergebnisse: $8^{\frac{3}{5}}$; $a^{\frac{n}{n+1}}$; $y^{\frac{-1}{2n}}$

In Abschnitt 6.1.2 haben wir den Potenzbegriff auf irrationale Exponenten erweitert und dabei erläutert, wie man Potenzen mit irrationalem Exponenten erklären kann.

8. Berechnen Sie mit dem Taschenrechner Näherungswerte für die Potenzen mit irrationalem Exponenten. Runden Sie auf drei Dezimalen.

   a) $3^{\sqrt{2}}$ b) $0{,}83^{\sqrt[3]{7}}$ c) $7{,}6^{\pi}$

   Ergebnisse: 585,002 ; 0,700 ; 4,729

A 4.4 Potenzgesetze

Für das Rechnen mit Potenzen gelten Rechenregeln, die man als Potenzgesetze bezeichnet. Sie sind zunächst in einer Übersicht zusammengestellt.

Potenzgesetze

(P1)	$a^x \cdot a^y = a^{x+y}$	$(a \in \mathbb{R}^+$ und $x, y \in \mathbb{R})$
(P2)	$a^x : a^y = a^{x-y}$	$(a \in \mathbb{R}^+$ und $x, y \in \mathbb{R})$
(P3)	$a^x \cdot b^x = (a \cdot b)^x$	$(a, b \in \mathbb{R}^+$ und $x \in \mathbb{R})$
(P4)	$a^x : b^x = (a : b)^x$	$(a, b \in \mathbb{R}^+$ und $x \in \mathbb{R})$
(P5)	$(a^x)^y = a^{x \cdot y}$	$(a \in \mathbb{R}^+$ und $x, y \in \mathbb{R})$

Potenzen mit gleicher Basis

Die beiden ersten Potenzgesetze beziehen sich auf den Fall, dass die Potenzen die gleiche Basis besitzen.

1. Potenzgesetz (P1)

Potenzen mit gleicher Basis werden multipliziert, indem man die gemeinsame Basis mit der Summe der Exponenten potenziert:

$$a^x \cdot a^y = a^{x+y} \text{ mit } a \in \mathbb{R}^+ \text{ und } x, y \in \mathbb{R}.$$

Beispiel (Multiplizieren von Potenzen mit gleicher Basis (P1))

a) $x^3 \cdot x^7 \underset{\text{(P1)}}{=} x^{3+7} \underset{\substack{\text{Exponenten}\\\text{addieren}}}{=} x^{10}$

b) $y^8 \cdot y^{-5} \underset{\text{(P1)}}{=} y^{8+(-5)} \underset{\substack{\text{Exponenten}\\\text{addieren}}}{=} y^3$

c) $a^5 \cdot a^{-4} \cdot a^{-1} \underset{\text{(P1)}}{=} a^{5+(-4)+(-1)} \underset{\substack{\text{Exponenten}\\\text{addieren}}}{=} a^0 = 1$

d) $5^{\frac{2}{3}} \cdot 5^{\frac{1}{6}} \underset{\text{(P1)}}{=} 5^{\frac{2}{3}+\frac{1}{6}} \underset{\substack{\text{Exponten}\\\text{addieren}}}{=} 5^{\frac{4}{6}+\frac{1}{6}} = 5^{\frac{5}{6}}$

9. Fassen Sie zusammen.

a) $y^2 \cdot y^2$	b) $x^3 \cdot x^9$	c) $y^4 \cdot y^{-2}$	d) $x^4 \cdot x$
e) $x^2 \cdot x^3 \cdot x^4$	f) $y \cdot y^2 \cdot y^3$	g) $x^3 \cdot x^{-9} \cdot x^6$	h) $y^4 \cdot y^{-7}$
i) $1{,}69^{0,1} \cdot 1{,}69^{-\frac{3}{5}}$	j) $a^{1+r} \cdot a^{1-r}$	k) $a \cdot a^{\frac{1}{n}}$	l) $u^{\frac{7}{5}} \cdot u^{0,6}$

Ergebnisse: x^{12} ; 1 ; u^2 ; y^{-3} ; a^2 ; y^4 ; $a^{1+\frac{1}{n}}$; y^2 ; y^6 ; x^5 ; x^9 ; $\frac{10}{13}$

10. Vereinfachen Sie die Terme: Vorzeichen bestimmen, Zahlenfaktoren multiplizieren, Potenzen zusammenfassen.

Beispiel: $(-3x^3)\cdot(-2x^2)=6x^5$

a) $4a^2\cdot 2a^3$ b) $3p^8\cdot 2p$ c) $\frac{1}{4}r^3\cdot\frac{8}{3}r^3$ d) $(-x)\cdot(-9x^3)$

e) $5z^2\cdot(3z^5)$ f) $(-6t)^2\cdot\frac{2}{3}t^4$ g) $(-4y)\cdot(-3y^6)$ h) $3a^2\cdot(-3a)^2$

i) $3x^{0,5}\cdot(-2x^{-0,3})$ j) $(-3y^{0,5})\cdot y^{0,3}$ k) $\frac{1}{2}z^{0,1}\cdot\frac{2}{3}z^{0,9}$ l) $4a^{-0,5}\cdot 12a$

Ergebnisse:

$6p^9$; $\frac{2}{3}r^6$; $-6x^{0,2}$; $9x^4$; $15z^7$; $-3y^{0,8}$; $8a^5$; $24t^6$; $27a^4$; $12y^7$; $48\cdot\sqrt{a}$; $\frac{1}{3}z$

2. Potenzgesetz (P2)

Potenzen mit gleicher Basis werden dividiert, indem man die gemeinsame Basis mit der Differenz der Exponenten potenziert:

$$a^x : a^y = a^{x-y} \text{ mit } a\in\mathbb{R}^+ \text{ und } x,y\in\mathbb{R}.$$

Beispiel (Dividieren von Potenzen mit gleicher Basis (P2))

a) $x^7 : x^4 \underset{(P2)}{=} x^{7-4} \underset{\text{Exponenten subtrahieren}}{=} x^3$

b) $y^5 : y^8 \underset{(P2)}{=} y^{5-8} \underset{\text{Exponenten subtrahieren}}{=} y^{-3}$

c) $\frac{3^{\frac{7}{8}}}{3^{\frac{3}{8}}} \underset{(P2)}{=} 3^{\frac{7}{8}-\frac{3}{8}} \underset{\text{Exponenten subtrahieren}}{=} 3^{\frac{4}{8}} = 3^{\frac{1}{2}} = \sqrt{3}$

11. Fassen Sie zusammen.

a) $y^4 : y^2$ b) $x^7 : x^6$ c) $y^4 : y$ d) $x^{2n} : x^n$

e) $x^2 : x^4$ f) $y^0 : y^3$ g) $x^3 : x^{-5}$ h) $y^{-4} : y^{-8}$

i) $x^2 : x^{\frac{5}{3}}$ j) $y^{\frac{4}{3}} : y^{\frac{5}{6}}$ k) $13^{\frac{1}{2}} : 13^{-\frac{1}{6}}$ l) $r^{\frac{3}{n}} : r^{\frac{2}{n}}$

Ergebnisse: $13^{\frac{2}{3}}$; x ; x^8 ; x^n ; x^{-2} ; y^{-3} ; y^2 ; y^3 ; y^4 ; $r^{\frac{1}{n}}$; $y^{\frac{1}{2}}$; $x^{\frac{1}{3}}$

Potenzen mit gleichem Exponenten

Die beiden nächsten Potenzgesetze greifen den Fall auf, dass die Potenzen in den Exponenten übereinstimmen.

3. Potenzgesetz (P3)

Potenzen mit gleichem Exponenten werden multipliziert, indem man das Produkt der Basen mit dem gemeinsamen Exponenten potenziert:

$$a^x \cdot b^x = (a \cdot b)^x \text{ mit } a, b \in \mathbb{R}^+ \text{ und } x \in \mathbb{R}.$$

Beispiel (Multiplikation von Potenzen mit gleichem Exponenten (P3))

a) $x^5 \cdot y^5 \underset{\text{(P3)}}{=} (x\,y)^5$

b) $2^3 \cdot 5^3 \underset{\text{(P3)}}{=} (2 \cdot 5)^3 \underset{\substack{\text{Produkt}\\\text{berechnen}}}{=} 10^3 = 1000$

c) $2^{\frac{1}{3}} \cdot 4^{\frac{1}{3}} \underset{\text{(P3)}}{=} (2 \cdot 4)^{\frac{1}{3}} \underset{\substack{\text{Produkt}\\\text{berechnen}}}{=} 8^{\frac{1}{3}} = 2$

12. Fassen Sie zu einer Potenz zusammen.

a) $x^6 \cdot y^6$ b) $x^{-1} \cdot y^{-1}$ c) $a^k \cdot b^k$ d) $a^{2n} \cdot b^{2n}$

e) $5^{\frac{1}{3}} \cdot 25^{\frac{1}{3}}$ f) $4^{\frac{2}{3}} \cdot 6^{\frac{2}{3}} \cdot 9^{\frac{2}{3}}$ g) $a^{1+\sqrt{3}} \cdot a^{1-\sqrt{3}}$ h) $2^{\frac{n}{2}} \cdot a^{\frac{n}{2}}$

Ergebnisse: a^2 ; $(x\,y)^{-1}$; $(x\,y)^6$; 36 ; $(2a)^{\frac{n}{2}}$; $(a\,b)^{2n}$; $(a\,b)^k$; 5

13. Fassen Sie zu einer Potenz zusammen und berechnen Sie.

a) $1{,}2^2 \cdot 5^2$ b) $5^{-1} \cdot 2^{-1}$ c) $2{,}5^k \cdot 4^k$ d) $2^k \cdot 0{,}5^k$

e) $1{,}5^{1{,}5} \cdot 6^{1{,}5}$ f) $3^{\frac{1}{3}} \cdot 9^{\frac{1}{3}}$

Ergebnisse: 1 ; $\frac{1}{10}$; 27 ; 10^k ; 36 ; 3

14. Schreiben Sie als Potenz. Formen Sie den Zahlenfaktor dazu geeignet um.

Beispiel: $125 \cdot a^3 = 125 \cdot a^3 = 5^3 \cdot a^3 = (5a)^3$

a) $25x^2$ b) $216z^3$ c) $\frac{4}{9}r^2$ d) $\frac{1}{32}k^5$

Ergebnisse: $(6z)^3$; $(\frac{2}{3}r)^2$; $(\frac{1}{2}k)^5$; $(5x)^2$

Häufig wird das 3. Potenzgesetz auch in umgekehrter Richtung angewendet.

$$(a \cdot b)^x = a^x \cdot b^x$$

Ein Produkt wird potenziert, indem die Faktoren potenziert und die erhaltenen Potenzen multipliziert werden.

15. Wenden Sie das 3. Potenzgesetz in umgekehrter Richtung an.

Beispiel: $(4a)^3 = 4^3 \cdot a^3 = 64 \cdot a^3 = 64a^3$

a) $(12a)^2$ b) $(\frac{1}{2}x)^3$ c) $(10a)^5$ d) $(0{,}1a)^4$

Ergebnisse: $\frac{1}{8}x^3$; $0{,}0001a^4$; $144a^2$; $100000a^5$

4. Potenzgesetz (P4)

Potenzen mit gleichem Exponenten werden dividiert, indem man den Quotienten der Basen mit dem gemeinsamen Exponenten potenziert:

$$a^x : b^x = (a : b)^x \text{ mit } a, b \in \mathbb{R}^+ \text{ und } x \in \mathbb{R}.$$

Beispiel (Division von Potenzen mit gleichem Exponenten (P4))

a) $x^4 : y^4 \underset{(P4)}{=} (x : y)^4 = \left(\frac{x}{y}\right)^4$

b) $10^3 : 2^3 \underset{(P4)}{=} (10 : 2)^3 \underset{\text{Quotient berechnen}}{=} 5^3 = 125$

c) $\frac{46^{\frac{2}{3}}}{23^{\frac{2}{3}}} \underset{(P4)}{=} \left(\frac{46}{23}\right)^{\frac{2}{3}} \underset{\text{Quotient berechnen}}{=} 2^{\frac{2}{3}} = \sqrt[3]{4}$

16. Fassen Sie zu einer Potenz zusammen.

a) $x^6 : y^6$ b) $x^{-2} : y^{-2}$ c) $a^k : b^k$

d) $a^{3n} : b^{3n}$ e) $(6a^2)^{\frac{2}{3}} : (6a)^{\frac{2}{3}}$ f) $(a^2 - b^2)^{\frac{3}{2}} : (a - b)^{\frac{3}{2}}$

Ergebnisse: $(\frac{a}{b})^k$; $(\frac{x}{y})^{-2}$; $(a+b)^{\frac{3}{2}}$; $(\frac{x}{y})^6$; $(\frac{a}{b})^{3n}$; $a^{\frac{2}{3}}$

17. Fassen Sie zu einer Potenz zusammen und berechnen Sie.

a) $10^4 : 5^4$ b) $8^{-1} : 2^{-1}$ c) $2{,}4^k : 0{,}8^k$ d) $63^{-k} : 9^{-k}$

e) $72^{\frac{5}{2}} : 8^{\frac{5}{2}}$ f) $150^{\frac{1}{4}} : 6^{\frac{1}{4}}$ g) $4^{\frac{4}{3}} : 108^{\frac{4}{3}}$ h) $2^{\frac{3}{4}} : (\frac{1}{8})^{\frac{3}{4}}$

Ergebnisse: 8 ; 243 ; 7^{-k} ; 3^k ; 16 ; $\frac{1}{81}$; $\frac{1}{4}$; $\sqrt{5}$

Auch das 4. Potenzgesetz wird häufig in umgekehrter Richtung angewendet.

$$(a:b)^x = a^x : b^x$$

Ein Quotient wird potenziert, indem Dividend und Divisor potenziert und die erhaltenen Potenzen dividiert werden.

Potenzen von Potenzen

Das letzte Potenzgesetz greift den Fall auf, dass eine Potenz nochmals potenziert wird.

5. Potenzgesetz (P5)

Eine Potenz wird potenziert, indem man die Basis mit dem Produkt der Exponenten potenziert:

$$(a^x)^y = a^{x \cdot y} \text{ mit } a \in \mathbb{R}^+ \text{ und } x, y \in \mathbb{R}.$$

Beispiel (Potenzieren von Potenzen (P5))

a) $(x^5)^4 \underset{(P5)}{=} x^{5\cdot 4} = x^{20}$

b) $\left[(y+1)^3\right]^{-2} \underset{(P5)}{=} (y+1)^{3\cdot(-2)} = (y+1)^{-6}$

c) $(8^{\frac{-1}{4}})^{\frac{4}{3}} \underset{(P5)}{=} 8^{\frac{-1}{4}\cdot\frac{4}{3}} = 8^{-\frac{1}{3}} = \frac{1}{8^{\frac{1}{3}}} = \frac{1}{2}$

d) $\left[(a+b)^{\frac{1}{4}}\right]^8 \underset{(P5)}{=} (a+b)^{\frac{1}{4}\cdot 8} = (a+b)^2$

18. Fassen Sie zu einer Potenz zusammen.

a) $(a^2)^3$ b) $(x^2)^2$ c) $\left[(u+1)^3\right]^4$ d) $(x^n)^2$

e) $(8^{\frac{1}{4}})^{\frac{4}{3}}$ f) $(u^{\frac{4}{3}})^{\frac{3}{2}}$ g) $(a^{\sqrt{2}-1})^{\sqrt{2}+1}$ h) $\left[(c^{-3})^{\frac{-1}{2}}\right]^{\frac{5}{3}}$

Ergebnisse: u^2 ; x^{2n} ; x^4 ; 2 ; a ; a^6 ; $(u+1)^{12}$; $c^{\frac{5}{2}}$

19. Schreiben Sie den Term als Potenz mit einer möglichst kleinen natürlichen Zahl als Basis.

Beispiel: $125^{-4} = (5^3)^{-4} = 5^{3\cdot(-4)} = 5^{-12}$

a) 25^7 b) 32^3 c) 49^{-5} d) 81^{-3}

Ergebnisse: 7^{-10} ; 2^{15} ; 3^{-12} ; 5^{14}

Stichwortverzeichnis